·中国现代养殖技术与经营丛书·

专家与成功养殖者共谈——

现代高效蜜蜂养殖实战方案

ZHUANJIA YU CHENGGONG YANGZHIZHE GONGTAN
XIANDAI GAOXIAO MIFENG YANGZHI SHIZHAN FANGAN

丛书组编 中国畜牧业协会　　本书主编 周冰峰

U0390147

金盾出版社

内 容 提 要

本书为《中国现代养殖技术与经营丛书》中的一册。由国家蜂产业技术体系饲养与机具功能研究室岗位科学家团队和综合试验站共同创作。全书以现代养蜂理念为出发点，以创新实践经验为案例，采取"专家与成功养殖者共谈"的形式，阐述了简化管理操作、机具研发应用、地方良种选用和病害防控防疫的蜜蜂规模化饲养管理的核心技术。运用本项技术，现阶段在综合试验站的示范蜂场已将养蜂规模提高到人均饲养400群以上。书中所涉及的新技术体现了国家蜂产业技术体系的集体智慧。

本书的突出特点是，力推国家蜂产业技术体系研究新成果，理论与典型案例相结合，权威性、创新性、实用性和操作性强。此书为养蜂生产第一线的从业者和技术员编著，也适用于政府部门蜂业管理者，蜂学及相关领域的高校师生参考。

图书在版编目(CIP)数据

专家与成功养殖者共谈——现代高效蜜蜂养殖实战方案/周冰峰主编 . —北京：金盾出版社,2015.12

(中国现代养殖技术与经营丛书)

ISBN 978-7-5186-0501-9

Ⅰ.①专… Ⅱ.①周… Ⅲ.①养蜂 Ⅳ.①S89

中国版本图书馆 CIP 数据核字(2015)第 203314 号

金盾出版社出版、总发行

北京太平路 5 号(地铁万寿路站往南)

邮政编码：100036 电话：68214039 83219215

传真：68276683 网址：www.jdcbs.cn

中画美凯印刷有限公司印刷、装订

各地新华书店经销

开本：787×1092 1/16 印张：26.25 彩页：20 字数：443 千字

2015 年 12 月第 1 版第 1 次印刷

印数：1～1 500 册 定价：160.00 元

(凡购买金盾出版社的图书，如有缺页、
倒页、脱页者，本社发行部负责调换)

中国畜牧業協會
CHINA ANIMAL AGRICULTURE ASSOCIATION

丛 书 组 编 简 介

中国畜牧业协会（China Animal Agriculture Association, CAAA）是由从事畜牧业及相关行业的企业、事业单位和个人组成的全国性行业联合组织，是具有独立法人资格的非营利性的国家5A级社会组织。业务主管为农业部，登记管理为民政部。下设猪、禽、牛、羊、兔、鹿、骆驼、草、驴、工程、犬等专业分会，内设综合部、会员部、财务部、国际部、培训部、宣传部、会展部、信息部。协会以整合行业资源、规范行业行为、维护行业利益、开展行业互动、交流行业信息、推动行业发展为宗旨，秉承服务会员、服务行业、服务政府、服务社会的核心理念。主要业务范围包括行业管理、国际合作、展览展示、业务培训、产品推荐、质量认证、信息交流、咨询服务等，在行业中发挥服务、协调、咨询等作用，协助政府进行行业管理，维护会员和行业的合法权益，推动我国畜牧业健康发展。

中国畜牧业协会自2001年12月9日成立以来，在农业部、民政部及相关部门的领导和广大会员的积极参与下，始终围绕行业热点、难点、焦点问题和国家畜牧业中心工作，创新服务模式、强化服务手段、扩大服务范围、增加服务内容、提升服务质量，以会员为依托，以市场为导向，以信息化服务、搭建行业交流合作平台等为手段，想会员之所想，急行业之所急，努力反映行业诉求、维护行业利益，开展卓有成效的工作，有效地推动了我国畜牧业健康可持续发展。先后多次被评为国家先进民间组织和社会组织，2009年6月被民政部评估为"全国5A级社会组织"，2010年2月被民政部评为"社会组织深入学习实践科学发展观活动先进单位"。

出席第十三届（2015）中国畜牧业博览会领导同志在中国畜牧业协会展台留影

左四为于康震（农业部副部长），左三为王智才（农业部总畜牧师），右五为刘强（重庆市人民政府副市长），左一为王宗礼（中国动物卫生与流行病学中心党组书记、副主任），右四为李希荣（全国畜牧总站站长、中国畜牧业协会常务副会长），右三为何新天（全国畜牧总站党委书记、中国畜牧业协会副会长兼秘书长），右一为殷成文（中国畜牧业协会常务副秘书长），右二为宫桂芬（中国畜牧业协会副秘书长），左二为于洁（中国畜牧业协会秘书长助理）

领导进入展馆参观第十三届（2015）中国畜牧业博览会

中为 于康震（农业部副部长）
右为 刘 强（重庆市人民政府副市长）
左为 于 洁（中国畜牧业协会秘书长助理）

本 书 主 编 简 介

周冰峰博士，福建农林大学蜂学学院教授，博士生导师，副院长。

在专业领域，主要从事蜜蜂饲养管理和中华蜜蜂资源等研究。在"十一五"和"十二五"期间，承担农业部国家蜂产业技术体系重点任务之一的技术总负责工作，任国家蜂产业技术体系饲养与机具研究室主任、中华蜜蜂饲养岗位科学家。在首席科学家的领导下，带领本岗位团队与体系各岗位科学家、各综合试验站合作，开展适应我国特点的蜜蜂规模化饲养技术研发。在中国养蜂学会兼任蜜蜂饲养管理专业委员会主任。

在学术领域，主要研究方向为蜜蜂种群遗传学和蜜蜂生态学，重点研究中华蜜蜂遗传多样性和遗传分化，温度对蜜蜂发育影响。主持国家基金课题、福建省自然科学基金等科研项目10多项。在国内外学术期刊发表论文40多篇，主编和参编专著6部，主编蜂业专业技术书籍1部。

在教学领域，从事蜜蜂饲养管理学、蜜蜂生物学、蜜蜂生态学、蜜蜂研究方法论等本科生、硕士生和博士生等课程教学工作。2002年正式出版《蜜蜂饲养管理学》大学本科教材1部。现任农业部教材办公室教材建设专家委员会高等教育分委员会委员。

本书编委会

袁春颖　辽宁省畜产品安全监察所科长
　　　　国家蜂产业技术体系兴城综合试验站站长

牛庆生　吉林省养蜂科学研究所育种场场长
　　　　国家蜂产业技术体系吉林综合试验站站长

高夫超　黑龙江省农业科学院牡丹江分院蜜蜂研究室主任
　　　　国家蜂产业技术体系牡丹江综合试验站站长

吉　挺　扬州大学副教授
　　　　国家蜂产业技术体系扬州综合试验站站长

华启云　浙江省金华市农业科学研究院研究员
　　　　国家蜂产业技术体系金华综合试验站站长

张西坤　山东省蜂业良种繁育推广中心主任
　　　　国家蜂产业技术体系泰安综合试验站站长

张中印　河南科技学院教授
　　　　国家蜂产业技术体系新乡综合试验站站长

罗岳雄　广东省昆虫研究所蜜蜂研究中心主任
　　　　广州综合试验站站长

许　政　广西壮族自治区养蜂指导站站长
　　　　国家蜂产业技术体系南宁综合试验站站长

高景林　中国热带农业科学院环境与植物保护研究所研究员
　　　　国家蜂产业技术体系儋州综合试验站站长

戴荣国　重庆市畜牧科学院蜂业研究所所长
　　　　国家蜂产业技术体系重庆综合试验站站长

张学文　云南省农业科学院蚕蜂研究所研究员
　　　　国家蜂产业技术体系红河综合试验站站长

杨勤宏　陕西省延安市养蜂试验站站长、延安综合试验站站长

祁文忠　甘肃省养蜂研究所副所长
　　　　国家蜂产业技术体系天水综合试验站站长

王　彪　宁夏回族自治区固原市养蜂试验站站长
　　　　国家蜂产业技术体系固原综合试验站站长

刘世东　新疆维吾尔自治区农业厅蜂业管理中心主任
　　　　国家蜂产业技术体系乌鲁木齐综合试验站站长

孙兆平　泰安综合试验站

沙漠中的转地西方蜜蜂蜂场

唐布拉大草原上的新疆黑蜂蜂场

山区林下活框饲养中蜂场

定地活框
饲养的中蜂场

南方定地原始
饲养的中蜂场

北方定地原始
饲养的中蜂场

中国东方蜜蜂

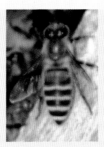

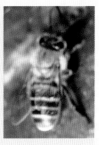

长白山中国东方蜜蜂　　福建中国东方蜜蜂　　河南中国东方蜜蜂　　广西中国东方蜜蜂　　海南中国东方蜜蜂

四川马尔康
中国东方蜜蜂　　西双版纳
中国东方蜜蜂　　西藏林芝
中国东方蜜蜂　　甘肃
中国东方蜜蜂　　台湾
中国东方蜜蜂

西方蜜蜂

东北黑蜂

东北黑蜂工蜂个体　　巢脾表面上的东北黑蜂　　东北黑蜂规模化蜂场

新疆黑蜂

新疆黑蜂工蜂个体　　巢脾表面上的新疆黑蜂　　新疆黑蜂种蜂场

体色混杂的蜜蜂

体色混杂的中蜂

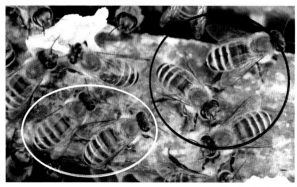

四川阿坝中蜂（上图）
吉林长白山中蜂（下图）

（图中深色圈中的蜜蜂个体体色偏
黑，浅色圈中的蜜蜂个体体色偏黄）

体色混杂的西方蜜蜂

东北黑蜂（上图）
新疆黑蜂（下图）

（图中浅色圈中的蜜蜂个体体色偏
黄，混有意大利蜜蜂血统）

蜜蜂遗传资源保护区规划

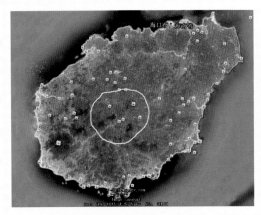

海岛蜜蜂资源保护区规划

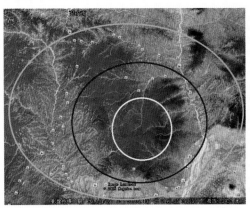

浅山区蜜蜂资源保护区规划

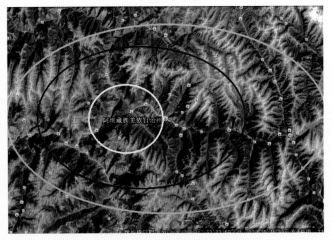

高山区蜜蜂资源保护区规划

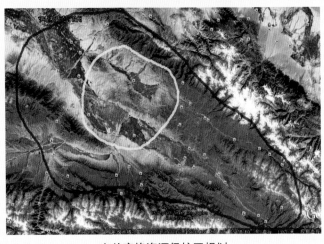

山谷蜜蜂资源保护区规划

（图中黄线内为蜜蜂资源保护核心区，深蓝线内为蜜蜂资源保护区，深蓝线和浅蓝线之间为外围缓冲区）

蜂群越冬

东北蜂群室外越冬——外部

东北蜂群室外
越冬——内部

东北蜂群室内越冬

东北蜂群地沟越冬

华北蜂群室外越冬

华中蜂群室外越冬

免移虫法生产蜂王浆

人工塑料空心巢础

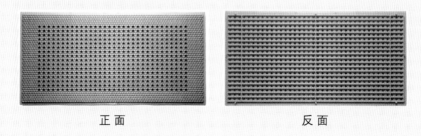

正 面　　　　　　　　　　　反 面

托虫器

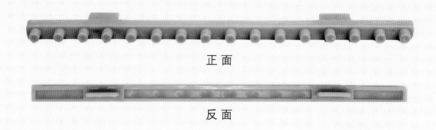

正 面

反 面

产浆条

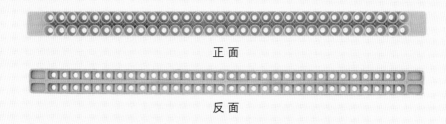

正 面

反 面

产浆条和托虫器组合

人工塑料空心巢础

正 面

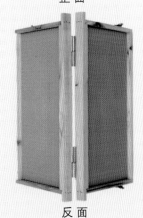

反 面

产浆条盖板

正 面

反 面

产浆框

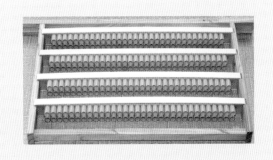

托虫器上的卵和幼虫

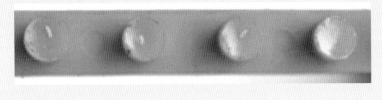

托虫器上的卵

托虫器上的蜜蜂
小幼虫

蜜蜂虫敌害

胡蜂为害蜜蜂

停留在巢门前的胡蜂　　飞翔巢前伺机捕捉蜜蜂的胡蜂　　相思树上的胡蜂巢

寄生蜂为害蜜蜂

巢前被寄生的工蜂　　巢前寄生蜂成虫　　从工蜂腹内取出的寄生蜂幼虫

蜜蜂遭受螨害

遭受螨害的残翅工蜂
（左图）

患下痢病蜂群的蜂箱
（右图）

蜜蜂遭受动物敌害

黄喉貂正在靠近
蜜蜂蜂箱

中蜂饲养常见问题脾劣

劣脾残缺

劣脾破损

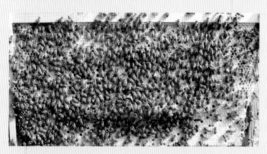

劣脾翘曲

劣脾重叠

劣脾脾旧

蜜蜂饲喂

饲喂器

常用塑料饲喂器
（左图）

蜂箱中竹质饲喂器
（右图）

液体糖饲料自动饲喂装置

糖饲料自动饲喂装置　　　　通过管道将大容器中的糖饲料送到每个蜂箱

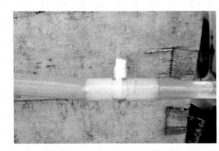

输送糖饲料的管道穿过蜂箱后壁　　　箱内的饲喂器和控制糖液量的装置

奖励饲喂

有槽的框梁方便
奖励饲喂

丛书序言

改革开放以来，中国养殖业从传统的家庭副业逐步发展成为我国农业经济的支柱产业，为保障城乡居民菜篮子供应，为农村稳定、农业发展、农民增收发挥了重要作用。当前，我国养殖业已经进入重要的战略机遇期和关键转型期，面临着转变生产方式、保证质量安全、缓解资源约束和保护生态环境等诸多挑战。如何站在新的起点上引领养殖业新常态、谋求新的发展，既是全行业迫切解决的重大理论问题，也是贯彻落实党和国家关于强农惠农富农政策，推动农业农村经济持续发展必须认真解决的重大现实问题。

这套由中国畜牧业协会和国家现代农业产业技术体系相关研究中心联合组织编写的《中国现代养殖技术与经营丛书》，正是适应当前我国养殖业发展的新形势新任务新要求而编写的。丛书以提高生产经营效益为宗旨，以转变生产方式为契入点，以科技创新为主线，以科学实用为目标，以实战方案为体例，采取专家与成功养殖者共谈的形式，按照各专业生产流程，把国家现代农业产业技术体系研究的新成果、新技术、新标准和总结的新经验融汇到各个生产环节，并穿插大量图表和典型案例，回答了当前养殖生产中遇到的许多热点、难点问题，是一套理论与实践紧密结合，经营与技术相融合，内容全面系统，图文并茂，通俗易懂，实用性很强的好书。知识是通向成功的阶梯，相信这套丛书的出版，必将有助于广大养殖工作者（包括各级政府主管部门、相关企业的领导、管理人员、养殖专业户及相关院校的师生），更加深刻地认识和把握当代养殖业的发展趋势，更加有效地掌握和运用现代养殖模式和技术，从而获得更大的效益，推进我国养殖业持续健康地向前发展。

中国畜牧业协会作为联系广大养殖工作者的桥梁和纽带，与相关专家学者和基层工作者有着广泛的接触和联系，拥有得天独厚的资源优势；国家现代农业产业技术体系的相关研究中心，承担着养殖产业技术体系的研究、集成与示范职能，不仅拥有强大的研究力量，而且握有许多最新的研究成果；金盾出版社在出版"三农"图书方面享有响亮的品牌。由他们联合编写出版这套丛书，其权威性、创新性、前瞻性和指导性，不言而喻。同时，希望这套丛书的出版，能够吸引更多的专家学者，对中国养殖业的发展给予更多的关注和研究，为我国养殖业的发展提出更多的意见和建议，并做出自己新的贡献。

农业部总畜牧师　王智才

本书前言

养蜂是大农业的有机组成部分，是人类不可缺少的行业。蜜蜂为人类提供天然的营养食品和珍贵的保健品，提升人们的健康水平和生活品质；通过授粉作用，蜜蜂可以促进生态恢复和生命繁荣，能够提高农作物的产量和质量。养蜂业在世界发达国家均受到政府的扶持，我国政府也给予蜂产业高度的重视。

中国养蜂历史悠久，养蜂技术独具特点。饲养管理精细、蜂群单产高，在蜂群数量和蜂产品产量等方面位居世界第一，几乎囊括了世界蜂王浆和蜂胶的产量。但是，由于养蜂规模小、机械化程度低、劳动强度大、收入不稳定，导致养蜂业后继无人，呈现老龄化趋势，严重制约了我国蜂业的发展，距离世界养蜂强国差距很大。

针对我国蜂业生产效率低、劳动强度大、蜂种退化、产品质量差、蜜蜂授粉普及率低等问题，国家蜂产业技术体系将"十二五"产前的重点任务定为蜜蜂优质高效养殖技术研究与示范。明确了我国养蜂生产技术发展的方向，开展了以蜜蜂规模化饲养管理技术为核心的养蜂技术的研发与集成，提高蜂产业的经济效益。蜜蜂规模化饲养管理技术以简化管理操作为主线，以养蜂机械化为手段，以蜜蜂良种为基础，以病敌害防控为保证，建立技术体系标准，实现人均饲养蜜蜂数量的增加，实现养蜂生产的规模效益。在首席科学家吴杰研究员的领导下，岗位科学家和综合试验站分工协作、互相配合，使我国蜜蜂规模化饲养管理技术水平有了大幅度的提高。在体系综合试验站建设的示范蜂场，人均蜜蜂饲养规模在原来 80 群的基础上成倍增大，最多的蜂群达到中蜂 420 群、意蜂 600 多群、东北黑蜂 400 群、新疆黑蜂 360 群，年收入可达百万元。随着国家蜂产业技术体系工作的深入、我国蜂机具的研发、蜜蜂良种水平的提升、蜜蜂病害防控能力的加强，我国蜜蜂规模化饲养管理技术将不断的发展，有望在 10 年内提升到人均饲养千群以上，达到发达国家水平。

国家蜂产业技术体系多年来在养蜂技术研发中取得的成果需要更广泛地传播，为提升我国蜂产业技术水平发挥作用。中国畜牧业协会组编的《中国现代养殖实用技术与经营丛书》为我们提供了平台。在中国养蜂学会理事长、国家蜂产业技术体系首席科学家、中国农业科学院蜜蜂研究所原所长吴杰研究员的策划和指导下，我们开始了《专家与成功养殖者共谈—现代高效养蜂实战方案》一书的编写工作。本书反映的新技术和新思路是国家蜂产业技术体系集体智慧的结晶，由蜂产业技术体系饲养与机具功能研究室岗位科学家团队编著，由综合试验站提供案例。周冰峰教授编写第一章"我国养蜂生产基本概况"、第七章"中华蜜蜂饲养模式与管理技术"、第十一章"商业授粉蜂群饲养模式与管理技术"和第十章"规模化蜂产品生产技术"中的蜂蜜、蜂花粉、蜂胶生产部分，曾志将教授编写第十章"规模化蜂产品生产技术"中的蜂王浆生产部分，李建科教授编写第六章"蜜蜂病敌害的防治"，和绍禹教授编写第四章"主要蜜粉源植物资源及其分布"，胥保华教授编写第五章"蜜蜂的营养与饲料"和第十二章"蜂产品市场与营销"，朱翔杰副教授编写第八章"西方蜜蜂定地饲养模式与管理技术"，徐新建博士编写第九章"西方蜜蜂转地饲养模式与管理技术"，周姝婧博士编写第二章"蜂场建设与规划"。第三章"我国蜂种资源的保护与利用"由周姝婧和周冰峰共同编写。书中插图除标注外，均由周冰峰拍摄提供。

蜜蜂规模化饲养管理技术处于发展初期，需要得到农业部科教司的继续关心和支持，国家蜂产业技术体系全体同仁的继续努力，蜂机具制造行业和养蜂生产第一线的生产者的实践奋斗。欢迎蜂产业各界对本书存在的问题提出批评，更希望对蜜蜂规模化饲养技术的发展提供建议。

周冰峰

2015 年夏，于福建农林大学蜂学学院

目　录

第一章
我国养蜂生产基本概况

阅读提示:

    本章重点介绍了我国蜂产业的基本情况,国家对蜂业扶持的政策和各级政府对蜂产业的支持,为我国蜂产业的未来发展提出了思路。通过本章的阅读,可以全面了解我国养蜂生产在世界养蜂业中的地位,了解我国养蜂技术的特点和局限,了解我国养蜂的主要蜂种和养蜂方式,掌握我国养蜂生产和饲养管理技术发展的现状和未来,促进我国养蜂生产的进步。在本章中提出了规模化饲养是我国蜜蜂饲养管理技术发展方向的观点,详细介绍了蜜蜂规模化饲养技术的必要性和可行性,对蜜蜂规模化饲养管理技术的形成和发展提出了基本方法。

我国养蜂生产在世界上是独特的。幅员辽阔和地形复杂形成生态环境的多样性，生态环境的多样性又孕育了蜜粉源种类和蜂种资源的多样性，为养蜂业的发展奠定了物质基础。我国养蜂历史悠久，养蜂技术具有较深厚的群众基础，为我国养蜂事业的发展提供了充足的人力资源。

我国是世界第一养蜂大国，养蜂从业人员多达 30 万～40 万人。饲养蜜蜂数量估计有 900 万群，位居世界第一。各类蜂产品年产量均居世界首位，蜂蜜约 40 万吨、蜂王浆 4 000 吨、蜂花粉 4 000 吨、蜂蜡 5 000 吨、蜂胶 400 吨、商品蜂王幼虫 60 吨、雄蜂蛹 30～50 吨。但是我国蜂场规模小、养蜂生产效率低、养蜂人劳动强度大、产品质量低，导致我们与养蜂强国的差距很大。提高我国养蜂业的技术水平，改变养蜂生产技术模式，是我们这一代养蜂人应负起的历史责任。

第一节　我国养蜂生产现状

我国饲养的蜜蜂主要有两个种：东方蜜蜂和西方蜜蜂。我国的东方蜜蜂为中华蜜蜂亚种，简称中蜂。中蜂是我国特有的土著蜂种，特别能适应我国的自然条件，是我国宝贵的蜂种资源。中蜂饲养数量大约占我国总蜂群数的 1/3。西方蜜蜂是从国外引进的蜂种，我国主要饲养的西方蜜蜂亚种是意大利蜜蜂，此外还有卡尼鄂拉蜜蜂、高加索蜜蜂等。我国饲养的西方蜜蜂由于杂交种的应用和民间无序引种，造成生产用的西方蜜蜂血统混杂严重。在我国的黑龙江省和新疆维吾尔自治区还分别饲养着少量的东北黑蜂和新疆黑蜂，这两个蜂种是在百余年前进入我国东北和新疆的黑体色西方蜜蜂，在相对封闭的环境和特定的生态条件下独立进化形成的，是我国宝贵的蜂种资源。

一、我国蜜蜂饲养方式

蜜蜂饲养方式按蜂箱类型，可分为活框饲养和原始饲养；按放蜂场地固定与否，可分为定地饲养和转地饲养。

（一）中华蜜蜂饲养

中蜂基本为定地饲养，饲养技术主要有两种类型，原始饲养（图 1-1-A）和活框饲养（图 1-1-B），这两种饲养方法的蜂群数量大约各占一半。中蜂原始饲养是我国传统的养蜂方式，经历了数千年的积累，形成了成熟的粗放管理模式。中蜂活框饲养技术是模仿西方蜜蜂活框饲养技术而来的。这两种中蜂饲养管理技术模式在我国并存，且都有存在的价值和意义。中蜂饲养主要分布在生态环境较好，但经济和科技发展相对落后的地区，中蜂饲养者的文化水平总体上也低于西方蜜蜂饲养者，因此中蜂饲养管理技术总体上不如西方蜜蜂。

图 1-1　中蜂蜂场

A. 原始饲养蜂场　B. 活框饲养蜂场

1. 中华蜜蜂原始饲养　中蜂原始饲养管理技术历史悠久，管理简单，但生产效率相对较低。中蜂原始饲养的最大价值在于对中蜂遗传资源的保护，可以在最大程度上减少人为对中蜂种群遗传结构的影响。中蜂原始饲养技术门槛低，有利于促进偏远山区发展养蜂。原始饲养方式能够在不改变中蜂遗传多样性的前提下，增加种群数量。地方政府应在生态环境好的深山区有意识地划出中蜂保护区，促进中蜂原始饲养。原始养蜂技术生产的蜂蜜能够迎合消费者对自然食品的需求，经营得当同样可以获得可观的收益。

中蜂原始饲养管理技术正处于改良中。借鉴于西方蜜蜂活框饲养管理技术的方法和思路，改进中蜂的原始饲养技术；借鉴于奖励饲喂技术，促进原始蜂群快速增长；借鉴于蜂巢调整和巢脾修造技术，淘汰老旧巢脾；借鉴于蜂脾比的控制技术，保持适宜的蜂脾关系，保证巢温的维持、蜂子的正常发育，以及减少病害发生和巢虫危害。参考西方蜜蜂活框饲养管理技术的继箱应用（图 1-2），设计多层次的原始蜂巢（图 1-3），毁巢取蜜时可避免对蜂群中蜂子的伤害，

图 1-2　西方蜜蜂活框饲养继箱蜂群

同时也减少了巢脾中蜜蜂虫蛹及花粉对蜂蜜的污染。收捕和诱引分蜂群是中蜂原始饲养管理技术中增加蜂群数量的主要形式。借鉴于人工分群技术，利用带蜂子脾和王台另组原始蜂群的方法增加蜂群数量，可以使原始饲养蜂场规模的扩大由被动变为主动。

A
B

图 1-3　多层原始蜂巢

A. 多层木桶蜂巢　B. 多层树段蜂巢

　　2. 中华蜜蜂活框饲养　中蜂活框饲养管理技术来源于西方蜜蜂饲养管理技术，在经历了 80 多年的本土化的改进后，在广东、福建等南方山区，中蜂活框饲养管理技术已基本成熟。中蜂主要分布在偏远山区，相当多的中蜂饲养者技术还处于较低的水平。很多技术水平差的中蜂活框饲养蜂场表现出的共性为，进入蜂场见到蜂箱较多，打开蜂箱巢脾较多，提出巢脾则脾劣蜂少。中蜂饲养管理技术发展很不平衡，应加大力度在中蜂主产区推广活框饲养技术。中蜂活框饲养的关键技术在于维持强群、及时淘汰劣质巢脾、调节蜂脾关系和保证充足的粉蜜饲料。

（二）西方蜜蜂饲养

　　西方蜜蜂是从国外引进的蜂种，原产地在欧洲和非洲。引进中国 100 年来，西方蜜蜂仍没有完全适应中国的环境，其主要原因是无序从国外引种，忽视对西方蜜蜂本土化选育。脱离人工饲养，西方蜜蜂在中国几乎不能生存，所以与欧美相比，西方蜜蜂的饲养在中国需要更高超的饲养管理技术。自从20世纪初引进西方蜜蜂和活框饲养管理技术以来，我国养蜂科技工作者和生产者在养蜂生产实践中不断地探索和改进，形成了独特的蜜蜂饲养管理技术。这种技术的特点是，精细管理、付出较多劳动以从一群蜜蜂中获取尽可能多的蜂产品。

我国西方蜜蜂饲养全部应用活框饲养技术，主要饲养方式有定地饲养和转地饲养两种。

1. 西方蜜蜂定地饲养　我国虽然总体上蜜粉源丰富，但理想的定地饲养西方蜜蜂的蜜粉源场地并不多。多数定地的西方蜜蜂蜂场需要通过饲养管理技术克服养蜂自然条件的不足，定地西方蜜蜂蜂场在蜜粉源缺乏的季节往往还需要在小范围内短途转地。西方蜜蜂定地饲养管理技术要点主要是，强群越冬、促蜂增长、蜂脾调整、双王群饲养、断子取蜜、王浆生产以及蜂螨防治等。

我国北方越冬是西方蜜蜂饲养管理的重要环节，寒冷地区的养蜂生产者创造了非常成熟的室外越冬技术和室内越冬技术，保证了北方蜂群的安全越冬；温带地区的养蜂生产者的暗室越冬技术和室外越冬技术已趋完善。蜜蜂群势的快速恢复和发展是我国西方蜜蜂饲养管理技术中的独到之处，精细到以脾为单位的管理，高度密集的蜂脾比，优质的蜂王，精准控制巢内的饲料贮备，精确的奖励饲喂量，高频率的更换新王，细致的蜂巢内巢脾位置的调整等技术措施，保证了蜜蜂群势以最快速度的恢复和发展。通过具有中国特色的采蜜群组织、控王产卵甚至断子取蜜达到最大限度地提高蜂蜜产量。

我国的蜂王浆生产技术世界一流，高产蜂王浆蜂种的选育、精细的产浆群组织和管理、精巧简单的产浆工具和心灵手巧的移虫技术，奠定了我国蜂王浆生产在世界养蜂业中绝对优势的地位。但是，以劳动密集为特点的蜂王浆生产，也制约了我国蜂业的可持续发展。国家蜂产业技术体系饲养与机具功能研究室将解决蜂王浆生产技术瓶颈问题，列入"十二五"期间的工作重点，现已取得突破性进展。

2. 西方蜜蜂转地饲养　为应对定地饲养的蜜粉源条件不足，我国的养蜂生产者创造了世界养蜂业中非常独特的西方蜜蜂转地饲养管理技术。改革开放以来，转地蜂场以家庭为基本单位，形成较松散却又相对固定的数家蜂场的联合体。转地蜂场春季多在我国南方的云南、广西、广东、福建等省（区）开始蜜蜂群势的恢复和增长。随着气温回升，转地蜂场沿着铁路主要干线和高速公路网，通过东线、中线和西线3条主要转地放蜂路线逐渐向北移动。

近年来，随着我国高速公路和高等级公路的快速发展，公路运输绿色通道的开通，养路费交纳方式的改变和汽车工业的发展，使得汽车运蜂更快捷更经济，蜜蜂转运将以铁路运输为主逐渐改变为以公路运输为主。蜜蜂公路转地运输将更自主、更灵活、更方便。蜜蜂运输专用车（图1-4）的设计、改装已取得很大进展，可以预计，蜜蜂运输专用车将在蜜蜂转地饲养中广泛应用。

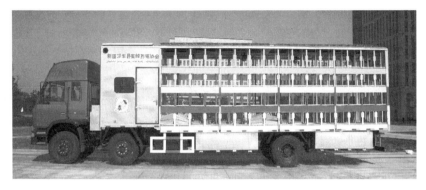

图1-4　蜜蜂运输专用车

二、我国养蜂技术特点和存在的问题

我国养蜂技术的特点是管理细心，蜂群发展快，蜂产品种类多，单群产量高；存在的主要问题是劳动强度大，生产效率低，机械化程度低，良种不足。

（一）我国养蜂技术特点

我国养蜂生产技术建立在精细管理的基础上，属典型的劳动密集型技术。高频次的蜂群检查，使养蜂人对每群蜜蜂了如指掌。以巢脾为管理单位，进行蜂群调整，使蜂巢结构始终处于最佳状态。使用简单的工具，手工操作，养蜂基本不用机械。这种养蜂技术模式可以从饲养少量的蜂群中获取较多的蜂产品，但需要付出的代价是养蜂人超负荷的脑力和体力、蜜蜂的过劳和多病、蜂产品的低质和市场的低价。

1. 蜂群饲养管理劳动密集型　蜂群管理细致，纯手工操作，劳动强度很大。饲养的蜜蜂群势偏弱，在精细的管理下蜂群能够快速地恢复和发展。在有限的蜂巢空间，为了给蜂王提供更多的产卵空间，巢内贮蜜控制在低水平的临界状态。蜂群调整多为巢脾位置的调整，包括巢脾是放入蜂群还是从蜂群中取出，这张巢脾放在蜂巢内的边上还是中间，放在巢箱还是放在继箱，放在这群还是那群。通过精确控制的奖励饲喂，掌握蜂巢内的贮蜜量。这种管理方法要求养蜂人在管理蜂群时始终处于高度的紧张状态，否则就可能因贮蜜不足造成蜂群发展受影响，稍有不慎将导致蜂群因饥饿而死亡。

2. 养蜂产品生产劳动密集型 蜂蜜、蜂王浆、蜂花粉、蜂胶等产品的产量我国均为世界第一。在蜜源花期连续取蜜，促进了蜜蜂高强度的采集，蜂蜜产量大幅度提高，但蜂蜜成熟度很低，高频次的采蜜操作加重了养蜂人的劳动强度。

我国蜂王浆生产技术在世界上独一无二，精巧的移虫技术使很多国家养蜂人不容易模仿，所以我国的蜂王浆产量占全世界的90％以上。蜂王浆生产从产浆群组织和管理、台基的清理、人工移虫、割台、取浆均为手工操作。国家蜂产业技术体系研发的机械化产浆技术已取得突破性进展，经进一步完善后有望在我国广泛应用。

蜂胶和蜂花粉生产也是以手工操作为主，包括集胶器的放置和蜂胶的刮取、脱粉器的安装和蜂花粉的晾晒。

3. 转地饲养蜜蜂运输劳动密集型 转地放蜂是我国西方蜜蜂饲养的主要形式之一，在养蜂生产季节连续追花采蜜获得蜂蜜等产品的高产，付出的代价是运输成本、转地风险和养蜂人的体力。每一次转换场地都需要进行场地选择确定、蜂群装钉、装车卸车、拆除装钉等工作，频繁的转地使养蜂人付出了超常的体力劳动。我国长途转地饲养从春季到夏秋，随着主要蜜源顺次由南向北开花，转地蜂群每15～30天转换一次场地。蜂群的装卸基本上无机械和工具，全凭体力搬动，年龄稍大的养蜂人难以承受。

（二）我国养蜂技术存在的问题

我国的养蜂环境条件的不足和养蜂技术的局限性，使我国的蜂业发展面临着很多问题。主要问题在于养蜂生产劳动强度大、效益不高、蜜蜂病害重、蜂产品质量差、养蜂人老龄化、机械化程度低、缺少蜜蜂良种、蜜蜂饲料发展滞后。要从根本上提升我国的蜂产业，就需要从养蜂的技术模式上进行大的变革，建立新的养蜂饲养管理技术体系。

1. 规模化程度低 规模化程度低是制约我国蜂业发展的关键。规模化是现代生产的重要特征之一，养蜂生产规模化是我国养蜂技术发展的必由之路。我国现在的养蜂技术是典型的小农生产方式，饲养有限数量的蜂群，极力获取超量的产品，蜂群管理精细，生产效率低下，人蜂疲惫，养蜂后继乏人。在发达国家，商业养蜂人均饲养1 000～10 000群，我国专业养蜂者人均饲养50～80群，差距非常大。

由于规模化程度低，蜂场需要追求单群产量和经济效益最大化，迫使养蜂人投入更多的脑力和体力；蜜蜂转地饲养的生活条件枯燥，生产条件简陋，存在人蜂安全的很多隐患；现蜜蜂转地饲养的生产技术模式要求蜂场连续更换放蜂场地，人和蜂得不到休整，养蜂成为非常艰苦的行业。

由于规模化程度低，养蜂生产的投入不足，养蜂机械的研发和应用受到市场的局限。我国的养蜂技术以简单的工具和手工操作为主要特征，养蜂机具的落后又影响了蜜蜂规模化饲养管理技术的发展。

由于规模化程度低，蜂场片面追求蜜蜂产品的产量，导致质量下降。低质蜂产品影响行业的市场信誉，价格低、销路差，养蜂收入减少。蜂蜜机械脱水设备就是在这种养蜂技术背景下产生的，而蜂蜜脱水又阻碍了优质成熟蜜的生产，将我国蜂业引入歧途，积重难返。

由于规模化程度低，养蜂人过度使用蜂群，导致蜜蜂健康不良，易感病害。蜜蜂病害严重又产生滥用蜂药的问题，增加了蜂产品抗生素等药物残留的风险。蜂产品药残的安全隐患影响到我国蜂蜜的国际市场和价格，减少了养蜂生产收入。

由于规模化程度低，养蜂生产劳动强度大、工作和生活条件艰苦、抗风险能力差、收入不稳定，导致养蜂人的老龄化。我国 40 岁以下的养蜂人少见，估计平均年龄在 55 岁以上。再不改变养蜂生产技术模式，我国养蜂业的前景堪忧。

2. 蜂种遗传资源的保护和利用不足　我国是世界上蜂种资源最丰富的国家，但在蜂种资源的保护和利用方面所做的工作远远不足。我国的中蜂在不同生态环境下发生遗传分化，形成了丰富的蜂种遗传资源，西方蜜蜂在我国独立进化和选育形成了独特的东北黑蜂和新疆黑蜂，还有野生的大蜜蜂、黑色大蜜蜂、小蜜蜂、黑色小蜜蜂等蜂种。此外，从国外引进意大利蜜蜂、卡尼鄂拉蜜蜂等优良的西方蜜蜂亚种成为我国养蜂的当家蜂种。但是在蜜蜂遗传资源保护利用和新品种培育方面存在明显不足。国家和地方研究所、高校、种蜂场几乎没有开展本土中蜂的良种繁育工作，民间盲目地引种导致了严重的后果。培育适合我国环境的西方蜜蜂品种很少，以民间力量为主培育的浆蜂虽然大幅度提高了蜂王浆产量，但蜂王浆的组分也发生着改变。蜂王浆产量提高和品质降低，直接导致市场价格下降，得失还很难权衡。饲养西方蜜蜂的养蜂人对蜜蜂良种的渴求，无序且盲目地尝试各种杂交组合，加剧了我国西方蜜蜂蜂种的混杂。

我国饲养的蜂种主要是外来的西方蜜蜂，西方蜜蜂数量约占我国蜂群总数的 2/3。西方蜜蜂进入我国百余年，至今仍没有完全适应我国的生态环境，没有独立生存的能力，除在新疆局部地方偶见野生新疆黑蜂的蜂群外，从未见野生的西方蜜蜂。不断地且无序地从国外引种不利于形成本土化的西方蜜蜂遗传资源。最应该产生于我国的抗螨西方蜜蜂蜂种仍不见踪影。蜂螨是西方蜜蜂的主要病害，起源于我国，也是最早危害于我国，我国是有条件在自然选择和定向选育过程中产生抗螨西方蜜蜂蜂种的。但无序引种干扰了自然选择抗螨性状的形成，抗螨药物的滥用保护了不抗螨基因不被淘汰。

随着我国经济的发展，自然生态环境变化很大。20 世纪大规模的森林砍伐、老树树洞消失、农村房屋材质和结构的改变，使野生中蜂筑巢的巢穴越来越少，减少了野生中蜂的生存空间。中蜂受到大量人工饲养的西方蜜蜂竞争，分布区缩小，种群数量急剧下降，中蜂遗传资源丢失严重。

第二节　我国蜂产业的发展潜力与方向

蜂产品的优质高产和蜜蜂为农作物高效授粉等养蜂生产，均依赖于蜜蜂饲养管理技术体系的建立和完善。我国蜂业发展战略需要重新建立蜜蜂饲养管理技术体系，从根本上改变我国养蜂生产中存在的饲养规模小、生产劳动强度大、产品质量差、在国际市场价格低、养蜂人年龄老化等现状。我国养蜂生产技术发展方向将以蜜蜂规模化饲养技术为核心，以简化管理操作为主线，以养蜂机械化为手段，以病敌害防控为保证，建立蜜蜂规模化饲养技术体系标准。

一、蜂产业发展前景

蜂产业在人类社会中的价值主要体现在蜜蜂产品的价值和蜜蜂授粉的价值。蜂产业可为人类提供蜂蜜、蜂花粉、蜂王浆、蜜蜂虫蛹等美味的营养食品和保健品，提供蜂胶和蜂毒等医药材料，提升人们的健康水平和生活品质。随着我国经济的发展，市场对天然健康的蜂产品需求将越来越大，尤其是对高端蜂产品的需要呈上升态势。可以预见，近年内对优质的蜂蜜、蜂王浆、蜂花粉等天然蜂产品需要将大幅度提升；将加大力度研发蜂胶特殊药理作用的系列产品，深度挖掘蜂胶中降血压、降血糖、降血脂等功效，解决富裕生活带来的健康隐患。我国的养蜂业市场前景光明，发展空间广阔。

蜂产业是大农业的有机组成部分，与农牧业的关系十分密切。养蜂生产的意义不仅是为了获得丰富的蜜蜂产品，更重要的是蜜蜂为农作物授粉。蜜蜂为农作物授粉所产生的经济效益百倍于养蜂生产所获得的产品价值。蜜蜂授粉是一项不扩大耕地面积，不增加生产投资的有效的农业增产措施。蜜蜂授粉具有极大的潜力，随着我国现代农牧业生产的发展，将导致自然野生授粉昆虫种群数量减少，蜜蜂授粉的地位将越来越重要。

蜜蜂授粉对自然生态的保护和恢复有重大意义，蜜蜂通过为大自然中的植物授粉，促进植被繁荣，为植食性野生动物的种群生存和发展提供了栖息地和食物。植食性野生动物的繁荣为肉食性野生动物提供了基本的生存条件。大力发展养蜂能够改善人类生活的环境，世界上发达国家政府对养蜂业均给予扶持和帮助。近年来，我国政府出台了促进蜂业发展的相关政策，加强了对蜂业发展的扶持力度。

二、蜜蜂规模化饲养

蜜蜂规模化饲养是我国养蜂生产发展的方向，是改变养蜂业劳动强度大、养蜂收入不稳定、产品质量低劣、蜜蜂易患病、养蜂人年龄老化等发展瓶颈的关键。我国养蜂业问题的主要根源在于蜜蜂饲养的规模太小，当今的精细饲养技术模式已没有前途。蜜蜂规模化饲养条件已逐渐成熟，人力成本上升，机械成本下降，我国蜂业的规模养殖已成为必然。养蜂发达的国家商业养蜂人均饲养千群以上，我国也有少数蜂农的饲养规模达到人均 900 群（图 1-5）。

图 1-5　我国规模化蜂场放蜂场地一角

现代社会大生产，规模和效益是分不开的，我国养蜂生产规模小已成为行业发展的瓶颈。蜜蜂规模化饲养技术体系的建立是改变中国蜂业问题的关键。通过大幅度提高人均饲养规模，可以促进养蜂大型机械的研发和应用，降低劳动强度，提高生产效率。扩大规模蜂场可减轻对蜂群的过度索取，增加蜂群的抗逆力，减少疾病的发生，达到蜜蜂健康养殖的目的。

蜜蜂规模化饲养的核心思路是简化饲养管理操作和养蜂机具的研发应用，实现一人多养，提高养蜂效率和降低劳动强度。蜜蜂规模化饲养技术体系的内容包括养蜂管理操作简化、大型养蜂机具的研发和应用、蜜蜂病虫害的防控和防疫体系的建立、蜜蜂良种的选育和应用等。

简化蜜蜂饲养管理操作就是要改变现实养蜂技术中管理过细的问题，将以脾为单位的管理方式改为以分场（放蜂点）为管理单位。力求每一放蜂点的蜂群保持一致，管理措施一致，以提高养蜂生产效率。

　　蜜蜂饲养管理技术的主要发展方向是大幅度提高蜜蜂饲养规模，通过规模的扩大提高生产效率，促进大型养蜂机械的研发和应用，降低养蜂劳动生产强度，增加经济收入。在蜜蜂规模化饲养管理技术相对成熟时，将此技术进行标准化、规范化处理，形成规范的蜜蜂饲养管理技术模式。蜜蜂规模化饲养与规模化农业生产相似，不提倡多种经营，强调社会分工，要求生产专一产品，完善一套技术、购置一套生产机具。

　　蜜蜂规模化饲养技术对蜂种要求更高。蜜蜂规模化饲养需要优良蜂种的主要性状是抗病和维持强群。在蜜蜂饲养中，病虫害对养蜂生产的影响往往是致命的。蜜蜂病虫害的防控不能依赖于药物，因此蜂种抗病能力是蜜蜂规模化饲养管理技术模式的关键要素。强群是蜜蜂生产的三个重要因素之一，蜂群的快速发展和维持强群的蜂种特性对简化蜂群管理操作是非常重要的。

　　蜜蜂规模化饲养管理技术通过简化饲养管理技术、大型养蜂机具的研发与应用、蜜蜂良种和蜜蜂病虫害防控防疫，提高蜜蜂饲养规模，减轻养蜂人的劳动强度和蜜蜂的沉重负担，提高养蜂收入，吸引年轻人加入养蜂生产行列。规模化蜜蜂饲养管理系列技术包括西方蜜蜂规模化定地饲养管理技术、西方蜜蜂规模化转地饲养管理技术、西方蜜蜂规模化蜂王浆生产技术、中蜂规模化饲养管理技术等。

　　蜜蜂防疫和蜜蜂病虫害防控体系的建立和完善是蜜蜂规模化饲养技术实施的保证。除了在蜂种特性上要求抗病虫外，还应严格执行蜂场的防疫制度，严防恶性传染性病虫害的传播和扩散。蜜蜂病虫害防控技术体系要求在饲养管理技术上力求给蜂群提供最好的生活条件，保证蜜蜂个体发育健康，以提高蜂群的抗病能力。

三、蜜蜂饲养管理技术标准化

　　蜜蜂饲养管理技术标准化是指在新技术研发成熟后，将各养蜂技术环节用标准的形式固化。只有形成标准的技术才是成熟的技术，才能够稳定地保证生产效率。蜜蜂饲养管理新技术的标准化是养蜂生产发展所必需的。

　　在蜜蜂规模化饲养管理技术体系完善后，需要对蜜蜂规模化饲养管理技术的各环节，制定可操作性的技术标准。在蜜蜂规模化饲养技术的框架下，形成规范的技术标准体系，如蜜蜂规模化饲养技术的一般准则、西方蜜蜂规模化定地饲养技术标准、东方蜜蜂规模化定地饲养技术标准、西方蜜蜂规模化转地饲养技术标准、规模化蜜蜂产品生产技术标准、规模化蜜蜂授粉蜂群管理技术标准等。

四、养蜂生产专业化

养蜂生产专业化是养蜂高效生产的重要前提。社会性大生产的特点就是专业化，只有专业化才能形成大规模的生产，才能最大限度地提高劳动生产率和经济效益。我国现实的养蜂技术建立在小规模的基础上，为了在有限数量的蜂群中获取更高的效益，只能搞"多种经营"，这是典型的小农经济思路。通过养蜂专业化生产的发展，促进蜜蜂饲养规模的扩大，才能提高养蜂生产效率。

五、养蜂生产机械化

养蜂机械化是我国蜜蜂规模化饲养管理技术体系的重要支撑，蜜蜂规模化饲养离不开大型养蜂机具的研发与应用。由于我国养蜂生产长期处于典型的劳动密集型状态，养蜂机具的落后一直是制约养蜂生产的瓶颈。养蜂机械化生产技术体系的建立，对我国蜂产业总体提升将起到关键作用。养蜂生产机械包括蜂产品的生产机械、蜂群运输与装卸机械、蜂群管理机具、蜂产品贮运及包装机械等。

养蜂生产机械化程度与规模化蜜蜂饲养管理技术发展的进程有关，大规模的蜂场需要大型的养蜂机械。在我国养蜂规模很低的现实基础上，养蜂规模的提高需要一个较长的过程。在蜜蜂规模化饲养管理技术的发展中，需要先研发小型和中型的养蜂机械，以适应蜜蜂规模化饲养技术发展过程中的需要。待蜜蜂规模化饲养技术成熟后，再研发大型的养蜂机械。

（一）蜂产品生产机械化

蜂产品生产机械化是指在生产过程中各种蜂产品通过机械完成的作业过程。蜜蜂饲养的规模越大，需要机械化程度越高。蜂产品生产机具主要包括蜂蜜生产机械、蜂王浆生产机械、蜂花粉生产机械、蜂蜡生产机械、笼蜂生产机具等。

1. 蜂蜜生产机械　蜂蜜生产机械主要有摇蜜机、切蜜盖机、脱蜂机、蜜蜡分离装置、蜂蜜过滤装置等。这些蜂蜜生产机械与装置随着蜜蜂饲养规模的扩大，将向着大型化方向发展，形成自动化生产线（图 1-6）。

2. 蜂王浆生产机械　蜂王浆目前是以人力手工生产为主，以简单的工具和熟练的操作技巧支撑蜂王浆生产。蜂王浆生产技术正处在重大变革中，国家蜂产业技术体系饲养与机具功能研究室正在研发特殊的蜂王浆生产装置，取代付出大量劳动的移虫工作，形成免移虫蜂王浆规模化生产新技术，通过研发取浆机实现机

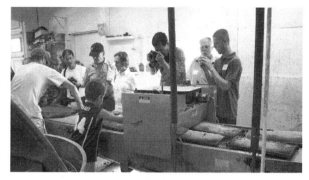

图 1-6 美国机械化采收蜂蜜 （周姝婧 摄）

械化取浆。取浆机根据不同思路原理开发出 3 种类型：刮取式、离心式和吹吸式（图 1-7）。

A   B   C

图 1-7 机械化采收蜂王浆
A. 刮取式取浆机　B. 离心式取浆机　C. 吹吸式取浆机

    3. 蜂花粉生产机械　蜂花粉是养蜂的主要产品之一，蜂花粉生产所需要的机具主要有两类：一是脱粉机具，二是蜂花粉干燥设备。我国脱粉器的研发已走在世界前列，脱粉器的研制已基本成熟，但蜂花粉干燥设备的研发还比较落后，主要原因是现代养蜂的规模较小，蜂花粉的脱水处理主要依赖于日晒，养蜂人不可能在蜂花干燥设备上投入更多。随着蜜蜂规模化饲养技术体系的成熟，较大型的蜂花粉干燥等设备将必不可少。

    4. 蜂蜡生产机械　蜂蜡生产主要是从淘汰的旧巢脾中榨取，现在一般养蜂场规模不足百群，蜂蜡的榨取基本上是土法操作，效率低，浪费大。随着规模化蜜蜂饲养技术的成熟与普及，旧巢脾的数量将大幅度增加，蜂蜡生产机械将会有新的市场。尤其是应用先进规模化饲养技术的蜂业专业合作社，将会需要较大型的蜂蜡生产机械，将旧巢脾做统一处理。蜂蜡生产机械包括旧巢脾去杂和清洗设施、旧巢脾加热设施、榨蜡机械、蜂蜡去杂和成型设施。

（二）蜂群运输机械化

蜜蜂转地饲养管理在我国是主要的养蜂形式之一，这与我国蜜源分布的特点有关，转地饲养这种养蜂形式还将继续下去，蜂群运输和装卸机具研发是蜂产业技术工作的重点之一。国家蜂产业技术体系饲养与机具功能研究室，现已完成自动升降平台的研发，促进了蜂群装卸问题的解决。蜂群转地运输机械的研发可分为两大类：一是移动放蜂平台的研发，二是蜂群装卸机械的研发。

移动放蜂平台是承载转地蜂群可移动的平台，蜂群在转地过程中随着平台移动，不必装卸蜂群。我国正在开发生产的移动放蜂平台是在载货汽车基础上改装设计的，也称为放蜂专用车。放蜂专用车现已有两家汽车厂商开发生产。在使用中，车厢两侧的蜂群不用卸下，但车厢中间的蜂群还需要装卸。这种放蜂专用车易造成蜂群偏集和蜜蜂集中车下的问题。

蜂群装卸机具主要有 3 种类型：叉车、吊杆和升降平台。叉车装卸蜂群快速，但叉车随转地蜂场携带有很大困难。在运蜂专业车上安装吊杆在技术上没有问题，但用吊杆装卸蜂群效率较低。升降平台只是起到用机械将蜂群提升和下降的作用，蜂群的水平移动还需要人力。

（三）蜂群饲养管理机械化

蜂群饲养管理机械化可以减轻蜂群管理中的劳动强度和提高养蜂生产效率。蜂群饲养管理机具包括的内容较多，主要有蜜蜂饲料配制机具、自动化蜜蜂饲喂设备、巢框制作和上础机械、防治蜂螨机具等。

（四）蜂产品贮运及包装机械化

大型规模化蜂场需要规范的蜂产品生产车间，以及与之相配套的生产机械。不同产品的生产车间所需要的机具有所不同。现代规模化蜂场不再以提供产品原料为主，更多的是直接向社会提供高质量的商品。蜂蜜、蜂王浆、蜂花粉的商品生产需要容器的清洗干燥设备、罐装设备、包装设备、贮运机械等。

六、笼蜂饲养

笼蜂是一种高效的养蜂生产模式，在国土辽阔的养蜂发达国家普遍应用。我国具有应用笼蜂生产模式的自然条件。随着我国经济的发展和社会的进步，将来笼蜂会在我国广泛应用。笼蜂生产机具主要包括蜂笼制作、蜜蜂装笼机械、笼蜂运输工具等。

养蜂行业的发展，依赖于规模和效益。大规模的养蜂生产需要大社会环境的支持，养蜂生产中的技术和物质支持由相关的专业企业提供，有利于更大规模化蜜蜂饲养的发展。其中，笼蜂的应用是对规模化养蜂的支持要素之一，通过购买笼蜂能够解决蜜蜂规模化饲养的蜂群来源和蜂群的补充。专业化的笼蜂生产也是养蜂大生产的重要组成部分。我国具有笼蜂的饲养与应用所需要的自然环境条件，南北气候差异大，蜜粉源丰富，具备发展笼蜂生产的自然条件。但是，笼蜂生产的社会条件还有所欠缺，需要我们创造条件，努力地改变发展笼蜂生产中存在的不利因素。

第三节　国家推动蜂产业发展的重要措施

一、国家对发展蜂产业加大政策扶持

改革开放 30 多年来，我国蜂业快速发展。蜂产业对社会、经济和自然生态的重要性受到国家和地方政府的高度重视，使我国蜂业多方面跃居世界第一。中共中央书记处研究室科技组在 1983 年 1 月向农牧渔业部提出"关于发展养蜂业和推进养蜂现代化的建议"，肯定了我国养蜂所产生的经济效益和社会效益，明确了蜂业发展的潜力，提出推广养蜂、实现养蜂现代化、积极产销蜂产品、加强蜂学科研、重视蜂产业智力投资、保护蜜源等建议。1985 年 10 月农业部颁布了《养蜂管理暂行规定》，我国蜂业管理有了法规性文件。在中央政府的重视下，全国相继建立了 9 个省级养蜂管理站和 198 个县级养蜂管理站，此外还有很多省（市、县）配备了专职的养蜂管理干部，加强了对蜂业的管理。1978—1991 年，我国在相关政策和法规的促进下，蜂业迅速发展，全国的蜂群总数由 389 万群上升到 778 万群，蜂蜜总产量由 9.7 万吨上升到 21.3 万吨。

我国蜂业在 1991 年达到一个巅峰，随后进入了缓慢的调整期。在计划经济向市场经济转变的过程中，我国蜂业面临着新的环境和新的问题，需要新适应。

21 世纪初，随着市场经济的深入发展，我国蜂业在国家的重视下开始了新的发展。2009 年 12 月 22 日，国务院交通运输部和国家发改委联合颁布文件，将蜜蜂列为"鲜活农产品"。从 2010 年 1 月 1 日起转地放蜂运输车辆享受"绿色通道"，在全国范围内免收车辆费。为转地放蜂的蜂场降低了蜜蜂运输成本，促进了蜜蜂转地的发展。在党中央的重视下和中央领导的指示下，农业部 2010 年 2 月出台了《农业部关于加快蜜蜂授粉技术推广促进养蜂业持续健康发展的意见》，引起各级政府对蜂业进一步的关心和扶持。2012 年农业部出台了《养蜂管理办法》法规性文件，使我国蜂业的管理向正规化又前进一步。国家对蜂业科技加大投入，促进了我国蜂业科技长足的进步。2007 年在"国家公益性（农业）行业科技项目"中专设了总经费 1 500 万元的"不同蜜蜂生产区抗逆增产技术研究"课题。2008 年蜂产业进入农业部"国家现代农业产业技术体系"，组织了全国蜂行业 20 名岗位科学家和设立了 21 个综合试验站。截至 2015 年年底，农业部和财政部为国家蜂产业技术共投入 2 亿多元经费，对我国蜂业的发展发挥了巨大的作用。

二、国家对蜂产业加大技术创新和支撑

（一）国家将蜂产业列为农业产业技术体系的重要内容

农业部在 2008 年以提升农业产业为目标，以农产品产业为主线进行农业科技机制的创新。按照优势农产品区域布局，围绕产业发展需求，建设从产地到餐桌、从生产到消费、从研发到市场的现代农业产业技术体系。现代农业产业技术体系基本任务是围绕国家农业产业发展需求，进行共性技术和关键技术研究、技术集成与试验示范；收集、分析农业产业及其技术发展动态信息，开展农业产业技术发展规划和产业经济政策研究，为政府部门和产业主体提供决策咨询和信息服务；在主产区开展技术示范和技术服务，以应对各种影响农业产业发展的突发事件。国家蜂产业技术体系是国家现代农业产业技术体系的组成部分。

国家蜂产业技术体系在"十二五"期间的主要任务是蜜蜂优质高效养殖技术研究与示范和蜂产品质量安全与增值加工技术研究与示范。

1. 蜜蜂优质高效养殖技术研究与示范 在分散养殖、产业化规模化程度低、良种缺乏、机械化程度低、蜂群病虫害严重、蜂农养蜂生产重产量轻质量现象严重、经济效益低等我国蜂业关键问题的背景下，开展蜜蜂优质高效、规模化、标准化饲养、优良蜂种选育、蜜蜂病虫害防控、蜜蜂高效利用等技术的研发与集成，提高蜂产业的经济效益，促进蜂业可持续发展。核心技术与实施内容包括蜜蜂规模化饲养管理技术、优良蜂种选育利用技术、病虫害防控技术、蜜蜂高效利用技术。

（1）**蜜蜂规模化饲养管理技术** 通过对简化的蜜蜂饲养管理技术、实用养蜂机具、蜜蜂代用饲料的研究，提高蜜蜂人均饲养量。

（2）**优良蜂种选育利用技术**　通过传统和分子标记辅助选育手段，培育高产、优质及授粉效益高的东、西方蜜蜂优良蜂种。

（3）**病虫害防控技术**　开展蜜蜂主要病虫害的发病规律、诊断及监控技术研究，研发绿色蜂药等，形成实用的蜜蜂主要病虫害防控技术。

（4）**蜜蜂高效利用技术**　通过开展蜜蜂生物学、行为学、生理学及传粉生态学研究，提高蜂群经济效益，积极探讨蜜蜂为油菜、梨等农作物授粉增产、增值技术，形成蜜蜂为1～2种主要经济作物授粉配套技术，解决授粉效率低的问题。

2. 蜂产品质量安全与增值加工技术研究与示范　溯源性分析技术是支撑质量监测的重要技术手段，采用多技术研究蜂产品的理化特征、表征和其他一些成分加以科学分析和评价，建立标准模型和数据库，可以更加客观、全面、有效监测蜂产品质量，同时有助于实施产地溯源、品种识别和真实性鉴别，完善蜂产品质量可追溯性监管。研究蜂产品增值加工新工艺，开发新产品，是提高蜂业生产效益，增强蜂业国际竞争力的关键。核心技术与实施内容包括：蜂产品电子溯源技术优化与集成技术、蜂产品溯源性分析技术、蜂产品功能与特征成分评价技术、蜂产品增值加工技术。

（1）**蜂产品电子溯源技术优化与集成技术**　在已有的计算机（PC）信息采集软件基础上，优化电子信息技术在蜂业中的应用，研发出基于便携式手提电脑（PDA）的溯源信息管理系统；研究与溯源相匹配的有关溯源标准，促进电子信息溯源技术更好地在行业内实施。

（2）**蜂产品溯源性分析技术**　利用同位素质谱技术、近红外技术、液质联用指纹图谱技术，以我国油菜、荆条、洋槐、荔枝蜜为研究对象，研究蜂蜜和蜜源特征或表征成分，建立对目标蜂蜜具有产地溯源、品种识别、真实性鉴别等功能的质量分析与评价技术。

（3）**蜂产品功能与特征成分评价技术**　研究各种蜂产品的化学成分、生物学活性及开发利用途径；研究蜂产品中生物活性物质的理化特性、作用机制及其分离提取的关键技术，促进蜂产品增值加工技术研究。

（4）**蜂产品增值加工技术**　研发蜂产品深加工新型设备；利用超临界流体萃取技术、酶工程技术、膜技术、纳米技术、生物技术等在蜂产品加工中的应用，研制出功能因子明确、附加值高、市场竞争力强的新产品，实施产业化开发与示范。

（二）体系的组织结构

国家蜂产业技术体系在"十二五"建设期间，由1个国家蜂产业技术研发中心，21 个综合试验站组成。国家蜂产业技术研发中心设首席科学家 1 名，岗位科学家 20 名。21 个综合试验站有站长 21 名，团队成员 76 名，技术推广骨干 156 名，示范县 113 个。"十一五"期间国家蜂产业技术体系建设总经费为 9 000 万元，"十二五"期间国家蜂产业技术体系建设总经费为 1.24 亿元。

1. 国家蜂产业技术研发中心　国家蜂产业技术研发中心设 4 个功能研究室，分别为育种与授粉研究室、病害防控与质量监控研究室、饲养与机具研究室和加工与产业经济研究室。功能研究室中的每一位岗位科学家都拥有一支由 5～6 名科研人员组成的科技创新团队，团队成员之间分工明确，协助岗位科学家完成体系任务。

育种与授粉研究室设种质资源评价、品种培育、育种技术、授粉昆虫繁育、授粉昆虫管理 5 个岗位；病害防控与质量监控研究室设虫害防控、病害防控、药物残留与控制、病虫害风险评估、产品质量监控 5 个岗位；饲养与机具研究室设中华蜜蜂饲养、西方蜜蜂饲养、转地饲养与机具设备、蜂箱与蜂巢、营养与饲料 5 个岗位；加工与产业经济研究室设资源与评价、深加工、生物活性物质利用、保健功能开发、产业经济 5 个岗位。

2. 综合试验站　国家蜂产业技术体系在"十一五"建设期间设立了 11 个综合试验站，在"十二五"建设期间增加至 21 个综合试验站。综合试验站由 1 名站长和 5 名团队成员组成，下设 5 个示范县，建设若干个试验示范基地，其主要任务是承接岗位科学家的技术研发成果，开展技术试验示范和技术服务。

国家蜂产业技术体系综合试验站的具体布局为：在北京市建立北京综合试验站、在山西省建立晋中综合试验站、在辽宁省建立兴城综合试验站、在吉林省建立吉林综合试验站、在黑龙江省建立牡丹江综合试验站、在江苏省建立扬州综合试验站、在浙江省建立金华综合试验站、在安徽省建立合肥综合试验站、在山东省建立泰安综合试验站、在河南省建立新乡综合试验站、在湖北省建立武汉综合试验站、在广东省建立广州综合试验站、在广西壮族自治区建立南宁综合试验站、在海南省建立儋州综合试验站、在重庆市建立重庆综合试验站、在四川省建立成都综合试验站、在云南省建立红河综合试验站、在陕西省建立延安综合试验站、在甘肃省建立天水综合试验站、在宁夏回族自治区建立固原综合试验站、在新疆维吾尔自治区建立乌鲁木齐综合试验站。

（三）蜂产业技术体系研究成果产生的作用和影响

1. 蜂产业技术体系研究成果产生的作用

（1）蜜蜂规模化饲养技术已形成　国家蜂产业技术体系在"十二五"期间产前的重点任务是蜜蜂优质高效养殖技术研究与示范，蜜蜂规模化饲养技术是核心。体系研发形成《中华蜜蜂规模化饲养管理技术》《西方蜜蜂规模化定地饲养管理技术》和《西方蜜蜂规模化转地饲养管理技术》3套技术方案。在蜜蜂规模饲养管理技术方案的指导下，示范蜂场的规模已得到提高，中蜂人均饲养80~230群，西方蜜蜂人均饲养180~900群。

（2）免移虫蜂王浆生产技术取得突破性进展　蜂王浆是我国养蜂生产最主要的产品之一，占世界蜂王浆总产量90%以上。蜂王浆规模化生产技术，是蜂产业技术体系解决蜜蜂规模化饲养技术的重要内容。蜂王浆优质高效生产技术的研发由蜂王浆高产机理研究、规模化饲养技术、蜂种选育和蜜蜂病害防控内容组成，其关键的核心技术是免移虫技术。免移虫蜂王浆生产是世界养蜂生产领域的重大突破。

西方蜜蜂饲养岗位科学家根据蜜蜂生物学特性和仿生学原理，发明免移虫蜂王浆生产工具和技术。作为蜂产业技术体系成果，《免移虫蜂王浆生产技术》已正式出版。免移虫技术的基本思路是，让蜂王将受精卵直接产在产浆的王台中，王台中的卵孵化为小幼虫，替代人工将工蜂巢房中的幼虫移入王台的技术操作。试验结果表明：免移虫产卵率达80%~90%，免移虫王台接受率达85%。与人工移虫生产蜂王浆技术相比，免移虫蜂王浆生产技术不需要人工寻找小幼虫脾和人工移虫，产浆量提高38.9%~83.3%。

以简化蜜蜂管理操作和机具研发应用为核心的规模化蜂王浆生产技术，增加养蜂数量，提高生产效率。饲养与机具功能研究室提出全场蜂群调整并保持一致，以放蜂点或分场为管理单位统一操作，减少不必要的检查，简化管理操作，提高人均蜂群饲养量。制定了与免移虫蜂王浆生产技术配套的蜂群饲养管理技术。在研发免移虫技术的同时，发明了取浆机械，进一步提高了蜂王浆的生产效率。

（3）研发养蜂机具　蜂产业技术体系在规模化蜂王浆系列生产机具、蜜蜂运输、取蜜、饲喂、上础等机具进行了研发。泰安综合试验站东营示范县负责人促进和参与了蜜蜂运输专业车的研发。转地饲养与机具岗位科学家参与蜜蜂运输车的改进设计、研发了电动脱蜂机，蜂箱与蜂巢岗位科学家团队研发了以太阳能为动力的摇蜜机，蜜蜂饲养与饲料岗位科学家研发蜜蜂自动饲喂设备。蜂机具的研发对蜜蜂规模化饲养模式的发展起到了支撑作用。

（4）蜜蜂授粉技术进一步完善　开展了油菜、苹果、梨、西瓜等大田作物和设施作物的蜜蜂授粉技术及授粉蜂种的繁育、开发、利用等研究，颁布《苹果蜜蜂授粉技术规程》地方标准1套，正在制定油菜蜜蜂授粉技术规程1套，已建立寄生虫鉴定方法1套，数据库2套，这些为蜜蜂授粉技术的示范、推广奠定了基础。

除蜜蜂外，以熊蜂为代表的授粉昆虫基础研究和应用取得了长足进步。筛选和驯化了 5 种我国特有的熊蜂种，应用于设施茄科作物、葫芦科作物的授粉。

2. 蜂产业技术体系工作产生的影响

（1）获得地方政府对蜂业的重视　由于蜂产业技术体系工作促进了我国蜂业的发展和技术进步，获得地方政府对蜂业的重视。北京、重庆、山东等省（市），四川省阿坝州、陕西省黄龙县、甘肃省徽县、吉林省敦化县、海南省琼中县、黑龙江省迎春林业局等地方政府将养蜂列入政府优先发展计划，并加大对蜂业投入。岗位科学家团队和综合试验站团队在基层调研和对蜂农进行技术指导，引起当地政府对蜂业的关注。养蜂在农业、畜牧业是小行业，很多地方政府部门不了解蜂业对农业增产、环境保护与恢复、农民增收的价值。经过体系岗位科学家和综合试验站的深入基层工作，政府和职能部门知道了蜜蜂对农业增产、环境保护与恢复的价值，农民饲养一箱蜜蜂的收入远高于饲养一头猪，引起很多地方政府官员对养蜂业的兴趣。四川阿坝州 9 个县、甘孜州 5 个县、达州市，陕西省黄龙县，重庆市山区各县等政府部门开始招收蜂学专业毕业生，准备大力发展养蜂业。

（2）蜂种资源保护　在体系的建议和支持下，地方政府建立蜂种资源保护区和保种场。乌鲁木齐综合试验站在新疆参与新疆黑蜂保护区的建设；牡丹江综合试验站在黑龙江省饶河县参与东北黑蜂保护区的建设；吉林综合试验站在吉林省安图县参与长白山中华蜜蜂保护区的建设；成都综合试验站在四川省阿坝藏族自治州参与阿坝国家中蜂保护区的建设，促进青川和万源省级中蜂遗传资源保护区的建立；天水综合试验站在甘肃省徽县和岷县参与中华蜜蜂保护区的建设；重庆综合试验站在南川区参与金佛山中华蜜蜂保护区的建设，泰安综合试验站在山东促进和帮助地方政府建立费县、济宁、蒙阴 3 个中华蜜蜂保护区。体系工作促进了中华蜜蜂长白山种群、山东种群、固原种群的恢复和发展，促进了濒临灭绝的东北黑蜂、新疆黑蜂等我国宝贵的特有蜂种资源的恢复和发展。

（3）生产规模的扩大　在体系岗位科学家、综合试验站的技术指导、技术培训和技术示范下，技术辐射到的蜂场技术水平大幅度提高，蜜蜂饲养规模提高 50%～100%，蜂蜜成熟度提高。

（4）蜜蜂授粉应用更加普及　在体系蜜蜂授粉相关的岗位科学家和综合试验站的技术示范下，蜜蜂授粉的作用和价值被农业种植者所认识，在新疆葵花、油菜、巴达木等作物授粉期间，授粉蜂群供不应求。在北京等华北地区，利用蜜蜂为保护地授粉已成为农业种植的常规技术。

［案例 1-1］　延安综合试验站创建黄龙县中蜂规模化
饲养示范县的主要做法及成效

陕西省黄龙县地处陕北黄土高原丘陵沟壑区，位于陕西省北部东段，隶属于延安市管辖，总面积 2 752 千米^2，林草覆盖率达 91%。区域内有油菜、刺槐、白刺花、漆树、荆条、栀子、女贞子等蜜源植物达 300 余种，能生产商品蜜的主要蜜源植物有 20 多种，丰富的蜜源为养蜂产业的发展提供了良好的条件。

在"十二五"期间被国家蜂产业技术体系延安综合试验站列为中蜂规模化饲养示范县后，黄龙县委和政府高度重视，制定了《黄龙县人民政府关于发展中蜂养殖业的意见》《黄龙县中蜂百箱养殖示范户扶持管理办法》《黄龙县中蜂养殖 2012—2016 年发展规划》等文件。成立了黄龙县养蜂试验站，指导全县的养蜂技术。将中蜂养殖列为主导产业，把"小蜜蜂做成大产业"。

在国家蜂产业技术体系的蜜蜂规模化饲养新技术的支撑下，延安综合试验站示范基地的带动下，通过体系岗位科学家培训和指导，促进了黄龙县中蜂饲养技术的进步。推出了"大户示范、小户覆盖"的发展模式，基本形成以石堡镇、白马滩镇、柏峪乡、红石崖社区服务中心为核心，辐射带动其他乡镇中蜂产业发展的格局。黄龙县政府规定，养蜂用地视同农业用地，不再征收任何费用。黄龙县政府每年划拨 200 万元补贴给养蜂户，补贴标准为 2012—2016 年，每年发展百群规模以上的中蜂蜂场 100 个，政府给规模化蜂场发放 100 套蜂箱。优先给中蜂规模化蜂场发放财政贴息贷款，作为生产环节的流动资金。全县共有 1 045 个中蜂蜂场，饲养中蜂 35 120 群，其中 100 群以上的蜂场 71 个，50 群以上的蜂场 203 个，产蜜 500 余吨，实现产值 1 800 多万元。2013 年中国养蜂学会授予陕西省黄龙县"中华蜜蜂之乡"称号。

（案例提供者　杨勤宏、拜雄波、王　莉）

［案例 1-2］　固原综合试验站创建中蜂规模化饲养
示范蜂场的主要做法及成效

宁夏回族自治区饲养中蜂历史悠久，但千百年来当地老百姓一直采用原始落后的土法饲养。2010 年前，固原市 95% 以上的农户仍然采用原始饲养方法饲养中蜂，农户一般饲养量在 3～5 群，饲养 50 群以上的很少见，饲养百群以上的中蜂饲养户从未出现过。

2011 年，进入国家蜂产业技术体系的固原综合试验站分别在隆德县和西吉县建立了两个中蜂规模化饲养管理技术示范蜂场。在国家蜂产业技术体系新技术的支撑下，2013 年，隆德县示范蜂场已由当初的 38 群发展到 125 群，蜂蜜产量由当初的 100 千克增加到 1 500 千克，年收入由当初的 1 万元左右增加到 10 万元，同时还出售蜂群 30 余群；西吉县示范蜂场由当初的 13 群蜜蜂发展到 60 群，年收入由当初的几千元增加到 6 万多元。两个示范蜂场都起到了示范带动作用，有力地促进了当地群众饲养中蜂的积极性。

上述两个示范蜂场在全国来说其规模不大，还未达到规模化养蜂的要求。但是，对于宁夏六盘山区偏僻落后的地方来说，已取得了显著的成绩。其成功的经验和采用的实用技术主要有以下几方面：

第一，简化操作，均衡群势。蜂场规模扩大了，用原来的精细饲养管理方式就管理不过来。为了减轻蜂农劳动强度，减少操作，必须均衡群势，除分蜂季节保留较小的交尾群外，平常对弱小蜂群都要及时进行合并，这样使全场蜂群大概保持一致。在管理上原来以"脾"为单位的饲养操作方式改为以"箱"或"场"为单位，在操作时所有蜂群做相同的处理。不必操作的不操作，可操作也可不操作的不操作，能一次完成的不分几次完成。

第二，使用机具，统一巢框。使用先进的蜂机具和在本蜂场内使用统一的巢框是实现规模化养蜂的基础。蜂机具的使用促进了养蜂技术和养蜂效益的大大提高，使用统一的蜂箱、巢框、巢础，不仅便于蜂群管理，而且便于机械化操作。今后随着蜂场规模的不断扩大，还需要使用电动摇蜜机、吹蜂机、电热埋线器等新型蜂机具。

第三，蜂王优良，地方良种。实行人工育王，选用本场和当地能维持强群的蜂群作为种用群培育蜂王，更换蜂场全部老劣王。

第四，确保质量，诚信至上。生产成熟蜜，坚持规范操作蜂群饲养及产品生产技术，确保产品质量安全，坚持诚实守信经营是中蜂规模化养殖必须坚守的基本原则。只有这样，蜂场规模扩大以后生产的蜂产品才能卖出去，规模化经营才能有市场，才能产生更大的经济效益。

（案例提供者　王　彪）

[案例 1-3]　　乌鲁木齐综合试验站创建西方蜜蜂规模化饲养
北屯示范蜂场的主要做法及成效

新疆北屯梁朝友西方蜜蜂规模化饲养示范蜂场位于新疆维吾尔自治区布尔津县北屯镇，是由国家蜂产业技术体系乌鲁木齐综合试验站建设的，也是全国最大的西方蜜蜂规模化饲养示范蜂场，4 位蜂群管理者饲养 3 500 群蜜蜂，生产巢蜜 200～300 吨，年产值达 600 万～900 万元。

以下是该蜂场采用的具体技术。

1. 规模化饲养管理技术

规模化饲养管理技术要点是：简化管理操作、机具研制和应用、病敌害防控和使用良种。简化管理的前提是将全场蜂场调整一致，所有蜂群按一种方法实施管理操作，减少蜂群的开箱操作；自制机具和租用机械，提高蜂群管理和生产效率，实现蜂群运输和装卸机械化、取蜜生产机械化、蜂群管理机械化；通过严格的蜜蜂病敌害的防控和防疫措施，控制病敌害的发生；通过选育适合新疆的优良蜂种，提高蜂群的生产性能。

2. 蜂群周年饲养管理

该场在新疆转地饲养，蜂群在南疆越冬，早春恢复发展，为巴旦木果树授粉，春、夏两季运回北疆继续发展蜂群、采蜜和为葵花等作物授粉。

9 月初全场关王，9 月下旬将全场蜂群合并调整到 5 足框，连续饲喂 6～7 天越冬饲料，11 月初进入南疆喀什市莎车县乌达力克乡越冬场地。蜂场越冬的蜂群数量约有 2 000 箱。

第二年 2 月中旬开始进入春季增长阶段，每群 1 框足蜂起繁，饲喂花粉脾和补助饲料糖，蜂王开始产卵 3 天后彻底治螨 2 次。2 月底至 3 月初人工育王，组织交尾群。3 月下旬巴旦木开花时，将全场蜂群组织和调整成 2 足框蜂和 1 足框贮蜜。蜂群以为巴旦木授粉为主，以采蜜为辅，每群蜜蜂最多能生产巴旦木蜂蜜 7～8 千克。

4 月底发展蜂群到 3 000 多箱，用大型平板汽车运到北疆阿勒泰地区布尔津县北屯镇萨尔湖松乡，利用柳树蜜粉源继续发展蜂群。在蜜蜂群势增长的同时进行人工分群，增加蜂群数量。

6 月份进入流蜜期，巢箱放脾 6 张，针对大块巢蜜和格子巢蜜的不同，有两种加继箱方式：大块巢蜜生产，一次加一箱巢础框，每箱 11 框，23 天造好脾，等 11 张脾全部进满蜜，基本封盖后再加第二箱。到 8 月上旬多数蜂群已采满 2 整箱巢蜜，最多可以加 2 箱，部分群再加第三箱巢础框。格子巢蜜生产，每个专用浅继箱加 54～63 个巢蜜格，最多可以加 3 箱，能够保证上面 2 箱体中的格子巢蜜全部封盖。主要蜜源流蜜结束，关小巢门，减少开箱次数，蜂群进入越冬准备阶段。

3. 蜂场安置

在蜂群增长阶段、蜜蜂授粉和蜂蜜生产阶段，全场蜂群分散安置在 40 余个放蜂点。全场 3 500 多群蜜蜂由 4 人负责蜂群管理，另有 5～7 人在车间做巢框制作、上巢础、巢蜜包装等辅助性工作。

4. 蜂机具的制造与使用

新疆北屯西方蜜蜂规模化饲养示范蜂场建设中，对现有蜂机具进行了革新和创造，提高了劳动生产效率。用小型机动车携带柴油机和发电机，解决蜂场机械的电源；自制电动吹蜂机提高取蜜时脱蜂效率；用高压气筒连接自制治螨器，每箱蜂群治螨只需20秒钟；自制上础拉线机具，提高效率5倍。

在大块巢蜜脾生产中，改变过去木箱包装成本高、转运不变等问题，创新包装形式，通过坠落实验，设计了完全由瓦楞纸制作的包装箱，通过使用订书机等工具，建立了瓦楞纸板塞垫制作流程，实现大块巢蜜脾纸箱运输，解决了大块巢蜜脾无法长途运输的难题，使得大块巢蜜的生产也得到长足发展。

5. 蜜蜂授粉

蜂场在北屯主要为农十师187团、188团两个团场的15个连队授粉，根据需要每个连队设1～2个放蜂点，安放200群授粉蜂群。在葵花授粉场地，授粉蜂群租金100～150元，授粉收入40多万元。

（案例提供者　刘世东）

第二章
蜂场建设与规划

阅读提示:

　　本章重点介绍了建立蜂场的基本方法,蜂场设施功能与布局。通过本章的阅读,可以全面了解蜂场的分类以及不同类别蜂场的不同特点,建场要求和选择养蜂场址需要关注的问题,蜂群选购的季节因素和挑选蜂群的方法,蜂群排列技术和蜂群摆放技术。详细介绍了蜂场规划的理念,蜂场布局的规范化,合理安排生产区、产品展示销售区、办公区和生活区,并将蜜蜂文化理念融合到蜂场的布局与规划中。

根据蜂场的规模和产值，蜂场可分为专业蜂场、副业蜂场和业余蜂场。专业蜂场也称为商业蜂场，养蜂人的经济收入主要来源于蜂场，人均饲养蜜蜂100群以上，年产值10万元以上；副业蜂场是指养蜂人主营其他业务，兼职养蜂的蜂场，蜂场规模30～100群，其经济收入主要来源于其他业务，蜂场收入是养蜂人经济收入的补充，年产值2万～10万元；业余蜂场是指养蜂人利用空闲时间管理和经营的蜂场，养蜂人多出于对蜜蜂的兴趣和爱好而养蜂，对蜂场经济收入并不看重，蜂场规模10～30群。各类型蜂场的规模随着我国养蜂技术模式的改变，蜂群数量的标准还将逐步提高，未来我国专业蜂场的规模将提高到人均饲养300～1 000群。

专业蜂场提倡生产专业化，不宜多种经营。根据蜂场的主营项目，还可分为产品生产蜂场、授粉蜂场、育王蜂场、笼蜂生产蜂场等。产品生产蜂场是以生产蜂产品为主要收入的蜂场，从专业蜂场角度还可以再细分为蜂蜜生产蜂场、蜂王浆生产蜂场、蜂花粉生产蜂场等。授粉蜂场是出租和出售授粉蜂群的蜂场，其主要任务是繁育授粉蜂群，为农作物栽培者提供授粉蜂群和授粉技术服务。育王蜂场是培育出售生产用蜂王的蜂场，其主要任务是为生产蜂场提供优质生产用蜂王，当今只有极少蜂场专门培育生产用王。随着养蜂专业化和规模化的发展，专业育王蜂场将越来越重要。笼蜂生产蜂场是生产和出售笼蜂的蜂场。笼蜂在养蜂发达国家已成为重要的出售蜂群形式，由热带地区培养蜜蜂，通过笼蜂的形式提供北方蜂场开展养蜂生产。预计笼蜂在我国也十分需要，主要是由于社会因素没有应用。随着我国社会的进步，笼蜂将在我国广泛应用。笼蜂生产应该在我国广东、广西、云南、海南等南方热带地区，为北方蜂场用笼蜂运输形式提供生产用蜂群。

不同类型蜂场的规划应有所不同，需要根据蜂场的性质、特点和环境进行规划建设。

第一节　固定养蜂场址的选择

作为生产企业，蜂场经营方式多种多样。有的蜂场单一从事养蜂生产，有的蜂场兼营蜂产品和蜂机具的批发零售业务；多数蜂场只有一个放蜂点，规模化蜂场需要多个放蜂点。从我国近期生产力发展的水平，蜂场的多种经营可以增加收入，抵抗风险；但从社会的发展趋势，则专业化生产和经营更能提高生产效率和经济效益。不同形式的蜂场，对场址的选择要求也有所不同。比如产品生产蜂场（包括生产蜂蜜、蜂王浆、蜂花粉等蜂产品的蜂场），专业育王和培育笼蜂的蜂场，出售和出租蜂群的授粉蜂场等对蜜粉源和小气候环境条件要求较高；对蜂产品自销的蜂场，要求交通方便，覆盖无线通讯网络，人流量相对较大的地方。

养蜂场址的条件是否理想，直接影响养蜂生产的成败。选择养蜂固定的场地时，要从有利于蜂群生存发展和蜂产品的优质高产来考虑，也要兼顾养蜂人的生活条件。必须通过现场认真的勘察和周密的调查，才能做出选场决定。由于选场时仍可能对自然环境或社会条件等问题考虑不周，如果定场过急，常会出现进退两难的局面。在投入大量资金建场之前，一定要特别慎重，最好经2～3年的养蜂实践考察后，认为确实符合要求，方可进行大规模基建。

理想的养蜂场址应具备蜜粉源丰富、交通方便、小气候适宜、水源良好、场地开阔、蜂群密度适当和人蜂安全等基本条件。

一、蜜粉源丰富

丰富的蜜粉源是养蜂生产最基本的条件，蜜粉源是蜜源植物和粉源植物的统称，是蜜蜂生存和发展的物质基础。蜜源植物是指能够开花泌蜜且能被蜜蜂采集利用的植物。根据蜜源植物数量、泌蜜量和蜜蜂利用的程度，分为主要蜜源和辅助蜜源。主要蜜源是指泌蜜量大，能够取得商品蜜的蜜源；辅助蜜源是不能或不宜取蜜但对蜜蜂生存和发展有作用的蜜源。粉源植物是指蜜蜂能够在其花朵中采集到花粉的植物，花粉是蜜蜂除了糖之外所有营养素的来源，对蜂群增长和繁殖必不可少。

选择养蜂场址时，首先应考虑在蜜蜂的飞行范围内是否有充足的蜜粉源。蜜蜂的采集活动范围与蜂巢周围蜜粉源的丰富程度有关，蜜粉源丰富蜜蜂活动范围较小，周边蜜粉源不能满足蜜蜂需要，蜜蜂的采集活动范围就扩大。但是采集距离超过 3 千米，蜜蜂的采集效率降低。以生产蜂蜜为主的蜂场在 2.5～3千米范围内，全年需要有 1～3 种或以上高产且稳产的主要蜜源，蜂场的主要收入来源于一年中的这几种主要蜜源花期。在蜂群的活动季节还需要有多种花期交错连续不断的辅助蜜源和丰富的粉源，以保证蜂群的生存和发展。较丰富的辅助蜜源和粉源也是生产蜂王浆、雄蜂蛹、笼蜂、授粉蜂群、培育蜂王等的重要条件。生产蜂蜜的蜂场在增长阶段和越冬准备阶段需要充足的辅助蜜源和粉源，以保证蜂群的恢复和发展。

选址时，以林木为主要蜜源，还应注意选择林木稳定的地区建场，尤其是要注意人工种植速生林，如南方山区广泛种植的速生桉树，极有可能在桉树大量开花前被砍伐。农业种植的一年生蜜源作物，也要注意农民改种非蜜源作物的风险，如泌蜜丰富的油菜和紫云英等作物。

蜂场应该建在蜜源的下风处或地势低于蜜源的地方，以便于蜜蜂在采集飞行中轻载逆风和向上飞行，顺风和向下满载归巢飞行。在山区建场还应考虑蜜蜂的飞行高度，蜜蜂能够利用垂直分布的蜜源范围大约为 1 000 米。

在蜂群已停卵的越冬前后，蜂场周围不宜有蜜粉源开花，以防零星的蜜粉源植物诱使外勤蜂出巢采集，刺激蜂王产卵，影响适龄越冬蜂的健康；不能有甘露蜜源，影响蜂群越冬安全。

二、交通方便

蜂场交通条件与养蜂场的生产和养蜂人的生活都密切相关。蜂群、养蜂机具设备、饲料糖等生产物资和蜜蜂产品的运销，以及蜂场职工和家属的生活物质的运输都需要比较理想的交通条件。如果蜂场的交通条件太差，就会影响蜂场的生产和养蜂员的生活。但是，一般情况下，交通十分方便的地方，野生蜜粉源植物资源往往也破坏得比较严重。因此，以野生植物为主要蜜源的定地蜂场，在重点考虑蜜粉源条件的同时，还应兼顾蜂场的交通条件。规模化专业蜂场应有中型以上运输车辆出入的道路和相应的运输车辆。建场时需考虑到自然灾害，如地震、滑坡、洪涝、泥石流等影响道路通畅和安全。

三、小气候适宜

放置蜂群场地周围的小气候，会直接影响蜜蜂的飞翔天数、日出勤时间的长短、采集蜜粉的飞行强度以及蜜粉源植物的泌蜜量。小气候主要受植被特点、土壤性质、地形地势和湖泊河流等因素的影响形成的。山顶风大，山谷雾多日照少；高海拔的山地气温偏低；沼泽地区易积水和潮湿；无防风林沿海风沙大；岩石和水泥地面夏天吸热快，冬天散热快等。这些地方养蜂，无论对蜂群的采集飞行，还是对蜜源植物的开花泌蜜都是不利的。养蜂场地应选择地势高燥、背风向阳的地方，如山腰或近山麓南向坡地上，背有高山屏障，南面一片开阔地，阳光充足，中间布满稀疏的高大林木（图 2-1）。这样的蜂场场地春天可防寒风侵袭，盛夏可免遭烈日暴晒。

蜂场可以通过绿化、设立挡风屏障、搭建遮阴棚、建筑养蜂室等措施改造蜂群生活的环境，优化蜂箱周边的小气候。

图2-1　林下蜂场

四、水源良好

　　蜂群和养蜂员的生活都离不开水,水源良好有利于蜜源植物的生长和开花泌蜜。没有良好水源的地方不宜建立蜂场。蜂场最好建在有常年涓涓流水或有较充足水源的地方。蜂场不能设在水库、湖泊、河流、池塘等大面积水域附近,蜂群也不宜放在水塘旁。因为在刮风的天气,蜜蜂采集归巢时容易在飞越水面时落入水中(图2-2),处女王交尾也常常因此而损失。此外,还要注意蜂场周围不能有已被污染或有毒的水源,以防引起蜂群患病、蜜蜂中毒和污染蜜蜂产品。污染的水源对蜂产品质量有严重的影响,被粪便污染的水源场地,蜂蜜中的大肠杆菌超标。

A　　　　　　　　　B　　　　　　　　　C

图2-2　水塘边不宜摆放蜂群
A. 水塘边摆放的蜂群　B. 溺水挣扎的蜜蜂　C. 水中淹死的蜜蜂

五、场地开阔

　　稍具规模的蜂场需要分区布局,将生产区、营销区和生活区分开,蜂群放置场地与车间仓库分开，蜂群养殖场地和交尾群放置场分开。蜂场的分区布局需要一定的空间。

定地的规模化蜂场，蜂群不宜排放过于拥挤，以保证蜜蜂飞行路线通畅，便于管理操作，减少盗蜂、迷巢发生。

六、蜂场周围的蜂群密度适当

蜂群密度过大对养蜂生产不利，不仅减少蜂蜜、蜂花粉、蜂胶等产品的产量，还易在邻场间发生偏集和病害传播，而且在蜜粉源枯竭期或流蜜期末容易在邻场间引起盗蜂。蜂群密度太小，又不能充分利用蜜源。在蜜粉源丰富的情况下，半径在0.5千米范围内，蜂群数量不宜超过100群。规模化蜂场需要建立多个分场，每个分场放蜂100群左右，分场间距离5千米以上。

七、避免相邻蜂场蜜蜂采集飞行路线重叠

养蜂场址的选择还应避免相邻蜂场的蜜蜂采集飞行路线的重叠。如果蜂场设在相邻蜂场和蜜源之间（图2-3-A），也就是蜂场位于邻场蜜蜂的采集飞行路线上，在流蜜后期或流蜜期结束后易发生盗蜂，被邻场蜜蜂盗蜜。如果在蜂场和蜜源之间有其他蜂场（图2-3-B），也就是本场蜜蜂采集飞行路线途经邻场，在流蜜期易发生采集蜂偏集邻场的现象。

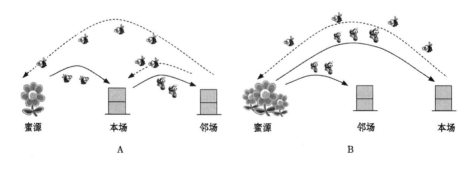

图 2-3　相邻蜂场影响示意图　（周姝婧　制作）

A. 蜂场建在蜜源和邻场间，流蜜结束前后本场易被邻场蜜蜂盗蜜

B. 本场蜜蜂采集的飞行路线上有邻场，采蜜归途中易受邻场蜜蜂影响投入邻场

八、保证人蜂安全

在建立蜂场之前，还应该先摸清危害人蜂的敌害情况，如虎、熊、狼等大野兽以及黄喉貂、胡蜂等，最好能避开有这些敌害猖獗的地方建场，或者采取必要的防护措施。对可能发生山洪、泥石流、塌方等危险地点也不能建场。要充分了解场区历史上最高水位，蜂场必须建在历史最高水位线以上。山区建场还应该注意预防森林火灾，必须考虑万一发生火灾的逃生路线。北方山区建场，还应特别注意在冬季大雪封山的季节仍能保证人员的进出。

养蜂场应远离铁路、高速公路1000米，厂矿、机关、学校、畜牧场500米以上的地方。蜜蜂性喜安静，如有烟雾、声响、震动等侵袭会使蜂群不得安居，并容易发生人畜被蜇事故。在垃圾填埋场、香料厂、农药厂、化工厂以及化工农药仓库等环境污染严重的地方绝不能设立蜂场，蜂场距这些污染源与风向和水流有关，上风向和水的上游考虑到偶尔转风向和涨潮的因素，应在2000米之外；下风向和水的下游至少10000米。蜂场也不能设在糖厂、蜜饯厂及贮存含糖食品的仓库附近，蜜蜂在缺乏蜜源的季节，就会飞到这些地方采集。采集的蜜蜂影响工厂仓库生产，工厂仓库采取防护措施将对蜜蜂造成严重损失。蜂场距糖源工厂仓库应在5000米之外。

第二节　蜂场规划

蜂场规划主要包括蜂场规模和设施项目的确定、场地的规划和布置。蜂场的规划应根据场地的大小、所处地点的气候特点、养蜂的规模、经营形式、生产类型等确定。根据蜂场的场地大小和地形地势合理地划分各功能区，并将养蜂生产作业区、蜜蜂产品加工包装区、办公区、营业展示区、休闲观光区和生活区等各功能区分开，以免相互干扰（图2-4）。

凡是定地蜂场，应做好场地环境的规划和清理工作，平整地面，修好道路，架设防风屏障，种植一些与养蜂有关或美化环境的经济林木或草本蜜源。蜂场内种植的蜜粉源植物应设立标志牌，注明蜜粉源植物的中文名、学名、分类科属、开花泌蜜特性、养蜂的利用价值等，在进行科普宣传的同时，提升企业的科技形象。场区的道路尽可能布置在蜜蜂飞行路线后，避免行人对蜜蜂的干扰和蜜蜂蜇人事件的发生。蜂场道路连接各功能区，现代蜂场内各条道路都应通汽车，方便生产和生活。

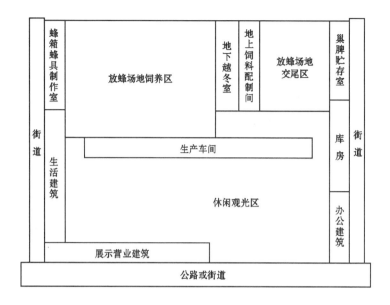

图 2-4　蜂场规划示意图

一、养蜂生产作业区

养蜂生产作业区包括放蜂场地、养蜂建筑、巢脾贮存室、蜂箱蜂具制作室、蜜蜂饲料配制间、蜜蜂产品生产操作间等。

图 2-5　场内饲水器

放蜂场地可划分出饲养区和交尾区，放蜂场地应尽量远离人群和畜牧场。饲养区是蜜蜂群势恢复、增长和进行蜜蜂产品生产的场地，蜜蜂的群势较强，场地应宽敞开阔。为方便蜜蜂采水，应在场上设立饲水设施（图 2-5）。在饲养区的放蜂场地，可用砖石、水泥砌一平台，其上放置一磅秤，磅秤上放一蜂群，作为蜂群进蜜量观察的示磅群。交尾区的蜜蜂群势一般较弱，为了避免蜂王交配后在回巢时受到饲养区强群蜜蜂吸引错投，交尾区应与饲养区分开。饲养区和交尾区相距 30 米以上，最好有天然山头或人工建筑物阻隔。交尾群需分散排列，避免蜂王交尾归巢时错投它群，因此交尾区需要场地面积较大的地方。地形起伏、高低错落，以及交尾箱旁有树、石、草等标识物，更有利于蜜蜂辨认蜂巢。

养蜂建筑、巢脾贮存室、蜂箱蜂具制作室、蜜蜂饲料配制间、蜜蜂产品生产操作间等均应建在放蜂场地周围，以便于蜜蜂饲养及生产的操作。

二、蜂产品加工包装区

蜜蜂产品加工包装区主要是蜜蜂产品加工和包装车间，在总体规划时应一边与蜜蜂产品生产操作间相邻，另一边靠近成品库。

三、办公区

办公区最好能安排在靠近场区大门的位置，方便外来人员洽谈业务，减少外来人员出入养蜂生产作业区和蜜蜂产品加工包装区。

四、营业展示区和休闲观光区

营业展示区主要包括营业厅和展示厅，是对外销售、宣传的窗口，一般布置在场区的边缘或靠近场区的大门处。营业展示区紧靠街道，甚至营业厅的门可直接开在面向街道一侧，以方便消费者参观购买产品。营业厅和展示厅应相连，消费者在展示厅参观时产生购买欲后方便其及时购买。

休闲观光区在场区户外，要求环境优美，布置性情温和的示范蜂群和观察箱，设置休闲吧，提供即食的蜂产品，这样可拉近消费者与蜂场的距离，促进蜂产品销售。

［案例 2-1］ 中蜂蜂场的规划与布局

中蜂是广东省饲养的主要蜂种，其饲养方式主要为定地加小转地。据调查，广东省 1 位养蜂员一般可饲养中蜂 150～180 群，对初养蜂者可分 3 年进行。广东省龙门县山下养蜂场 2005 年开始建场，第一年饲养中蜂 40 群，投入 1 万～2 万元，蜂场主带着蜂群跟师傅学习中蜂饲养管理技术。通过饲养扩繁，第二年中蜂增加到 90 多群。第三年中蜂发展到 180～200 群，开始出售蜂群。此后蜂场保持 150～180 群的规模，年收入 4 万～5 万元。龙门县山下养蜂场的建场重点在于场地选择和蜂场规划。

一、场地选择

在选择中蜂蜂场的场址时，首先考虑环境因素，既要考虑大环境又要考虑小环境。

大环境是蜂场周边 3 千米范围内的自然条件。要求具有一种以上的高产稳产的主要蜜源植物和在非流蜜期要有多种花期相互交错的辅助蜜粉源植物。在中蜂采集飞行的区域内，没有经常杀虫剂、除草剂等农药的大型菜地和果园。

小环境是指放置蜂群的周边环境。蜂群所在地应小气候适宜，场地开阔，蜜蜂飞行路线通畅。蜂群摆放在地势高燥、冬季背风向阳、夏季遮阴通风的地方。蜂群不宜摆放在低矮树丛中和密林深处。

蜂场地面应排水通畅，无积水，周围无生活废水和工业废水。蜂箱四周除去较高的杂草，以保持空气流通和蜜蜂飞行线顺畅；同时，尽可能保留蜂箱周边植被覆盖，减少灰尘和保持温度湿度稳定。放蜂区域开出人行通道，方便蜂群的管理和采蜜。保持蜂场整洁，不乱丢弃巢脾、巢框和养蜂用具等。

根据地势在山坡开垦放蜂平台，蜂箱后开人行通道。蜂箱间距大于 3.5 米。蜂场种植遮阴树，搭建遮阴棚架，在树阴下和棚架下安放蜂群，避免太阳直接照射在蜂箱上。蜂箱用木桩支架垫高 0.4～0.6 米，以免受地表湿气影响和受蟾蜍、蚂蚁等敌害侵袭。

二、蜂场布局

蜂场划分为生产区和生活区，在布局时将生产区和生活区分开。生产区除放蜂场地外，还建有更衣室、缓冲间、摇蜜间、贮蜜间、工具房、贮存间等设施。生活区包括卧室、洗手间、厨房、餐厅等建筑。洗手间设有完善的排水和无害化处理设施。

（案例提供者　罗岳雄）

第三节　蜂场设施

蜂场设施建筑应根据蜂场规模、生产类型、场地大小和经营形式等设置。规模化蜂场中，专业生产蜂蜜的蜂场应设置取蜜车间、蜂蜜包装车间和贮蜜仓库，专业生产蜂王浆的蜂场应设置明亮温暖的移虫室和贮存蜂王浆的冷库或放置大容量冰柜的仓库，专业育王场应将放蜂区分为养殖区和交尾区，观光示范蜂场应园林化布局且设立展示厅，兼营销和加工的蜂场应设立营业场所和蜂产品加工包装车间等。

常年定地饲养的蜂场，在场地选定以后，应本着勤俭办场的原则，根据地形地势、占地面积、生产规模等，兴建房舍。蜂场建筑按功能分区，合理配置。养蜂场设施包括养蜂建筑、生产车间、办公和活动场所、生活建筑、营业场所和展示厅等。

一、养蜂建筑

养蜂建筑是放置蜂群的场所，主要包括养蜂室、越冬室、越冬暗室、遮阴棚架、挡风屏障等。这些养蜂建筑并不是所有蜂场都必需的，可根据气候特点、养蜂方式和蜂场的需要有所选择。

（一）养蜂室

养蜂室是饲养蜜蜂的房屋（图 2-6-A），也称为室内养蜂场，一般适用于小型或业余蜂场。室内养蜂可避免黄喉貂、狗熊等敌害的侵袭以及人畜骚扰；通过养蜂室的特殊构造和人工调节，蜜蜂巢温稳定，受外界气温变化的影响较小，有利于蜂群的生活和发展；开箱管理蜂群不受低温、风、雨等气候条件的限制，蜜蜂较温驯，有利于提高蜂群的管理效率；能够减少盗蜂发生；蜂箱在室内受到保护，免受风雨摧残能够延长使用寿命；也可用相对较薄的板材制作蜂箱，可减少蜂箱的成本。但是，室内养蜂也有不足，如蜂群不能移动；室内的空间有限，不宜加多个继箱；使用喷烟器时，烟雾不易散尽；蜂群排列紧密，蜜蜂易迷巢错投；养蜂室的建筑成本较高。

养蜂室通常建在蜜源丰富、背风向阳、地势较高的场所。养蜂室呈长方形，顺室内的墙壁排放蜂群（图 2-6-B），蜂箱的巢门通过通道穿过墙壁通向室外。养蜂室的高度依蜂箱层数而定，排放一层蜂箱室内至少需 2 米，每增加一层室内高度应增加 1.5 米。养蜂室的长度由蜂群的数量和蜂箱的长度、蜂箱间的距离决定，室内蜂群多呈双箱排列，两箱间距离 16 厘米，两组间距离 660 厘米。养蜂室内的宽度为蜂箱所占的位置和室内通道的宽度总和，室内通道宽度一般为 1.2～1.5 米。

养蜂室以土木结构或砖木结构为主。养蜂室的门最好设在侧壁中间，正对室内通道。养蜂室墙壁上方开窗，并在窗上安装遮光板，平时放下遮光板，保持室内黑暗，检查和管理蜂群时打开遮光板，方便管理操作。窗上安装脱蜂装置，以便在开箱时只有少量飞出的蜜蜂飞到室外。养蜂室的地面可用水泥铺设，也可用沙土夯实。室外墙壁巢口，有蜜蜂能够明显区别的颜色和图形作标记

（图 2-6-C），以减少蜜蜂迷巢。为了减少占地面积，可将养蜂室建成多层塔式建筑，在养蜂室内排放多层蜂群（图 2-7）。

蜜蜂可以区分的
颜色和图形

A   B   C

图 2-6　养　蜂　室

A. 养蜂室外观　B. 养蜂室内蜂群　C. 室外出口标记不同颜色帮助蜜蜂认巢

图 2-7　塔式多层养蜂室

（二）越 冬 室

越冬室是北方高寒地区蜂群的越冬场所。我国东北和西北的大部分地区冬季严寒，气温常在－20℃以下，甚至极端最低温度可达－40℃，很多养蜂者都习惯于蜂群室内越冬。北方蜂群在越冬室内的越冬效果，取决于越冬室的温度控制条件和管理水平。

1. 北方蜂群越冬室的要求　北方越冬室的基本要求是隔热、防潮、黑暗、安静、通风、防鼠害。越冬室内的温湿度必须保持相对稳定，温度应恒定在－2℃～2℃为宜，最高不能超过 4℃，最低不能低于－8℃。室内的相对湿度应控制在 70％～85％，湿度过高或过低对蜂群的安全越冬都不利。越冬室过于潮湿，易导致蜂蜜发酵，越冬蜂消化不良；越冬室过于干燥，越冬蜂群中贮蜜脱水结晶，易造成越冬蜂饥饿。一般情况下，东北地区越冬室湿度偏高，应注意防潮湿；西北地区越冬室过于干燥，应采取增湿措施。越冬室内温湿度的控制，主要由越冬室的进出气孔调节。越冬室的大小和进出气孔的配置，可视蜂群的数量来决定，进出气孔的大小和数量应按每群各 3～5 厘米² 的面积设计。

通常，一个 10 框标准蜂箱应占有 0.6 米² 的空间，一个 16～24 框横卧式蜂箱应有 1 米² 的空间。越冬室的高度一般为 2.4 米；宽度分两种，放两排蜂箱的越冬室宽度为 2.7 米，放四排蜂箱的越冬室宽度为 4.8～5 米。越冬室的长度则根据蜂群的数量而定。宽度为 5 米的越冬室，长度 7.5 米时，可放 100 个标准箱蜂群；长度 13 米时，可放 200 个标准箱的蜂群；长度 19 米时，可放置 300 群蜜蜂；长度 25 米时，可放 400 个标准箱的蜂群。

2. 北方越冬室的种类 北方越冬室的类型很多，主要有地下越冬室、半地下越冬室、地上越冬室以及窑洞等。越冬室的类型可根据地下水位的高低选建，地下水位低宜建地下越冬室。

（1）地下越冬室 地下越冬室建在地下（图 2-8），比较节省材料，成本低，保温性能好，但是应解决防潮的问题。在水位 3.5 米以下的地方可以修建地下越冬室。地下越冬室可以是临时简便防潮的地窖，也可以是永久性的越冬室。

图 2-8　地下越冬室
A. 地下越冬室外观正面　B. 地下越冬室外观侧面　C. 地下越冬室入口

防潮地窖在地窖的四周立起数根木杆，并沿着地窖的四壁，在木杆上钉木板或树皮，板墙与窖壁之间形成 20 厘米的夹层，在夹层中填入碎干草或锯末。窖底垫上油毡或塑料薄膜，其上再铺 5～10 厘米厚的干沙土。蜂群越冬的地窖不要挖得过早。地窖挖得过早，地下水位高，地窖比较潮湿，东北地区最好在 11 月初进行。如果地窖未使用木板或砖石修筑的永久性结构，地窖应每年都重新挖。

全地下双洞越冬室是吉林省养蜂研究所设计的一种地下越冬室，地上部分可作为仓库（图 2-9-A）。双洞越冬室的基本结构与其他地下越冬室基本相同（图 2-9-B）。只是在地下越冬室的中间纵向砌一道墙，将地下越冬室分隔为两个空间，以利于调节两个空间的不同室温，方便不同的室温排放不同群势的蜂群（图 2-9-C）。修建全地下双洞越冬室，首先要挖一个宽 7 米、深 2.7 米的土方，长度根据需要确定，用石头或砖块和水泥砌成 70 厘米厚的四周墙壁和中间一道墙。上面覆盖水泥预制板或木板，再在其上铺一层 30～60 厘米厚的黏土。越冬室的地面用水泥铺成，并沿四壁设排水沟，通向室外。室门在侧面，通过两层门进入室内。2 个进气孔设在门的两侧，接通 4 个进气内孔（图 2-9-B，图 2-9-D）。4 个出气管通过越冬室的顶部伸出室外，将室内潮湿的空气排出。越冬室顶部与地平面平齐，可在越冬室的上面修筑地上仓库。这种越冬室的特点是，可以分别调节室温，防震隔音，减少越冬蜂群间的相互影响，适用于大型的专业定地养蜂场。

A   B   C   D

图 2-9 全地下双洞越冬室

A. 越冬室外部，地上部分为仓库 B. 越冬室室内，地下半圆形为室内进气孔

C. 越冬室两个内门，双洞各一个门 D. 越冬室外大门及大门两侧室外进气孔

（2）地上越冬室 在地下水位较高的地区，越冬室修建在地上，要求越冬室保温性能良好。地上越冬室可由普通民房改造，将门窗用保温材料遮蔽，保持越冬室内黑暗和安静（图 2-10）。

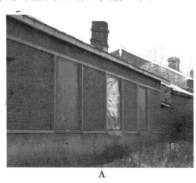 

A   B

图 2-10 民房改做地上越冬室

A. 普通民房作为地上越冬室，将门窗用保温材料遮蔽 B. 室内越冬蜂群摆放

（3）半地下越冬室 在地下水位比较高而又寒冷的地区，建筑保温性较强的半地下越冬室比较合适。半地下越冬室的特点是一半在地下，一半在地上，

地上部分基本与地上越冬室结构相同。地下部分要深入1.2米，根据土质情况还需打30～50厘米的地基。沿地下部分的四周用石头砌成1米厚的石墙，到地上改为两层单砖墙壁，中间保持30厘米的空隙填充保温材料。为了防潮，在室内地面铺上油毡或塑料薄膜，并在其上再铺一层20厘米左右的干沙土。在半地下越冬室外，距离外墙壁2米处沿越冬室的外墙壁挖一个略低于越冬室内地平面的排水沟，拦截积水，保持室内干燥。进气孔可从两侧排水沟壁伸入室内。半地下越冬室的其他设施与地上越冬室相同。

（三）越冬暗室

越冬暗室是长江中下游地区蜂群越冬的理想场所，主要的功能是为越冬蜂群提供适当低温、黑暗、安静的越冬条件。瓦房和草房等民房均可作为蜂群越冬暗室（图2-11）。要求暗室内宽敞、清洁、干燥、通风、隔热、黑暗。室内不能存放过农药等有毒的物质，并且室内应无异味。

A   B   C

图2-11　越冬暗室

A. 越冬暗室外部，左边房子作为暗室，右边为人居住的房屋
B. 越冬暗室门外需要保温物遮蔽　C. 越冬暗室内的蜂群排放

（四）蜂棚和遮阴棚架

蜂棚是一种单向排列养蜂的建筑物，多用于华北和黄河流域。蜂棚可用砖木搭建，三面砌墙以避风，一面开口向阳（图2-12）。蜂棚长度根据蜂群数量而定，宽度多为1.3～1.5米，高为1.8～2米。

南方气候较炎热，蜂场遮阴是必不可少的养蜂条件。遮阴棚架在排放蜂群地点固定支架，四面通风，顶棚用不透光的建筑材料（图2-13）或种植葡萄、西番莲（图2-14）、瓜类等绿色藤蔓植物。遮阴棚架的长度依据排放的蜂群数量而定，顶棚宽度为2.5～3米，高度为1.9～2.2米。

图 2-12　蜂　棚

图 2-13　遮阴棚架

图 2-14　西番莲遮阴棚架

（五）挡风屏障

寒冷地区的平原蜂场无天然挡风屏障，冬季和早春季节的寒风影响蜂群的安全越冬和群势的恢复发展。因此，应在蜂群的西北方向设立挡风屏障，以抵御寒冷的西北风对室外越冬和早春蜂群的侵袭。

挡风屏障设在蜂群的西侧和北侧两个方向，建筑挡风屏障的材料可因地制宜选用木板、砖石（图 2-15-A）、土坯、夯土、草垛（图 2-15-B）等。挡风屏障应牢固，尤其在风沙较大的地区，防止挡风墙倒塌。挡风屏障的高度为 1～2.5 米。

A

B

图 2-15　挡风屏障

A. 砖墙挡风屏障　B. 草垛挡风屏障

二、生产车间

蜂场的生产车间主要包括蜂箱蜂具制作室、蜜蜂产品生产操作间、蜜蜂饲料配制间、成品加工包装间等。

（一）蜂箱蜂具制作室

蜂箱蜂具制作室是蜂箱蜂具制作、修理和上础等操作的房间。室内设有放置各类工具的橱柜，并备齐木工工具、钳工工具、上础工具以及养蜂操作管理工具等。蜂箱蜂具制作室内必须配置稳重厚实的工作台。

（二）蜜蜂产品生产操作间

蜜蜂产品生产操作间分为取蜜车间、蜂王浆生产操作间、蜂花粉干燥室、榨蜡室等。

1. 取蜜车间　是分离蜂蜜的场所，是现代化养蜂场的重要建筑。取蜜车间的规模依据蜂群数量、机械化和自动化程度而定。取蜜车间最好选建在斜坡地上，形成双层楼房，上层为取蜜室，下层为蜂蜜过滤与分装车间。上层取蜜室分离的蜂蜜在重力的作用下，通过不锈钢管道流到下层的车间过滤和分装。上下层车间门前均有铺设道路，使运输蜜脾和成品蜂蜜的车辆直接到达门前，甚至进入室内。取蜜车间应宽敞明亮，有足够的存放蜜脾的空间。在寒冷地区还需在取蜜车间内分隔出蜜脾温室，能够保持室温35℃，使蜜脾中的贮蜜在分蜜前黏度降低。取蜜车间应易于保持清洁，墙壁和地面能够用水冲洗。地面能够承受搬运蜜桶的重压，并设有排水沟。取蜜车间的门窗应能防止蜜蜂进入，并在窗的上方安装脱蜂器，以脱除进入车间的少量蜜蜂。取蜜车间主要设备包括切割蜜盖机、分蜜机、蜜蜡分离装置、贮蜜容器等。

2. 蜂王浆生产操作间　是取浆移虫操作的场所，要求明亮、无尘，温度保持在25℃～28℃，空气相对湿度保持在70%～80%。室内设有清洁整齐的操作台和冷藏设备。操作台上放置产浆设备和工具，操作台的上方应布置光源，以方便在阴天等光线不足的情况下正常移虫。

3. 蜂花粉干燥室　要求通风干燥，室内安装蜂花粉干燥设备、蜂花粉分拣装置和包装封装设备，需要清洁宽敞的操作平台。

4. 榨蜡室　是从旧巢脾提炼蜂蜡的场所，室内根据榨蜡设备的类型配备相应的辅助设备，墙壁和地面能够用水冲洗，地面设有排水沟。

（三）蜜蜂饲料配制间

蜜蜂饲料配制间是贮存和配制蜜蜂糖饲料和蛋白质饲料的场所。蜜蜂糖饲料配制容器就是溶化蔗糖的液体加热设施和盛放液态糖液的各类容器。蜜蜂蛋白质饲料配制场所需要配备操作台、粉碎机、搅拌器等设备。

（四）成品加工包装车间

蜜蜂产品加工和成品包装车间应符合卫生要求。根据不同产品的特性，安装相应的包装设备。

三、库 房

库房是存放巢脾、蜂箱和蜂机具、蜜蜂产品的成品或半成品、养蜂饲料、交通工具的场所，不同功能的库房要求不同。

（一）巢脾贮存室

巢脾贮存室要求密封，室内设巢脾架，墙壁下方安装一管道。管道一端通向室中心，另一端通向室外，并与鼓风机相连。在熏蒸巢脾时，鼓风机将燃烧硫磺的烟雾吹入室内。

（二）蜂箱蜂具贮存室

蜂箱蜂具贮存室要求干燥通风，库房内蜂箱蜂具分类放置，设置存放蜂具的层架。蜂箱蜂具贮存室中存放的木制品较多，应防白蚁危害。

（三）蜜蜂半成品贮存室和成品贮存室

图2-16　贮蜜仓库

蜜蜂产品的半成品是指未经包装的蜂蜜、蜂王浆、蜂花粉等，成品是指经加工包装的蜜蜂产品。半成品和成品的贮存要求条件基本相同，均要求清洁、干燥、通风、防鼠（图2-16）。蜜蜂产品的成品与半成品最好分库存放，即使同放一室也应分区摆放。蜂王浆贮存室应配备大型冰柜或小型冷库。

（四）饲料贮存室

饲料贮存室是贮存饲料糖、蜂花粉及蜂花粉代用品的场所。少量的饲料可贮存在蜜蜂饲料配制间，量多则需专门的库房存放。蜜蜂饲料贮存的条件要求与蜜蜂产品的贮存条件相同，也可与半成品同室分区贮存。

（五）车　库

有条件的蜂场，可根据各种车的类型设计车库，车库的地面应能承受重压，车库内应配备汽车维修保养的工具和材料。

四 、 办公场所

蜂场的办公场所包括办公室、会议室、接待室、休息活动室等。办公场所有关蜂场的形象，不求豪华但要整洁、大方。根据蜂场的财力确定办公场所的规模和办公场所的设施，反对铺张浪费。有的办公场所可多功能，如办公室可划分出接待区，会议室可提供员工休息和活动等。

五 、 营业和展示场所

营业场所是蜂场对外销售展示的场所，是宣传企业、蜜蜂和蜜蜂产品的重要阵地，在蜂场建设中应给予重视。营业厅的装修和布置应清洁大方、宽敞明亮，并能体现蜜蜂产业的特色。营业厅内可以划分为几个功能区：一是产品展示区，陈列蜂场的各种蜂产品，并配有产品简介；二是顾客休息区，可以布置吧台，提供产品消费服务，配备适当的沙发、茶几、桌椅、电视等，方便顾客在休息时可以品尝蜜蜂产品和观看宣传企业和蜜蜂的电视片；三是蜂产品销售区，区内可以设置开放式柜台等。

观光示范蜂场还应注重环境布置，设立宣传蜜蜂和蜜蜂产品知识的展室，在进行蜜蜂科普知识宣传的同时，正确引导消费，树立企业形象。展室中可以图文、实物陈列和影视等形式介绍养蜂历史、蜜蜂生物学特性、蜜蜂产品的生产、各种蜂产品的功能和食用方法、蜜蜂对农牧业和生态环境的意义等。在室内的窗口处设立蜜蜂观察箱，或在门外的适当位置摆放观光蜂群，满足观光者对蜜蜂的好奇心。

六、生活建筑

蜂场的生活建筑包括员工宿舍、厨房食堂、卫生设施等。

第四节　蜂群选购

建立蜂场首先要考虑的问题就是蜂群的来源，除了在野生中蜂资源丰富的南方山区建场可以诱引野生中蜂之外，多数养蜂场的建立都需要购买蜂群。选择的蜂种是否适宜、购蜂时间是否恰当以及购蜂群质量的好坏都会影响到建场的成败。

一、选择确定饲养的蜂种

我国饲养的蜜蜂主要有两个种，东方蜜蜂和西方蜜蜂。东方蜜蜂为原产于我国的中蜂，不同地区的中蜂长期进化适应于本地环境。外来的中蜂因水土不服往往在生产性能上表现不好，外来中蜂的雄蜂会改变当地中蜂的遗传基因，常导致蜂群的抗病力下降，在生产中应杜绝引进外地中蜂，中蜂不宜长途转地放蜂。西方蜜蜂在我国主要有意大利蜜蜂、卡尼鄂拉蜜蜂等亚种，此外还有我国特有的东北黑蜂、新疆黑蜂等品种。在西方蜜蜂生产用种的改良方面，不宜无序引种，不提倡盲目地杂交组合。可根据当地环境和蜂场的经营目标，选择合适的配套系。

（一）优良蜂群的特征

挑选蜂群主要从蜂王、子脾、工蜂和巢脾 4 个方面考察。

图 2-17　有花子现象的子脾

第一，蜂王年轻、胸宽、腹长、健壮、产卵力强。

第二，子脾面积大，小幼虫底部浆多；幼虫发育饱满、有光泽。封盖子整齐成片，无花子现象，没有幼虫病。花子是指脾上卵、虫、蛹、空巢房相间分布现象，多由幼虫病导致。图 2-17 为有花子现象的子脾。

第三，工蜂健康无病，幼年蜂和青年蜂多，出勤积极，性情温驯，开箱时安静。西方蜜蜂的工蜂体上蜂螨寄生率低。

第四，巢脾平整、完整，浅棕色为最好，雄蜂房少。

（二）良种选择

蜜蜂没有绝对的良种，如果有一个绝对好的蜂种，其他蜂种将全被淘汰。现存的各蜂种均有其优点，也有其不足。在选择蜂种前必须深入研究各蜂种的特性，并根据养蜂条件、饲养管理技术水平、养蜂目的等对蜂种做出选择。对于任何优良蜜蜂品种的评价，都应该从当地自然环境和现实的饲养管理条件出发。忽视实际条件而奢谈蜂种的经济性能，是没有现实意义的。龚一飞教授提出，选择蜂种应从适应当地的自然条件、能适应现实的饲养管理技术、蜂群增殖能力强、经济性能好、容易饲养等几方面考虑。

1. 所选择的蜂种必须适应当地的自然条件 自然条件包括气候、蜜粉源植物、病敌害等方面。针对气候因素，应考虑蜂种的越冬或越夏性能。在北方，由于冬季长且寒冷，所选蜂种应着重考虑蜂种的蜂群抗寒能力；南方蜂群需要利用冬季蜜源，所选蜂种应着重考虑蜜蜂个体的耐寒能力。南方夏季酷热，蜜粉源枯竭，蜂群需要有较强的越夏能力。针对蜜粉源因素，应考虑不同蜂种的要求和利用特点。花期长且零散的山区蜜粉源适合中蜂饲养，泌蜜量大且蜜源集中的地区适合西方蜜蜂饲养。针对蜜蜂病敌害的因素，则应考虑不同蜂种对当地主要病敌害的内在抵抗能力，以及人为的控制能力。

2. 所选择的蜂种必须能适应现实的饲养管理条件 不同蜂种对适应专业或副业等养蜂经营方式、饲养方式定地或转地饲养等养蜂生产方式，以及对蜜蜂饲养管理技术水平的要求均有所不同，对适应机械化操作的程度也不一样。专业养蜂需要在精心饲养管理下能够高产的蜂种，副业养蜂需要可以管理粗放的蜂群。因此，所选择的蜂种，应考虑能否适应现有的饲养管理条件。

3. 所选的蜂种应增殖能力强、经济性能好 蜂群的增殖能力包括蜂王的产卵能力、工蜂的育子能力以及工蜂的寿命等。增殖力强的蜂种，可以有效地采集花期长且丰富的蜜粉源，对转地饲养、追花采蜜也极为有利。而养蜂的主要目的之一是要获取大量的蜂产品，所以选择的蜂种在相应饲养条件下，应具有较高的生产力。

4. 适当考虑蜂种管理的难易问题 蜂种的管理难易将直接影响劳动生产率的高低。如果蜜蜂的性情温驯，分蜂性和盗性弱，清巢性和认巢性强，则管理较为方便。

二、挑选蜂群的方法

(一) 在规范的蜂场购买蜂群

蜂群最好是在连年高产、稳产的蜂场购买，养蜂技术水平高的蜂场对蜜蜂的蜂种特性重视，在生产中会注意选育良种。

(二) 初学者购买蜂群的数量

初学者，不宜大量地购进蜂群，一般不超过 30 群，以后随着养蜂技术的提高，再逐步地扩大规模。

(三) 挑选蜂群的季节

购买蜂群最好在增长阶段的初期，早春蜜粉源初花期是最理想的购蜂时期。北方蜂群顺利越冬后已充分排泄，蜂群饲养的风险已降低。此后气温日益回升，并趋于稳定，蜜源也日渐丰富，有利于蜂群的增长，而且当年就可能投入生产获得经济效益。

其他季节也可以买蜂，但是购蜂后最好还有一个主要蜜源的花期，这样即使取不到太多的商品蜂蜜，至少也可保证蜂群越冬或越夏饲料的贮备和培育一批适龄的越夏或越冬蜂。在南方越夏和北方越冬之前，花期都已结束就不宜购买蜂群。蜜蜂安全越夏或越冬需要做细致的准备工作，此时所买的蜂群若没有做好这项工作则不能顺利越冬或越夏。这时买蜂除了购买蜂群的费用外，还需购买饲料糖。并且蜂群的越冬或越夏管理有一定的难度，管理方法不得当，蜂群还可能死亡。

购买蜂群的时期，南方上半年宜在 1～2 月份，下半年宜在 9～10 月份；北方宜在 2～3 月份。

(四) 挑选蜂群的时间

挑选蜂群应在天气晴暖时进行，以方便箱外观察和开箱检查。首先在巢门前观察蜜蜂活动表现和巢前死蜂情况进行初步判断，然后再开箱检查。

(五) 箱外观察与开箱检查

1. 箱外观察　在蜜蜂出勤采粉高峰时段，蜂箱前巡视观察。进出巢蜜蜂较多的蜂群，群势强盛；携粉归巢的外勤蜂比例多，意味着巢内卵虫多，蜂王产卵力强。健康正常蜂群巢前一般死蜂较少，基本没有蜜蜂在蜂箱前地面爬动。

箱外观察不正常的蜂群不选择。比如进出巢蜜蜂不多的蜂群，可能是蜂王产卵力弱，群势小，患病等；西方蜜蜂蜂群巢前地面有较多爬动的瘦小甚至翅残的工蜂，可能螨害严重（彩页10）；蜂箱前壁有较多较稀薄的蜜蜂粪便（彩页10），巢门前有体色暗淡、腹部膨大、行动迟缓的工蜂，是蜜蜂患下痢病的症状；中蜂蜂箱前壁和巢门踏板有趴着不动、腹略大的工蜂，或巢前有黑色小飞虫，是被寄生蜂为害（彩页10）；西方蜜蜂巢前有白色和黑色的幼虫僵尸，为蜜蜂白垩病；中蜂巢前有工蜂的白头蛹，为巢虫危害严重。

2. 开箱检查 开箱时工蜂安静、不惊慌乱爬，不激怒蜇人，说明蜂群性情温驯；工蜂腹部较小，体色正常，没有油亮现象，体表绒毛多而新鲜，则表明蜂群健康，年轻工蜂比例较大；蜂王体大、胸宽、腹长丰满，爬行稳健，全身密布绒毛且色泽鲜艳，产卵时腹部屈伸灵敏，动作迅速，提脾时安稳，并产卵不停，则说明蜂王质量好；卵虫整齐，幼虫饱满有光泽，小幼虫房底王浆多，无花子、无烂虫现象则说明幼虫发育健康。工蜂和蜂王体表的绒毛能反映蜜蜂是否年轻，绒毛越多蜜蜂越年轻。

（六）蜂群的要求

1. 蜂群群势 购蜂的季节不同，蜂群的群势要求标准也不同。一般来说，早春蜂群的群势不宜少于2足框，夏秋季节应在5足框以上。

2. 子脾 在蜂群增长阶段还应有一定数量的子脾。5个脾的蜂群，子脾应有3~4张，其中封盖子至少应占一半。

3. 蜂王 蜂王不能太老，最好是当年培育的，最多也只能是前一年春季培育的蜂王。

4. 贮蜜 购买的蜂群内应有一定的贮蜜，一般每张巢脾应有贮蜜0.5千克左右。

（七）蜂箱与巢脾的要求

购蜂时还应注意蜂箱是否坚固严密，巢脾巢框的规格是否符合标准。蜂群购买后马上就需运走，蜂群在运蜂途中，蜂箱因陈旧破损跑蜂就会出现麻烦。巢脾规格不统一标准，就不便今后的蜂群管理。巢脾好坏与蜂群的发展至关重要，所购蜂群巢脾不能太黑、咬洞、残缺、翘曲、雄蜂房多。中蜂箱内，不能有被蜜蜂啃咬的旧巢脾。

第五节　蜂群排列

　　蜂群排列方式多种多样，应根据蜂群数量、场地面积、蜂种和季节灵活掌握。但都应以管理方便，蜜蜂容易识别蜂巢位置，流蜜期便于形成强群，低温季节便于保温，以及在外界蜜源较少或无蜜源时不易引起盗蜂为原则。

一、中华蜜蜂排列

　　中蜂认巢能力相对西方蜜蜂较差，容易错投，并且盗性强。中蜂排列不宜太紧密，以防工蜂错投、斗杀和引起盗蜂。中蜂蜂箱的排列应根据地形、地物适当地分散排列，各蜂群的巢门方向应尽可能地错开（图 2-18-A）。也可以排成整齐的行列，但需加大蜂箱间的距离，最好能在 1 米以上（图 2-18-B）。在山区，可利用斜坡、树丛或大树布置蜂群，使各个蜂箱巢门的方向、位置高低各不相同，箱位特征明显，易于回巢工蜂识别（图 2-18-C）。

　　　　　　A　　　　　　　　　　　　B　　　　　　　　　　　　C

图 2-18　中蜂蜂群的排列
A. 中蜂蜂群分散排列　B. 排成整齐的行列，加大了蜂箱间的距离
C. 山区利用地形地势的不同排列蜂群

二、西方蜜蜂排列

　　西方蜜蜂的排列方式有单箱排列、双箱排列、一字形排列、环形排列等，国外蜂群还有四箱和多箱排列方式。这些蜂群的排列方式各有特点，可根据场地的大小和蜜蜂饲养管理的需要选择。

（一）单箱排列

单箱排列是将蜂群排放在平坦的场地，排成一列或数列的蜂群排列方法。排成一列称之为单箱单列，排成数列称之为单箱多列。每个蜂箱之间相距 0.8～1.2米，各排之间相距 3～4 米，前后排的蜂箱交错放置，以便蜜蜂出巢和归巢（图 2-19）。这种排列方式便于开箱操作，但占地

图 2-19　西方蜜蜂蜂群的单箱排列

面积较大，适用于蜂场规模小或场地宽敞的蜂场。

（二）双箱排列

双箱排列是将两个蜂箱并列靠在一起为一组，多组蜂群列成一排或数排的蜂群排列方法。排成一列称之为双箱单列（图 2-20-A），排成数列称之为双箱多列（图 2-20-B）。两组之间相距 0.8～1.2 米，各排之间相距 3～4 米，前后排的蜂箱尽可能地错开。这种排列方式安放的蜂群数量比单箱排列多，不足之处在于开箱操作时的站位只有一侧。

A　　　　　　　　　　　　　　　B

图 2-20　西方蜜蜂蜂群的双箱排列
A. 双箱单列　B. 双箱多列

（三）一字形排列

一字形的排列就是将蜂箱紧靠，巢门朝向一个方向，排成一列（图 2-21-A）或数列（图 2-21-B）。这种方法排列蜂群的优点为占地面积小，蜂群排放集中方便看管；低温季节便于箱外保温，蜂箱底铺稻草或谷草，蜂箱之间的缝隙用稻草或谷草填充，蜂箱上面覆盖草苫，最后用无毒塑料薄膜或保蜂罩覆盖

（图 2-21-C）。一字形排列的缺点是蜂群易偏集，蜂群加继箱后不便开箱操作。这种方式多用于放蜂场地受到限制，或气温较低季节保温方便。一字形排列只适用在单箱体饲养的蜂群，也常见于转地蜂场。转地蜂场为了便于管理，蜂群尽量集中放置，甚至在一字形排列的蜂箱后面用铁链锁住，以防失窃。

A   B   C

图 2-21　西方蜜蜂蜂群的一字形排列

A. 一字形单列　B. 一字形多列　C. 一字形排列，并用保蜂罩覆盖保温

（四）环形排列

环形排列是将蜂箱排列成圆形或方形，巢门向环内的排列方法。蜂群环形排列可以排成一个环（图 2-22-A），也可以排成多个环（图 2-22-B）。这种排列方式多用于转地放蜂的蜂群排列，尤其是在蜜蜂转地途中临时放蜂更常用。环形排列的特点是既能使蜂群相对集中，又能防止蜂群的偏集。缺陷是巢门朝向4 个方向，不能朝向一个最好的方向。

A   B

图 2-22　西方蜜蜂蜂群的环形排列

A. 蜂群单环排列　B. 蜂群多环排列

（五）四箱排列

四箱排列是国外常见的一种蜂群排列方式，4 箱蜜蜂为一组，巢门分别朝东、南、西、北 4 个方向，每组蜂箱放在同一个木制的货盘上，方便用叉车装

卸。这种排列方式在秋末进行越冬外包装时，同一组内的 4 箱蜜蜂紧靠后，用油毛毡、稻草、绳索捆扎包装。这种排列方式占地面积较大，巢门的朝向也各不相同。

（六）多箱排列

将 6～10 群蜜蜂群相互紧靠放在同一个木制的货盘上，各群蜜蜂的巢门分别朝向东、南、西 3 个方向。这种蜂群的排列方式多用于国外的转地蜂场，优点是方便搬运，用叉车可高效地装车、卸车和蜂群的排放。

第六节　蜂群放置

一、放置环境

蜂群夏日应安放在阴凉通风处，冬日应放置在背风向阳的地方。所以蜂群最好能放在阔叶落叶树下，炎热的夏天茂密的树冠可为蜂群遮阴（图 2-23-A）；冬日落叶后，温暖的阳光可照射在蜂箱上（图 2-23-B）。排列蜂群时，蜜蜂增长阶段和生产阶段巢门的方向尽可能朝东或朝南，但不可轻易朝西。巢门朝东或朝南，能促使蜂群提早出勤；在酷暑季节，便于清风吹入巢门，加强巢内通风；在低温季节可以保持巢温，有利于蜂群的安全越冬。巢门朝西的蜂群，春秋季蜜蜂上午出勤迟，下午尤其傍晚的太阳刺激蜜蜂出巢后，又常因太阳下山或阴云的影响，使蜜蜂受冻不能归巢；夏日下午太阳直射巢门，造成巢温过高，使蜜蜂离脾。越冬前期，为控制蜜蜂减少出勤，降低巢温，可将巢门朝北摆放。

A　　　　　　　　　　　　B

图 2-23　阔叶落叶树下的蜂群

A. 夏天阔叶落叶树下的蜂群　B. 冬天阔叶落叶树下的蜂群

此外，放置蜂群的地方，不能有高压电线、高音喇叭、飘动的红旗、路灯、诱虫灯等吸引刺激蜜蜂的物体。蜂箱前面应开阔无阻，便于蜜蜂的进出飞行，不能将蜂群巢门面对墙壁、篱笆或灌木丛。蜂群不宜摆放在密林中，避免蜜蜂找不到归巢的路线。

二、蜂群摆放

除了转地途中临时放蜂之外，无论采用哪一种蜂群排列方式，都应将蜂箱垫高20～60厘米，以免地面上的敌害进入蜂箱和湿气腐烂箱底。蜂箱垫高的材料可就地取材，山区可选用木桩（图2-24-A）、竹桩将蜂箱垫高。钉立在地面上的3根或4根桩上可直接放置蜂箱（图2-24-B），也可在木桩、竹桩上放一板材使其更稳固（图2-24-C）。交通较便利的地方可用砖头（图2-24-D）、水泥块（图2-24-E）、钢材支架（图2-24-F）等将蜂箱垫高。还可利用市售的塑料凳（图2-25-A）、塑料筐（图2-25-B）等日常用品将蜂箱垫高。南方山区蜂场蜂箱用竹桩支撑能有效地防白蚁危害。在木桩或竹桩上倒扣玻璃瓶（图2-26-A），再放上蜂箱（图2-26-B），能防蚂蚁和白蚁等进入蜂箱。也有养蜂人用盛水的容器垫在蜂箱下防蚁（图2-26-C）。固定蜂场可设立固定的放蜂平台，放蜂平台可用砖石、水泥、木材等材料搭建（图2-27）。

图2-24 蜂箱垫高

A. 用于垫高蜂箱的木桩　B. 用木桩垫高的蜂箱　C. 木桩上平放板材可以使蜂箱更平稳

D. 用砖头将蜂箱垫高　E. 用水泥块将蜂箱垫高　F. 用钢材支架将蜂箱垫高

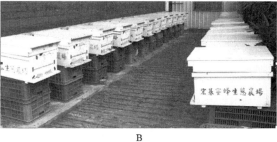

A   B

图 2-25   用市售的日常用品将蜂箱垫高

A. 用塑料凳将蜂箱垫高   B. 用塑料筐将蜂箱垫高

A   B   C

图 2-26   防   蚁

A. 木桩上倒扣玻璃瓶   B. 蜂箱放置在倒扣玻璃瓶的木桩上   C. 用盛水容器垫在蜂箱下

图 2-27   固定的放蜂平台

　　蜂箱摆放应左右平衡，避免巢脾倾斜，且蜂箱前部应略低于蜂箱后部，避免雨水进入蜂箱。但是蜂箱倾斜不宜太大，以免刮风或其他因素引起蜂箱翻倒。

第三章

我国蜂种资源的保护与利用

阅读提示:

  本章重点介绍了我国蜂种资源的分布和丰富度，蜂种资源的保护与利用的基本情况。通过本章的阅读，可以全面了解我国中蜂遗传基本单元的分布，蜂种遗传保护的意义和保护方法。尤其是对我国特有的中蜂保护和东北黑蜂、新疆黑蜂的保护提供了明确的思路。特别指出了盲目引种的危害。分析了我国蜂种资源在保护与利用方面存在的严重问题。详细介绍了我国特有的遗传资源中蜂、东北黑蜂、新疆黑蜂的保护思路和措施。

蜜蜂的遗传多样性是在长期的自然进化和人工培育中产生的，遗传多样性越丰富，蜜蜂对自然环境改变的适应性就越强。蜂种的遗传资源是蜜蜂多样性的重要组成部分，是培育优良蜂种的物质基础。掌握我国蜂种资源，保护与利用蜜蜂遗传多样性对养蜂业的可持续发展意义重大。

第一节　我国蜂种资源的分布与现状

我国是蜂种资源最丰富的国家。目前，自然分布于我国的有 5 个种，分别是东方蜜蜂、大蜜蜂（图 3-1）、小蜜蜂、黑大蜜蜂（图 3-2）和黑小蜜蜂；从国外引进并大量饲养的有 1 个种，为西方蜜蜂。大蜜蜂、小蜜蜂、黑大蜜蜂和黑小蜜蜂分布在我国云南、海南、广西等热带地区，西藏低海拔的林芝地区分布有黑大蜜蜂。这 4 种蜜蜂均露天筑脾，处于野生状态，目前未被开发利用。

A　　　　　　　　　　　B　　　　　　　　　　　C

图 3-1　大 蜜 蜂

A. 大蜜蜂蜂群　B. 在花上采集的大蜜蜂　C. 在树上的大蜜蜂集群

A　　　　　　　　　　　B　　　　　　　　　　　C

图 3-2　黑大蜜蜂

A. 黑大蜜蜂蜂群　B. 黑大蜜蜂越冬场地生境　C. 山崖上的黑大蜜蜂集群

世界上人工饲养的两个蜂种——东方蜜蜂和西方蜜蜂，均是我国主要饲养的蜂种。东方蜜蜂分布在亚洲，我国的东方蜜蜂称为中蜂。各地的中蜂在生活习性、行为特点、遗传特征、生产性能等方面均不同，是我国蜂业发展极具潜力的本土蜂种。西方蜜蜂是100多年前从国外引进的蜂种，现已成为我国养蜂业中最重要的蜂种。

一、我国蜂种资源分布

我国蜂种分布的大体情况是，东北和新疆等北方地区基本上以饲养黑体色的西方蜜蜂为主，中部和南方山区以饲养中蜂为主，北方和中部平原以饲养意大利蜜蜂为主。意大利蜜蜂是西方蜜蜂最主要的亚种，简称意蜂。转地饲养以产蜜为主的蜂场，多饲养有黑体色西方蜜蜂杂交种；生产蜂王浆为主的蜂场，饲养王浆高产的意大利蜜蜂品系。黑龙江省东部山区饲养东北黑蜂，新疆阿尔泰山和天山伊犁河谷饲养新疆黑蜂。这两个蜂种均为100年前从俄罗斯传入，经长期自然杂交和人工选育，在东北和新疆分别形成地方蜜蜂品种。

中蜂主要饲养在四川、重庆、云南、贵州、广东、广西、福建、江西、浙江、陕西等山区。其余广大的中部地区中蜂和意蜂均有饲养。这种现状是根据各地客观条件，在长期的生产实践中逐渐形成的。在西南和华南山区缺少大宗蜜源，西方蜜蜂越夏困难，难以利用冬季蜜源；中蜂土生土长，能适应当地的自然条件，充分利用山区分散的零星蜜粉源，蜂群发展的节律与蜜粉源高度协调，可以躲避主要的天敌胡蜂，所以生产比较稳定。在东北、西北和华北地区，冬季严寒，且蜂群越冬时间长，由于西方蜜蜂黑色蜂种的蜂群耐寒性强，所以饲养情况良好。在中部地区，蜜粉源丰富的平原区域，意蜂产浆等优良的生产性能可以得到充分的发挥，因而多以意蜂为主。

（一）中蜂资源分布

在生态环境多样性的条件下，孕育了我国中蜂遗传的多样性。不同地区的中蜂体色（彩页3）、形态、行为、生产性能等遗传性状均有所不同。也正是因为我国中蜂遗传资源的丰富，至今仍没有解决东方蜜蜂种下分类问题。少数知名学者认为，我国东方蜜蜂存在种下亚种分化，认为我国东方蜜蜂可分为中华中蜂（东部中蜂、中华蜜蜂、中华亚种），藏南蜜蜂（西藏蜜蜂、西藏亚种），阿坝蜜蜂（阿坝亚种），滇南蜜蜂（印度蜜蜂、印度亚种）和海南蜜蜂5个亚种。中华中蜂亚种还可以分为两广型、湖南型、云贵高原型、北方型和长白山型5个类型。对于我国东方蜜蜂种下的亚种分类，大多数学者采取了谨慎的态度。中国畜禽遗传资源志蜜蜂志编写组认为，我国的东方蜜蜂可划分为北方中蜂、华南中蜂、华中中蜂、云贵高原中蜂、长白山中蜂、海南中蜂、阿坝中蜂、滇南中蜂、西藏中蜂 9 个类型或地方品种。我国境内的东方蜜蜂原来认为是一个亚种，命名为中华蜜蜂，简称中蜂。鉴于我国东方蜜蜂亚种分类的未确定，我国境内的东方蜜蜂可统称为中国东方蜜蜂，在本书仍简称为中蜂。

在 20 世纪初西方蜜蜂没有进入以前，我国饲养的蜜蜂均为中蜂。随着西方蜜蜂种群数量的增长，社会、经济、生态环境的改变，中蜂的分布区域逐渐减少。近年来，由于生态环境的改善和各级政府对养蜂业的重视，中华蜜蜂种群数量减少的趋势有所减缓。

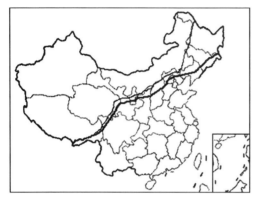

图 3-3　东方蜜蜂在我国的分布
（图中细实线为 1980 年的分布线，
粗实线为 2010 年的分布线）

据中国农业科学院蜜蜂研究所 1975—1980 年全国中华蜜蜂资源调查，中华蜜蜂分布北线从黑龙江省小兴安岭南接燕山山脉至河北省张家口，沿长城向西经宁夏海原，甘肃省屈吴山、乌鞘岭延伸至青海西宁；西线从西宁向南经四川大渡河和雅砻江上游，再向西南越过金沙江进入西藏的雅鲁藏布江中下游（图 3-3）。这项研究为系统全面地了解中蜂资源分布奠定了重要的基础。

福建农林大学蜂学学院蜜蜂生态学课题组，国家蜂产业技术体系中华蜜蜂饲养岗位科学家团队在"十二五"期间开展了我国中蜂资源研究，发现中蜂北方的分布线向南移（图 3-3）。华北、华中和华东地区的平原已无自然分布的野生中蜂，人工饲养的中蜂也很罕见。浙江、福建、江西、湖南、广东、广西、海南、重庆、四川、贵州、云南等省、直辖市、自治区全境均有中蜂分布。黑龙江省中蜂基本灭绝，据说在乌苏里江西岸的饶河等地还能发现野生中蜂，如果乌苏里江东岸的俄罗斯存在中蜂种群，黑龙江中蜂种群还有恢复的希望。辽宁省和吉林省中蜂主要生存于沿中朝边境的长白山山脉，辽宁省西部兴城、绥中等地有少量中蜂活框饲养，但蜂种可能部分来源于相邻的河北省。北京地区中蜂已不多见。山西省中蜂主要分布在中条山山脉，太行山脉和吕梁山脉南部。江苏省中蜂仅存于邻近浙江湖州的山区。安徽省中蜂分布于黄山和大别山，种群数量也不多。山东省中蜂主要分布在沂蒙山区，胶东半岛有少量的原始饲养的中蜂。河南省中蜂主要分布于秦岭的东部余脉和太行山南麓。湖北省中蜂主要分布在西部山区的十堰市、宜昌市、恩施州和神农架林区，东部的大别山和南部幕阜山也有中蜂分布。西藏中蜂主要分布在林芝地区和山南地区。陕西省中蜂主要分布于秦岭山脉、大巴山和黄龙山。榆林靖边、绥德以南的黄土高原为中蜂分布的边缘，有少量分布，面临着灭绝的风险。甘肃省中蜂主要分布在平川、定西、卓尼县以东的黄土高原和秦岭山区。青海省中蜂只有在临近甘肃省的民和县有少量分布，也处于濒危状态。宁夏回族自治区中蜂主要分布在南部的六盘山区。

（二）西方蜜蜂资源分布

西方蜜蜂在广大的中部和南部区域以意大利蜜蜂亚种为主，在北方以卡尼鄂拉蜜蜂、高加索蜜蜂等黑色蜜蜂为主。我国西方蜜蜂生产蜂场大多蜂种混杂，生产蜂王浆为主的蜂场，蜂种是以浆蜂血统为主的意大利蜜蜂；生产蜂蜜的蜂场，蜂种多为黑体色西方蜜蜂的杂种。

我国100多年来从国外引进了意大利蜜蜂、欧洲黑蜂、卡尼鄂拉蜜蜂、高加索蜜蜂、安纳托利亚蜂等西方蜜蜂亚种。在我国环境下适应性进化和人工选育形成了东北黑蜂、新疆黑蜂和浙江浆蜂3个西方蜜蜂的地方品种。通过西方蜜蜂品种间的杂交组合，人工选育出喀（阡）黑环系、浙农大1号2个西方蜜蜂新品系，培育出白山5号、国蜂213、国蜂414、松丹蜜蜂、晋蜂3号5个西方蜜蜂的配套系。西方蜜蜂优良的生产性能，成为我国蜂业最主要的蜂种，西方蜜蜂数量占我国蜂群总数的2/3。

1. 浆蜂 浆蜂是由江浙蜂农在20世纪70年代末人工定向选育的蜂王浆高产意蜂蜂种，中心产区在浙江省环杭州湾地区。2009年国家畜禽遗传资源委员会命名为浙江浆蜂。浆蜂最有影响的发源地在浙江省平湖县乍浦镇，最初浆蜂称之为平湖浆蜂。由于浆蜂卓越的蜂王浆高产性能，20世纪80年代末民间开始将浆蜂迅速地推广到全国。20世纪末，全国意蜂几乎都带有浆蜂的血统。

2. 东北黑蜂 东北黑蜂（彩页3）主要分布在黑龙江省完达山脉以东的饶河县。饶河县已建成东北黑蜂保护区，成立了东北黑蜂保护机构。保护区内的东北黑蜂种群数量达到3万多群。国家蜂产业技术体系牡丹江综合试验站在饶河县建立了东北黑蜂规模化饲养示范基地，蜂群数量达700多群。在虎林县境内的迎春林业局也在倡导东北黑蜂的养殖，初步形成了具有规模的东北黑蜂产业。

3. 新疆黑蜂 20世纪70年代以前，新疆黑蜂（彩页3）主要分布在新疆维吾尔自治区的伊犁和阿勒泰地区，由于意蜂大量的转地和引种到新疆，21世纪初纯种的新疆黑蜂已十分罕见。新疆黑蜂独特的地方蜂种特色，近年来受到各级政府和民间的重视，开展了新疆黑蜂的保护与利用工作。国家蜂产业技术体系乌鲁木齐综合试验站在伊犁地区建立了3个新疆黑蜂规模化饲养技术示范蜂场，饲养新疆黑蜂3590群。在尼勒克县种蜂场建立了国家级新疆黑蜂自然保护区，对新疆黑蜂开展保护与开发利用研究。新源县刘天奇新疆黑蜂场通过在那拉提山区收捕的野生新疆黑蜂，扩繁建立了新疆黑蜂的原始种群。现在新疆黑蜂分布的核心区域在尼勒克县、新源县和巩留县。

二、我国蜜蜂遗传资源存在的问题

我国东方蜜蜂和西方蜜蜂面临的共同问题就是地方品种混杂，严重威胁我国特色的蜂种资源保存。我国东方蜜蜂中海南中蜂、阿坝中蜂、长白山中蜂等具有特色的蜂种栖息地，不断地有外来中蜂侵入，同一群蜜蜂体色混杂（彩页4）。我国具有地方特色的东北黑蜂和新疆黑蜂等西方蜜蜂也面临同样的问题（彩页4）。

（一）中蜂遗传资源

1. 中蜂遗传资源存在的问题 我国中蜂遗传资源存在的主要问题是分布区域缩小、种群数量下降、遗传资源基本单元的数量减少和遗传资源基本单元的遗传多样性降低。

（1）中蜂分布区域缩小，种群数量减少 我国中蜂分布北部的边缘区域呈收缩态势。中蜂在西方蜜蜂未引进之前，广泛分布在除新疆、甘肃和青海西部、西藏高海拔地区以外的我国广大区域。现在中蜂的分布区域由北向南收缩，东北地区除长白山外，很少见到中蜂。黑龙江省中蜂几乎完全消失。在我国的中部和东部经济较发达的区域，中蜂的分布呈破碎化。尤其在平原和浅山区，随着中蜂饲养数量的减少，很多地方已无中蜂。

在中蜂分布区域缩小的同时，在现存的分布区内很多地方也面临着中蜂种群数量锐减的问题，尤其在与西方蜜蜂处于同一饲养区内和中蜂分布的边缘地区，中蜂多处于人工饲养状态，中蜂饲养的数量决定了中蜂的种群数量。在20世纪初，我国饲养的中蜂有500多万群；20世纪90年代，我国中蜂饲养量为200多万群；据最新估计，现在只有150万群。

（2）中蜂遗传资源丢失 中蜂是在我国特定生态环境下进化的蜂种，是宝贵的蜂种资源。中蜂遗传资源的多样性表现在遗传资源基本单元的数量。中蜂遗传资源基本单元是指具有共同性状遗传结构的中蜂总和。由于区域种群的灭绝，致使我国中蜂丰富的遗传资源的基本单元数量减少；人为地迁入（转地放蜂和引种）和人工选择（蜂王培育和自然王台的选择）导致中蜂种群遗传结构改变。中蜂遗传资源属于不可再生资源，一旦其多样性丢失或遗传结构改变就将永远失去。

①迁入　引种和转地放蜂是改变中蜂种群遗传结构的重要因素。将不同区域的中蜂基因引进后，由于中蜂交配人为不可控性，不可避免地改变当地中蜂种群遗传结构。将蜜蜂种群中渗入的外来基因人为清除几乎是不可能的。盲目改变蜂种遗传结构风险极大，非洲化蜜蜂的危害就是典型事例。由于引种、转地等形式的迁入，是近年来造成中蜂囊状幼虫病暴发的主要原因。引进蜂种出发点多为培育优良蜂种。在我国，无论蜂界学者还是养蜂生产者均进行过此类尝试。虽然在杂种优势的作用下，有外来血统的蜂群最初都能表现出良好的性状，但最终多发生严重的中蜂囊状幼虫病而表现不适应。少量的引种对中蜂遗传结构改变的影响还不能准确评估。如果引种后不良性状表现较早，被引种者淘汰，可能影响较小。随着自然选择和遗传漂变的过程，迁入的基因消失的概率较大。但引种后被大量用于培育蜂王，则可能外来基因长期存在而改变中蜂原有的种群遗传结构，会加大当地中蜂的遗传资源毁灭性危害的风险。尤其是在中蜂分布的边缘地区，中蜂种群的生存较困难，可能会加速该地区中蜂的灭绝。

转地放蜂因迁入的数量多，且多在分蜂季节，对改变中蜂种群遗传结构影响很大。近年来，广东和广西地区有大量的中蜂转地海南岛，估计会对海南岛特有的中蜂遗传资源造成不可逆的破坏。在原始的山区是否还幸存海南中蜂，是中蜂遗传资源研究者关注的问题，抢救海南中蜂遗传资源已刻不容缓。

②小种群遗传瓶颈和种群灭绝　由于中蜂在很多区域内种群数量的减少和中蜂种群分布的破碎化，造成中蜂遗传多样性的丧失。小种群的高灭绝风险和遗传多样性减少所带来的应对环境改变能力的减弱，对我国中蜂遗传资源保护造成严重问题。如果不采取有效的保护措施，即使少部分中蜂的小种群通过遗传瓶颈，所造成的中蜂遗传多样性的丧失也是不可弥补的。中蜂种群灭绝在我国已十分严重，而且中蜂种群数量还有继续减少的趋势。随着中蜂分布区域缩小和种群数量的减少，我国宝贵的中蜂遗传资源还将继续丢失。

③饲养技术和人工选育　现阶段人工饲养技术对中蜂遗传结构的影响未能引起学术界和养蜂生产者的关注。在中蜂活框饲养技术推广以前，我国大部分地区的中蜂群势多在 8～10 足框。现在这些地区的中蜂群势已下降了一多半，被蜂农称之为"蜂种退化"。很多养蜂人将此问题简单归罪于活框饲养技术的推广。造成群势下降的原因主要是，中蜂的饲养者在生产换王中无意识选择所致。由于移虫育王技术在中蜂饲养中不普及，中蜂饲养换新王时，养蜂人往往在早出现王台的分蜂性强的蜂群中获取王台。多年来的人为选择使得蜂群分蜂性越

来越强。

中蜂优良蜂种的选育和良种推广不当,同样可能造成遗传多样性的减少。在中蜂良种选育过程中,注重的是对生产性状的选择。由于对生产性状追求的片面性和局限性,再通过良种推广就可能导致遗传多样性丢失。

④中蜂遗传资源研究不足 中蜂优良品种的培育还处于未起步状态,究其原因就是对中蜂遗传资源的研究还不够深入系统。杨冠煌等在我国中蜂资源调查研究中做出了重大贡献,基本明确了我国中蜂的分布,并进行了初步归类。中青年学者努力尝试用现代遗传理论和研究技术解决中蜂在我国的分布、分类和遗传特征等问题也取得了一定的进展。但由于此领域的基础理论和实验技术局限,以及此课题研究的深度和广度的不足,中蜂遗传资源的基础研究仍不能满足中蜂遗传资源开发利用的需要。

东方蜜蜂系统发育是指东方蜜蜂种下分类阶元的亲缘关系和进化关系。东方蜜蜂种下分类需要解决的问题是分类阶元和最低分类阶元。东方蜜蜂亚种下分类最低阶元就是东方蜜蜂遗传资源的基本单元。亚种是昆虫学术界唯一公认的种下分类阶元,亚种下的分类阶元很少被昆虫界学者所关注。蜜蜂亚种下的分类与系统发育研究是充分开发利用蜜蜂遗传资源必不可少的基础,蜜蜂学界的学者应在此领域有所作为。我国东方蜜蜂有多少亚种,在现东方蜜蜂亚种中是否还可重新划分多个亚种,我国东方蜜蜂遗传资源的基本单元数量及分布,均没有定论。这是影响我国东方蜜蜂遗传资源保护和开发利用的关键所在。

遗传特征的研究是东方蜜蜂遗传资源基本单元划分的依据,也是东方蜜蜂遗传资源利用的基础。东方蜜蜂遗传资源基本单元的遗传特征研究,刚开始尝试运用形态遗传标记和非功能分子遗传标记分析,还没有完成对我国所有东方蜜蜂遗传资源的测定。仅研究东方蜜蜂形态遗传标记和非功能分子遗传标记还是远不够的。形态遗传标记易受环境的影响并存在趋同进化的问题,完全根据形态测定的数据分析,有可能出现明显错误的结果;有限的非功能分子遗传标记是否能够完全代表样本的遗传结构还存有疑虑。受分子生物学研究技术的限制,现在还不能广泛地开展对蜜蜂功能遗传标记基因的测定。

东方蜜蜂遗传资源基本单元的生物学特点和生产性能是培育东方蜜蜂优良蜂种、设计蜂箱、制定东方蜜蜂饲养管理方案的重要依据。这方面的工作是具体的且繁重的,所获得的结果在理论界无大影响,所以现在几乎处于空白状态。

2. 中蜂遗传资源问题形成的原因 中蜂遗传资源分布区域缩小、种群数量下降、遗传资源基本单元减少和遗传资源基本单元的遗传多样性降低等问题形成的原因是多方面的,既有环境问题也有人为因素。人为因素是中蜂遗传资源面临所有问题的根源。在野生中蜂分布区域缩小和种群数量下降的情况下,中蜂种群数量须依赖于人工饲养。中蜂人工饲养的数量受环境条件和社会经济发展的影响。

（1）自然环境改变　影响中蜂种群数量动态的自然环境因子主要是蜜粉源。森林和自然植被的破坏，蜜源作物栽培的减少，现代集约化农业造成蜜源种类单一，均严重影响野生中蜂的生存和中蜂的人工饲养。

图3-4　废弃橱柜中的野生中蜂

野生中蜂种群数量下降除了蜜粉源因素外，就是自然界蜜蜂筑巢条件的破坏。原始森林的消失，蜜蜂自然蜂巢树洞数量减少，野生中蜂往往被迫侵入有限的人类制造的空间，如箱橱（图3-4）、谷仓（图3-5）、地板下空间等。这些野生中蜂免不了受到人类干扰和破坏，如毁巢取蜜。随着农村经济发展和新农村建设，房屋结构（木质房屋被砖石和混凝土结构取代）和生活方式的改变（空置的棺材和废弃的箱橱等减少），蜜蜂可利用的人类制造的营巢空间越来越少，野生中蜂生存也就更加困难。

A　　　　　　　　　　　　B　　　　　　　　　　　　C

图3-5　有野生中蜂的谷仓

A. 福建农村谷仓　B. 谷仓门缝成为蜜蜂进出的巢口　C. 谷仓顶棚上的野生蜂巢

景观的破碎是生态学关注的热点问题。人类的活动，如城市规模的扩大、开发区建设、土地的荒漠化等，甚至农田作物的单一，都使野生的中蜂种群分布破碎化。中蜂的局域种群往往成为小种群，必然面临种群灭绝的风险和种群遗传多样性丧失。

（2）西方蜜蜂竞争　东方蜜蜂和西方蜜蜂是近缘种，生态位基本重叠，种间竞争十分激烈。蜜粉源是蜜蜂生存的基础，西方蜜蜂群势强、饲养的数量多，采集力强，种间盗性强，消耗饲料多。在蜜粉源食物竞争中，中蜂处于弱势。西方蜜蜂饲养的集中区域中蜂很难生存。西方蜜蜂转地饲养使大量西方蜜蜂在花期集中于主要蜜源场地，虽然花期结束后西方蜜蜂撤离，当地的野生中蜂仍因在主要蜜源花期贮蜜不足而面临生存困难。因西方蜜蜂蜂场的竞争，中蜂蜂蜜产量降低，导致中蜂饲养的数量减少。

中蜂与西方蜜蜂的亲缘关系很近，蜂王的性信息素十分相似。中蜂蜂王婚飞时往往受西方蜜蜂雄蜂干扰。在西方蜜蜂种群数量占优势的地区，中蜂蜂王的交配很难成功。

图3-6 中蜂原始蜂群取蜜

（3）野生中蜂猎取和原始养蜂方式 在当今的生态环境下，野生中蜂数量极少，部分野生中蜂是养蜂场逃逸到野外的饲养蜂群。虽然如此，在人们片面追求天然野生蜂蜜的情况下，只要发现野生的中蜂蜂巢就会被猎取。这对脆弱的野生中蜂资源破坏性极大。中蜂原始饲养多为用各种蜂箱诱引的野生中蜂，这种饲养方式大多用"杀鸡取卵"方式获取蜂蜜，取蜜后蜂群基本无法生存（图3-6）。

（二）西方蜜蜂资源存在的问题

西方蜜蜂是外来蜂种，除了新疆黑蜂发现野生蜂群外，大多没有融入我国的自然环境，离开人的饲养无法独立生存。我国西方蜜蜂遗传资源自然选择的因素较小，多受人为因素影响。由于生产用种的随意性，我国西方蜜蜂种群遗传结构处于不稳定的状态。

1. 本地意大利蜜蜂消失 意大利蜜蜂引入我国后，经人工选育逐渐适应当地环境，形成了我国南方、北方和东北3个"本地意大利蜜蜂"，简称为本意。南方的本意向蜂王浆高产方向选育，形成了浆蜂，改变了原来本意的遗传特征。受到浆蜂推广的影响和黑色蜂种的杂交，北方本意和东北本意已不存在。浆蜂的选育和推广应该引起我们的反思，本意是在我国饲养近百年，经过我国环境多年适应和选择，已形成我国特有的地方性西方蜜蜂品种。在我国环境下选择的本意基因随着浆蜂普及，很多遗传多样性随之丢失。

2. 西方蜜蜂地方品种面临的问题 蜜蜂在空中不受人为控制的交配方式，

极易使西方蜜蜂种性混杂。如果人为对蜂种的控制减弱，就会使西方蜜蜂遗传资源丢失。

（1）**东北黑蜂**　东北黑蜂主产区受到其他西方蜜蜂基因流的干扰，一直有被杂化的风险。国家蜂产业技术体系牡丹江综合试验站从 2010 年起联合黑龙江省农业经济职业学院、牡丹江科协养蜂分会等有关部门 20 人次，通过 4 年对保护区内的核心区和缓冲区内的 51 家蜂场进行了实地调研，其中调研了核心区38 个蜂场，缓冲区 13 个蜂场。核心区有 14 户发现杂色蜂，杂化程度达 30％；缓冲区有 10 户发现杂色蜂，杂化程度达 77.6％。核心区杂化蜂群数量占蜂场的比重在 1％～2％，缓冲区则达 50％以上。如果没有政府强有力的保护措施，短时间内就可导致东北黑蜂消失。

（2）**新疆黑蜂**　新疆黑蜂主产区已大量饲养以意蜂为主的西方蜜蜂，新疆黑蜂已濒临灭绝。原分布区新疆阿尔泰山区已几乎没有新疆黑蜂，天山伊犁新疆黑蜂大多被意蜂混杂。只有在那拉提深山中保留少量的相对纯种的新疆黑蜂。

（3）**浙江浆蜂**　浙江浆蜂主产区没有设立隔离保护区，在我国西方蜜蜂生产蜂种严重混杂的条件下，浆蜂的遗传结构和遗传特征的稳定性会受到其他西方蜜蜂蜂种的影响。在民间，养蜂人还在持续、无序地在生产中选择蜂王浆高产性状。浆蜂地方品种具有很大的不可控性。

3. 蜂种混杂严重　我国西方蜜蜂饲养生产者在蜂种的选择有很大程度上的盲目性，经常购买 1～2 只种王，用新购蜂王培育新王，更换全场所有蜂群的蜂王。尤其是在养蜂相对集中的地区，天空中飞翔的雄蜂包含了各种西方蜜蜂的血统。常见一个蜂箱中的工蜂具有多种颜色。蜂种的混杂不可避免地造成蜂种性能的退化。

第二节　我国蜂种资源的保护

我国蜂种资源保护工作的目标是蜜蜂种群遗传结构和遗传多样性不受人为干扰，避免外来蜂种入侵而改变，保护在本地长期进化适应保留下来的遗传特征和丰富的本地遗传多样性。主要工作思路是建立保护区，保护区内杜绝外来蜜蜂进入，避免外来蜜蜂的基因渗入。中蜂资源保护区内应鼓励和扶持农民开展规模化中蜂原始饲养，不提倡活框饲养，劝阻人工育王。蜜蜂资源保护区的养蜂管理，可以考虑制定许可证制度。保护区内的养蜂需要向保护区管理单位申请养蜂许可证，通过许可证的发放，对保护区内的养蜂者进行有效的管理和技术指导。保护区可以通过品牌宣传，扩大蜂农产品的市场份额和价值，增加养蜂人的经济收入，提高养蜂积极性，促进保护区蜜蜂种群数量增长。

对于蜂种已经混杂的地区，如海南岛、吉林省和辽宁省的长白山、四川省的阿坝州、新疆伊犁、黑龙江饶河等地，第一步建立保护区，严格控制外来蜜蜂进入，第二步清除非本地蜂种资源的基因，先从外观上清除外来蜜蜂。清除外来蜜蜂的主要方法是用本地蜂王更换有外来血统蜂群中的蜂王，每隔 12 天割除有外来血统蜂群中雄蜂封盖子，在巢门前安装隔王栅的方法控制血统不纯蜂群中雄蜂飞出。

一、蜂种资源保护区的规划

蜂种资源保护区的建设与蜂种资源保护应由政府主导，养蜂人积极参与。也可以由民间发起，地方政府支持，建立小范围的保护区。蜂种资源保护区内严格控制外来蜜蜂进入。在保护区的核心地带设立蜜蜂资源保护核心区，可以更有效地对蜂种资源进行保护。保护区内不进行人工选育，减少人为对蜜蜂种群遗传的干扰。创造条件尽可能扩大保护区外围的缓冲区，在政府相关部门的领导下，外围缓冲区的蜂场由保护区提供蜂种和养蜂技术。

蜜蜂资源保护区应建在生态环境良好，蜂种资源丰富，比较边远的山区。根据蜂种资源的分布、地理和生态环境、蜜蜂种群遗传学和蜜蜂保育生物学理论等规划蜜蜂资源保护区。

（一）海岛蜜蜂资源保护区规划

全岛均应划为蜜蜂资源保护区，在岛的山区腹地划出蜜蜂资源保护核心区（彩页 5）。由于海域的天然隔离，只要政府有决心，海岛蜜蜂资源保护区容易取得理想的效果。

（二）浅山区蜜蜂资源保护区规划

将浅山区及周边的地方划定保护区的界线。在保护区内的浅山区腹地，相对偏僻但生态环境良好，有野生蜜蜂资源，植被丰富的地方划出蜜蜂资源保护核心区（彩页 5）。根据保护区界线外的环境和养蜂情况划出保护区外围的缓冲区。

（三）高山区蜜蜂资源保护区规划

在高原蜜蜂遗传资源分布的集中区域建立保护区。在保护区内，野生蜂种资源丰富且无活框饲养的深山区，划出蜜蜂资源保护核心区（彩页 5）。在保护区外尽可能扩大保护区外围的缓冲区。高山区蜜蜂资源保护区界线的规划，需参考山脉的走向。一般来说，海拔3500米以上的山峰就能阻碍蜜蜂基因流。

（四）山谷蜜蜂资源保护区规划

两条山脉呈放射性伸展，或"U"形山脉，中间形成相对平坦的山谷。可将山谷规划为蜜蜂自然保护区。山脉成为隔离蜜蜂基因流的天然屏障。在保护区的核心区域，划出蜜蜂资源保护核心区（彩页5）。

二、中蜂遗传资源的保护

随着西方蜜蜂的引进和大范围的饲养、自然生态环境的改变等因素影响，中蜂面临严重危机，保护中蜂资源已成为当今蜂业界的紧迫任务。中蜂遗传资源的保护应从两方面考虑：保护中蜂遗传资源丰富度和遗传多样性；扩大中蜂种群数量。中蜂遗传资源丰富度反映中蜂遗传资源基本单元的数量，遗传多样性反映同一中蜂遗传资源基本单元内具有的等位基因数量。种群数量是保持中蜂的遗传资源的丰富度和遗传的多样性的前提。

（一）加大对中蜂遗传资源研究

中蜂遗传资源的研究是中蜂遗传资源保护的基础。在此领域亟须解决的问题是：中蜂遗传资源的基本单元的数量和分布，各中蜂遗传资源基本单元的遗传结构、生物学特性和生产性能。

（二）中蜂保护区

中蜂保护区的重要功能是提供自然的生存空间，保护中蜂遗传资源的遗传结构不受人为的选择而改变。在每一个中蜂遗传资源基本单元都应设一个中蜂保护区。中蜂保护区要求自然植被条件良好，蜜粉源较丰富，保护区面积在1000千米^{2}以上，能够维持较大的种群数量。限制外来蜜蜂进入（包括引种），不在保护区内及周边地区选种育种。

（三）促进中蜂饲养规模扩大

在自然条件下野生的中蜂种群数量发展受到限制的情况下，扩大中蜂饲养规模是增加中蜂种群数量的重要途径。扩大中蜂饲养的数量就必须提高饲养中蜂的经济效益，因此需在中蜂饲养技术、机具改良、良种培育等方面开展深入研究。

（四）保护蜜源和种植蜜源

蜜源是中蜂保护之本，应动员政府和社会团体保护蜜粉资源。在农业、林业、园林等领域兼顾蜜粉植物的种植。如政府加大绿肥植物紫云英种植扶持力度，在城市乡镇和道路绿化的规划中兼顾蜜粉源树种等。

[案例3-1]　　天水综合试验站：甘肃岷县中蜂保护区的做法与建设成效

甘肃省岷县中蜂保护区建立于2011年7月。2010年国家蜂产业技术体系天水综合试验站将岷县列为示范县，建立示范蜂场，进行宣传、培训、指导、示范、带动等工作。2011年示范县岷县对蜂产业高度重视，岷县县委县政府将发展中蜂产业第一次列入岷县七大主要畜牧产业之一，对岷县中蜂产业发展做出具体规划和安排，提出了工作思路、发展目标、发展措施。2011年7月份，为发展岷县蜂产业，保护中蜂遗传资源，岷县人民政府颁发了《岷县人民政府关于建立岷县中华蜜蜂保护区的通告》，中蜂自然保护区面积达1000多千米²。同时下发了《岷县人民政府办公室转发关于大力发展中华蜜蜂养殖业的安排意见的通知》（岷政办发〔2011〕93号）和《岷县人民政府办关于成立岷县中华蜜蜂养殖业开发领导小组的通知》（岷政办发〔2011〕92号）。建立了县级中华蜜蜂保护区，标志着岷县中蜂产业发展步入规范化、法制化和科学化的轨道。决定以发展重点村社中蜂养殖，示范带头，逐步推广，确定岷县秦许乡桥上村、马烨村和蒲麻镇桦林沟村为中蜂养殖重点示范村，选定养蜂技术好、产量高的大户为示范户，列入县养殖小区建设示范区，予以扶持发展。结合国家蜂产业技术体系给予适当蜂箱、蜂具、资金和技术扶持，积极开展中蜂饲养，推进蜂产业的发展。

2011年10月15日岷县第十五届人民代表大会政府工作报告中列入了发展蜂产业内容。2012年5月成立岷县中蜂产业发展办公室，安排业务部门固定专职蜂产业工作人员，具体负责岷县中蜂保护区建设和中蜂产业发展。

岷县中华蜜蜂保护区的建立，对岷县蜂产业的发展起到了推动作用，2010年全县养蜂农户1104户，饲养中蜂5522箱，普遍存在蜂蜜产量低、群势小、蜂群发展慢、杀蜂毁巢取蜜、效益不高等问题。通过岷县中华蜜蜂保护区的建立，岷县把中华蜜蜂养殖当作林下经济和特色产业来抓，举办技术培训，科学养蜂技术指导，建立示范基地，培养技术骨干，组建蜂农专业合作社等一系列中蜂发展和保护措施。蜂农养蜂积极性和养蜂技术不断提高，到2013年，中蜂养殖户达到2300户，养殖中蜂18200群，饲养100～180群的规模养殖户5个。近两年来，中蜂蜜颇受消费者青睐，中蜂蜂蜜价位上升至每千克100元，中蜂养殖大户年收入高达 8 万元。

附：岷县人民政府关于建立岷县中华蜜蜂保护区的通告

为了有效保护我县中华蜜蜂遗传资源，进一步发展壮大养蜂业，根据《中华人民共和国畜牧法》、《中华人民共和国野生动物保护法》、《畜禽遗传资源保种场保护区名录和基因库管理办法》（农业部令第 64 号）、《国家级畜禽遗传资源保种场保护区名录》（农业部第 662 号公告）等有关法律、法规，县政府决定设立岷县中华蜜蜂保护区（以下简称"保护区"），现就有关事宜通告如下：

一、保护区范围。根据县政府制定的《岷县中华蜜蜂遗传资源保护区建设实施方案》，在中华蜜蜂健在分布的核心区建立保护区，包括秦许乡下阿阳村、中堡村、上阿阳村、扎那村、宁坝村、大族村、大族沟村、秦许村、包家族村、包家沟村、泥地族村、雪寒村、桥上村、鹿峰村、沙才村、百花村、马烨村等17 个村区域，寺沟乡的巴仁村、多纳村、立珠村、奔直寺、下立林村、上立林村等 6 个村区域，茶埠镇沟门村、高岸村、耳阳村、尹家村等 4 个行政村区域，蒲麻镇赵家沟村、东沟村、桦林沟村等 3 个村区域，西江镇草滩村、中山村、长青村等 3 个村区域，涉及 5 个乡镇 33 个行政村，在核心区外建立半径 12 千米的自然交尾隔离区。

二、保护区由县林业部门和县农牧部门分别管理。县林业部门负责保护区野生中华蜜蜂的保护和管理，加强蜜源资源的培育和保护，全力保护蜜源植物，依法查处偷挖、盗、伐蜜源植物的违法案件。县农牧部门负责保护区内家养中华蜜蜂繁殖生态管理，加强中华蜜蜂资源的培育和保护，推广先进实用技术，培训蜂农，加强对养蜂的监督管理和各类违法案件的查处，县中华蜜蜂合作社蜂农要主动参与，共同维护保护区内中华蜜蜂的正常繁衍，在保护区内设置中华蜜蜂养殖场，应当依法取得《种畜禽生产经营许可证》，保护区内各乡镇人民政府要加大宣传力度，采取切实可行的措施，鼓励农户发展中华蜜蜂养殖，禁止农户在保护区内使用剧毒农药。

三、保护区涉及乡镇要在保护区内各交通要道设立标识牌，禁止西蜂进入保护区以及禁止引进外地中华蜜蜂蜂王和外地中华蜜蜂蜂群进入，其他异种应在保护区 12 千米以外放养。

四、加强对野生中华蜜蜂的管理。野生中华蜜蜂的捕获和出售，必须提出书面申请，并经县林业部门批准同意，严禁任何单位和个人非法捕获和出售野生中华蜜蜂及破坏栖息地等违法行为。

五、养蜂生产者在转地放蜂时，必须到当地动物卫生监督机构报检，经动物检疫员现场检疫合格后方可转场放蜂，对无检疫证明的，依据《中华人民共和国动物防疫法》等法律、法规有关规定予以查处。

六、对违反本通告相关规定的，根据《中华人民共和国野生动物保护法》《中华人民共和国畜牧法》《动物检疫法》等法律、法规有关规定予以查处。

七、本通告自发布之日起实施。

特此通告

岷县人民政府

2011 年 7 月 8 日

（案例提供者　祁文忠）

[案例 3-2]　　重庆综合试验站：重庆金佛山中蜂保护区的做法与建设成效

为加强重庆金佛山区中蜂保护工作，重庆市南川区于 2007 年建立了省级"中华蜜蜂保护区"，2007 年中国养蜂学会授予重庆市南川区"中华蜜蜂之乡"。2008 年 4 月中国养蜂学会中蜂资源保种与利用基地在南川建立。区畜牧兽医局设立了重庆首个蜂业管理站，配备蜂学专业管理人员开展中蜂保护区的管理工作，每年区政府划拨出专项资金支持中华蜜蜂保护区建设。

在保护区内划定中蜂保护的核心区。包括三泉镇、水江镇、鱼泉乡、大有镇、庆元乡、古花乡、合溪镇、金山镇、头渡镇、德隆乡、南平镇和南城街道办事处等 12 个乡镇和街道办事处，面积 1 300 千米²，占全区总面积的 50%。该区内不得引进其他地区的蜂种，尽量保持中蜂原生态饲养。在核心区外建立半径为 12 千米的自然交尾隔离区。以横跨该区石雷路为界限，各交通要道由南川区人民政府设立保护标志和永久性标语，该区内严禁外来蜜蜂进入。

积极与相关科研院所合作，开展对金佛山地区蜜源植物资源调查、中蜂生物学特性鉴定及生产性能评价、主要蜜源开花泌蜜规律及特色蜜品质研究，与龙头企业联合进行蜂产品利用开发。

保护区以遗传资源活体保种为主，将保种场、重点大户和农户三级保种结合起来，广泛开展群众性保种。对广大蜂农开展全方位的保种和科学饲养技术培训，使蜂农既懂得保种方法又增加养殖收益。积极推广蜜蜂传花授粉，可保持金佛山动植物生态系统的完整性，有效保护农作物和经济林木产量和质量。

南川区编制委员会设立的区蜂业管理站，为全额拨款事业单位，设编制 5人，现有蜂学专业硕士生 2 人，积极从事技术推广和保种管理工作，对中华蜜蜂的保护和产业发展起到十分重要的作用。

自建立南川中华蜜蜂保护区以来，中蜂群体数量增长明显，全区中蜂数量由 2007 年的 3.2 万群增加到目前的 8 万群，其中有饲养 100 群中蜂以上大户 30 户。

通过加强科学养殖技术推广培训，创立金佛山中蜂蜜品牌，使中蜂蜜的价格大幅提高，零售价由 2007 年的每千克 50 元，涨到 2014 的每千克 200 元。达到了保种不误效益，效益增加促进保种。自设立中蜂保护区以来，养殖效益有增无减，农户中蜂养殖积极性高，常常自发组织起来，阻止外来蜜蜂进入保护区。

2008 年，在三泉镇建立了中国养蜂学会中华蜜蜂遗传资源保护与利用基地。2010 年，重庆市实施良种场建设项目在南川区建设种蜂场 1 个，资金 100 万元；农业部"南川区中华蜜蜂资源保种场建设项目" 1 个，资金 100 万元。2014 年建设中蜂保种场 2 个，饲养中蜂 320 群，落实保种户 102 户，保种蜂群达 3 505 群。

（案例提供者　戴荣国）

三、西方蜜蜂遗传资源保护

我国西方蜜蜂遗传资源的保护需要建立保护区，保证蜂种不受外来基因影响。根据蜜蜂自然交配空中飞行的半径，理论上保护区的半径应在 20 千米以上。保护区内养蜂应得到保护区管理委员会的许可，并接受保护区的技术指导。保护区的蜜蜂严格控制出保护区，绝不允许保护区外的蜜蜂进入。保护区内的蜂场需要转地到保护区外采蜜应严格审批，在保护区外采蜜的蜂场禁止在保护区外培育蜂王。在保护区外采蜜期间蜂群失王，除了用从保护区带出来的贮备蜂王，只能采取蜂群合并的措施。

（一）东北黑蜂遗传资源的保护

东北黑蜂遗传资源的保护工作，在现有的饶河东北黑蜂遗传资源保护区范围内，继续开展严禁外来的西方蜜蜂进入，增加东北黑蜂种群数量，保护东北黑蜂的遗传结构和遗传多样性。通过换王等技术手段，继续清除保护区内有混杂血统的蜂群。努力扩大保护区的范围，将虎林县和宝清县重新划入东北黑蜂遗传资源保护区，饶河县全境均设为东北黑蜂遗传资源的保护核心区。将黑龙江省东部山区建设成东北黑蜂遗传资源保护区外的缓冲区。在东北黑蜂遗传资源缓冲区推广东北黑蜂饲养，减少其他西方蜜蜂的饲养量。

[案例 3-3]　　牡丹江综合试验站：黑龙江饶河东北黑蜂保护区的做法与成果

一、保护区建设工作简介

东北黑蜂是 19 世纪末由俄罗斯和我国养蜂工作者在饶河、宝清、虎林等地经多年闭锁繁育养殖的欧洲黑蜂、科尔巴阡和高加索等蜂种，逐渐进化繁衍形成基因趋于平衡的适于寒地饲养的优良地理亚种。该亚种不仅性状趋于稳定，且抗逆性好，采集能力强，是世界上公认的、不可多得的珍贵育种素材。1980年黑龙江省饶河东北黑蜂保护区成立，1997 年升格为国家级东北黑蜂保护区，保护区内设定有核心区、缓冲区和隔离区。核心区和缓冲区设有育种场和血缘隔离带。根据《中华人民共和国自然保护区条例》，国家农牧渔业部《养蜂管理暂行规定》，《黑龙江省自然保护区管理办法》，黑龙江省人民政府《关于饶河、虎林、宝清三县划为东北黑蜂保护区的通知》和《黑龙江省饶河东北黑蜂国家级自然保护区总体规划》等文件，饶河东北黑蜂保护区制订了《饶河东北黑蜂国家级自然保护区管理办法》。这标志着东北黑蜂的保护工作上升到法律层面，东北黑蜂保护局的成立使保护区工作人员获得了行政执法职能。保护区采取了防止近亲繁殖，保持东北黑蜂品种基因多样性措施，鼓励保护区内东北黑蜂自由放蜂。对杂化严重蜂群予以焚烧销毁，杂化较轻的蜂群采取换王措施。严格禁止外来蜂场入境。在绝产灾年政府给予蜂农适当补贴，保护东北黑蜂饲养的积极性。

保护区东北黑蜂由始建初期的 8 000 多群发展到 2014 年的 3 万多群，蜂种的推广也取得了可喜的突破，每年向区外供应优良东北黑蜂蜂种近千只。

二、保护区工作重点

第一，加强培训，提高管理人员和蜂农的保护意识，使区内蜂农的保护意识不仅成为自觉，更必须让大家认识到违反条例进行养蜂活动是违法的行为。

第二，多地联合执法，扩大行政执法范围。作为隔离区的周边市（县）和林业局由于在行政区划上和保护区有交叉，所以联合执法显得尤为必要，域外市（县）和林业局参与保护工作履行职能，有利于缓解保护区的工作压力。

第三，定期有计划地向缓冲区输出蜂种和蜂群扩大保护范围，增强缓冲区的缓冲能力是有效提高保护区抗外来蜂种入侵的重要手段。

第四，在主要路口设立醒目标识，警示外来放蜂者。成立联合调查组，彻底摸清保护区的蜂种混杂情况和成因。

第五，鼓励举报制。客观原因决定了监察部门的工作很难面面俱到，那么分布在各放蜂点的蜂场主把外来蜂场靠近和进入保护区的信息及时报给监察部门以利采取措施就显得尤为重要。

第六，筹建科学规范的保种场，对确定的保种蜂场准确记录谱系数据，对售出蜂种保质保量，维护东北黑蜂的信誉。

第七，根据保护区蜜粉源资源承载能力，合理发展蜂群数量，质量第一，不提倡蜂群数量的过度增长。

第八，增加监察部门的人员数量并提高技术力量，强化执法能力。

第九，扩大宣传力度。利用电视、广播、平面媒体和各种培训活动，广泛宣传保护区的管理条例和保护东北黑蜂的重要性。

第十，在地理标识的使用上做文章，把保护工作和使用地理标识挂钩，让大家都参与到保护工作中来。这是对提高域内蜂产品的价值让蜂农受益的重要手段，做到使用标识的企业产品标准统一规范。

（案例提供者　高夫超）

（二）新疆黑蜂遗传资源的保护

新疆黑蜂的保护难度更大，必须通过保护区的严格管理才有可能保存独特的蜂种资源。新疆黑蜂遗传资源保护区的工作主要有两点，即封闭和去杂。具体包括：①在保护区内严禁外来蜂群进入；②继续寻找野生的新疆黑蜂，在野生新疆黑蜂分布的地方大量培育蜂王；③在新疆黑蜂遗传资源保护核心区繁殖和扩大野生新疆黑蜂的种群数量；④在新疆黑蜂遗传资源保护区的所有蜂场，开展去除杂种蜂群，分批用种性较纯的蜂王分期分批地换王，清除杂种蜂群中的雄蜂。

[案例3-4]　乌鲁木齐综合试验站：新疆伊犁新疆黑蜂保护区的建设

新疆黑蜂作为一种新疆地区特有的、适合当地气候及蜜粉源条件的优良蜂种，在新疆当地饲养已有百年的历史。新疆黑蜂具有许多突出的优良性状，如耐寒、抗逆性强、能维持强群、节省饲料、对大宗蜜源采集力超强、能很好地利用零星蜜源等，特别适合新疆北疆浅山区丘陵地带定地饲养。2006年，国家农业部在全国范围对畜禽遗传资源进行了全面的调查，将新疆黑蜂列入国家畜禽遗传资源保护名录。

1980年，新疆维吾尔自治区人民政府曾专门下发文件（新政发〔1980〕153号），宣布建立新疆黑蜂保护区，具体要求：

1. 建立自治区新疆黑蜂资源保护区（西至霍城县五台，东至和静县巴伦台）。保护区外所有异蜂蜂种不得进入黑蜂保护区内放蜂，保护区内所有各养蜂单位也不得将异蜂种带入保护区内饲养。

2. 伊犁地区凡饲养异蜂种的养蜂单位，要本着"严格控制，逐步淘汰"的原则，力争在1~2年内全部换成黑蜂蜂种。饲养新疆黑蜂的养蜂单位，也应控制在保护区内，不得越出保护区以外的其他地区转地放蜂。

3. 伊犁地区各种蜂场，应在当地农业部门指导下，做好黑蜂种蜂王的繁育和提纯复壮工作，有计划地供应新疆黑蜂蜂种，以利异蜂种的淘汰更换和伊犁地区养蜂事业的发展。

2008年起新疆维吾尔自治区蜂业技术管理总站受自治区农业厅委托，在蜜蜂品种保护与优势蜂种的培育方面开展了大量的工作。管理总站制订了新疆黑蜂育种工作计划，开展了蜜蜂资源动态监控调查，开展新疆黑蜂的普查、中试、鉴定以及规模化饲养试验工作。自治区蜂业技术管理总站组织人员在喀纳斯禾木蒙古民族乡恢复新疆黑蜂饲养。开展实施新疆黑蜂保种场、新疆黑蜂保护区项目工作。建设新源、尼勒克新疆黑蜂传统分布区绿色蜂产品基地。指导新疆黑蜂尼勒克种蜂场开展新疆黑蜂国家畜禽资源遗传保种项目实施，该种蜂场免费为当地蜂农提供100只人工提纯新疆黑蜂蜂王。受自治区人民政府委托，自治区农业厅又专门组织蜂业管理总站等相关处室人员前往尼勒克县等地，就新疆黑蜂保护区调整方案进行了专题调研，进一步完善了保护、利用黑蜂产业的方案。为了促进新疆黑蜂产业的发展，2012—2013年两次在尼勒克县举办了中国新疆黑蜂产业发展论坛。采集野生新疆黑蜂种群125群，发展新疆黑蜂种群1 500群。

2013年，国家蜂产业技术体系乌鲁木齐综合试验站、新疆维吾尔自治区蜂业技术管理总站，将几年来黑蜂保护工作的资料整理、汇报给新疆维吾尔自治区农业厅的相关领导，并申请再次强调黑蜂保护的重要性。新疆维吾尔自治区农业厅再次发文《关于切实加强新疆黑蜂保护工作的通知》，强调在新疆黑蜂保护核心区域的新源县、尼勒克县、巩留县，要本着"严格控制，逐步淘汰"的原则，严禁异蜂种的进入，逐步清理淘汰保护区的杂化蜂种；在新疆黑蜂重点保护场区域内，如新源县保护区东至恰普河西巴尔塔勒，西至恰普河阿吾孜严禁异蜂种的进入，将黑蜂纯种种群控制在保护区内定地饲养，不得越出保护区进行转地饲养，尽快做好新疆黑蜂种蜂王繁育和提纯复壮工作，使新疆黑蜂得到真正意义上的保护。

乌鲁木齐综合试验站将按照国家蜂产业技术体系的任务要求，继续完成新疆黑蜂繁育工作，将黑蜂种群发展到2 000群以上，力争完成一家国家级新疆黑蜂保种场的建设工作，并继续指导伊犁州做好国家级黑蜂保护区的申报工作。

（案例提供者　刘世东）

第三节　我国蜜蜂遗传资源的应用

　　蜜蜂遗传资源多样性的价值在于适应于生态环境的多样性和应对环境变化的潜在能力，丰富的育种素材能够为蜜蜂良种的培育奠定物质基础。

一、中蜂遗传资源的应用

　　我国中蜂资源的应用还处于初级阶段，主要是应用于养蜂生产。中蜂饲养多为地方蜂种，地方蜂种为中蜂生产发展做出了重要贡献。中蜂资源还可以是培育地方良种和培育中蜂优良品种方面的物质基础。

（一）中蜂资源在生产中的应用

　　我国养蜂业中蜂饲养约占 1/3，中蜂是我国养蜂业重要的蜂种。不同地区的中蜂具有不同的生物学特性和生产性能。在养蜂生产中，需要根据不同中蜂遗传资源的蜂种特性，开发当地中蜂饲养管理技术，制定不同的养蜂方案，发挥蜂种的最大效应。

（二）地方良种的选育和应用

　　各地自然环境不同，则蜂种特性也不同。一般情况下，当地的中蜂适合度最高。不同区域的中蜂资源，长期进化适应各自的自然环境，对蜜蜂本身来讲最适应进化要求。换句话说，所有当地蜂群都具有很强的生存能力，但并不代表所有的蜂群都有较理想的生产性能。地方良种的选育就是要在适合当地生存的蜂群中，选育出生产性能好的蜂种。这样的良种首先适应当地的环境，同时生产性能优良。生产性能的主要表现性状：①维持强群，分蜂性弱；②蜜蜂群势发展快，蜂王产卵力高，蜜蜂育子能力强；③蜜蜂抗病抗敌害，重点是抗中蜂囊状幼病的能力强和抗胡蜂能力强；④生产性好，产蜜力高，造脾能力强。

　　在中蜂生产中，除了专业育种单位，生产蜂场提倡各自选育区域性的地方良种，反对跨区域引种，避免养蜂人盲目地进行远缘杂交尝试。在地方良种选育中，应注意纠正形态上大的指标即为良种的片面观点。体长，吻长，翅面积（翅长、翅宽）等指标大，并不一定是最优的。

（三）优良蜂种培育

中蜂优良蜂种培育工作还没有开展，我国蜂业的发展需要有适合本土的中蜂名种。通过对中蜂资源深入研究后，解决我国中蜂资源的划分和分布，掌握不同蜂种资源的遗传特性、生物学性能和生产性能等特点后，经过审慎地杂交育种培育出生产性能好、适应面广的东方蜜蜂优良蜂种。

二、西方蜜蜂遗传资源的应用

西方蜜蜂是外来蜂种，在我国大部分地区是不能独立生存的，因此西方蜜蜂目前还不能适应我国的自然环境。培育适应我国自然环境强的蜂种应该是蜜蜂育种界的重要工作。引进国外良种以及引进良种的应用，是我国西方蜜蜂资源应用的一项重要内容。研究杂交组合的配套系也是西方蜜蜂资源应用的重要方式。

（一）本土化西方蜜蜂选育

东北黑蜂和新疆黑蜂是适应本土化西方蜜蜂选育的典范，还需要在生产中培育更多的我国西方蜜蜂地方蜂种，如适应于我国南方炎热环境的地方蜂种、适应于高原的地方蜂种等。蜂螨是制约西方蜜蜂饲养发展的重要障碍，培育抗螨的西方蜜蜂蜂种对西方蜜蜂饲养非常重要。一旦能培育成功抗螨的西方蜜蜂蜂种，很可能西方蜜蜂突破我国环境适应的瓶颈。

（二）西方蜜蜂的引进和应用

继续从国外引进西方蜜蜂品种，筛选适应于我国养蜂条件的新的品种资源，提高西方蜜蜂饲养的生产效率。同时，引进新的西方蜜蜂品种可以增加我国西方蜜蜂的遗传多样性，为西方蜜蜂在我国的自然选择和人工育种提供遗传上的物质基础。

（三）筛选杂交组合，培育优良生产性的配套系

充分利用西方蜜蜂的遗传多样性和蜜蜂品种的多样性，尝试不同杂交组合，寻找具有各自生产性能的配套系，以适应我国养蜂生产多方面的需要。如适应于不同区域的配套系，适应于不同产品生产的配套系，适应于不同作物授粉的配套系等。

第四章
主要蜜粉源植物资源及其分布

阅读提示：

  本章重点介绍了我国蜜粉植物资源的种类和分布。详细介绍了 29 种主要蜜源植物和 7 种主要粉源植物的分布、泌蜜和散粉特点以及利用价值等。归纳了我国华北、东北、华东、华南、华中、西南和西北等七大区的主要蜜源植物的分布。通过本章的阅读，能够对我国蜜粉植物资源有较详细的了解，为蜜蜂饲养管理技术的决策奠定基础，帮助养蜂者充分地利用蜜粉资源，也能够为蜂业管理者规划蜂业发展提供依据。

蜜粉源是养蜂生产的基本条件，一个地方是否适合养蜂，可以养多少蜂，往往取决于蜜粉源的丰富程度。我国地域辽阔，地理位置特殊，其地形地势十分复杂，各地的气候条件千差万别，生态类型多种多样，这是我国蜜粉源植物资源丰富多彩的天然条件。我国的蜜粉源植物达万种以上，分别隶属141科。

第一节　主要蜜源植物

主要蜜源是指泌蜜量大，能够获得商品蜜的蜜源植物；蜜蜂能够利用但不能生产商品蜜的蜜源植物称为辅助蜜源。在我国，全国性和区域性的主要蜜源植物有30余种。

一、油　菜

油菜为十字花科芸薹属植物（图4-1）。根据油菜的形态特征、农艺性状将我国油菜分为白菜型、芥菜型、甘蓝型。

（一）油菜蜜源的分布

油菜为我国春夏季节主要蜜源，全国种植面积466万～533万公顷，居世界首位。甘蓝型油菜在南方冬油菜区种植面积占70%以上，余下兼种白菜型和芥菜型。油菜不能安全越冬的西北高原、青藏高原、华北的长城一带及以北地区、东北各省，除青藏高原主要栽培白菜型外，其余地区主要栽培芥菜型。

图4-1　油菜花

由于油菜类型多、适应性强、耐寒耐旱，其分布遍及全国。目前，除北京、天津、吉林、海南、香港、澳门油菜种植面积非常小或不种油菜外，我国其他省（区、市）均有种植。我国油菜种植面积居前5位的是湖北、安徽、四川、湖南和江苏，约占全国总面积的60.8%。

（二）油菜蜜源花期

油菜花从南到北逐渐开放，花期早的广东、福建、广西、贵州、云南等省

（区），在 11 月份至第二年 1 月份开始开花，可作为早春蜂群恢复和发展的场地。花期稍晚的省（区、市）有江西、浙江、江苏、上海、湖南、湖北、安徽、四川、重庆等；花期较晚的省（区）有山东、河南、河北、山西、陕西、甘肃、宁夏、青海、西藏、内蒙古、辽宁、黑龙江等，均可作为蜂群恢复和发展的重要基地。

（三）油菜开花泌蜜习性

油菜开花期因品种、栽培期、栽培方式以及各地气候条件等不同而异，同一地区开花早迟依次为白菜型、芥菜型、甘蓝型，白菜型比甘蓝型开花早15～30 天。同一类型中的早、中、晚熟品种花期相差 3～10 天。移植的比直播的早开花 8～10 天。秦岭以南地区白菜型花期在 1～3 月份，芥菜型及甘蓝型花期在3～4 月份。华北及西北地区，白菜型花期在 4～5 月份，芥菜型及甘蓝型花期在 5～6 月份，东北及西北部分地区延迟至 7 月份。油菜花期也因海拔不同而有很大变化，如青海境内海拔 1 800～2 300 米的湟水流域盛花期在 7 月份，海拔3 100 米的青海湖畔盛花期在 8 月份。

油菜开花的顺序是自下而上的典型无限花序类型。油菜花中有 2 对蜜腺，圆形，绿色，大的一对泌蜜丰富，小的一对泌蜜少。泌蜜日变化，上午泌蜜多含糖量低，下午泌蜜少含糖量高。7～12 时开花数最多，占当天开花总数的75%～80%，新疆及北部地区因夏季日照长，气温高且干燥，开花时间为 8～12 时和 16～21 时。

（四）油菜蜜源价值

油菜蜜源是我国分布最广、养蜂利用价值最高的蜜粉源植物，泌蜜量大、花粉丰富。广东、福建、广西、贵州、云南等省区的油菜蜜源主要用于恢复和发展蜂群，为蜂蜜和蜂王浆等产品生产奠定蜂群基础。江西、浙江、江苏、上海、湖南、湖北、安徽、四川、重庆等省（市）的油菜蜜源除了用于继续发展蜂群外，逐渐进入蜂蜜生产期；山东、河南、河北、山西、陕西、甘肃、宁夏、青海、西藏、内蒙古、辽宁、黑龙江等省（区）的油菜蜜源主要用于油菜蜜的生产。油菜蜜是我国的最大宗、稳产的蜜种，占全国蜂蜜总产量的 40% 以上。强群蜂单花期产量可达 75 千克。

油菜蜜呈特浅琥珀色，有混浊，具有油菜花香味，食味甜润，容易结晶，结晶的油菜蜜白色细腻。

二、荔　枝

荔枝为无患子科荔枝属植物（图4-2），是我国南方亚热带名果，春季主要蜜源植物。荔枝分布在北纬18°～31°区域，但主要的栽培区在北纬22°～24°30′区域。广东、福建、海南和广西面积较大，是我国荔枝蜜的主产区。四川、云南、贵州也有少量分布。

图4-2　蜜蜂采集荔枝花

（一）荔枝开花泌蜜习性

荔枝开花期最早的是广东1～3月份，广西3～4月份，福建4～5月份。荔枝花期约30天，自初花期至末花期均泌蜜，主要泌蜜期20天左右，晚熟种泌蜜量比早熟种多。品种多的地区连续花期长达40～50天，泌蜜期长达30～40天。

荔枝在气温10℃以上才开花，8℃以下很少开花，18℃～25℃开花最盛、泌蜜最多。荔枝夜间泌蜜，晴暖天气傍晚开始泌蜜，以晴天夜间暖和，微南风天气，空气相对湿度80%以上，泌蜜量最大。若遇刮北风或西南风不泌蜜。雄花花药开裂散出花粉主要在上午7～10时，蜜蜂于7时以后大量上花采集。雾露重，湿度大，泌蜜多，但花蜜含糖量低，蜜蜂不采集，直到花蜜浓度提高蜜蜂才去采集。

（二）荔枝蜜源价值

荔枝树冠大，花朵数量多，蜜腺发达，泌蜜量大，花期长。一朵花开花泌蜜2～3天，平均泌蜜量8毫克。种植品种多的地区，开花交错，花期长达30天以上。大年每群意蜂可产蜜10～25千克，丰年可达30～50千克；中蜂可产蜜5～15千克，丰年可达20千克。

荔枝蜜呈浅琥珀色，味甜美，香气浓郁，带有强烈的荔枝花香气，结晶乳白色，颗粒细，为上等蜜。

三、龙　眼

龙眼为无患子科龙眼属植物，春末夏初的主要蜜源植物。我国龙眼主要分布在华南、华东和西南地区，其范围西起东经 $100°44'$ 的四川省雅砻江河谷的盐边县，东至东经 $122°$ 的福建省东部，南起北纬 $18°$ 的海南省南端，北至北纬 $31°6'$ 的重庆市奉节县，其中福建、广西、广东面积较大，是我国龙眼蜜的主产区。

（一）龙眼开花泌蜜习性

龙眼开花期依地区、品种、树势和气候条件等不同而异。海南 $3\sim4$ 月份，广东和广西南部 4 月份，广东北部和福建南部 4 月下旬至 5 月，福州、闽清 5 月中旬至 6 月上旬。品种多的地方群体花期长达 $30\sim45$ 天，盛花泌蜜期 $15\sim20$ 天，末花期泌蜜少。

龙眼花序为混合型聚伞圆锥状花序，花序主轴上有 10 多个分枝，花数常逾千朵（图 4-3-A）。每个小花序有 3 个花蕾，中间一个先开。植株和花序上有雄花、雌花、中性花和少数两性花。雄花和中性花占各型花量的 $70\%\sim80\%$。雄花花丝长而外伸，雌蕊退化，柱头不分裂（图 4-3-B）。雌花的雄蕊花丝很短，花药不开裂，子房发育正常，花柱长且柱头分裂。中性花的花丝很短，花药不开裂，雌蕊发育不健全，柱头不开裂。两性花的雌蕊和雄蕊发育正常。各型花都有肥厚发达的外生花盘蜜腺。雄花和雌花交错开放，雄花开放的次数多，一次开放的时间长；雌花多集中开放 $1\sim2$ 次，且时间短，为 $3\sim7$ 天。

A   B

图 4-3 龙 眼 花
A. 龙眼花序   B. 龙眼雄花

龙眼开花期要求有较高的气温，$13℃$ 以下开花少，最适温度为 $20℃\sim27℃$，泌蜜适温 $24℃\sim26℃$。龙眼是夜间泌蜜，晴天夜间暖和的南风天气，空气相对湿度 $70\%\sim80\%$ 时泌蜜量最大。蜜蜂在天亮时就出巢采集。开花期间遇北风、西北风或西南风不泌蜜。龙眼花粉少，不能满足蜂群增长的需要，末花期泌蜜少，故蜂群在盛花期结束应及时退场，转移到有粉源场地，以恢复群势。

（二）龙眼蜜源价值

龙眼树冠大，花朵数量多，花期长，蜜腺发达，泌蜜量大。大年气候正常每群意蜂可产蜜 15～25 千克，丰年可达 50 千克；中蜂可产蜜 5～15 千克。

龙眼蜜呈琥珀色，浓度较高，气味香甜，结晶暗乳白色，颗粒略大，为上等蜜。

［案例 4-1］ 荔枝、龙眼蜜源的利用

荔枝花期与龙眼花期相衔接，从蜜蜂饲养管理角度可视为花期较长的一个蜜源花期。荔枝因果实成熟期、地区气候条件等不同而异，广东、海南早中熟种荔枝开花在 1～3 月份，晚熟种荔枝在 3～4 月份，福建早中熟种在 3 月至 4 月上旬，晚熟种在 4 月至 5 月下旬，广西晚熟种在 3～4 月份。花期 30 天左右，自初花期至末花期均能泌蜜，主要泌蜜期 20 天左右，品种多的地区花期长达 40～50 天，泌蜜期长达 30～40 天。龙眼开花期为 3 月中旬至 6 月中旬，依品种和分布区气候条件及长势等情况不同而有差异。海南 1～4 月份，广东和广西 4～5 月份，福建 4 月下旬至 6 月上旬，四川 5 月中旬至 6 月上旬。泌蜜期 15～20 天，品种多的地区花期长达 30～45 天。

荔枝、龙眼花期是广西养蜂最主要的蜜源，中蜂和西方蜜蜂都能采集利用荔枝蜜源，西方蜜蜂除收集蜂蜜外还生产蜂王浆。在花期前采取调整蜂群、双王群饲养、奖励饲喂等蜂群快速恢复增长的管理措施，培养采蜜强群。花期若晴天多，西方蜜蜂每群可取蜜 30～50 千克。

（案例提供者　许　政）

四、紫 云 英

图 4-4　紫云英

紫云英为豆科蝶形花亚科黄芪属植物（图 4-4），原产于我国，主要分布地区在长江中下游流域，是春季主要蜜源植物。

（一）紫云英开花泌蜜习性

紫云英花期始于 1 月下旬至 2 月中旬，可延续到 4 月中下旬。紫云英喜温暖湿润气候，在 pH 值为 5.5～7.5 和肥沃的沙质土壤上生长好，不耐碱，忌渍怕旱。多播种在晚稻田里越冬，春季生长迅速，盛花时作绿肥。花期约 1 个月，泌蜜期 20 天左右。晴天在 8～10 时和 12～16 时出现开花泌蜜高峰。紫云英泌蜜最适温为 25℃，相对湿度为 75％～85％，晴天光照充足则泌蜜多。干旱、低温阴雨、遇寒潮袭击以及种植在山区冷水田里，都会减少泌蜜或不泌蜜。

（二）紫云英蜜源价值

在我国南部紫云英种植区，通常每群蜂可采蜜 20～30 千克，强群产量可达 50 千克以上。紫云英花粉橘红色，量大，营养丰富，可满足蜂群增长、王浆和花粉生产。

五、柑　橘

柑橘为芸香科柑橘属植物（图 4-5），是我国重要果树之一，春季主要蜜源植物。我国柑橘分布较广，广东、湖南、四川、浙江、福建、湖北、江西、广西等省（区）面积较大，其次是云南、贵州，其他省面积小。

图 4-5　柑　橘　花

（一）柑橘开花泌蜜习性

柑橘的开花期在 2～5 月份，但因种类品种、分布地区及气候条件等不同而异，一个地方的花期 20～35 天，盛花期 10～15 天。气温 17℃ 以上开花，20℃ 以上开花速度快，泌蜜适温 22℃～25℃，空气相对湿度 70％ 以上泌蜜多。

同一地区同一品种树势强弱、开花期间的温度和水分条件等因素也有差别。低温阴雨则开花迟，花期长；高温晴朗天气或树势弱的则开花早，花期短。开花前降水充足，花期间气候晴暖，泌蜜多。干旱期长或花期间雨量过多或低温、寒潮、北风，则泌蜜少或不泌蜜。

（二）柑橘蜜源价值

每群意蜂可产柑橘蜜 10～30 千克，每群中蜂可产柑橘蜜 8～15 千克。由于农药的施用和与其他花期重叠，有些蜂场不去利用柑橘。

柑橘蜜呈淡黄色，气味芳香，甘甜可口，易结晶，呈乳白色，为优质蜂蜜。

六、橡 胶 树

橡胶树为大戟科橡胶树属植物（图 4-6），我国主要种植在云南、海南两省。

（一）橡胶树开花泌蜜习性

图 4-6　橡胶林下蜂场

一般橡胶树开花雌花期 15～20 天，雄花期 12～27 天。开花时间多在中午，雄花于上午 10 时左右开，中午入盛；雌花上午 11 时左右开，下午 2 时入盛。橡胶树的花内蜜腺有 5 个，位于花盘上，叶柄蜜腺有 3 个，位于叶柄基部。泌蜜时间，海南琼中 3 月中旬至 4 月下旬，云南瑞丽 4 月中旬至 5 月下旬。1 朵花泌蜜 2～3 天，1 个花序泌蜜 6～7 天。

橡胶树为热带树种，喜温怕冻。5℃以下受冻害，枯梢或裂皮影响泌蜜。超过 30℃，有效光合强度减弱，呼吸强度增强，泌蜜减少，因此中午蜜少。早春气温低，花期推迟，影响泌蜜。

（二）橡胶树蜜源价值

橡胶树是热带地区重要的栽培林木，花期长，泌蜜量大，意蜂单产 60～110 千克，中蜂单产 15～25 千克。

橡胶蜜呈浅琥珀色，结晶乳白色，晶粒较粗，味纯正，香味淡。

七、白 刺 花

白刺花，又名狼牙刺、苦刺，为豆科蝶形花亚科槐属植物，是我国春末初夏期主要蜜源。白刺花喜生于河谷沙壤土及山坡灌木丛中，分布在陕西、甘肃、宁夏、山西、云南、四川、西藏等省（区）。

（一）白刺花开花泌蜜习性

云南南部地区主要流蜜期在 2～3 月份。秦岭岭下和岭顶的始花期为 5 月初和 6 月初，相差 1 个月。多数地方开花期在 5 月份。一天中，上午 9 时至下午 3 时，当旗瓣向上反卷与花萼平行，翼瓣向两侧展开呈 30°，花朵的泌蜜量最多。泌蜜适温为 25℃～28℃，空气相对湿度 70% 以上。高温高湿的条件有利于白刺花的泌蜜，尤其是夜间下过小雨，次日晴天，泌蜜最多。

（二）白刺花蜜源价值

白刺花分布广，花期长，蜜粉兼丰，常年每群蜂可产蜜 20～30 千克，花粉除可满足蜂群繁殖和产浆外，还能生产部分商品花粉。

白刺花蜜呈浅琥珀色，半透明，甘甜芳香，结晶乳白色，细腻，为优质的商品蜜之一。

八、苕　子

苕子为豆科蝶形花亚科野豌豆属植物，种类多，但主要利用的是光叶紫花苕。常种植于果园、闲置水稻田、山地。只有作为种子生产的能被蜜蜂充分利用。苕子是春夏季节主要蜜源植物，主要分布在江苏、山东、陕西、云南、贵州、安徽、四川等省。

（一）苕子开花泌蜜习性

因苕子种类不同，同一地区的开花期也不尽相同，苕子花期在 3～6 月份，盛花期 20～25 天。气温 20℃ 开始泌蜜，泌蜜适温 24℃～28℃。光叶苕子花冠较浅，泌蜜较多；毛叶苕子花冠较深，泌蜜量较少。蜂种吻的长度会影响对苕子蜜源的利用。云南苕子花期在 3～5 月份，可采两个苕子场地。

（二）苕子蜜源价值

苕子泌蜜丰富、花期长、花粉充足。意蜂强群单产 15～40 千克，同时还可以组织生产蜂王浆。

苕子蜜呈浅黄色，质地浓稠，气味芳香。纯苕子蜜易结晶，浅白色，结晶粒细腻。

九、刺　槐

刺槐，别名洋槐，为豆科蝶形花亚科刺槐属植物（图 4-7）。刺槐分布较广，东至辽宁铁岭以南，北至内蒙古呼和浩特，西至新疆石河子，西南至云南昆明，

图 4-7 刺槐花

东南至福建南平。但适宜在长江以北和长城以南的地区生长。江苏和安徽北部、胶东半岛、华北平原、黄河故道、关中平原、陕西北部、甘肃东部等地为主要放蜂生产刺槐蜜场地。

（一）刺槐开花泌蜜习性

平原气温高先开花，山区气温低后开花，海拔越高，花期越延迟，花期常相差 1 周左右，所以一年中可转地利用的刺槐蜜源有 2 次。开花期在 4～6 月份。刺槐喜光，耐干旱瘠薄土壤，适宜泌蜜气温为 27℃。生长旺盛的刺槐，开花晚，泌蜜量大。

（二）刺槐蜜源价值

刺槐花多蜜多，每群蜂产蜜 30 千克左右，多者可达 50 千克以上。刺槐花粉乳白色，对蜂群增长和蜂王浆生产起重要作用。

刺槐蜜呈水白色，浓度高，气味清香，不结晶。

［案例 4-2］　辽宁省刺槐蜜源的利用

刺槐是辽宁省的主要蜜源之一。刺槐不稳产，流蜜受干旱、季风等气候的影响较大。但在正常年份，可以通过饲养强群、把握花期等措施，夺得蜂蜜高产。

辽宁省的刺槐花期由南到北差异较大，朝阳地区始花期 5 月 15 日，而东部海边地区花期较迟，约在 5 月 30 日。针对辽宁省刺槐花期的养蜂特点，采取以下措施可获得刺槐蜜高产。

1. 组织强群采蜜

刺槐花期前提前开始培育适龄采集蜂，将蜂群群势发展至 14 框以上。采蜜时，调整巢脾，将空脾和即将出房的封盖子脾放于继箱上，为蜂群贮蜜留足空间。在刺槐花期 1 周左右的时间内，巢箱里加空脾不宜超过 3 张。组织双王群采蜜，对于群势较小的蜂群，可提前合并成双王群。

2. 蜂群放置于避风处

刺槐花期，季风盛行。蜂场要放在避风处，蜜源选在避风的地方。选择场地时，周边应有足够的粉源。如果发现周边粉源不足时，可以适当给蜂群补喂花粉，以防流蜜期过后蜂群群势大幅度下降。

3. 生产王浆控制分蜂

刺槐花期蜂群强盛，适合生产蜂王浆，通过生产王浆有效地控制分蜂热。

4. 实行省内小转地，追花夺蜜

辽宁省内东部和西部、内陆和沿海地区刺槐开花时间差异较大，可以在准确把握各地花期的同时，实行省内小转地，实现刺槐蜜丰产。刺槐花期较短，转地时，蜂群应采取早进场早出场的原则，可以从 5 月 15 日开始在辽宁朝阳地区采蜜，5 月 22 日左右转地到葫芦岛、锦州地区的再取 1～2 次蜜，5 月 28 日转地到丹东或大连沿海地区还可再取 1～2 次蜜。

（案例提供者　袁春颖）

十、山乌桕

山乌桕为大戟科乌桕属植物（图 4-8），是热带、亚热带山区野生的夏季主要蜜源。主要分布在海南、福建、广东、广西、云南、贵州、湖南、浙江等省（区）。

（一）山乌桕开花泌蜜习性

山乌桕生长于山区，花期海南省在 4～5 月份，其他大多数省（区）在 5～6 月份。但海拔较高的山区开花较迟，如福建武夷山为 6 月中旬至 7 月中旬。花

图 4-8　山乌桕

期约 30 天。由于树龄、树势、山地海拔差异，所以一些地区的花期长达 30～40 天，泌蜜期 20～25 天。泌蜜适温 28℃～32℃。如若山林中空气湿度较大，只要晴天温度高，泌蜜较涌。

（二）山乌桕蜜源价值

山乌桕花序多而大，花期长，蜜腺发达，泌蜜丰富，且无明显的大小年。花序上雄花多，花粉丰富。山乌桕花期间正值南方进入高温季节，对华南地区采完荔枝和龙眼蜜源后的蜂群恢复群势有重要作用，中蜂和意蜂均可进入山区

采集。虽然开花期间正值南方雷阵雨季节，有时近海山区还受台风的影响，但这两个因素影响时间较短，且山乌桕花期长，所以比较稳产。常年每群意蜂可产蜜15～20千克，丰年可达25～50千克。中蜂可产蜜10～15千克。

山乌桕蜜呈浅琥珀色，甘甜适口，浓度较低，香味较淡，结晶暗黄色，颗粒较粗。

十一、乌　柏

乌桕为大戟科乌桕属植物（图4-9）。乌桕数量多，花期长，蜜粉丰富。乌桕分布于秦岭——淮河以南各省（区），栽培或野生，分布较多的有浙江、四川、湖北、湖南、贵州、云南，其次是江西、广西、广东、福建、安徽和河南。

图4-9　蜜蜂采集乌桕花

（一）乌桕开花泌蜜习性

在云南金沙江河谷的乌桕始花期为5月下旬，大多数地区开花期在6～7月份。一般5～7年树龄开始初花，但雄花多，10～30年树龄的壮树的花序多，泌蜜量大。通常是雄花先开放。乌桕喜光和温暖气候。以土层深厚、肥沃、湿润的酸性土壤生长健壮，抽生花序多，泌蜜量大。生长在干燥瘠薄的地方，长势弱，花序小，泌蜜量少。高温高湿的天气泌蜜量最大，气温25℃以上开始泌蜜，30℃以上泌蜜多。因开花期正值高温季节，雷阵雨过后次日晴天，泌蜜量最大。若干旱、酷热天气或刮西南风，则不泌蜜。分布于乌江和金沙江流域的乌桕，开花期间晴天多，气温高，有利于生产。分布于长江中下游及以南地区，常受雷阵雨、干燥的西南风影响，近海地区的乌桕有时还受台风的影响。

（二）乌桕蜜源价值

乌桕树冠大，花序多，蜜腺发达且显露，蜜粉均丰富，对南方夏季蜂群的增长和生产有利，尤其华南地区对采完龙眼蜜源后的蜂群恢复群势有重要作用，可边繁殖边生产。集中分布地方常年每群意蜂可产蜜20～30千克，丰年可达

50千克以上。

乌桕蜜呈浅琥珀色，结晶后呈暗乳白色，颗粒较粗，浓度较低，味甘甜稍淡。

十二、枣 树

枣树为鼠李科枣属植物（图4-10），河南、山东、河北等省栽种最多，山西、陕西、甘肃次之。

（一）枣树开花泌蜜习性

华北平原的枣树在5月中旬至6月下旬开花，整个花期40天以上。在黄土高原，如陕西北部、宁夏北部，开花期比华北平原晚10～15天。在枣树品种多的地区，花期长。枣花泌蜜的最适宜温度为26℃～32℃，空气相

图4-10 枣 花

对湿度40％～70％。阴雨和低温天气，泌蜜停止。开花之前下过透雨，生长发育正常。若开花期内有适当雨量，空气湿润，则泌蜜丰富。

（二）枣树蜜源价值

一般年份，每群蜂可采枣花蜜15～25千克，最高可达40千克。

十三、沙 枣

沙枣为胡颓子科胡颓子属植物（图4-11），是我国西北地区夏季主要蜜源植物，主要分布在新疆、甘肃、宁夏、陕西、内蒙古。

（一）沙枣开花泌蜜习性

沙枣定植后4～5年开花，10年后进入盛花期。沙枣开花期在5～6月份。新疆南部的麦盖

图4-11 沙枣果

堤、疏勒为5月中旬至6月初，和田比麦盖堤早开花1～2天，阿克苏推迟开花3～5天。小沙枣比大沙枣早开花1～2天，老树早开花，小树迟开花。新疆北部的奎屯、石河子为5月下旬至6月中旬，吐鲁番、乌鲁木齐、南山为5月中下旬至6月上旬，阿尔泰、北屯为6月初至6月中下旬。甘肃河西走廊为5月下旬至6月上旬。宁夏盐池为6月上旬至6月中旬。陕西榆林、定边为5月下旬至6月上中旬，各地花期约20天。生长在地下水丰富、较湿润的地方，沙枣泌蜜量较大。

（二）沙枣蜜源价值

沙枣泌蜜丰富，是西北地区和内蒙古主要蜜源植物。每群蜂可产蜜10～15千克，最高达30千克。

沙枣蜜呈浅琥珀色，略带黄绿色，甘甜芳香，质地浓稠，结晶后呈乳白色。

十四、紫 苜 蓿

图 4-12　紫 苜 蓿

紫苜蓿为豆科蝶形花亚科苜蓿植物（图4-12）。主要分布于黄河中下游及西北地区，分布面积较大的有陕西、新疆、甘肃、山西和内蒙古，其次是河北、山东、辽宁、宁夏。

（一）紫苜蓿开花泌蜜习性

播种后2～4年的紫苜蓿长势旺盛，泌蜜丰富。花期气温在18℃以上开始泌蜜，泌蜜适温为26℃～30℃。冬、春雨水充足，长势旺盛。花期晴天无风、温度高，泌蜜多，持续干旱或刮干燥酷热的西北风对泌蜜有不良影响。紫苜蓿花期在5～7月份。

（二）紫苜蓿蜜源价值

紫苜蓿栽培面积大，花期长，年产蜜15～30千克，高的可达50千克以上。
紫苜蓿蜜呈浅琥珀色，半透明，芳香，微有豆香素味；易结晶，结晶乳白色，颗粒较粗。

十五、草 木 樨

草木樨是豆科草木樨属的优良牧草（图 4-13），为我国北方夏季主要蜜源植物。主要分布于东北、华北和西北各省（区），此外四川、云南、河南、山东和安徽等省也有种植或野生草木樨。草木樨的种类有许多，其中在养蜂生产上具有重要价值的栽培种是香甜草木樨、黄花草木樨（图 4-13-A）和白花草木樨（图 4-13-B)等。

A   B

图 4-13　草 木 樨

A. 蜜蜂采集黄花草木樨　B. 蜜蜂采集白花草木樨

（一）草木樨开花泌蜜习性

草木樨的开花期，云南省蒙自地区在 4～5 月份，其他大部分地区在 6～7月份，东北、内蒙古在 7～8 月份。草木樨花期早晨进粉，白天进蜜。泌蜜适温在 25℃～28℃，空气相对湿度 60％～80％。夜晚降雨，白天放晴，高温高湿，泌蜜量显著提高，蜜蜂采集时间大大延长。高温干燥的天气，泌蜜少，花期缩短。黄花草木樨比白花草木樨早开花 10～15 天，白花草木樨比黄花草木樨泌蜜量大。

（二）草木樨蜜源价值

草木樨分布广，面积大，花期长，泌蜜丰富，常年每群蜂产蜜 20～40 千克，高的可达 60 千克。草木樨花粉充足，除了满足蜂群增长及产浆的需要外，还可生产一定量的商品花粉。

草木樨蜜呈浅琥珀色，结晶乳白色，颗粒细腻，芳香，甜润，为优质蜜种。

十六、荆　条

荆条为马鞭草科牡荆属植物（图 4-14）。主要生长在太行山、燕山、吕梁山、中条山、沂蒙山、秦岭、大巴山、伏牛山、大别山和黄山等山区。华北主要分布在山西南部、北京北部山区、河北承德地区以及内蒙古的伊克昭盟（鄂尔多斯市）和昭乌达盟（赤峰市）的一些地区。

A   B

图 4-14　荆　条　花

A. 荆条花序　B. 蜜蜂采集荆条花

（一）荆条开花泌蜜习性

荆条花期在 6～8 月份，泌蜜适温为 25℃～28℃。夜间气温高、湿度大、闷热，次日泌蜜多。二年生以上荆条花序长，花多、蜜多。荆条花粉少，加上蜘蛛、壁虎、博落回等天敌和有毒蜜源的影响，多数地区采荆条的蜂场，蜂群群势会下降。

（二）荆条蜜源价值

每群蜂产蜜 25～60 千克。荆条蜜呈浅琥珀色，结晶细腻乳白，蜜质优良。

十七、胡枝子

胡枝子为豆科胡枝子属植物（图 4-15）。分布于黑龙江、吉林、辽宁、河北、山东、山西、河南、湖北、陕西、甘肃和内蒙古等省（区），以东北三省为最多，多生于荒山坡、撂荒地、路边、丘陵地带的阔叶林或灌木丛中。

图 4-15　胡枝子花

（一）胡枝子开花泌蜜习性

胡枝子在东北 7 月中旬开花，泌蜜在 8 月份，花期 20～40 天。胡枝子属于喜高温型蜜源植物，秋天气温高开花早，泌蜜时间长，泌蜜适温为 25℃～30℃，低于 20℃泌蜜减少。胡枝子在东北开花泌蜜期是秋季，因而受温度、降水、风向及风力等影响较大，是一种不稳产的蜜源。

（二）胡枝子蜜源价值

胡枝子泌蜜丰富，正常年每群蜂产蜜 10～15 千克，丰收年可达到 50 千克。胡枝子蜜呈浅琥珀色，结晶洁白细腻，气味芳香，为蜜中佳品。

十八、老瓜头

老瓜头为萝藦科鹅绒藤属植物（图 4-16），主要分布在内蒙古、宁夏和陕西三省（区）交界的毛乌素沙漠及其周围各县。

图 4-16　老瓜头

（一）老瓜头开花泌蜜习性

老瓜头花期通常是 5 月下旬至 7 月下旬，6 月上旬至 7 月上中旬为盛花期（30～35 天）。一天中,上午泌蜜量大,午后泌蜜少,下午 3～4 时以后泌蜜又增多。气温在 20℃～25℃泌蜜量较大,温度过高或过低泌蜜少。风力达 8～10 米/秒以上时对泌蜜不利。4～5 月份,若雨水较充足,长势旺盛;花期间有间断性适量降雨,则开花多,泌蜜量大。

中华萝藦叶甲虫会吃食老瓜头的嫩叶和花蕾,当它大量出现时会严重危害叶和花,影响开花泌蜜,同时它的排泄物会污染花蜜,致使蜜蜂采食污染蜜而中毒。

(二) 老瓜头蜜源价值

老瓜头泌蜜丰富,每年都有数万群蜜蜂到内蒙古的伊克昭盟,宁夏的盐池、灵武、同心等县和陕西的榆林地区采集老瓜头蜜源。常年每群意蜂可产蜜 50～60 千克,丰收年景一个强群可产蜜 70～100 千克,较为高产稳产。

老瓜头蜜呈浅琥珀色,浓度高,味芳香纯正,甜度大,结晶呈乳白色。

十九、椴 树

椴树科椴树属的紫椴 (图 4-17-A) 和糠椴 (图 4-17-B) 蜜源,主要分布于我国黑龙江、吉林、辽宁、山东、河北、山西等省,以长白山和兴安岭林区最多。长白山区常生于海拔 300～1 200 米、山地中下腹的阔叶林及针阔混交林,以 600～900 米较多;兴安岭林区常生于海拔 200～1 100 米,以 300～800 米最多。

A   B

图 4-17 椴 树 花
A. 紫椴花   B. 糠椴花

(一) 椴树开花泌蜜习性

椴树的始花期在 6 月中旬至 7 月初,常年阳坡的椴树比阴坡的蜜多。椴树花蜜腺呈乳头状,位于花萼基部,上面有白色丝状毛覆盖。花朵开放尚未吐粉就开始泌蜜。椴树在 10℃时泌蜜，20℃～22℃泌蜜增多，25℃～28℃泌蜜最佳，低于 16℃或高于 30℃泌蜜减少。椴树为阳性树种，生长、开花和泌蜜都需要充足的光照。张广财岭 5～8 月份日照时数 900 小时，每增加 50 小时，每群蜂可增产 5 千克以上，低于 850 小时要减产。

（二）椴树蜜源价值

椴树在东北林区数量大，可容纳 100 多万群蜂，正常年份每群蜂可产蜜 20～30 千克，丰收年可产蜜 50～110 千克。吉林和黑龙江两省年产商品蜜可达 20 000 吨以上。

椴树蜜呈浅琥珀色，结晶细腻，气味芳香浓郁。

［案例 4-3］　椴树蜜源的利用

椴树是吉林省东部山区最主要的蜜源，产量高、质量好，椴树蜜产量的高低决定着当地养蜂者的年度养蜂收入。蜂产业技术体系启动以来，吉林试验站在吉林省舒兰市建立了一个示范蜂场，通过几年来的跟踪调查，初步总结了示范蜂场的技术应用情况。示范蜂场 1 人饲养蜂群 120 群左右。椴树大年每群蜂产蜜 40～60 千克，小年 15～30 千克，养蜂年收入 8 万～15 万元。

一、早春强群恢复和发展蜂群

春天出窖，紧脾缩巢，选择适合蜂王产卵的半蜜脾 2～3 张留在箱内，撤出群内所有子脾、发霉脾、空脾等。使每群蜂数达到 4 框左右，不足的要合群或组成双王群，根据蜂螨寄生情况每隔 3～4 天，连续治螨 1～2 次。

二、定地结合小转地放蜂

椴树大年采用定地饲养，以减少支出。椴树小年先在浅山区，浅山区草甸、林缘、荒山脚、柳树、稠李子、山里红、忍冬、山桃、茶条、柳兰等植物相继开花，蜜粉丰富，可促进蜂群增长，等椴树开花再将蜂群运往深山区和浅山区之间的阔叶混交林采椴树蜜。

三、饲养杂交种蜜蜂

近几年先后从吉林省养蜂研究所引进 kkr，松丹 1 号、2 号，喀（阡）黑环系等种王若干只，用于配制杂交种蜜蜂。

四、饲养双王群

在每年的 5 月 20 日左右，蜂群群势达到 8 框蜂以上，从蜂群中带蜂提出封盖子脾，集中到一个蜂箱中，待老蜂飞走后，于傍晚再分放到准备好的中间隔离的巢箱中，每箱靠两边箱壁各放入一张封盖子脾。蜜不足的加一张蜜脾，前后各开一小门，诱入处女王，待处女王交尾产卵后，逐渐从强群中抽取封盖子补充，7月份就能发展成强盛采蜜群。

五、组织采蜜群

根据当年椴树生长状况，预测椴树开花日期，在椴树开花前8天组织采蜜群，以白山区椴树始花期一般在6月20日左右。

把封盖子脾、虫脾、卵虫脾及粉脾蜂王放在巢箱，继箱中放封盖子及空脾，供蜂群贮存花蜜，中间放隔王板，通常巢箱放5张脾，继箱根据本群蜂数多少放6～8张脾。

将2～3个弱群组成一个采蜜群。选择蜂王质量较好的作为采蜜群的基础，从其他群分批撤出封盖子脾加强采蜜群，每次以补充2～3张封盖子脾为宜，直到群势接近采蜜群为止。

在椴树开花前13～15天移虫育王。在处女王出房前2～3天，把预先选定的具有12张子脾、后备力量比较强大的中等强群的蜂王拿走，放在小群中贮存，经过"无王"2～3天后导入成熟王台，此后要削除箱内的急造王台2～3次，以保证处女王出房之后的安全。

（案例提供者　牛庆生）

二十、百里香

百里香为唇形科百里香属植物，主要分布于西北、华北和东北地区。

（一）百里香开花泌蜜习性

开花期在6月上旬至7月下旬，主花期长约30天。春天雨水充足，长势好，花期长，泌蜜多。泌蜜适温为28℃～30℃。一天中，上午8时至下午15时，蜜蜂采集最积极。

（二）百里香蜜源价值

百里香蜜粉丰富，常年每群蜂可产蜜10～15千克，可满足蜂群增长和产浆的需要。

百里香蜜呈琥珀色，结晶暗白色，颗粒中等，尾味稍辣，有刺激性异味。

二十一、向 日 葵

向日葵为菊科向日葵属植物（图 4-18）。在我国吉林、黑龙江、辽宁、内蒙古、山西、河北、新疆、甘肃、宁夏、陕西等省（区）种植面积较大。

图 4-18　蜜蜂采集葵花

（一）向日葵开花泌蜜习性

向日葵始花期，在东北、内蒙古为 7 月下旬，宁夏固原、河西走廊为 8 月上旬，新疆为 6 月下旬。一个花序花期 8～12 天，泌蜜适温在 18℃～30℃。花期若持续高温干旱，则花期缩短，泌蜜少或不泌蜜，只能提供花粉；若阴天多，气温略低，则花期延长，适量间断性降水，有利于开花泌蜜。

（二）向日葵蜜源价值

向日葵是我国北方秋季主要蜜粉源植物之一，它分布面积大而集中，花期长。常年每群蜂可产蜜 15～40 千克，还可生产商品蜂花粉。

向日葵新蜜呈浅琥珀色，质地浓稠，结晶乳白色，气味芳香，甘甜适口。

二十二、芝　麻

芝麻为胡麻科胡麻属栽培油料蜜源植物（图 4-19）。主要产地在黄河及长江中下游。河南、安徽、湖北面积最大；吉林、江西、陕西、河北、江苏等省种植面积次之。

图 4-19　蜜蜂采集芝麻花

（一）芝麻开花泌蜜习性

芝麻在 7～8 月份开花，花期长达 30 多天。主茎花先开，分枝花后开。一天中，早晨 6～8 时开花最盛。芝麻花期若间隔下几场小雨，或夜雨昼晴，能提高芝麻花的泌蜜量。

（二）芝麻蜜源价值

在芝麻集中种植地，每群蜂产蜜 5～30 千克、花粉 2～3 千克。

二十三、棉 花

图 4-20 棉 花

棉花为锦葵科棉属植物（图 4-20）。我国大部分省（区）均有分布，其中新疆、山东、河北、河南、湖北、安徽、江苏、湖南种植面积较大。栽培的种类有亚洲棉、陆地棉、草棉和海岛棉等。

（一）棉花开花泌蜜习性

棉花花期在 7～9 月份。棉花泌蜜属高温型，泌蜜适温为 35℃～38℃，特别是在昼夜温差较大的情况下，泌蜜更多。35℃以下停止泌蜜。棉花的蜜腺有苞叶、叶脉和花内蜜腺 3 种：苞叶蜜腺位于苞叶外侧近基部，海岛棉和陆地棉分别有 5 个、3 个苞叶蜜腺，亚洲棉和草棉无苞叶蜜腺；叶脉蜜腺位于叶片背面的主、侧脉上，大多品种有 1～3 个，多的有 5 个；花内蜜腺位于萼片基部和花冠之间。

（二）棉花蜜源价值

在新疆棉花产区，每群蜂产蜜 60～70 千克，个别强群高达 100～120 千克。黄河和长江中下游棉花产区，常年每群蜂产蜜 20～30 千克。

棉花蜜呈琥珀色，极易结晶，结晶粒较细，质地坚硬，无香味。

二十四、荞 麦

荞麦为蓼科荞麦属植物（图4-21）。主要分布于我国的西北和西南地区，其中以甘肃、陕西、宁夏、内蒙古、四川、云南栽培较多。

图4-21 荞麦花

（一）荞麦开花泌蜜习性

荞麦开花期自北往南逐渐推迟，因品种和播种期不同而异。春播品种（春荞麦或早荞麦）多在7～8月份，秋播品种（秋荞麦或晚荞麦）在9～10月份。同一地区花期随海拔高度的增加而提前。

荞麦蜜腺位于雄蕊基部，共8个，圆形，黄色，暴露型。泌蜜适温为22℃～28℃。花期昼夜温差大，尤其是夜有重露，晨有轻雾，白天温度高湿度大，晴朗无风，流蜜最涌。

（二）荞麦蜜源价值

荞麦花期长，泌蜜丰富，常年每群蜂产蜜20～30千克，高产可达50千克以上。荞麦为晚秋主要蜜源，蜜、粉兼丰，对蜂群的增长、越冬适龄蜂的培育及越冬饲料的贮备都有重要作用。

荞麦蜜呈深琥珀色，易结晶，结晶呈琥珀色，颗粒粗，有特别刺激性的异味。

二十五、野 坝 子

野坝子为唇形科香薷属冬季蜜源植物（图4-22），分布中心位于云贵高原和四川西南部。

（一）野坝子开花泌蜜习性

野坝子开花期随纬度南移和海拔高度的下降而推迟。四川10

图4-22 野坝子

月中旬至 11 月下旬，贵州 10 月上旬至 12 月中旬，云南 9 月中下旬至 12 月上旬。花期约 60 天，泌蜜盛期 30～35 天。气温 8℃ 以上开始泌蜜，泌蜜适温为 17℃～22℃，温度过高或过低对泌蜜都不利。

（二）野坝子蜜源价值

野坝子花期长，泌蜜丰富，蜜质优良，是我国西南地区和广西野生的冬季主要蜜源植物。常年每群蜂产蜜 15～20 千克，丰年可达 50 千克。野坝子花粉较少，不能满足蜂群发展需要。野坝子开花泌蜜有大小年。从生长到花芽分化直到开花期都受当年气候条件的影响，所以产量不稳定。有丰收年、平收年、歉收年和灾害年之别。

野坝子蜜呈浅黄绿色，容易结晶，结晶后呈乳白色。较纯的野坝子蜜结晶细腻，质地较硬，俗称"油蜜"或"硬蜜"。蜜质甜而不腻，气味芳香。

［案例 4-4］　野坝子蜜源的利用

野坝子生长于海拔 1 300～2 800 米的山坡草丛、灌木丛中、路旁，是优良的蜜源植物。国家蜂产业技术体系红河综合试验站在云南省姚安县建立了规模化中蜂饲养示范蜂场，充分利用野坝子蜜源，取得了理想的收获。

第一，蜂场选择在海拔 1 800～2 200 米平缓、开阔、背大风尤其是北风的次森林边缘，森林不要太密，野坝子生长多的地方，每个放蜂点饲养中蜂 60～80 群，每个蜂场设放蜂点 2～5 个。

第二，选择郎氏标准蜂箱饲养，用大的蜂箱有利于培养强群，提高蜂蜜产量。

第三，同场中蜂，有的蜂群采集利用野坝子花不好，产蜜量不高，有的蜂群采集利用野坝子花较好，更换蜂王时要选择这些蜂群培育雄蜂和蜂王。

第四，早换老劣蜂王，早分群。2 月中旬，采蜜粉好的强群持续喂糖 1 周左右，加入去年造好的新雄蜂脾，使蜂王在新雄蜂脾内产卵。3 月中上旬，雄蜂大量出房后开始选择母群培育处女蜂王，在春分至清明期间交尾成功，替换劣质蜂王。

第五，蜂群内蜜粉充足。夏至以后、冬至以后蜂群内要留足蜂蜜 2 千克以上，不足的用白糖或秋蜂蜜补足。补充饲料时，只喂强群，不喂弱群，然后抽强群蜜粉脾补弱群。

第六，夏至、立秋、冬至这三段时期要认真清扫蜂场、蜂箱，抽出雄蜂脾、老脾、巢虫危害的脾和蜜蜂没护满的巢脾，化蜡，同时做好巢虫的防治工作。

第七，8月初至10月中旬，堵严蜂箱、缝和调好巢门的大小，控制胡蜂危害。早晚整个蜂场持续人工拍打胡蜂3天以上，也能控制一段时间。

第八，每年10月中下旬以后，中蜂蜂群至少要达到6足框。弱群合并成生产野坝子蜂蜜的蜂群。

第九，冬季野坝子花期摇取蜂蜜后，要立刻过滤、清除泡沫，1～2天内装瓶或装入形状模具，使其一次结晶，保持其珍稀特色。

（案例提供者　张学文）

二十六、香薷属蜜源

唇形科香薷属蜜源除野坝子外，还有很多种类的蜜源植物。

（一）密花香薷

密花香薷（图4-23）为一年生草本植物，高30～50厘米，多分枝，花序圆柱状，花冠浅紫色。分布在甘肃、青海、新疆、西藏、宁夏、四川、山西、陕西等省（区）。生长在海拔1 800～4 100米的草地、高山草甸、农田、地边、林缘、河边等地，喜生长在疏松的土地上。7～9月份开花，通常每群蜂可产蜜30～40千克。

A　　　　　　　　　　　　　　　　B

图4-23　密花香薷
A. 香薷花　B. 蜜蜂采集香薷花

（二）野草香

野草香，又称一炷香、木香花、野苏麻、木姜花，一年生草本植物，高50～80厘米，花序圆柱状，花冠浅紫色、浅紫红色。分布在四川、云南、贵州、广西、湖南、湖北、陕西等省（区），其中贵州西南部、四川西南部、广西西北部最多，云南大部分地区均有较多分布。多生长在海拔400～2 900米的山坡、山脚下多石地、疏林、路旁、河岸边。10～11月份开花，通常每群蜂可产蜜10～20千克。

（三）木香薷

木香薷，又称柴荆芥、华北香薷、山苏子、亚灌子。高1～1.5米，常丛生，花偏向花序的一侧，花冠紫红色。分布在北京、河北、山西、内蒙古、陕西、河南等省（区、市），其中河北北部最多。生长在海拔1 600米以下的山坡、多石地、河滩、山脚下，8～10月份开花，通常每群蜂可产蜜10～20千克，最高可产30千克。泌蜜受气候影响较大，不稳产。

（四）香　薷

香薷在我国分布面积很大，除新疆、青海地区外，其他各省（市、区）均有分布。生长在海拔3 000米以下的空地、路旁、山坡、疏林、河岸边等。花期在7～10月份，果期在10月份至第二年1月份。可以为蜂群提供饲料，集中分布地区可以取到蜜。

（五）鸡骨柴

鸡骨柴属于灌木，高1～1.5米，常丛生，花序圆柱形，花冠白色、淡白色或稍带紫色。分布在四川、云南、贵州、西藏、湖北、广西等省（区）。生长在海拔1 400～3 200米的山谷、山脚下、林缘等。通常每群蜂产蜜10～20千克。

（六）东紫苏

东紫苏属于多年生草本植物，高约30厘米，花偏向花序的一侧，花冠紫红色。分布在云南和贵州西部，生长在海拔1 200～3 000米的山坡草地或疏林中。花期在10～11月份，在云南每群蜂可产蜜15～20千克。蜜呈浅琥珀色，结晶乳白色，细腻如脂，质地很硬。

二十七、枇 杷

枇杷为蔷薇科枇杷属植物,是我国南方果树重要树种,冬季主要蜜源植物。根据我国现有情况看,枇杷共划分为 4 个产区,即东南沿海产区、华南沿海产区、华中产区和西南高原产区。

(一)枇杷开花泌蜜习性

枇杷花序为顶生聚伞圆锥花序(图 4-24)。花序大小差异大,大的花数可达

200~300 朵,小的花数 30~40 朵,一般为 70~100 朵。花期在 10~12 月份,泌蜜期 30~35 天。15℃~16℃开始泌蜜,泌蜜适温为 18℃~22℃,空气相对湿度 60%~70%,南风天气泌蜜多。蜜蜂采集活动主要在中午前后。

图 4-24 枇杷花序

(二)枇杷蜜源价值

开花泌蜜有大小年现象,若加强技术管理,如合理整枝、疏花疏果、加强肥水管理等,可减弱大小年现象。常年每群蜂产蜜 5~15 千克。枇杷新蜜呈浅白色,浓度较高,浓郁馨香,甘甜适口,有枇杷香味,结晶后呈乳白色,颗粒略粗,为优良上等蜜。

二十八、鹅 掌 柴

鹅掌柴为五加科鹅掌柴属蜜源(图 4-25),为亚热带山区野生的冬季主要蜜源植物。我国主要分布于华南地区、海南亚热带山区。

(一)鹅掌柴开花泌蜜习性

鹅掌柴花序大,花朵数量多,一个花序有花数百朵至 4 000 多朵,花期和泌蜜期长,泌蜜量

图 4-25 鹅掌柴

大，鹅掌柴花期在9月份至第二年1月份。流蜜期，福建在11月下旬至翌年1月中旬，广东、广西、海南在11～12月份。有阳光的晴朗天气，气温11℃以上开始泌蜜，泌蜜适温为18℃～22℃，中午气温高，泌蜜量最大。

（二）鹅掌柴蜜源价值

常年每群蜂产蜜10～15千克，丰年高达30千克。

鹅掌柴蜜呈浅琥珀色，容易结晶，结晶后色泽变浅，颗粒细腻，口感略带有苦味，甜度大，贮存日久，苦味减轻。

二十九、枔　属

我国山茶科枔属植物有80余种，统称野桂花或山桂花，为部分南方山区野生的冬季主要蜜源植物（图4-26）。我国山桂花的生产基地在湖北、湖南、广西、江西，广东、福建和海南等省区，云南、贵州也有少量山桂花流蜜。

（一）枔属蜜源开花泌蜜习性

图 4-26　枔

每种枔都有相对稳定的开花期，花期10～15天，一般雄株先开放，雌株迟2～3天开放。不同种枔的开花期不同，一个地区常有多种枔混交生长，开花期相衔接或交错重叠，共同组成一个地区的枔花期，甚至长达4个多月。枔花期分为3个阶段：早桂花为10～11月份，中桂花为11～12月份，晚桂花为12月份至第二年2月份。气温12℃以上开始泌蜜，泌蜜适温为18℃～22℃。夜间凉，有轻霜，白天无风或微风的艳阳天气，气温较高，泌蜜量最大。

（二）枔属蜜源价值

枔属为我国南方山区野生的冬季主要蜜源植物，均为良好蜜粉源植物。常年每群蜂产蜜10～20千克，丰收年可高达25～35千克。

枔蜜呈白色半透明，结晶慢，结晶后呈乳白色，颗粒细腻，具有桂花清香，甘甜适口，色、香、味俱佳。

第二节　主要粉源植物

花粉不仅是蜜蜂主要的食物，也是人类的天然营养食品。花粉能为蜜蜂生长发育提供必需的蛋白质、脂肪、维生素、矿物质等营养物质；对于育虫、育王、蜂王产卵、工蜂分泌王浆、泌蜡、造脾等都是不可或缺的。

一、油　菜

（一）开花散粉习性

油菜多数花朵从傍晚开始活动，先是花萼顶端裂开、现出柱头，其后花瓣伸出萼片之外；至次日上午花朵逐渐开放，先是花瓣散开呈初开状，以后花瓣顶端互相分离呈半开状，约近中午花瓣展平呈十字形。在十字形时期，花药盛裂，散出花粉。

（二）粉源价值

油菜开花早，蜜多粉足，对早春蜂群快速增长群势具有非常重要的作用。华南和西南南部的油菜多作为早春蜂群恢复和发展蜜粉源；长江中下游地区的油菜，开始组织生产；长江以北的油菜以生产为主。油菜花期，强群一般可取到 0.2～0.3 千克蜂花粉。

（三）花期蜂群管理要点

在油菜花期，应组织强群，提前投产，争取早产多收；同时还应在蜂王产卵前趁无子和蜂螨少时，彻底治螨，为蜂群健康增长打好基础；及时补足饲料，适时奖励饲喂，刺激蜂王产卵；早春蜂巢内外温差大，要紧缩巢脾，缩小蜂路，加强蜂巢内外保温；在蜂群群势恢复过程中要逐渐适时加脾扩巢，防止分蜂；有的地方在油菜花期间喷洒农药，要防止农药中毒。

二、玉　米

玉米，别名玉蜀黍、苞谷、苞米，禾本科玉蜀黍属植物（图 4-27）。玉米是我国最主要的粮食作物，也是重要的粉源植物。

图 4-27　蜜蜂采集玉米花粉

（一）主要分布区

　　我国玉米种植面积达 2 000 万公顷（3 亿亩），且分布非常广泛，主要集中在从大兴安岭经辽宁南部、河北北部、山西东南部、陕西南部、河南西部、湖北北部、四川盆地到贵州和广西的西部、云南西南部。

（二）开花散粉习性

　　玉米雄穗在露出顶叶后 2～5 天开始散粉，整个雄穗的开花顺序是从主轴顶端的中部小穗花开始，然后同时向上、向下进行。玉米雄穗从开始散粉到结束大致延续 7～8 天，单株散粉高峰在散粉后第四天。玉米散粉的时间以中午前 8～11 时为最多，而且花粉活力也最强。影响玉米开花散粉的主要因素是温度和湿度。玉米开花散粉，最适宜的温度和空气相对湿度分别为 25℃～28℃和 70％～90％。温度超过 30℃ 和空气相对湿度低于 60％ 时，散粉很少或不散粉。

（三）粉源价值

　　玉米对夏季蜂群恢复发展极为重要。在满足蜂群造脾、生产蜂王浆等需要的同时，还可以生产商品蜂花粉，一群蜂一个花期可产蜂花粉 2～5 千克。

（四）花期蜂群管理要点

　　玉米花期应着重抓蜂花粉和蜂王浆的生产。宜选择附近兼有荆条、百里香、向日葵、草木樨、棉花、芝麻一类的蜜源场地放蜂。

三、向　日　葵

（一）开花散粉习性

　　向日葵多在早晨 4～6 时开放，一般在次日上午 8～11 时向日葵散粉最盛，花粉和柱头生活力强。花期若持续高温干旱，则花期缩短，泌蜜少或不泌蜜，只能提供花粉。

（二）粉源价值

向日葵花期长，蜜粉兼丰，可生产较多的商品花粉。另外，其花粉对蜂群群势的发展、越冬适龄蜂的培育和贮备优质充足的饲料都非常有利。

（三）花期蜂群管理要点

向日葵花期是定地养蜂生产王浆的主要时期，应抓紧有利时机，组织强群采蜜并生产王浆和花粉。夏秋季节天气炎热，对蜜蜂生活不利，同时影响幼虫生长发育，应将蜂群摆放在树林或果园中，或经常在地面洒凉水降温。向日葵花整日流蜜，蜜蜂从早到晚忙于采集，盗蜂时有发生。后期要留足蜂群越冬饲料。

四、茶 花

茶花，别名山茶，山茶科山茶属植物（图4-28）。在长江流域、珠江流域和云南各地普遍种植。

图4-28 茶 花

（一）主要分布区

我国天然野生茶花资源十分丰富，分布区域广阔。东起台湾岛，西至云南、贵州、四川，南达海南岛，北到山东省的青岛地区，为我国野生茶花的自然分布区。

（二）开花散粉习性

茶花开花散粉因品种及生长的地理位置不同而有所差异。茶花始花期9月下旬至10月上旬，整体花期60～70天。一天中，上午10时前茶花散粉丰富，10时以后开始泌蜜，中午前后泌蜜最多。

（三）粉源价值

茶花多在秋季流蜜，花粉丰富，茶花花粉是培育越冬蜂的优良饲料，可获得蜂王浆、蜂花粉高产。

（四）花期蜂群管理要点

以生产蜂王浆和茶花粉为主。防止茶花烂子，饲喂酸饲料，也可喂1：1.2的稀蜜水。加强管理，做好保温工作。茶花后期扣王停产，保护好越冬蜂，待子脾全部封盖后停止饲喂。调入茶花期前贮备的蜜脾，抽出茶花期的饲料，保持蜂脾相称。

［案例4-5］   茶花粉源的利用

浙江省是我国主要的茶产区，全省各地均有种植。2012—2013年，全省有茶叶种植面积18.3万公顷（274.5万亩）。茶花是浙江省除油菜、柑橘之外的主要蜜粉源植物，花期通常在35天。一般年份，10月1日左右始花，10月10日至11月上旬为盛花期。每群蜂产茶花粉5～15千克。

采集茶花粉的目的主要是蜜蜂秋繁和春繁所用，若有多余的花粉通常作为商品出售。

普遍采用箱门口加脱粉器的方法采集茶花粉。10月初开始进行脱粉，一直持续到11月中旬左右，脱花粉需连续进行。一旦停止，蜂群内进粉后，蜂群采集花粉的积极性大大降低。早上将脱粉器放在箱门口收集花粉，傍晚将脱粉器中的花粉收集起来，晒干后保存。花粉量较大时，每天需要收集脱粉器的茶花粉2～3次。

值得注意的是，茶花开花有蜜有粉。蜜蜂在采集了茶花蜜后，容易引起幼虫死亡。茶花开花期间进行脱粉，可以减少茶花蜜的采集。但仍需每晚饲喂少量稀糖水。如果出现了烂子现象，可以在糖水中加入适量柠檬酸进行饲喂。

（案例提供者 华启云）

五、荞 麦

（一）开花散粉习性

荞麦开花期自北往南逐渐推迟，因品种和播种期不同而异。同一地区花期随海拔高度的增加而提前。有效花期约为25天。

（二）粉源价值

荞麦花粉颜色暗黄，数量丰富，每群蜂产花粉1～1.5千克。荞麦蜜粉源粉蜜极丰富，对蜂群增长、培养新王和培育大批越冬蜂以及解决越冬饲料颇为有利，同时还可生产王浆，收取一部分商品蜜。

（三）花期蜂群管理要点

荞麦花期可同时生产蜂蜜、王浆和蜂花粉。进入荞麦场地前必须保证群强、子旺，以提高产量。培育大量的越冬适龄蜂，为蜂群的安全越冬和次年快速恢复发展打好基础。

六、荷 花

荷花，别名莲花、水芙蓉，睡莲科莲属植物（图 2-29）。荷花为多年生宿根水生草本植物，生性喜湿、喜热、喜光。

图 4-29　荷　花

（一）主要分布区

荷花除西藏、青海地区外，我国大部分地区都有分布。荷花花期常在 6～9 月份，花粉丰富，是良好的粉源植物。

（二）开花散粉习性

荷花的花蕾从露出水面的始花至终花通常持续 7～15 天，一般在开花后第二天凌晨 3 时左右，花瓣自外向内舒张，雄蕊散离花托，到 4 时花药开裂吐粉。晚间花瓣闭合，次日重新开放。

（三）粉源价值

荷花花期只有粉而无蜜。花粉乳黄色，并伴有淡淡的荷花清香。花粉极丰富，诱蜂力强，对蜂群增长、取浆有重要价值。

（四）花期蜂群管理要点

采集荷花粉的蜂群以 8～10 脾蜂群最佳，采集积极性好。每 3～4 天停止脱粉 1 次。蜜源不足时，需对蜂群奖励饲喂。花期可同时生产王浆和花粉，并适时育王、换王、分群。

七、蚕 豆

蚕豆，别名胡豆、罗漠豆、罗汉豆、南豆等，豆科野豌豆属植物，一年生或二年生草本作物。

（一）主要分布区

我国蚕豆分春播蚕豆和秋播蚕豆两大类。长江流域或西南地区为秋播蚕豆区，主要省份有四川、云南、湖北、湖南、江西、浙江、安徽，其种植面积约占全国80%。春播蚕豆主要分布在青海、甘肃、内蒙古、陕西和山西。

（二）开花散粉习性

春播蚕豆初花期为当年5月中旬，秋播蚕豆初花期为翌年2月下旬。蚕豆花期一般50～60天，开花适温为16℃～20℃。开花的次序是，主茎上的花先开，然后按一次分枝、二次分枝依次开花。花粉灰色，粉量丰富。

（三）粉源价值

蚕豆花粉多，营养丰富，蜂群借助蚕豆花期进入增长阶段，对促进蜂王产卵、培养强群有着重要作用，为油菜花期培育适龄采集蜂，奠定了全年丰收的基础。

（四）花期蜂群管理要点

进入蚕豆花期，气候冷、温度低，首先要注意保温，选择阳光照射到的向南背风处放置蜂群；要调整群势；当外界蚕豆花粉充足时奖励饲喂，以刺激工蜂积极出勤、蜂王多产卵；由于外界气温低，奖励饲喂的糖水要浓，蜜水比例一般为2:1。

第三节 主要蜜源植物分布

我国地域辽阔，地理位置特殊，其地形地势十分复杂，各地的气候条件千差万别，生态类型多种多样，这是我国蜜粉源植物资源丰富多彩的天然条件。掌握我国主要蜜源的分布和花期，有利于蜜粉资源的开发和利用。尤其对转地放蜂的蜂场，主要蜜源植物的分布是转地放蜂路线和放蜂场地选择的重要依据。

一、华北地区主要蜜源植物

华北地区包括河北省、山西省、北京市、天津市和内蒙古自治区的部分地区。主要的蜜源植物有油菜、刺槐、枣、荆条、向日葵、紫苜蓿、棉花和芝麻等。

（一）油　菜

河北邢台、邯郸、保定、石家庄等地区种植的油菜开花期在 4～5 月份；北京和天津也有栽培，内蒙古以海拉尔地区最为集中，开花期在 6～7 月份。

（二）刺　槐

刺槐在北京、天津、河北、山西均有栽培。在河北，主要分布于石家庄、保定、承德、唐山、邯郸等地区；在山西，主要分布于运城、晋城、长治、临汾、吕梁、晋中、阳泉、太原、忻州、朔州、大同等地区。

（三）枣

枣是北方夏季主要蜜源植物。河北种植的枣主要分布于保定、沧州、石家庄、衡水、邯郸、唐山和廊坊等地区；山西主要分布在运城、临汾、吕梁、晋中、太原、忻州 6 个地区。

（四）紫苜蓿

紫苜蓿在山西省的 11 个地区均有种植，河北的沧州和衡水地区种植较多。

（五）荆　条

荆条为华北山区野生夏季主要蜜源。山西的运城、晋城、长治、临汾、吕梁、晋中、阳泉、太原、忻州 9 个地区均有分布；河北分布于承德、邢台、衡水、石家庄、张家口等地区；北京北部山区及内蒙古鄂尔多斯和赤峰的一些地区也有分布。

（六）百里香

百里香主要分布于内蒙古的察哈尔右翼后旗、卓资、武川、东胜、乌审旗、伊金霍洛、达拉特旗、赤峰、宁城、敖汉和翁牛特等地，以及山西的大同、怀仁、山阴、平鲁、左云、右玉、朔县、河曲、偏关、宁武、五寨、神池，河北省也有分布。

（七）老 瓜 头

老瓜头主要分布于内蒙古的鄂尔多斯市和库布齐沙漠。

（八）向 日 葵

向日葵是华北秋季主要蜜源植物，主要分布在内蒙古、河北的东部和北部、山西中部和北部、京津地区。

（九）棉　花

河北、山西两省种植的棉花面积占全国总面积的 1/4。在河北，主要分布于邯郸、衡水、邢台、沧州、邯郸、保定、石家庄、廊坊等地区；在山西，主要分布于运城、临汾、晋中、吕梁等地区。

（十）芝　麻

芝麻为华北地区种植的油料作物，主要分布于邯郸、邢台、衡水、沧州等地区，山西的运城、临汾、太原、晋南等地区和内蒙古也有较大面积种植。

二、东北地区主要蜜源植物

东北地区为我国辽宁、吉林和黑龙江三省。主要的蜜源植物有油菜、椴树、胡枝子、草木樨和向日葵等。

（一）油　菜

油菜在黑龙江省的黑河市和绥化地区种植面积较大，其次是合江、牡丹江和黑河地区。辽宁省的旅顺、大连、沈阳、锦州、丹东、鞍山等地也有栽培。

（二）椴　树

椴树分紫椴和糠椴两种，是东北重要的蜜源，花期在 7～8 月份，主要分布于长白山、完达山和小兴安岭林区。黑龙江是我国椴树蜜的生产基地，松花江、合江和牡丹江为主要分布地区，伊春和绥化地区也有分布。吉林省主要分布于延边自治州、通化地区和吉林市。

（三）胡 枝 子

胡枝子是东北地区夏季主要蜜源。黑龙江省的牡丹江市、佳木斯市、双鸭山市等大部分地区均有分布；吉林的延边朝鲜自治州、吉林市、长春市、四平及通化市均有分布；辽宁主要分布于抚顺、丹东、鞍山及铁岭各市。

（四）草 木 樨

草木樨是优良牧草，辽宁的朝阳市和葫芦岛市，吉林的长春、松原、四平等地区，黑龙江的黑河市和绥化市及东部荒山都有种植。

（五）百 里 香

百里香在东北三省均有分布，主要分布在辽宁的建平、凌源、建昌、北票、凤城、岫岩、宽甸等地，吉林的西部，黑龙江的兴凯湖、安达、肇东、龙江、林甸等地。

（六）向 日 葵

向日葵是东北地区秋季主要蜜源，其中黑龙江省的种植面积最大，主要分布在齐齐哈尔、绥化、黑河等市，其次是吉林的白城、长春、四平等市，辽宁也有一定种植面积。

三、华东地区主要蜜源植物

华东地区包括江苏省、浙江省、安徽省、福建省、江西省、山东省和上海市。主要的蜜源植物有油菜、荔枝、龙眼、柑橘、山乌桕、枣、荆条、芝麻、枇杷、柃和鹅掌柴等。

（一）油 菜

油菜是华东地区主要的春季蜜源植物，开花期在3～4月份。安徽、江苏两省种植的油菜面积位居我国前5位，其余几个省份也均有大量种植。安徽省主要分布于黄山、六安、芜湖、安庆、池州等市；浙江省主要分布于杭州、嘉兴、宁波、绍兴、金华等市；福建省主要分布于宁德、南平、三明、龙岩和福州等市；江西省主要分布于上饶、宜春、抚州、九江、萍乡、南昌和吉安等市；山东省主要分布于聊城、潍坊、济宁、临沂、德州、枣庄等市；上海市也有少量种植。

（二）荔枝和龙眼

我国华东地区的荔枝和龙眼主要分布在福建省，包括漳州、泉州、莆田、厦门和宁德沿海一带。一般荔枝种植 5～6 年开花，10 年后进入盛花期，花期在 4～5 月份。

（三）柑　橘

柑橘是我国分布较广的果树，华东地区的江西、福建、浙江三省种植面积较大。浙江主要分布于台州、衢州、温州、宁波和金华等市，福建主要分布于漳州、福州、莆田、泉州、三明和南平等市。

（四）山 乌 柏

山乌柏主要分布于福建省的武夷山和戴云山山区。

（五）枣

枣在华东地区分布较普遍，主要分布于山东黄河以北的德州、滨州、聊城，其次是济宁、泰安、潍坊、临沂等市，是这些地区夏季的主要蜜源。在江苏，分布于徐州、淮安、镇江等市；在浙江，分布于金华、杭州等市；在安徽，分布于宿州和阜阳等市。

（六）荆　条

荆条主要分布于山东的鲁山和沂蒙山区，以淄博、泰安和临沂等市较多。在安徽，主要分布于黄山、宿州、蚌埠、宣城等区域。

（七）芝　麻

芝麻主要分布于安徽省的淮北、阜阳、蚌埠、宿州等市，面积较大；其次是山东省的菏泽、济宁、泰安、聊城、济南、德州、滨州等市。

（八）枇　杷

枇杷蜜粉丰富，是冬季养蜂生产的主要蜜源，花期可长达 60 天。主要分布于浙江的余杭、兰溪、德清，江苏的吴县、洞庭山，安徽的歙县、黄山，福建的莆田、云霄、连江，都是枇杷的名产地。枇杷花期也因品种和分布区域的不同而不同。

（九）鹅 掌 柴

我国华东地区的鹅掌柴主要分布在江西赣北区、安徽皖南山区、浙江浙南山区、福建沿海一线的山区。

四、华中地区主要蜜源植物

华中地区包括湖北、湖南和河南三省，主要的蜜源植物有油菜、紫云英、柑橘、芝麻、鹅掌柴和柃木。

（一）油　菜

湖南和湖北两省是我国油菜主产区。油菜在华中地区的种植面积多达130万公顷，花期长，蜜粉丰富。在湖南，主要分布于常德、岳阳、益阳、衡阳、邵阳、长沙等地；在湖北，主要分布于荆州、黄冈、鄂西、宜昌、襄阳、黄石、孝感和咸宁等地；在河南，主要分布于驻马店、商丘、南阳、平顶山、新乡和安阳等地。

（二）紫云英

紫云英主要分布在湖北江汉平原、鄂中丘陵和鄂东低山区；在湖南，主要分布于岳阳、常德、益阳、湘潭、衡阳、郴州等地；在河南，主要分布于信阳市各县。

（三）柑　橘

柑橘是华中地区广泛栽培的果树，主要分布在湖南的常德、邵阳、衡阳、怀化、娄底、长沙、永州、株洲等地，湖北的十堰和宜昌地区。

（四）乌　桕

乌桕主要分布于湖北省的鄂西、黄冈、孝感、宜昌、荆州、郧阳等地市州及襄阳市，湖南省的湘西、常德、益阳、郴州怀化等地市州及衡阳、邵东、岳阳等市，河南省的信阳地区。

（五）芝　麻

芝麻在华中地区的河南和湖北种植面积最多，主要分布在驻马店、南阳、山丘、周口、信阳、平顶山、漯河、许昌等地市，湖北的襄阳、荆州、武汉、郧阳、咸宁、黄冈、孝感、宜昌等地，两省总种植面积约42万公顷，占全国种植面积的50%。

（六）柃　木

柃木在华中地区主要分布在湖南的岳阳、怀化、永州、郴州、邵阳、常德、株洲以及湘西州，湖北的咸宁、恩施、宜昌、黄冈等地。

五、华南地区主要蜜源植物

华南地区包括广东、广西和海南三省（区）。主要的蜜源植物有荔枝、龙眼、柑橘、枇杷、芝麻、鹅掌柴和柃木。

（一）荔　枝

荔枝是华南各省（区）的春季主要蜜源，荔枝泌蜜多，产量高。广东为荔枝主产区，全省各地均有栽培。在广西，主要分布于南宁、梧州、玉林、钦州、浦北、防城等地区；在海南，主要分布于海口市郊、琼山、琼中、文昌、屯昌等地。

（二）龙　眼

广东以茂名、广州、中山、佛山、肇庆、汕头、东莞、惠州等市的龙眼种植面积较大，其次是珠海、清远等地也有少量种植。在广西，主要分布于玉林、南宁、钦州、北海、贵港、崇左等市，其次是梧州、柳州等市。海南也有龙眼种植。

（三）柑　橘

广东是柑橘种植面积最大的地区，约占全国的1/4，主要分布于肇庆、汕头、湛江、江门、东莞、清远、广州和惠州等地。在广西，主要分布于钦州、玉林、桂林、柳州和南宁等地。

（四）橡 胶 树

广东的湛江地区，广西的钦州和玉林地区，海南省的西部、西南部、南部、中部和东南部的高（中）山、丘陵、坡地、平原灌木林及热带雨林间均有连片、成块或散生的橡胶林群。

（五）山 乌 桕

山乌桕分布于广东的浮罗山、莲花山山区，广西的海洋山、大瑶山等山区及桂林地区。

（六）枇　杷

华南地区的枇杷主要种植在广东的中山、乐昌、曲江、翁源等地，广西的邕宁、柳江、平乐、荔浦等地。

（七）芝 麻

广东和广西均有种植芝麻，面积约 2.3 万公顷，是广东、广西的主要秋季蜜源。

（八）鹅 掌 柴

鹅掌柴是华南地区东方蜜蜂的主要冬季蜜源。广东的许多山区林地都有分布，尤其在浮罗山山区分布最多；在广西，主要分布于南宁、梧州、玉林、百色、河池等地；在海南，主要分布于万宁、保亭、乐东、澄迈等山区的次生林中。

（九）柃 木

柃木种类多，分布广，花期长，蜜粉充足，蜂蜜品质优，为冬季的主要蜜源。在广西，主要分布于桂林、百色、玉林、梧州、南宁、河池、柳州等地；在广东，主要分布于惠阳、肇庆、梅县、韶关等地；在海南，主要分布于陵水、保亭、万宁、白沙、琼中等地。

六、西南地区主要蜜源植物

西南地区包括四川省、云南省、贵州省、重庆市、西藏自治区。主要蜜源植物有油菜、荔枝、柑橘、苕子、白刺花、荞麦和野坝子。

（一）油 菜

油菜是西南地区的主要蜜源，在云南和四川的一些地区是早春增长阶段的重要蜜源。四川油菜主要分布在成都、绵阳、达州、乐山、南充、内江、德阳、凉山、雅安、宜宾、阿坝等州市；重庆市油菜主要分布于合川、江津、长寿、遂宁等地；云南油菜主要分布于曲靖、玉溪、昆明、楚雄、大理、宝山等地，种植面积尤为集中连片种植的有罗平县，从 20 世纪 80 年代末就已作为全国蜜蜂早春繁殖基地；贵州油菜主要分布于遵义、安顺、黔南、铜仁、黔西南等地市州；西藏油菜分布于拉萨、山南、日喀则地区。花期在 6~8 月份。

（二）荔 枝

荔枝主要分布于四川泸州、内江、重庆市的涪陵；云南省的玉溪、西双版纳、德宏等地。荔枝的开花和泌蜜有明显的大小年。

（三）柑　橘

柑橘是西南的重要果树，春季主要蜜源。在四川，南充、成都、内江、宜宾、达州、绵阳等市分布面积较大；在重庆，分布于江津、万州、涪陵等区；在云南，分布于昆明、大理、昭通、红河、西双版纳等州市；在贵州，主要分布于低海拔的暖热河谷两岸，遵义、黔东南、黔南、黔西南等州市分布较多。

（四）橡 胶 树

橡胶树分布于云南的西双版纳、德宏地区。

（五）山 乌 桕

山乌桕分布于云南的文山、红河、西双版纳、临沧、德宏等地州和普洱市的山地，贵州的雷公山、梵净山的天然林中和黔东南的黎平也有分布。

（六）乌　桕

乌桕分布于四川的宜宾、凉山、泸州、绵阳等州市，重庆的万州、涪陵、大足等区，云南昭通地区，贵州的乌江和赤水河流域：遵义、铜仁、安顺、毕节地区和黔南州。

（七）苕　子

苕子主要分布于云南的昭通、曲靖、昆明、保山、红河、楚雄等州市。四川的成都、绵阳、德阳、南充、乐山、内江等市，贵州的毕节、黔西南、黔南等州市分布较多。

（八）白 刺 花

白刺花为春夏季蜜源。云南白刺花主要分布于曲靖、昆明、楚雄、红河、德宏等州市；贵州白刺花分布于毕节、黔东南、黔南的山区；四川白刺花分布于阿坝、西昌、攀枝花等州市；西藏白刺花分布于昌都、林芝等地区。

（九）荞　麦

荞麦适宜在冷凉、湿润气候条件的地区种植，蜜多粉多对培养适龄越冬蜂有重要价值。主要分布于云南的楚雄、丽江、迪庆，四川的阿坝、甘孜、凉山自治州，贵州的黔南自治州和毕节市，西藏的昌都、林芝、日喀则地区。

（十）野坝子

野坝子分布在云南大部分地区，楚雄和大理州是野坝子蜜的主产区，其次是普洱、红河、昆明、曲靖、玉溪、昭通、丽江、怒江等州市。在贵州，分布于毕节、安顺、黔西南等州市；在四川，分布于凉山、甘孜、攀枝花等州市。

七、西北地区主要蜜源植物

西北地区包括宁夏、新疆、青海、陕西、甘肃等省、自治区。该区域主要蜜源植物有油菜、白刺花、草木樨、老瓜头、向日葵、荞麦、棉花、香薷、紫苜蓿等。

（一）油　菜

油菜在西北各省和自治区均有栽培，为西北夏季的主要蜜源。尤其是青海的海北州门源县种植最多。海南州的各县以及青海湖周围都有大面积的种植。在甘肃，主要分布于酒泉、张掖、白银、临夏、兰州、平凉、庆阳等州市；在陕西，主要分布于汉中、安康、宝鸡、咸阳等地区；在新疆，主要分布于塔城、伊犁、阿克苏等地区以及农垦系统的各农场；在宁夏，分布于固原地区。

（二）白刺花

白刺花是西北黄土高原春末夏初的主要蜜源。陕西的主要分布区是宝鸡、汉中、咸阳及延安等市；在甘肃，分布于天水、陇南、庆阳、平凉等市；在宁夏，分布于固原地区。

（三）草木樨

草木樨是西北地区夏季主要蜜源。在陕西，分布于榆林和延安市；宁夏主要在固原地区；甘肃分布于天水、西和、秦安和甘谷等地；新疆分布于石河子、乌鲁木齐市，塔城、阿克苏、喀什、和田地区，伊犁、巴音郭楞州等地；青海黄南藏族自治州的牧场有种植。

（四）百里香

百里香是西北地区主要夏季蜜源。陕西的吴旗、定边、靖边，甘肃的华亭、靖远、庆阳、镇原、环县、会宁、通渭，宁夏的固原、西吉、海原、陇德、盐池、同心和贺兰山区，新疆的巩留、特克斯、昭苏、霍城、尼勒克、塔城等草原地带及山区阳坡均有分布。青海也有分布。

（五）老瓜头

宁夏老瓜头分布于盐池、同心、青铜峡、中卫等县；陕西老瓜头分布于陕北的定边、靖边、榆林、神木、府谷等县。

（六）向 日 葵

向日葵是秋季的主要蜜源，种植面积广，花期长，蜜粉丰富，对养蜂生产和蜜蜂群势的维持具有重要的利用价值。在新疆，主要分布于昌吉、塔城、伊犁、巴音郭楞、博尔塔拉、喀什、阿勒泰、和田等州市以及农垦系统的各农场。陕西、甘肃、宁夏等省（区）也均有种植。

（七）荞 麦

荞麦是西北地区的主要蜜源。甘肃荞麦分布于平凉、陇南、庆阳、天水、张掖等地市；陕西荞麦分布于榆林、延安、宝鸡、咸阳、渭南、汉中等地区；宁夏荞麦主要分布于固原地区。

（八）棉 花

新疆的棉花主要分布于喀什、阿克苏、和田、吐鲁番、塔城等地区以及农垦系统的各农场；陕西的渭南、咸阳、西安等地区也有种植。

（九）香 薷

香薷种类多，分布广，从海南岛到黑龙江，从华北平原到青藏高原均有分布。密花香薷主要分布在新疆的乌鲁木齐，青海的海北州，甘肃的武威、古浪、天祝、景泰、山丹等地，宁夏的固原地区。

（十）紫 苜 蓿

紫苜蓿耐寒、耐旱、耐盐碱，适宜在温暖半干燥的气候条件下种植，对土壤要求不严。陕西紫苜蓿主要在咸阳、榆林和延安地区种植。甘肃的天水、宁夏的固原、新疆的石河子等地区也均有种植。

第五章

蜜蜂的营养与饲料

阅读提示：

　　本章重点介绍了蜜蜂的营养需要、蜜蜂饲料的种类和功能、蜜蜂饲料的配制和饲喂方法。通过本章的阅读，可以全面了解蜜蜂对碳水化合物、蛋白质、脂类、维生素、矿物质、水等营养物质的需求，明确这些营养物质在蜜蜂生命活动中的作用，为蜜蜂饲料配制和蜜蜂饲喂奠定一定的理论基础。详细介绍了糖饲料和蛋白质饲料的种类和饲喂方法，蜜蜂的饲喂技术是养蜂技术中很重要的组成部分。最后对蜜蜂配合饲料的研发、加工和应用做了前瞻性介绍，为我国蜜蜂饲料工作的起步提供思路。

蜜蜂营养是指蜜蜂摄取、消化、吸收及利用饲料中营养物质的全过程，是一系列物理、化学及生理变化过程的总称。营养是蜜蜂一切生命活动的基础，如生长、发育、行为、活动、生殖、酿蜜、产浆、采集花粉等，因此蜜蜂的整个生命过程都离不开营养。营养是影响蜜蜂健康的关键因素，合理、均衡的营养物质是维持蜜蜂健康、保持高水平生产性能的重要条件。

蜜蜂为了维持正常的生长、发育和生产必须不断从外界获取食物，蜜蜂的食物称为饲料。饲料中凡能被蜜蜂利用的物质，称为营养物质。蜜蜂所需要的营养物质主要有碳水化合物、蛋白质、脂肪、维生素、矿物质和水等，缺少其中任何一种营养物质都会不同程度地影响蜜蜂的发育和生产水平。自然条件下，蜜蜂天然饲料主要是蜂蜜和花粉，但是蜂群中贮备的蜂蜜和花粉并不总是充足的，这就需要配制蜜蜂人工饲料来满足蜜蜂营养。蜜蜂人工饲料可部分或完全替代天然饲料，以保证蜜蜂的生长发育和生产等各种活动。随着养蜂生产水平的提高，养蜂者使用蜜蜂人工饲料的情况趋于常态化。

第一节　蜜蜂的营养

一、蜜蜂对营养物质的消化与吸收

蜜蜂采食饲料是为了从饲料中获取所需要的营养物质，但是饲料中的营养物质一般不能直接被体内吸收利用，必须经过一系列的消化过程，将大分子的物质分解为简单的、可溶解的小分子物质，才能被吸收。

蜜蜂对饲料的消化方式与畜禽具有许多相似之处，同样包括物理性消化、化学性消化和微生物消化。固态饲料被蜜蜂的口器破碎为很小的颗粒后，通过咽部肌肉的扩张收缩，通过食管送入蜜囊，聚集形成食物团粒，通过前胃的瓣膜送入中肠，在中肠中被围食膜包裹。经过一定时间在通过中肠过程中，食物团粒被消化吸收后进入小肠，形成粪便后贮存在直肠中。中肠是蜜蜂对食物进行消化吸收最重要的器官，中肠内有一种由中肠细胞分泌形成的半透性膜状结构，称为围食膜，相当于动物的胃黏膜。围食膜具有保护中肠肠壁细胞免受饲料和病原微生物损害的作用，并有选择性穿透功能，消化酶和已消化的食物可以通过，未消化的部分则不能通过。在中肠内，蛋白质在蛋白酶、类胰蛋白酶的催化下，分解为氨基酸；脂肪在脂酶的催化下分解成容易吸收的饱和或不饱和脂肪酸等。

　　被蜜蜂消化道消化后的营养物质，经过肠道上皮细胞进入血淋巴，并送入各个组织器官进行转化利用。蜜蜂对营养物质的吸收方式包括主动吸收和被动吸收两种。主动吸收必须通过蜜蜂机体消耗能量，才能将营养物质吸收进入体内。被动吸收不需要消耗蜜蜂机体的能量，通过过滤、渗透等形式，将消化了的营养物质吸收进入血淋巴。

　　图 5-1 为工蜂消化系统图。

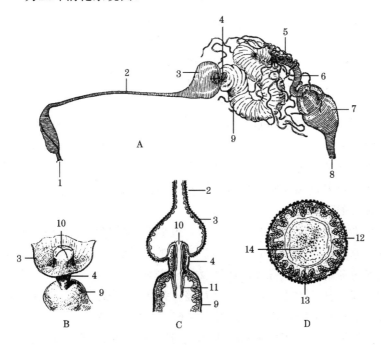

图 5-1　工蜂消化系统

A. 消化道　B. 蜜囊内端，示前胃瓣　C. 蜜囊、前胃和中肠的纵切面　D. 中肠横切面

1. 口　2. 食管　3. 蜜囊　4. 前胃　5. 马氏管　6. 小肠　7. 直肠　8. 肛门　9. 中肠

10. 前胃瓣　11. 贲门瓣　12. 中肠上皮细胞　13. 围食膜　14. 中肠内食物

资料来源：引自 Snodgrass 1993。

二、蜜蜂的营养素

（一）碳水化合物

1. 碳水化合物的组成和作用　碳水化合物一般由碳、氢、氧 3 种元素组成，包括单糖、低聚糖和多糖。单糖是构成低聚糖和多糖的基本单位，是不能再水解的，主要有葡萄糖、果糖、半乳糖、木糖、甘露糖等；低聚糖由 2～10 个糖单位组成，主要有蔗糖、乳糖、麦芽糖、棉籽糖等；多糖由 10 个以上糖单位组成，主要有糖原、淀粉、纤维素等。

碳水化合物是蜜蜂的能源物质，是蜜蜂维持生命最重要的物质，是蜜蜂代谢能的主要来源。碳水化合物所产生的能量，主要使蜜蜂肌肉收缩、神经传导、产生体热和激发器官与腺体的活动。碳水化合物可以构成机体组织，核糖与脱氧核糖是细胞中核酸的组成成分，糖蛋白是由葡萄糖和蛋白质合成的。在摄入过多的碳水化合物时，多余的部分可以转变成糖原或脂肪储存起来。碳水化合物及其转化物质还参与蜂王浆、蜂胶、蜂蜡等蜂产品的组成。一些低聚糖可以刺激蜜蜂肠道中有益微生物的增殖，阻断有害菌对肠黏膜的粘附，增进蜜蜂机体的健康。

2. 碳水化合物的消化吸收 蜜蜂吸食花蜜或蔗糖后，在蔗糖酶、淀粉酶等唾液腺酶的作用下，将蔗糖转化为果糖和葡萄糖。当进入肠道的各种碳水化合物转化成葡萄糖后，葡萄糖按浓度梯度从肠腔向血腔扩散，进入血淋巴，再运送到脂肪体，用来合成糖原、蛋白质等。在需要能量的时候，糖原经水解和磷酸化，降解为葡萄糖。

蜜蜂主要从花蜜中获取碳水化合物，蜜蜂采集花蜜时，会向花蜜中加入一些含有自身分泌的转化酶、淀粉酶等消解酶的唾液，带回蜂群。采蜜工蜂带回巢内的花蜜被内勤蜂吸入蜜囊。经过反复多次酿造，不断与各种酶混合、转化以及去除一部水分，使花蜜形成以葡萄糖、果糖为主要成分的蜂蜜，供蜂群食用。蜜蜂能够利用的碳水化合物主要是单糖、双糖和三糖等低聚糖以及糖醛类，而多糖（如纤维素）由于蜜蜂体内缺少分解这些物质的酶而难以被消化利用，一旦食用则易发生消化不良。不能被蜜蜂消化利用的糖有半乳糖醇、乳糖、肌醇、山梨糖等；对蜜蜂有毒的糖有甲醛聚糖、半乳糖、甘露糖、鼠李糖等。

3. 蜜蜂对碳水化合物的营养需要 蜜蜂飞行、调节巢温等活动靠分解单糖提供能量，一般不能利用自身的蛋白质或饲料中的蛋白质和脂肪作为能源，只能从碳水化合物中获得，所以必须不断地给蜂群补充碳水化合物。蜜蜂对能量的需求主要取决于群势、哺育幼虫、泌蜡造脾、环境温度及其活动的范围等。制造 1 克蜂蜡大约需要 8.4 克蜂蜜。一个强群每年消耗 50～100 千克蜂蜜。蜜蜂飞行 1 千米，需要消耗蜂蜜约 0.5 毫克。工蜂出巢飞行前，摄入蜜囊的蜂蜜约 2 毫克，能够维持飞行 4～5 千米。工蜂出巢前所摄取的蜂蜜，恰好能满足蜜蜂一般的飞行距离。

蜜蜂幼虫的食物中单糖是主要的糖类物质。停止哺育工作的工蜂对蛋白质的需要量逐渐减少，但对碳水化合物的需要量却逐渐增加。成年蜜蜂取食碳水化合物就能长期生活。蜂群中碳水化合物不足，蜂王产卵受限，严重时幼虫会被清除，最终会导致整个蜂群饿死。

(二) 蛋白质

1. 蛋白质的组成和作用　蛋白质的主要组成元素是碳、氢、氧、氮，有些蛋白质还含有硫、磷、铁、铜、碘等。蛋白质组成的基本单位是氨基酸，由于组成蛋白质的氨基酸数量、种类及其排列顺序不同而形成性质作用不同的蛋白质。

蛋白质是蜜蜂机体和蜜蜂腺体分泌物的重要功能成分。蜜蜂的表皮、肌肉、腺体、神经和血淋巴都以蛋白质为主要成分，起着支持、保护、传导、运动和运输等多种功能。在蜜蜂的生命和代谢活动中起催化作用的酶以及具有免疫和防御功能的血淋巴都是以蛋白质为主要成分。蛋白质是蜜蜂机体组织更新的必需成分，蜜蜂是全变态昆虫，生长发育过程中，伴随着多次蜕皮过程，新表皮的产生需要大量蛋白质的参与。在机体能量供应不足时，蛋白质以不同的形态、结构存在于蜜蜂体，发挥着不同的功能。当蜜蜂摄入过多的蛋白质时，多余的部分可以转化成糖、脂肪或分解产热，为机体生长发育提供能量。当机体能量不足时，蛋白质也可以分解参与供能，维持机体的代谢活动。但蜜蜂的能量提供不能依赖于蛋白质。

2. 蛋白质的消化吸收　蛋白质在蜜蜂消化道内，经各种消化酶，如蛋白酶、类胰蛋白酶等的作用下，首先降解为含不同氨基酸数目的各种多肽，进而降解为游离氨基酸。蛋白质只有分解成小分子的肽，才能被中肠细胞吸收，进而在细胞内分解成为氨基酸。有的则在肠腔内直接分解为氨基酸后再吸收。氨基酸的吸收，一般从高浓度的肠腔向低浓度的血腔中扩散，然后通过血淋巴运输到各组织器官，重新组成所需要的蛋白质，参与细胞以及组织器官的构成。蜜蜂的必需氨基酸有精氨酸、组氨酸、赖氨酸、色氨酸、苯丙氨酸、蛋氨酸、苏氨酸、亮氨酸、异亮氨酸和缬氨酸，这些必需氨基酸要从饲料中获得。

3. 蜜蜂对蛋白质的营养需要　养蜂生产中，蜂群所处的阶段不同其营养需要不同。在早春，我国北方外界很少或几乎无蜜粉源，一般需饲喂人工代花粉饲料以满足蜜蜂生长发育。蜜蜂春季增长阶段的人工代花粉饲料中粗蛋白质含量为25％较适宜。在蜂王浆生产时期，如果外界缺乏粉源或受其他条件限制时，可以饲喂人工代花粉饲料，此阶段人工饲料中的蛋白质含量的适宜范围为25％～30％。蜜蜂幼虫和成虫阶段蛋白质的需要量为32％。蛋白质缺乏或过剩都会对蜜蜂造成不良影响，蛋白质不足会造成工蜂咽下腺发育不良、工蜂寿命缩短。

（三）脂　类

1. 脂类的组成和作用　脂类是油、脂肪、类脂的总称，脂类按营养或营养辅助作用及结构可以分为两大类，可皂化脂类和非皂化脂类。可皂化脂类又分为简单脂类和复合脂类，简单脂类包括甘油脂和蜡质，是动物营养中最重要的脂类物质。非皂化脂类包括固醇类、类胡萝卜素、脂溶性维生素，非皂化脂类常与动物特定生理代谢功能相联系。

脂类是蜜蜂体内重要的能源物质，是含能量最高的营养素。脂类是构成蜜蜂体内各组织、器官的重要组成成分。脂肪酸是蜜蜂体内脂肪及糖原等能量物质及细胞膜结构合成的重要原料。α-亚麻酸是机体膜结构的重要组成成分，缺乏 α-亚麻酸将影响神经细胞的正常生理功能，影响大脑生长发育。脂类作为溶剂对脂溶性营养物质的消化吸收极为重要，蜜蜂所需要的脂溶性维生素 A、维生素 D、维生素 E、维生素 K 等必须溶解于脂肪中才能被吸收利用。如果缺少脂肪，则会影响脂溶性维生素的吸收代谢，导致相应营养缺乏症的出现。脂类是蜜蜂合成激素。

2. 脂类的消化吸收　由于脂类不能与水相混溶，所以脂类必须先形成一种能溶于水的乳糜微粒，才能通过肠壁细胞将其吸收。脂类的消化吸收过程是：首先脂类在肠道内水解成游离脂肪酸、甘油二酯和甘油单酯等，它们与胆汁中的胆盐形成可溶性的微粒，肠黏膜摄取这些微粒后，在肠细胞中重新合成甘油三酯，然后甘油三酯进入血淋巴，并以甘油三酯的形式储存在脂肪体内。

3. 蜜蜂对脂类的营养需要　脂类是蜜蜂维持生命活动的重要营养物质之一。蜜蜂组织器官中的脂肪主要为卵磷脂、胆固醇等。相关研究表明，脂肪酸在昆虫飞行肌内被脂肪酶分解后进入三羧酸循环提供能量，机体内有足够脂质的蜜蜂比单纯靠消耗糖类的蜜蜂相比飞行的时间更长。亚油酸和亚麻酸对昆虫生长发育具有重要作用，饲料中缺乏亚麻酸和亚油酸可引起昆虫幼虫死亡、蜕皮失败、成虫发育畸形和繁殖力下降等。在蜜蜂人工代用花粉中添加不饱和脂肪酸有利于蜜蜂生长发育。脂类中甾醇类物质是蜜蜂所必需的主要营养素，蜜蜂体内不能合成，只能从饲料中获得。人工饲料中使用 0.1% 甾醇类就能满足蜂群育子的需要。固醇是蜜蜂生长、发育、生殖所必需的营养成分，蜜蜂体内不能合成，必须从食物中获得。蜜蜂的幼虫期对固醇的需求量较大，因此固醇缺乏症多出现在幼虫期。饲料中添加胆固醇对蜜蜂哺育幼虫的效果较好。

（四）矿物质

1. 矿物质的分类　矿物质又称无机盐，是机体内无机物的总称。蜜蜂机体内除了碳、氧、氢、氮等元素，主要以有机物的形式存在，还有60多种元素统称为矿物质。这些矿物质元素中，有一些是蜜蜂生理过程和体内代谢不可缺少的，在营养学上称为必需矿物元素。必需矿物元素中，钙、磷、钠、钾、镁、硫、氯7种元素含量较多，占矿物质总量的60%~80%，称为常量元素；在机体内含量较少的铁、铜、碘、锌、锰、钴、钼、硒、氟、铬等被称为微量元素。

2. 矿物质的作用　矿物质也是蜜蜂机体组织的重要成分，蜜蜂个体干物质中含有6.2%~6.7%无机盐。矿物质对蜜蜂的正常生长发育、繁殖有着重要作用。矿物质是蜜蜂生理活动中不可缺少的营养素，在蜜蜂体内一般以离子形式存在。矿物质在神经传导、体液离子平衡、生长发育、酶促反应中发挥着重要作用。锌、锰、铜、硒等可以作为酶（辅酶或辅基）的组成成分，镁、氯等作为体内激活剂参与物质代谢，有的矿物质可以作为激素组成（如碘）参与体内的代谢调节，还有的矿物质以离子的形式维持体内电解质的平衡和酸碱平衡。蜜蜂体内电解质平衡是保证蜜蜂进行正常生命活动的前提，电解质平衡一旦被破坏，将会对蜜蜂产生巨大的影响，甚至死亡。钾元素参与蜜蜂视网膜的生理作用，也是酶的活化因子，主要分布在肌肉和神经组织中。钾和钠还参与幼虫体内的多种代谢过程，食物中如果缺乏钾元素，幼虫则不能发育为成虫。

3. 蜜蜂对矿物质的营养需要　矿物质在蜜蜂生理作用中发挥着重要的功能。因为矿物质在体内不能自行合成，所以必须从食物中供给。如果食物中供应不足，将影响蜜蜂生长，引起体内代谢紊乱。

在糖液中添加矿物质能显著增加蜜蜂工蜂寿命16.5%~32.7%。钾元素在维持内环境的稳态中有重要作用，而且与很多代谢反应有密切联系。蜜蜂幼虫所需的矿物元素最多的是钾和镁，其次是钠和钙，再次是铁、铜、锌、锰、磷等矿物元素。研究发现，整个蜂群工蜂的哺育能力受钾离子浓度影响，当在人工配制的饲料中额外添加一定比例的花粉灰分时，工蜂的哺育能力会提高。但是，也有研究发现洋葱花粉中高浓度的钾含量会抑制蜂群中工蜂的哺育能力。给蜂群饲喂浓度为0.15%盐溶液，可使蜂群群势达到理想的状态与数量。同时，盐对蜂群泌蜡有一定的刺激作用，饲喂盐水的蜂群造脾速度比不饲喂盐水的蜂群快40%。在饲喂蜂群的糖水中添加部分矿物质，蜂王浆产量可提高20%以上。

自然界中，蜜蜂生长发育所需要的矿物质主要从蜂蜜和花粉中获得。一般情况下，蜜蜂可以从食物中获得足够的矿物质，不需要专门饲喂。在早春的蜜蜂增长阶段，蜂群内幼虫多，加上外界缺乏蜜粉源，如果以白砂糖或花粉代用品饲喂蜂群，可能会造成矿物质缺乏。盛夏气温酷热，蜜蜂代谢能力下降，需要给蜂群补充一定量的盐分。给蜜蜂补充食盐可以结合喂水、喂糖液进行，清水或糖液与盐的比例以不高于 100：1 为宜。

（五）维 生 素

维生素是个庞大的家族，现阶段所知道的维生素就有几十种，根据各自的溶解性可分为脂溶性维生素和水溶性维生素两大类。脂溶性维生素包括维生素 A、维生素 D、维生素 E、维生素 K，这几种维生素只包含碳、氢、氧 3 种元素，可以从食物的脂溶物中提取。现已确定的水溶性维生素共 10 种，即维生素 B_1、维生素 B_2、维生素 B_3、维生素 B_4、维生素 B_5、维生素 B_6、维生素 B_7、维生素 B_{11}（叶酸）、维生素 B_{12}、维生素 C。除前面的 14 种维生素外，还有几种没有完全确定是否属于维生素，但不同程度上具备维生素的属性，常被称为类维生素或假维生素，这一类物质包括肌醇、维生素 B_{13}、维生素 B_{15} 等。有些物质在化学结构上类似于某种维生素，经过简单的代谢反应就可转变成维生素，此类物质称为维生素原，例如 β-胡萝卜素能转变为维生素 A；7-脱氢胆固醇可转变为维生素 D_3，但要经许多复杂的代谢反应过程才能形成。

1. 维生素的作用 维生素不参与构成蜜蜂机体各种组织器官，也不能提供能量。它们主要以辅酶或催化剂的形式参与体内代谢的多种化学反应，从而保证机体组织器官的细胞结构和功能正常，以维持蜜蜂的健康、生产和各种活动。

维生素参与蜜蜂机体内三大营养物质的氧化还原反应和新陈代谢作用过程，与蜜蜂的健康、生长发育和生殖密切相关。维生素能保证蜜蜂正常的生长发育，维持蜜蜂正常的生理功能。维生素 A 能够维持蜜蜂的正常视觉，对于暗光适应的蜜蜂头部几乎不含维生素 A，在光适应过程中维生素 A 含量增加；维生素 B_6 能提高工蜂的哺育能力；维生素 C 能有效地刺激蜜蜂取食；肌醇能刺激蜜蜂腺体发育；胆碱除了促进幼虫发育外，还对蜂王产卵有刺激作用。脂溶性维生素对蜜蜂咽下腺的发育作用比较明显，能更有效地提高王浆产量，尤其是维生素 E 能促进蜜蜂咽下腺分泌细胞的分泌功能，糖液中添加 2.5 毫克/千克维生素 E 饲喂工蜂，可使 10～18 日龄的工蜂咽下腺的重量比不饲喂维生素 E 糖液的工蜂提高 47%～76%，泌浆时间至少延长 5 天以上；人工代用花粉中添加维生素 E，能提高王台接受率和蜂王浆产量。维生素还能增强免疫，延长蜜蜂寿命，尤其是维生素 A 和维生素 E 能增强蜜蜂的免疫功能，减少疾病的发生。维生素 C 有助于延长蜜蜂寿命。

2. 蜜蜂对维生素的营养需要 维生素能保证蜜蜂正常的生长发育，维持正常的生理功能。维生素是维持蜜蜂生长发育所必需的活性物质，用量小，作用大。维生素缺乏会造成蜂体生理功能紊乱。水溶性维生素是蜜蜂正常生长发育必不可少的营养物质，幼虫正常发育需要 B 族维生素。维生素对于蜜蜂的生长、发育和新陈代谢都是必要的。人工饲料中维生素缺乏会导致蜂群的哺育能力下降，并影响幼虫发育。维生素 B_6 对于蜜蜂幼虫的生长发育是必需的，人工饲料中合适的添加量为 8 毫克/千克。维生素 C 有利于工蜂咽下腺发育，能够提高工蜂哺育能力，增加子脾面积。饲料中添加脂溶性维生素，尤其是维生素 A，能显著提高哺育蜂的哺育能力，增加封盖子量。哺育蜂需要水溶性维生素进行泌浆，而脂溶性维生素则有利于培育强群。一般而言，B 族维生素对于蜜蜂是必需的，这些维生素必须与其他营养物质相平衡。

蜜蜂机体自身不能合成维生素，所以必须由食物供给，如果蜜蜂某种维生素供给不足或完全缺乏某种维生素，就会代谢失调，生长停滞，繁殖力与生活力下降，疾病也随之发生。花粉和蜂蜜中含有机体所需要的绝大多种维生素，是蜜蜂获取维生素的主要来源，花粉中包含的维生素有维生素 A、维生素 D、维生素 E、维生素 K、B 族维生素、维生素 C 等，蜂蜜中含有维生素 A、维生素 D、B 族维生素、维生素 C 等，尤以 B 族维生素含量丰富。

（六）水

水是一切生命活动的物质基础，是极为重要的营养物质。当机体的糖和脂肪几乎耗尽，蛋白质也失去一半时，机体仍然可以勉强维持生命。然而，当机体水分一旦失去 10% 就会引起代谢紊乱，失水至 20% 则无法生存。所以，水对蜜蜂的健康和生产具有非常重要的意义。

1. 水对蜜蜂的作用　水是蜜蜂机体的主要组成成分。水是组成细胞液、体液的主要成分，对蜜蜂的正常物质代谢具有特殊的作用。蜜蜂幼虫含水 80% 以上，成年工蜂蜂体含水量一般在 60% 以上。蜜蜂体内的水来自于饮水、食物水和代谢水。水既不能为蜜蜂提供能量，也不能提供营养物质，但它却是蜜蜂生命活动包括调节体温和巢温、营养及代谢过程中必不可少的物质。

水参与机体的代谢。体内很多代谢过程都需要水的参与，如蛋白质等的水解反应、氧化还原反应、有机物质的合成等。水也是重要的溶剂，各种营养物质的消化吸收、运输与利用及其代谢废物的排除都需要溶解到水中方可进行。

水的黏度小，可使体内摩擦部位润滑，使各器官运动灵活。蜜蜂在活动时，骨骼间要发生摩擦，关节腔内的润滑剂能使转动时减少摩擦，而水是润滑剂的主要成分。

水参与体温和巢温的调节。蜜蜂是利用水来调节蜂巢内湿度的。在高温季节，蜜蜂可以通过水分的蒸发降低蜂巢内温度。

2. 蜜蜂对水的营养需要　蜜蜂所需的水分主要来自于蜜蜂采集的花蜜和水。蜜蜂稀释蜂蜜、维持蜂巢内的温度、湿度等活动都需要大量的水分。蜂蜜中水分含量在 18％左右，蜂王浆中水分含量为 60％～70％。蜂群对水的需要随群势强弱而变化，并受蜜源、气候条件的影响。外界有蜜源时，蜜蜂从采集的花蜜中得到所需要的水分；蜂群大量需水时，部分采集蜂专门飞出去采水。哺育蜂哺育幼虫时需水较多，哺育的幼虫越多，气温越高，需水量越大。除了从花蜜中获得的水分以外，一个强群每年需要采集 20 升以上的水。蜜蜂在越冬期间对水分的需要量很少。在温度较低的情况下，蜜蜂还会保持由于代谢作用所形成的一部分水。蜜蜂可以通过直肠腺对排泄的水进行再重复吸收，来保持血淋巴中的水分含量。

第二节　糖饲料的配制与饲喂

糖饲料是碳水化合物饲料，是蜂群不可缺少的，为蜜蜂的生命活动提供能量。如果蜂群中缺乏糖饲料，蜂王产卵会受限制、幼虫有可能会被清除掉，从而使蜂群无法发展壮大，最终导致整个蜂群饿死。糖饲料包括天然糖饲料和人工配制的糖饲料。天然糖饲料主要是指蜂蜜，人工配制糖饲料的原料主要有白砂糖等。

一、糖饲料原料

（一）蜂　蜜

蜂蜜是蜜蜂的天然糖饲料，是一种营养成分丰富的糖类饱和溶液，糖分约占3/4,水分不到1/4；此外，还含有蛋白质、氨基酸、维生素、有机酸、色素、微量元素、激素、芳香类物质等。这些物质及含量随蜂蜜的种类不同而有所不同，即使同一种蜂蜜，产自不同的地区，受气候、地理、管理技术的影响，成分含量也有差异。蜂蜜中的糖分主要以葡萄糖、果糖为主，葡萄糖和果糖占总糖的 65％以上，一般蜂蜜中的葡萄糖和果糖含量大致相同。

对于蜜蜂的引诱力或者喜食性，相比葡萄糖、果糖和其他种类的糖，蜜蜂更喜欢采食蔗糖。蔗糖或以蔗糖为主的糖液对蜜蜂有较大的吸引力。刺槐花蜜、柑橘花蜜、苜蓿花蜜、枣花花蜜中的蔗糖含量一般高于 10％，薰衣草花蜜中的蔗糖含量通常高于 15％。糖浓度越高的花蜜对蜜蜂的引诱力也越大，蜜蜂可以通过嗅觉来判断花蜜中的糖浓度。

市场上的不成熟蜂蜜，含水量高，常发酵变质，喂蜂时可能对蜜蜂造成不良影响。有些地区的蜂农一般会在秋季或一年中最后一个大流蜜期从健康的蜂群中留出一定数量的成熟蜜脾，这些成熟蜜脾根据需要可以是全蜜脾（图 5-2）或半蜜脾。全蜜脾多用于冬季饲喂蜂群，半蜜脾可用于早春蜂群开始扩群的时候饲喂，此蜜脾还可以作为扩巢用，随着蜂蜜的消耗，脾上空出的巢房可以供蜂王

图 5-2　蜜　脾

产卵。因为蜂蜜的气味很浓，在早春外界还无蜜粉源的时候饲喂蜜蜂容易引发盗蜂，所以一定要在傍晚饲喂且不能滴在箱外。

　　来源不明的蜂蜜、不成熟的蜂蜜、经浓缩加工后的蜂蜜、贮存期过长的蜂蜜、被铁桶中金属离子污染的蜂蜜、含有甘露蜜的蜂蜜等低质蜂蜜均不宜作为蜜蜂的糖饲料，更不能作为蜜蜂的越冬饮料。

（二）人工配制的糖饲料

　　白砂糖是除了蜂蜜以外使用最普遍的糖饲料原料。白砂糖虽不如蜂蜜营养丰富，但蜂场贮蜜不足时也可以替代蜂蜜喂蜂。因为除了碳水化合物以外，蜜蜂可以从花粉或人工蛋白质饲料中获得其他营养素，所以白砂糖不宜长期单独饲喂，可以作为蜂蜜的补充物，或在糖液中添加一些维生素、矿物质等营养物质，也可以与人工蛋白质饲料配合使用。白砂糖购买方便，是我国养蜂生产中最主要的糖饲料。饲喂白砂糖一定要保证质量，更换厂家时，可以先在 1～2 个群势较弱蜂群中试喂，如果没有出现不良反应后再全场饲喂。

　　由于白砂糖的价格攀升，蜂农希望找到能够代替白砂糖、价格低廉的糖饲料，但是一直没有找到效果好的。果葡糖浆主要成分也是碳水化合物，甜度接近蜂蜜，尽管价格低，但国产果葡糖浆质量参差不齐，用来喂蜂群风险很大，尤其是不能饲喂越冬蜂。国外也有用果葡糖浆饲喂蜜蜂的情况，但是没有发生过导致蜜蜂死亡的现象，可能的原因是国外的果葡糖浆质量稳定。一般情况下，不鼓励使用果葡糖浆喂蜂。因为国内果葡糖浆质量参差不齐，目前大部分果葡糖浆是以大米淀粉、玉米淀粉为原料，经酶解作用后得到葡萄糖浆，再经异构化酶的作用将部分葡萄糖转化成果糖。如果酶解不彻底导致糖浆中低聚糖含量过高，而蜜蜂对低聚糖一般不能正常消化。越冬期间健康蜜蜂基本不排泄，如果果葡糖浆质量差，蜜蜂不能消化，就影响蜜蜂的健康，导致越冬期间蜜蜂死

亡或蜂群不能正常越冬。如果蜜源植物开花泌蜜前用果葡糖浆饲喂蜜蜂，容易造成蜂蜜中有果葡糖浆的残余而降低蜂蜜质量，客观上使生产的蜂蜜成为掺杂使假蜂蜜。

二、糖饲料配制

（一）贮备蜜脾

预先在当年的最后一个流蜜期贮存部分蜜脾是最好的也是最常用的方法。直接饲喂蜂群蜜脾，无须蜜蜂将糖饲料从饲喂器中搬到巢房中，节省蜜蜂体力，还可以减少盗蜂的发生。在流蜜期将蜂群中的蜜脾提出，同时把空脾放入蜂箱，等到蜂蜜贮满封盖后再提出贮藏。贮存的蜜脾应参照巢脾保存的方法采取防止蜡螟危害的措施。

（二）制备糖液

糖液主要是指白砂糖糖液，将一定量的白砂糖放进一个大桶或适当的容器，注入适量的水，一般1～2份的糖加1份水，经过搅拌使白砂糖充分溶解，混合均匀后，将糖液放入饲喂器内饲喂蜂群。也可以将糖液注入空脾的蜂巢中，将含有糖液的脾放入蜂群中进行饲喂。

（三）制备炼糖

炼糖是用蜂蜜和优质白砂糖用不同的工艺、不同的用量配制的固体饲料，主要用于邮寄蜂王、运输蜂群或转地前缺蜜蜂群的补饲，也可用于增长阶段的蜂群饲喂。山东省一家蜜蜂饲料生产企业正在研发蜂群用商品炼糖，现已小批量生产，投放到全国养蜂场试用。

炼糖的制作主要采用熬炼和揉制两种方法。

1. 熬炼法　将一定比例的白砂糖和水放入容器中充分溶解，用双层纱布过滤。将优质成熟的蜂蜜水浴加热至60℃，过滤。过滤后的糖液加热至112℃时加入适量已经过滤好的蜂蜜，然后再继续加热至118℃，停止加热，自然冷却至80℃，用木棒按同一方向搅拌，直到炼糖呈乳白色。糖、水、蜜的配制比例在湿度较大的地区是4份糖加1份水加1份蜜；在较干燥的地区使用时，糖、水、蜜的配制比例是10份糖加5份水加3份蜜。

2. 揉制法　将白砂糖研磨呈糖粉，过80目筛，将750克糖粉放在清洁的板上或大口容器中。再取成熟蜂蜜250克，相当于3/4的糖粉加上1/4的蜂蜜。

将蜂蜜隔水加热约40℃后，倒入糖粉中进行揉制，直到软硬适中、不变形、不粘手、呈现乳白色为止。

三、糖饲料饲喂

糖饲料是蜂群最主要的饲料，是蜜蜂能量的主要来源。尤其在越冬、早春外界缺乏蜜源的时候，缺乏糖饲料会威胁到蜂群的生存，必须在蜜蜂饲养管理的任何阶段都要保证蜂群内糖饲料充足。

（一）糖饲料饲喂的方法

糖饲料饲喂应注意预防盗蜂的发生，在饲喂时必须注意糖饲料不能滴到箱外。饲喂糖饲料的基本方法是，将液态的糖饲料放入蜂箱饲喂器中，由蜜蜂将饲喂器中糖饲料搬运到贮蜜巢房中。饲喂器多为市售的塑料制品（图5-3-A至图5-3-D，其中图5-3-A可见彩页12），山区蜂场多就地取材用竹子制作（图5-3-E，彩页12）。饲喂时，饲喂器中还须放入浮板或草秆等，以防蜜蜂在搬取糖饲料时落入糖饲料中淹死（图5-3-F）。有些蜂场采用糖饲料自动饲喂装置（彩页12）。液态糖饲料放在较大容器中，通过管道将糖饲料输送到每一个蜂箱。蜂箱内有控制糖液流量的装置，根据蜜蜂的搬运速度，使巢内饲喂中的糖饲料的量保持恒定。

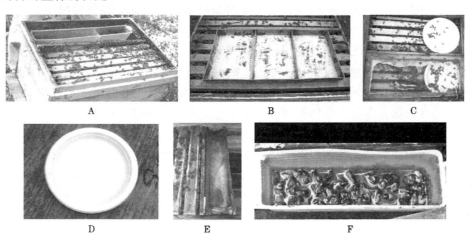

图5-3　饲喂器放置在蜂箱中

A、B、C、D. 各种类型的塑料饲喂器　E. 蜂箱中的竹子饲喂器
F. 饲喂器中被糖饲料淹溺的死蜂

（二）补助饲喂和奖励饲喂

对蜜蜂饲喂糖饲料分为两种情况：一是补助饲喂，二是奖励饲喂。

1. 补助饲喂　补助饲喂是在外界蜜源缺乏而蜂巢内贮蜜不足的情况下，短时间内喂给蜂群大量糖饲料的蜂群管理方法，以使蜂群糖饲料贮备足够。补助饲喂的时间一般在越夏前、越冬前、增长阶段进行。

补助饲喂时用 2 份白砂糖兑 1.5 份水，加热溶化，放凉后在傍晚倒入饲喂器或灌入空脾内饲喂蜂群，用自动饲喂器喂蜂更加省工省时。液体糖饲料自动饲喂装置见彩页 12。补助饲喂时每次喂糖液 1.5～3 千克，直到喂足。

蜂蜜是蜜蜂的天然糖饲料。补助饲喂时把贮备的蜜脾下方的蜜盖割开一小部分，喷少量温水加在边脾位置，或用蜂蜜 4 份兑 1 份水，搅匀后喂蜂。为避免盗蜂，可先喂强群，然后抽蜜脾与小群。

蜜蜂越冬饲料必须优质，尽量不要用易结晶的蜂蜜，以防发生结晶影响越冬蜂的安全。饲喂蜂蜜应在傍晚蜜蜂停止活动时进行，否则易引起盗蜂。

2. 奖励饲喂　奖励饲喂与蜂群内贮蜜多少无关，每天连续饲喂糖饲料，给蜂群以外界蜜源充足的假象，刺激蜂王产卵、工蜂积极哺育幼虫、加快造脾速度、促进蜂群的采集积极性等。奖励饲喂多在蜂群增长阶段、越冬的准备阶段培养越冬适龄蜂期间、蜂王浆生产、培育新王时进行。

奖励饲喂的蜂蜜或糖液，其浓度应相应的低一些，蜂蜜与水的比例为 2：1，白砂糖与水的比例为 1：1。每次奖励饲喂量不宜过多，正常情况下以每框蜂每次 50～100 克为宜，奖励饲喂应避免蜜压子圈。

奖励饲喂的方法主要是采用饲喂器或灌脾。饲喂器可以根据奖励饲喂量的多少而定。可以采用瓶式饲喂器于傍晚放在巢门前。用灌脾的方法奖励饲喂时，可以将糖饲料直接灌到巢脾的空巢中，也可以直接在框梁上浇上一点糖饲料。为了能在框梁上多放一些糖饲料，可将巢框上梁挖一个槽（彩页 12）。

无论是补助饲喂还是奖励饲喂，都应该特别注意防止盗蜂的发生。所以，在饲喂时要注意防止糖饲料滴到箱外，尤其在灌脾时，糖液不能落到蜂箱中过多，以防止糖液从巢门口流出。如果落入蜂箱内的糖液过多，可以将蜂箱前面垫高，防止糖液流出。如果不慎有糖液流出，及时用水冲洗或用土掩埋流出的糖液。

第三节　代花粉饲料的配制与饲喂

充足优质的饲料是蜜蜂正常生长发育的保证，可使羽化出的蜜蜂健康、寿命长、抗逆性强、采集力高，也是蜂王产卵力旺盛、蜂群迅速发展的基础。只有保证蜂群有充足的饲料，才能把蜜蜂养成强群，并夺取高产。在蜂巢内饲料不足而外界又缺乏蜜粉源时，应适时给蜂群饲喂代花粉饲料。大部分蜂场由自己动手配制代花粉蛋白质饲料。

一、代花粉饲料中的蛋白质原料

代用花粉根据是否含有花粉，可分为花粉替代品和花粉补充物两类。花粉替代品不添加花粉，主要原料有玉米蛋白粉、大豆粉、小麦、玉米、酵母粉、奶粉等；花粉补充物添加了一定比例的花粉，以提高代用花粉的适口性。

蛋白质类饲料的原料种类很多，主要有植物蛋白质原料和动物蛋白质原料两类。从生产实践来看，动物性蛋白质饲料由于成本高、来源少、加工困难等原因，用量较少。植物性蛋白质饲料虽然来源广泛、成本较低，但不同的植物性饲料常由于加工和选择不当的原因，容易产生副作用，引起蜜蜂消化不良。由于国内外缺乏对蜜蜂营养需要较为系统的研究，配制蜜蜂饲料时缺乏理论依据，科学性不强，凭经验配制者居多。

（一）植物性蛋白质饲料

1. 蜂花粉　花粉是植物的雄性细胞，是植物生命的精华，具有很高的营养价值，蜜蜂采集回巢的花粉称为蜂花粉。蜂花粉是蜜蜂从蜜粉源植物花朵内采集的花粉粒，经过蜜蜂加工团聚成不规则扁圆形的团状物。蜂花粉成分很复杂，含有蛋白质、脂肪、糖类，还含有一些具有特殊功效的物质，如微量元素、维生素、生物活性物质。花粉的营养价值，与植物种类、地区、季节等不同而有所差异。患病蜂群生产的蜂花粉易携带病原微生物传染疾病，所以作为蜜蜂饲料的蜂花粉一定要来源可靠。

2. 大豆粉和脱脂豆粉　大豆粉富含蛋白质，还含有较高的能量和丰富的维生素、矿物质等，价格低廉，是蜂农用来替代用花粉的最常用原料。缺点是脂肪含量较高，不易被蜜蜂消化。要充分发挥大豆粉的功效，必须进行合理的调制。大豆进行脱脂后再碾细成粉才有利于蜜蜂消化。加热炒制或膨化可降低大豆中的抗营养因子，但易导致维生素、赖氨酸损失严重。饲喂蜜蜂的大豆粉要添加适量的维生素。浙江等地的蜂农一般采用半炒熟的大豆粉拌蜂蜜饲喂蜜蜂。利用大豆作为蜜蜂蛋白质饲料，要关注转基因大豆对蜜蜂的影响。

脱脂豆粉是优质植物性蛋白质饲料原料，富含赖氨酸和胆碱，适口性好、易消化，但蛋氨酸不足，胡萝卜素、硫胺素和核黄素较少。蜂农若能根据蜜蜂营养需要配制蜜蜂饲料，尤其注重维生素和矿物质的添加，饲喂效果会大有改善。

3. 玉米粉和玉米蛋白粉 玉米中蛋白质含量虽然不高，为 $8\%\sim9\%$，但它所含的能量极高，粗脂肪、粗纤维的含量较低，缺少赖氨酸、蛋氨酸和色氨酸。同动物性蛋白质饲料混合使用时，是一种较好的蜂用能量饲料。春繁季节没有足够的贮存花粉时，用玉米粉加奶粉是解决花粉不足的有效办法。玉米的品质受贮存时间和贮存条件的影响很大，在贮存过程中品质降低的原因有玉米自身发生霉变，虫、鼠污染等。

玉米蛋白粉含蛋白质 $25\%\sim60\%$，是生产玉米淀粉与玉米油的副产品，带有玉米烤过的味道。玉米蛋白粉的叶黄素含量是玉米的 $15\sim20$ 倍，赖氨酸和色氨酸含量不足。由于玉米蛋白粉与水混合后黏度较高，因此在饲喂蜜蜂时不宜单独使用，需与其他饲料原料混合配制饲喂蜂群。当配合饲料中因玉米蛋白粉用量较大而导致赖氨酸及色氨酸不足时，应及时添加一定的赖氨酸及氨基酸添加剂补足。

4. 小麦和小麦胚芽粉 相比玉米，小麦中的蛋白质和必需氨基酸含量较高，小麦中脂肪含量约 1.8%，粗纤维约 2.4%，B 族维生素和维生素 E 较多，矿物质中钙少磷多。

小麦胚芽又称麦芽、胚芽，金黄色颗粒状。麦芽含有大量脂肪、优质蛋白质、矿物质、维生素、各种酶及未知生长因子等，小麦胚中的粗纤维含量极低。在大豆粉中添加麦芽粉有助于蜜蜂对大豆粉的消化。未经处理的生小麦胚芽含有生长抑制因子，加热处理可以除去。

（二）酵 母 粉

酵母粉也是比较理想的蜂用蛋白质饲料原料，其中蛋白质含量 52%，不含脂肪，各种氨基酸含量很高。酵母粉可以补充尚未明确的营养素、维生素和主要营养物质等。人工花粉中，较理想的酵母粉是啤酒酵母。啤酒酵母属高级蛋白质来源，含有丰富的 B 族维生素、氨基酸、矿物质及未知生长因子。以酵母粉作为代用花粉饲喂蜜蜂，效果较好。在缺乏粉源的季节，酵母粉可以部分充当花粉的替用品。

二、代花粉饲料配制

国家蜂产业技术体系营养与饲料岗位科学家团队对意蜂春季增长阶段营养需要开展了系统研究，对每千克代花粉中营养成分含量列出了建议标准（表5-1)。在实际生产中，春季增长阶段外界缺乏蜜粉源时，由于养蜂者通常喂以充足的蔗糖液供蜜蜂自由采食，该建议标准没有包括碳水化合物需要量。

表 5-1 意大利蜜蜂春季增长阶段营养需要建议标准

营养成分	需要量	营养成分	需要量
粗蛋白质（%）	25.00	镁（%）	0.14
粗脂肪（%）	1.33	硒（毫克）	0.07
赖氨酸（%）	1.36	维生素 A（单位）	1 600.00
精氨酸（%）	1.49	胡萝卜素（毫克）	0.56
蛋氨酸（%）	0.33	维生素 B_1（毫克）	9.42
胱氨酸（%）	0.34	维生素 B_2（毫克）	5.37
钙（%）	0.21	维生素 B_6（毫克）	9.32
总磷（%）	0.49	维生素 C（毫克）	276.00
铁（毫克）	90.89	维生素 D（单位）	640.00
锌（毫克）	27.10	维生素 E（毫克）	480.00
铜（毫克）	13.10	胆碱（克）	1.40
锰（毫克）	16.75	叶酸（毫克）	7.29
钾（%）	0.92	肌醇（毫克）	101.76
钠（%）	0.02	烟酸（毫克）	48.01

　　蜜蜂增长阶段专用饲料的制备方法包括膨化、微粉碎、配制预混料、混合4 个步骤。膨化就是将脱脂大豆粉和玉米原料经过高温膨化，目的是消除原料中抗营养因子的影响，提高消化率；微粉碎就是将膨化脱脂大豆粉、膨化玉米及啤酒酵母粉进行微粉碎，利用涡轮超微粉碎机进行粉碎，细度达到 120 目；配制预混料就是按照预混料的比例首先添加载体，在搅拌过程中，按照先小后大的顺序逐个添加各种添加剂，添加完全后再继续搅拌 1 分钟；混合就是将各种原料按照比例混合均匀。

　　春季增长阶段饲料配制的原料一般有脱脂大豆粉、啤酒酵母粉、玉米粉、白砂糖、胡萝卜粉等，并选用抗氧化剂 BHT 和防霉剂，防止饲料氧化和发生霉变。

三、代花粉饲料饲喂

　　饲喂时，人工代用饲料与蜂蜜或糖液混合调制，置于框梁或压入巢脾，供蜜蜂取食。蜂花粉及代花粉饲料饲喂蜂群的方法主要有补充花粉脾、灌脾饲喂、花粉饼饲喂等。

（一）补充花粉脾

在蜜粉源比较充足的季节，抽出蜂群里的粉脾贮存起来，等到外界缺乏粉源的季节，可以直接加到蜂群中。

（二）灌脾饲喂

将蜂花粉或代花粉饲料与白砂糖按1∶1混合均匀，添加适量的蜂蜜水或糖液拌匀，至饲料可攥成团但易散开为宜。将饲料反复搓压到休整后的空脾上，最后在蜂脾表面浇灌糖液或喷水以使蜂房中的糖类溶化与花粉结合紧实。灌好的饲料脾可直接放入蜂群进行饲喂。群势增长阶段，可以选择在空脾的四周灌入饲料，中间留出蜂王产卵的空间（图5-4）。

图 5-4　灌好的花粉脾　（胥保华　摄）

（三）花粉饼饲喂

将蜂花粉或代花粉饲料用适当浓度的蜂蜜或糖液搅拌混合，搅拌成面团，然后压制成扁的长条状，放到蜂箱中的框梁上（图5-5）。为了防止花粉饼干燥，可每次少放一些，或者在花粉饼的上方覆盖一层干净的塑料薄膜以保持水分。

图 5-5　花粉饼饲喂

第四节　蜜蜂的配合饲料

蜜蜂的配合饲料是指经过科学加工配制的人工饲料，主要应用于当天然饲料（花粉与花蜜）无法满足蜂群生活需要时，部分或全部替代天然饲料，以确保蜜蜂生长发育和蜂群生活所需的各种营养物质的供应。

一、饲喂配合饲料的目的

对于国内大部分蜂场来说，使用蜜蜂配合饲料已趋于常态化。蜂农饲喂蜂群配合饲料的目的是：在缺乏蜜粉源的季节或地区，保证蜂群的继续发展；及时壮大蜂群，保证有适量的蜜蜂采蜜、产浆等生产活动；强壮蜂群，用于培育蜂王；当蜂群遭受农药、有毒蜜粉源后，能使蜂群迅速恢复群势；秋季培养越冬蜂，为安全越冬打好基础。

二、配合饲料的组成与质量要求

（一）配合饲料的组成

饲料中的营养物质主要是指蜜蜂生长发育所需要的各种营养成分，如蛋白质、碳水化合物、脂类、维生素和矿物质等。配合饲料中有时还要添加诱食剂，其作用是刺激和促进蜜蜂采食，有些糖、氨基酸和脂类也可以作为诱食剂使用。

（二）配合饲料的质量要求

蜜蜂配合饲料的质量与蜂群健康、养蜂生产等息息相关。蜜蜂配合饲料的质量涉及到它的营养组成、物理性状、可消化性和使用的方便性等。首先是营养平衡问题，营养平衡是设计蜜蜂配合饲料时必须考虑的一个因素，不仅要满足蜜蜂对各种营养物质所需要的数量，而且这些营养物质之间还要比例恰当。其次，蜜蜂饲料的物理性状、化学特性应该符合蜜蜂的生理特点。蜜蜂特有的口器与消化生理特点，要求配合饲料在物理性状上要有利于蜜蜂的吞食与消化。一般来说，饲料越细越好。蔗糖对蜜蜂采食的吸引力强，在配合饲料的设计、加工与应用时，须考虑糖类对蜜蜂取食的刺激作用。蜜蜂的蛋白质饲料容易发生霉变，工厂化生产需加入适量的防腐剂及防霉剂。蜂农现配制，及时饲喂到蜂群中则不必加防腐剂及防霉剂。蜜蜂配合饲料中常用的防腐剂有山梨酸及其钾盐、苯甲酸及其钠盐、丙酸及其钠盐等，饲料防腐剂的用量应根据配合饲料成分特性、防腐剂类型及蜜蜂对防腐剂剂量的耐受性合理添加。

三、提高蜜蜂配合饲料的质量

随着人民群众生活水平的提高，人们对于蜂产品的消费正越来越普遍，而与蜂产品质量安全密切相关的蜜蜂饲料质量问题尚未引起业内人士的关注。从动物饲料的"三聚氰胺"、"瘦肉精"等事件中汲取教训，对可能出现的蜜蜂饲料问题做到未雨绸缪、积极应对，对于保持我国蜂产业的健康发展甚为关键。

（一）蜜蜂饲料质量的内涵

蜜蜂饲料的质量包括蜜蜂饲料产品的营养质量、卫生质量和加工质量。饲料营养不全面，就无法满足蜜蜂的营养需要，蜜蜂的群势和产浆量就会降低。蜜蜂饲料的卫生质量合格是指蜜蜂饲料的病原微生物、重金属、有毒有害化学物质在蜜蜂饲料中的含量均应符合国家饲料卫生标准和法规。例如，蜂农使用市售花粉喂蜂时，有可能因花粉中混有因感染蜂球囊菌而死亡的白垩状蜜蜂幼虫尸体，导致白垩病在蜂群中传播，危害蜜蜂健康。

蜜蜂饲料质量与蜂产品质量关联度极高。感性的认识是，不同的蜜粉源条件下生产的蜂王浆色泽、气味和含水量差别较大。王浆腺的发育及蜂王浆分泌，都必须以相应的营养物质作为其代谢转化的前体物质。因此，蜜蜂饲料的不同会造成蜂王浆品质的差异，外界缺乏粉源时使用王浆生产专用饲料而不仅仅是白砂糖饲喂产浆蜂群，是大势所趋。

（二）制定蜜蜂饲料质量标准

目前的蜜蜂饲料标准执行的是畜禽饲料标准。蜜蜂是经济昆虫，不但其消化生理特点不同于畜禽，而且所生产的蜂产品质量安全标准与畜禽产品质量安全标准也有很大不同。在没有单独的蜜蜂饲料质量标准的情况下，对于蜜蜂饲料的广告宣传、市场营销、生产使用等活动，只能执行现有的畜禽饲料的通用标准。因此，制定和实施蜜蜂蛋白质饲料、蜜蜂糖饲料和蜜蜂饲料添加剂的质量标准是一项迫在眉睫的工作，这将会提高我国蜜蜂饲料企业的标准化生产水平，保障饲料质量安全，增强蜂农使用蜜蜂饲料产品的信心，确保蜂产品的源头生产环节安全。因此，对于蜜蜂饲料中饲料原料及添加剂种类的选择、用量、生产及加工工艺、配制、蜜蜂饲料对蜜蜂及蜂群的作用效果等环节还有大量工作要做。

（三）严格蜜蜂饲料的生产销售管理

要加强蜜蜂饲料质量安全的全程监管，包括蜜蜂饲料生产企业必须取得相应生产许可证号、生产原料来源可追溯、添加剂使用合理、饲料质量安全稳定可控，实施标准化生产。蜜蜂饲料生产企业必须建立相对完备的检测化验实验室，严格蜜蜂饲料产品质量检测，禁止添加国家明令禁用药物和添加剂。健全蜜蜂饲料产品质量安全可追溯体系和责任追究制度，对原料采购、生产加工、产品检验、销售管理等各环节进行全方位监管。

四、配合饲料配方设计的一般原则

（一）根据蜜蜂的营养需要量设计

蜜蜂在自然条件下都是以采食花粉和蜂蜜维持生命和生产的。因此，蜜蜂配合饲料的配方可以参照若干种优质天然花粉、蜂蜜的营养成分进行设计。

（二）符合蜜蜂的消化生理特点，并具备良好的适口性

蜜蜂饲料要在香气、味道、形状等方面满足蜜蜂取食的需要。为了增加香味，可以适量添加一些天然花粉，在饲喂时用蜜水或糖水调和。由于蜜蜂的口器很小，因而要求配合饲料的形状以粉末状最好，细度在 200 目以上，颗粒过粗不但难以取食利用，还会造成浪费。

（三）原料种类应尽可能丰富

植物性饲料和酵母粉等原料可一起使用、调制，这样会使配合饲料营养更全面，更适合蜜蜂食用。当使用多种饲料原料配制蜜蜂饲料时应根据不同原料的特性合理调配原料的使用比例，以及饲料与蜜糖及水的用量，以利于蜜蜂采食和消化利用。

（四）蜜蜂配合饲料要具有安全性

一方面要确保蜜蜂的健康，另一方面也要确保使用配合饲料饲喂后所生产

的蜂产品的品质安全，符合国家关于饲料（添加剂）产品限用、禁用、用法、用量等方面的规定，严格遵守《饲料和饲料添加剂管理条例》《兽药管理条例》《药品管理法》及《饲料药物添加剂使用规范》等国家相关法律、法规要求，严禁在饲料中添加肾上腺素受体激动剂（如沙丁胺醇）、雌激素（如雌二醇）、蛋白同化激素（如碘化酪蛋白）、精神药品（如匹莫林、巴比妥、三唑仑、甲丙氨酯等）及各种抗生素残渣物质。

（五）蜜蜂人工饲料要具有经济性

设计蜜蜂饲料配方，应当考虑维护生产企业及其用户等多方面的经济利益，尽可能降低成本。根据设备和技术条件，尽量选用质量安全、价格低廉、效果最好、方便实用的原料。

五、蜜蜂饲料添加剂的使用

饲料添加剂是指在蜜蜂配合饲料生产、使用过程中添加的少量或者微量物质，包括营养性添加剂、非营养性添加剂和药物添加剂。营养性添加剂主要是饲料级的维生素、矿物质、氨基酸等；非营养性添加剂是指抗氧化剂、防腐剂、诱食剂以及其他用于改善蜜蜂饲料品质的物质；药物添加剂是指为了预防和抵抗蜜蜂疾病加入到蜜蜂配合饲料中的药物，这类药物必须对人、蜂以及产品安全。

蜜蜂配合饲料应用于外界蜜粉源不足时，部分或全部代替天然饲料，以保证蜜蜂正常的生长发育需要。同畜禽饲料一样，蜜蜂饲料在配制中会添加不同种类的添加剂，如维生素添加剂、酸化剂等。为了满足蜜蜂的营养需要，使其进行正常的生长发育，就必须配制营养全面的蜂饲料，其中维生素的添加是必不可少的。初步研究发现，在增长阶段蛋白质饲料中添加比例适当的维生素预混料，对于扩大蜂群群势、增加蜜蜂子量都有较好的效果；在越冬期能量饲料中添加维生素，对于提高蜜蜂越冬期成活率也有较好效果。此类维生素添加剂中维生素种类主要有维生素 B_1、维生素 B_2、维生素 B_5、维生素 B_6、维生素 B_{11}、维生素 C、维生素 D、维生素 A、维生素 E 等。蜜蜂饲料中所添加的维生素不仅要种类齐全，还要有合适的添加量，过多或过少都会对蜜蜂的生长、发育和繁殖造成不良影响。蜜蜂饲料中的维生素添加剂应根据配合饲料原料中维生素种类及含量进行科学合理的选择性添加、使用。

六、蜜蜂配合饲料存在的问题

由于对蜜蜂营养知识了解的局限性，蜂农自配蜜蜂饲料时缺乏技术指导，科学性不强，凭经验配制者居多。蜂农若能根据蜜蜂营养需要配制蜜蜂饲料，尤其注重维生素和矿物质的添加，饲喂效果会大有改善。目前，大豆粉、脱脂豆粉、玉米蛋白粉仍然是蜂农自配蜜蜂蛋白质饲料的主要原料。脱脂豆粉是优质植物性蛋白饲料原料，富含赖氨酸和胆碱，适口性好、易消化，但蛋氨酸不足，胡萝卜素、硫胺素和核黄素较少。在晋冀鲁豫苏浙皖等地，周年总的吐粉泌蜜时间短、花期不衔接，对于定地饲养西方蜜蜂的蜂场而言，靠饲喂花粉和蜂蜜（或专用饲料）生产蜂王浆是最稳定的收入。例如山东，如果固定到一个地方养蜂，每年仅有4~5个月的花期，而且蜜源植物流不流蜜、能否取到蜜还要看天气，那么生产蜂王浆就是主要的产品生产形式。若靠喂蔗糖取浆，生产的王浆水分大，10-HDA含量低，蜂王浆的营养价值和保健作用大打折扣。因此，在外界没有蜜粉源，蜂场贮备花粉和蜂蜜不足的情况下，要生产出高品质蜂王浆，最好是饲喂质量安全、营养全价的王浆生产专用饲料，而不是单一蛋白质饲料或蔗糖。

七、蜜蜂配合饲料的发展趋势

随着蜜蜂营养需要研究的深入，蜜蜂饲料配比将更加科学。近年来有的饲料企业主动使用相关机构研发的饲料配方和工艺生产蜜蜂饲料，较之以往的利用单一饲料原料经简单加工就作为蜜蜂饲料的情况有了很大进步，营养价值也更高。从适口性上而言，未来的代用花粉饲料可能依然无法完全取代自然花粉对蜜蜂的吸引力，对于代花粉饲料的适口性问题还要进一步探索。

通过国内外学者在蜜蜂营养与饲料领域的大量文章发表，以及近几年来对蜂农的有计划培训，蜂农对蜜蜂饲料的认识水平也逐步深入。养蜂者开始认识到，在蜂群的不同周年阶段，蜜蜂需要含有不同营养素及不同比例的蜜蜂饲料，饲喂配合饲料而不是大豆粉加白糖，更有利于蜜蜂的繁殖及健康。可以肯定的是，蜜蜂饲料的使用会越来越广泛，以全价配合饲料代替目前的单一饲料如脱脂豆粕、玉米蛋白粉、白砂糖等成为必然趋势。

对蜜蜂饲料的质量监管将更加严格。蜜蜂饲料质量不仅关乎蜜蜂的健康，更关乎蜂产品的质量安全。安全的蜜蜂饲料，必须做到在喂蜂时，不会对蜜蜂健康造成危害，而且对生产的蜂蜜、蜂王浆、蜂花粉、蜂胶等蜂产品是安全的。

　　随着农业部"关于加快蜜蜂授粉技术推广促进养蜂业持续健康发展的意见"和"养蜂管理办法"等鼓励养蜂的文件以及各地惠及蜂农的政策出台，我国养蜂业必将有大的发展，从而带动蜜蜂饲料业逐步壮大。可以预计，未来的蜜蜂饲料类型会更加丰富，市场上会出现如增长阶段饲料、王浆生产专用饲料、越冬饲料添加剂、功能性饲料、蜂用酶制剂、蜂用微生态制剂等多种饲料类型。

第六章
蜜蜂病敌害的防治

阅读提示：

　　本章重点介绍了我国养蜂生产中主要的蜜蜂病害和敌害的基本特征、预防方法和治疗的基本原则。通过本章的阅读，可以全面了解我国蜜蜂主要病害和敌害的种类、危害程度、病原以及预防和治疗方法。在本章中提出了蜜蜂病害以防为主的理念，通过加强蜜蜂的饲养管理保证蜜蜂健康发育，提高蜂群抗病能力；通过抗病选育提高蜂种抗病能力，控制蜜蜂病害发生。在本章的最后介绍了蜜蜂防疫的基本理论和基本方法。

蜜蜂病敌害是养蜂生产中困扰养蜂人的最主要问题之一，往往因病敌害的暴发导致养蜂的失败。很多生产第一线的养蜂人寄希望于特效药解决病敌害问题，忽略养蜂管理对防病的作用，常导致病害控制不好致使蜂产品药残超标。

第一节　蜜蜂病敌害防治的措施

蜜蜂病敌害以防为主，以治为辅。在蜜蜂饲养管理中，选育抗病蜂王，保证蜜蜂发育健康，及时隔离销毁初发病的蜂群，严格实行蜂场隔离制度，采取防疫措施等，降低蜜蜂病敌害发生的可能性。

一、蜜蜂保健

（一）饲养管理

蜂群饲养管理的好坏直接影响到蜂群的健康和效益。其原则是，要依据蜜蜂的生物学规律来实施科学的饲养管理。科学的饲养管理技术，可以使蜜蜂个体、蜂群发育良好，提高蜜蜂的抗病能力，减少病害发生所造成的损失。不当的饲养管理不仅达不到增产增收的目的，反而使蜂群的抗病力下降，病原有可乘之机，蜜蜂患病率增高，生产能力下降，影响养蜂效益。

1. 饲养强群　蜂群强盛不仅是饲养管理上所要求的，也是符合蜜蜂保健目的的。强群蜂多子旺，采集力和繁殖力都很强，生产力也强，同时在保护蜂群免受病害侵袭方面也有很多的好处。有一些细菌和病毒病害，在发生初期，病虫数量有限，强群蜂多，清理能力也比弱群要强。当病害已发生时，强群经治疗后，可以得到较快的恢复，而弱群花费的时间则较长。

2. 充足优质饲料　当蜂群缺乏饲料时，成蜂及蜂子处于饥饿状态下，正常的生理机制被破坏，抵抗力降低，病原就容易侵入体内。在缺蜜季节，补喂蜂蜜或糖浆；在缺粉季节，补喂花粉或代用饲料，以提高蜜蜂群体质量和抗病力。

3. 优质的蜂王　一个好的蜂王应该是产卵力强，而且抗病力也强的蜂王。在养蜂生产中常用新王换老王的方法来控制病毒病害，并且成为主要措施之一。如囊状幼虫病通过换王处理后，能保证1～2子代不发病或仅少数幼虫发病。同时，换王也是生产中维持蜂群强盛的需要。

（二）抗病育种

不同种的蜜蜂抗病性不同，同种的蜜蜂之间也有不同的抗病表现，而且许多抗病性是可遗传的，这就是蜜蜂抗病选育的基础。在生产过程中，养蜂者应注重选择抗病力强，繁殖力强，生产性能好的蜂群来培育蜂王；不能只注重生产能力而不注重抗病能力的选育，当然，也不能单纯追求抗病性而忽视其他性状，如温驯性、气候适应性等。不少养蜂者经长期的选育，已获得对某些病害具有明显抗性的蜂群，如抗中蜂囊状幼虫病的中蜂。

（三）蜂场卫生

搞好蜂场的环境卫生是蜜蜂疾病预防工作的一个方面。由于不卫生的环境往往是病菌的发源地，因此蜂场在选址时就要注意选择无不良环境的地方，及时填平蜂场边的污水坑，以防蜜蜂去采水，并在蜂场中设饲水器。清除蜂箱前和蜂场周围的杂草、脏物和蜂尸，可以有效减少蚂蚁等敌害的滋生。当有传染性病害发生时，要做好蜂箱蜂具的消毒，蜂场场地也要做好消毒工作。

二、蜂病预防

危险性病害的暴发与流行，会给蜂场造成巨大的经济损失。预防工作做得好，可以有效地防止病害的发生与流行。蜜蜂病害的防治工作原则应是，以防为主，防重于治，防治结合。

（一）检　疫

蜜蜂病害的检疫工作是控制病害流行扩散的最有效途径。特别是场地检疫工作，能将病害限制在其发生地，并使病害及时地得到处理而不致蔓延。由于我国许多蜂群是转地饲养，蜂群全年活动范围遍布全国，若检疫工作不到位，造成的损失往往是非常巨大的。一方面检疫部门应严格检疫；另一方面，养蜂者也应认识到检疫是事关我国养蜂业整体利益的大事，主动接受检疫，以防病害扩散。

（二）消　毒

1. 消毒的种类　包括预防消毒、紧急消毒和巩固消毒3类。预防消毒是在疫病未发生前的消毒，目的是为了预防感染而进行的经常性的定期消毒。紧急消毒是指从疫病发生到扑灭前所进行的消毒，目的是为了尽快彻底地消灭外界的病原体。巩固消毒是指在疫病完全扑灭之后对环境的全面消毒，目的是为了消灭可能残存的病原体，巩固前期消毒效果。

2. 消毒的方法

（1）机械消毒　是指用清扫、洗刷、铲刮、通风换气的方法清除病原体。

如蜂箱蜂场的清扫，能减少病死虫在蜂箱内和蜂场内的存在；蜂具表面的污物可用铲刮的方法清除病原物。

（2）**物理消毒**　是用阳光、紫外线、灼烧、煮沸等方法杀灭病原体。阳光中的紫外线有较强的杀菌作用，一般的病毒和非芽孢病原体经过阳光直射几分钟至几小时就会死亡，有的细菌芽孢在连续几天的强烈暴晒下也会死亡。此方法经济实用，可用于保温物、蜂箱、隔板等蜂具的消毒。

用酒精或煤油喷灯灼烧蜂箱、巢框等蜂具表面至焦黄，是简单有效的方法，缺点是对物品有损害。

大部分非芽孢细菌在 100℃ 沸水中迅速死亡，芽孢一般仅能耐受 15 分钟，若持续 1 小时，则可消灭一切病原体。常用于覆布、工作服、金属器具等煮不坏的物品的消毒。水面应高于消毒物品。用高压锅、笼屉或流通蒸气消毒，效果与煮沸消毒相似。将金属玻璃器具、盖布等物品放在蒸锅中蒸 15～30 分钟即可达到消毒目的。若在水开后加入 2% 福尔马林，消毒效果更佳。

使用紫外线灯（低压水银灯）对空气、物品表面消毒，其效果与照射距离、照射时间有关。用 1～2 只 30 瓦的紫外线灯对 2 米处的物品照射 30 分钟即可达到消毒效果。可用于巢脾等蜂具的表面消毒。

（3）**化学消毒**　是广泛使用的消毒方法，常用于场地、蜂箱、巢脾等的消毒。液体消毒剂可以喷洒、浸泡的方式使用，熏蒸或熏烟则要在密闭空间里处理蜂具。表 6-1 为蜂场常用消毒剂的使用浓度和特点。

表 6-1　常用消毒剂使用方法

消毒剂	常用浓度	用　途
乙　醇	70%～75%	用于皮肤、花粉、工具的消毒
高锰酸钾	0.1%～3%	用于皮肤、蜂具的消毒，杀病毒、细菌
烧　碱	2%～5%	5% 可杀死芽孢，对皮肤、金属和木具有损伤，处理后的物品需清水洗净
甲醛溶液	40%	80 毫升/米³ 加热熏蒸 12～24 小时，可杀死细菌营养体、芽孢、病毒、真菌
生石灰	10%～20%	蜂具浸泡消毒 24 小时，石灰粉可用于地面消毒
漂白粉	5%～10%	防护服、蜂帽、工具浸泡消毒 1～2 小时，能杀病毒、细菌营养体和芽孢
新洁尔灭	0.1%	蜂具浸泡 30～60 分钟，但对芽孢无效
过氧乙酸	0.05%～0.5%	用于蜂具消毒，1 分钟可杀死芽孢
冰乙酸	98%	用于蜂具熏蒸消毒，对孢子虫、马氏管变形虫、蜡螟均有较强的杀灭作用

续表 6-1

消毒剂	常用浓度	用　途
二硫化碳	1.5～3 毫升／蜂箱	用于蜂具熏蒸消毒，对蜡螟有杀伤力，剧毒，使用时要注意安全
二氧化硫	3～5 克硫磺／蜂箱	用于熏烟消毒，对蜂螨、巢虫和真菌有效，有刺激性

三、药物防治

（一）药物选用

蜂病的药物治疗是目前消灭蜜蜂病虫害的主要手段。针对病原物类型科学地选取药物是取得良好疗效的前提。在治病之前，应先做诊断，区分出病原的类别，再对症下药。一般来说，细菌病选用磺胺类药、土霉素、四环素等杀细菌药物；真菌病选用杀真菌的药物，如制霉菌素、两性霉素 B、灰黄霉素等抗生素；病毒病选用抗病毒药，如病毒灵、中草药糖浆等；螨类敌害选用氟胺氰菊酯等杀螨剂。

（二）用药注意事项

第一，不长期使用一种抗生素治病，以防病原菌产生抗药性，而应选用两种以上的抗生素交替使用。

第二，配制药物时，要掌握好用量，而不是越多越好，多了不仅会使蜜蜂发生中毒，还易造成蜂产品污染，少了则达不到药效。

第三，抓住关键时机用药，可以省工省力。如抓住断子时期治螨效果特别好，只要连续 2～3 次即可免除全年受害。

第四，抗生素在配糖浆时，因有效时间短，应随用随配，每次饲喂量以当天能够吃完为好，不可多日使用。

第五，在流蜜期前 50 天，不用抗生素或其他可能造成蜂产品污染的药物治疗蜂病。蜂蜜的抗生素污染，一直是影响我国蜂蜜品质和价格的重要因素。

第二节　蜜蜂病害

蜜蜂病害按病原可分为病毒病、细菌病、真菌病、原虫病等。根据病原的类别可以掌握一类病原病的共同特征和共同的防治思路。

一、蜜蜂病毒病

我国先后出现过中蜂和意蜂的囊状幼虫病、意蜂死蛹病、慢性麻痹病等多种蜜蜂病毒病，给养蜂业造成过很大损失。由于目前病毒病用药物治疗效果并不好，因此在饲养管理过程中应注意防止蜂群感染和传播病害。

（一）囊状幼虫病

囊状幼虫病是一种常见的蜜蜂幼虫病毒病，具传染性。中蜂、意蜂都有发生，只是病原有所不同。主要引起蜜蜂大幼虫或前蛹死亡，但受病毒感染的成蜂不表现任何症状。囊状幼虫病有两种，一种是西方蜜蜂的囊状幼虫病，另一种是东方蜜蜂的囊状幼虫病。大蜜蜂和小蜜蜂有囊状幼虫病，但幼虫死亡率较活框饲养的印度蜜蜂要小。

1. 病原 从意蜂囊状幼虫病病虫中分离得到的病原为蜜蜂囊状幼虫病毒。由东方蜜蜂的囊状幼虫病病虫中分离得到的病毒与从西方蜜蜂中分离得到的病毒核酸大小性质基本上一样，只是在多肽分子量上略有差别，东方蜜蜂比西方蜜蜂略大些。

2. 传播 病死幼虫是主要的传染源，受病毒污染的花粉、巢脾等器具是重要的传播媒介。携带病毒的成蜂则是主动的传播者。囊状幼虫病病毒泰国毒株还可由大蜂螨所携带和传播。

当成蜂用上颚拖曳、啃咬的方式清除病虫时，有时会把病虫表皮扯破，这时病虫的体液会被成蜂舔舐清理，大量的病毒也就由口腔进入体内，再去饲喂幼虫就可能把病毒直接传给其他健康幼虫。由于病毒可以在成蜂的脑、脂肪体、肠、肌肉、腺体等诸多组织内繁殖，幼蜂对病毒又较敏感，它们的主要工作就是饲喂、清巢、贮粉等巢内活动，会将病毒直接或间接地传递给健康的个体。尽管带毒成蜂不表现症状，一旦感染了病毒，很难将其从体内清除，病毒就能在体内长期存在，直至其死亡。

病害在蜂群之间传播的途径主要有：人为的不当操作，如病健群的子脾互调、分群、蜂具混用等；盗蜂，迷巢蜂。转地放蜂是病害远距离传播的一种重要方式。由于我国现有大量的蜂群是以转地放蜂的方式来获取收入，检疫工作一旦有所纰漏，长途转地的病群就会很快地把病害在省际间扩散开来。

3. 症状 病虫主要在封盖后 3～4 天的前蛹期表现症状。初期由于病虫不断被清除，导致脾面上呈现卵、小幼虫、大幼虫、封盖子排列不规则的现象，即"花子"症状。当病害严重时，病虫多，工蜂清理不及，脾面上可见典型病状：前蛹期病虫巢房被咬开，呈"尖头"状；幼虫的头部有大量的透明液体积聚，用镊子小心夹住幼虫头部将其提出，幼虫则呈"囊袋"状。死虫逐渐由乳白色变至褐色。当虫体水分蒸发，会干燥成一黑褐色的鳞片，头尾部略上翘，形如"龙船"状；死虫体不具黏性，无臭味，易清除。

中蜂成年蜂被病毒感染后虽无明显外部症状，但肠腔及中肠细胞中均有大量的病毒粒子，中肠细胞明显受损，消化吸收受到影响，寿命缩短。

4. 防治

（1）预防　预防以抗病选种为主，结合饲养管理。每次育王时只选取抗病群作父母群，经连续选种可逐渐获得抗病力强的蜂群。早春注意加强饲喂和保温，防止饲喂受污染的花粉。

（2）治疗　病群换王断子，短期内可有效控制病情发展。有些中草药对抗病毒有一定的效果。如半枝莲干草 50 克加清水 2 升，文火煎熬浓缩约 1 升。药液过滤，加等量的蔗糖，配制出中药糖浆，可治疗 25 足框蜂。灌脾或于上框梁上饲喂，饲喂量以每次吃完为度，连续多次。

［案例 6-1]　龚伦示范蜂场中蜂囊状幼虫病防疫措施及效果

龚伦示范蜂场位于义乌市佛堂镇，饲养中蜂 160 箱。蜂场位置偏僻，自然条件优越。该蜂场的蜂群健康，抗病能力强，近 3 年都未暴发过中蜂囊状幼虫病。防治中蜂囊状幼虫病，最重要的是预防。

一、消　毒

每年越冬前，蜂场都要对场地、替换下来的蜂箱、蜂具、巢框等进行彻底的清洗消毒。场地使用石灰粉消毒；蜂箱消毒通常使用碱液清洗消毒或酒精消毒。巢脾消毒通常使用二氧化硫熏蒸或福尔马林熏蒸法。

二、饲养强群

蜂场的蜂群群势常年保持 4～6 张脾，蜂群生产力和抗病力都较强。强群的采集力强，能保证蜂群有充足的饲料，蜜蜂发育健康，幼虫饲喂好，发育健壮。若寒潮来袭，强群保温效果好，护子能力强，可使幼虫免于冻害。

三、断子换王

若有蜂群开始出现症状，及时淘汰病群的蜂王，将全部子脾割除，然后选择健康、无病的强群进行育王，将健康的王台诱入病群，让蜂群重新造脾、恢复育虫。

四、选育抗病蜂种

无论外界中囊病发生多么严重，仍然有几群蜂群很健康。这几群保留下来，并用这几群进行育王，替换病群中的蜂王。几年下来，蜂场中的蜂群几乎都被该蜂种替换，蜂群的抗中囊病性能得到了很好的体现。近3年蜂场未暴发过中囊病。

蜂场长期实践证明，通过加强消毒和饲养管理，是可以减少中囊病的发生和危害的。

（案例提供者　华启云）

（二）慢性麻痹病

慢性麻痹病是一种常见的西方蜜蜂成年蜂病，具传染性。患病蜂群群势逐渐减弱，严重的整群蜂死亡。该病在世界各地广泛发生。在我国，该病是引起春秋两季成蜂死亡的主要原因之一。

1. 病原　蜜蜂慢性麻痹病的病原为慢性麻痹病病毒。

2. 传播　病蜂是主要传染源，受污染的花粉、蜂具等是重要的传播媒介。携带病毒的成蜂则是主动的传播者。病毒可在成蜂的脑、神经节、上颚腺、咽下腺等许多组织内增殖，与囊状幼虫病毒不同，它不侵染肌肉组织和脂肪组织。在病蜂的蜜囊、上颚腺及咽下腺中有大量的病毒粒子，这使得病蜂吐出的蜜或处理过的花粉都会被污染，因此病蜂的交哺、饲喂等活动都等于是在扩散病毒。病蜂成为蜂群中的病害传播者。蜂群间的传播者主要是迷巢蜂和盗蜂。由于绝大多数病蜂死于距蜂群较远的地方，所以很多病群可能会被误认为健群。

3. 症状　慢性麻痹病有两种症状：一种为大肚型，以春季为主；另一种为黑蜂型，以秋季为主。大肚型病蜂双翅颤抖，腹部因蜜囊充满液体而肿胀，不能飞翔，在蜂箱周围爬行，有时许多病蜂在箱内或箱外结团。患病个体常在5～7天死亡。黑蜂型病蜂体表刚毛脱落，腹部末节油黑发亮，个体略小于健康蜂。刚被侵染时还能飞翔，但常被健蜂啃咬攻击，并逐出蜂群。几天后蜂体颤抖，不能飞翔，并迅速死亡。

4. 诊断　根据蜜蜂的症状可做初步判断。要做出确诊，须做血清学检查。用提纯的病毒制作兔免疫抗体血清，与可疑的病蜂悬液做琼脂免疫扩散电泳，出现沉淀线的为阳性，即判断为有病。

5. 防治

（1）预防

①选育抗病品种　将蜂场中最具抗病性的蜂群留作种用群，培育抗病品种，

经多代选留后可获得抗性。

②抗病品种选育　用抗病蜂王更换病群蜂王。

③加强饲养管理　春季选择高燥之地，夏季选择阴凉场所放蜂，及时清除病蜂、死蜂。

（2）治疗　用4～5克升华硫撒在蜂路、巢框上梁、箱底，每周1～2次。

（三）蜂蛹病

蜂蛹病又称死蛹病，为蜜蜂蛹期的一种病毒病，常造成蛹的大量死亡，蜂群群势迅速衰弱。1982年自我国云南、四川等省暴发病害，并很快流行全国，20世纪80年代中后期给养蜂业造成极大的损失。在四川、安徽的中华蜜蜂也有发现蜂蛹病。目前仅有我国报道发生过。

1. 病原　该病由蜜蜂蛹病毒引起。病毒可在病蛹中肠、头部及病蜂王卵巢中增殖，与蜜蜂其他病毒无血清学关系。

2. 传播　病死蜂蛹是主要的传染源，被污染的巢脾是主要的传播媒介。病群蜂王卵巢中有大量病毒感染，推测病毒可经卵传播，因此病群蜂王可能是一重要的传染源。

3. 症状　工蜂封盖蛹房穿孔或开盖，露出白色或褐色的蛹头。病蛹体瘦小，死亡后色变深，不腐烂，无臭味，无黏性，病害终年可见，但以春、秋两季为重。由于蜂蛹大量死亡，病群群势衰减迅速，直至全群灭亡。

4. 诊断　患病蜂群群势迅速衰弱，见子不见蜂。出房工蜂体质虚弱。箱前或箱底有残断蜂蛹。封盖子不整齐，有"花子"现象，许多蛹房开盖，露出白色或褐色蛹头，呈典型的"白头蛹"状。可初步诊断为死蛹病。

5. 预防　以综合防治为主。换王并进行抗病品种选育。加强饲养管理。早春注意保温，饲喂优质饲料，增强蜂群抵抗力。

二、蜜蜂细菌病

（一）美洲幼虫腐臭病

美洲幼虫腐臭病简称美幼病，是西方蜜蜂一种常见的烈性幼虫病，现已传播到世界各地的养蜂地区。我国也常有发生。

1. 病原　美洲幼虫腐臭病由幼虫芽孢杆菌引起，菌体杆状，革兰氏阳性菌。能形成椭圆形的芽孢。芽孢对热、化学消毒剂、干燥等不良环境有很强的抵抗力。

2. 传播 病虫是该病的主要传染源，病脾、带菌花粉等受污染物是主要的传播媒介。芽孢进入幼虫的消化道后很快萌发，在幼虫化蛹前，病菌随其粪便一同排出，污染了巢房。内勤蜂的清巢、饲喂等活动也是群内传播的方式。群间传播则主要由盗蜂、迷巢蜂、病健群之间的巢脾等蜂具调整、带菌花粉的饲喂等造成的。

3. 症状 1日龄幼虫最易被感染，只有芽孢才能感染健康幼虫。感病幼虫在封盖后3～4天死亡，死虫多处于前蛹期，少数在幼虫期或蛹期死亡。在蛹期死亡的，尽管虫体部已腐烂，但其口喙朝巢房口方向前伸，形如舌状。病虫体色变化明显，逐渐由正常的珍珠白变黄、淡褐色、褐色直至黑褐色。病脾封盖子蜡盖下陷、颜色变暗，呈湿润状，有的有穿孔。烂虫具黏性，有胶臭味，用小杆挑触时，可拉出长丝。随虫体不断失水干瘪，最后会变成工蜂难以清除的黑褐色鳞片状物。

4. 诊断 烂虫腥臭味，有黏性，可拉出长丝。死蛹吻前伸，如舌状。封盖子色暗，房盖下陷或有穿孔。鳞片状物上加6滴74℃的热牛奶，1分钟后牛奶凝结，随即凝乳块开始溶解，15分钟后全部溶尽。巢内贮存的花粉也会有这种反应，应注意区别花粉与干燥鳞片状物。

5. 防治

（1）预防 该病有较大的危害，做好预防工作非常重要。

①培育抗病品种 研究表明，一些蜜蜂对美幼病表现的抗性是因为有较强的清巢能力，包括两种独立行为：工蜂咬开房盖和清理房中病虫的行为，这些行为是可遗传的，由3种独立的基因控制的，当一个蜂群中的工蜂同时或分别携带有3个基因时，则这个蜂群表现抗性。现代的转基因技术的应用有望成为将来蜜蜂抗病育种的主要方向。美国在此之前曾用常规方法培育出抗美洲幼虫腐臭病的"褐系"蜜蜂。

②及时处理患病蜂群 少数患病蜂群宜果断做扑灭处理，蜂箱、蜂具做彻底消毒，防止病害扩散。当患病群数多时，宜隔离治疗，并做好消毒工作。

③及时治螨 因蜂螨能携带、传播幼虫芽孢杆菌，所以蜂群要及时治螨。

（2）治疗 用磺胺噻唑钠（2毫升/10框蜂）、土霉素（0.25克/10框蜂）或四环素（0.25克/10框蜂）中的一种抗生素，配制含药花粉或含药饱和糖浆饲喂蜂群。先将药物研碎，再调入花粉中，制成花粉饼饲喂蜂群，不易造成蜂蜜污染。要即配即食，防止失效。

（二）欧洲幼虫腐臭病

欧洲幼虫腐臭病简称欧幼病，是一种常见的蜜蜂幼虫病害，最早在欧美的西方蜜蜂中流行，后来东方蜜蜂也被感染，如今世界各养蜂地区都有分布。此病为我国中华蜜蜂常见多发病，易于治疗。

1. 病原 本病致病菌为蜂房球菌，革兰氏阳性菌。无芽孢，披针形，菌体常结成链状或成簇排列。

2. 传播 该病病虫是重要的传染源，病脾是主要的传播媒介。病菌经消化道传染。小幼虫取食被污染的食物后，该菌在中肠迅速繁殖，大多数病虫迅速死亡，但有少量幼虫化蛹。在化蛹前，肠道内的细菌随粪便排出而污染了巢房，其中的蜂房球菌和蜂房芽孢杆菌能保留数年的侵染性。内勤蜂的清洁、饲喂活动是群内传播的途径。群间传播主要是由调整群势、盗蜂、迷巢蜂等引起。

3. 症状 一般小于 2 日龄的幼虫易被感染本病，4～5 日龄时死亡。病虫移位，体色变深，由珍珠白变为淡黄色、黄色、浅褐色，直至黑褐色。当工蜂清理不及时，幼虫腐烂，并有酸臭味，稍具黏性，但不能拉丝，易清除。巢脾上"花子"严重，由于幼虫大量死亡，蜂群中长期只见卵、虫不见封盖子，群势下降快。

4. 诊断 根据典型症状诊断：先观察脾面是否有"花子"现象，再仔细检查是否有移位、扭曲或腐烂于巢房底的小幼虫。

5. 防治

（1）预防

①选育抗病品种 选育抗病力强的蜂种。

②加强饲养管理 如蜂多于脾，充足饲料，彻底消毒病群换出的蜂箱蜂脾等。

③换王 因换王期间幼虫减少，内勤蜂有足够时间清除病虫，减少传染源。

（2）治疗 由于病原对抗生素敏感，在防治中主要依靠药物治疗。但需注意合理用药，严防抗生素污染蜂蜜。常用土霉素（0.25 克/10 框蜂），或四环素（0.25 克/10 框蜂），配成含药花粉或饱和糖浆饲喂病群。重病群可每天 1 次，连续喂 3～5 次，轻病群5～7天喂 1 次，喂至不见病虫即可停药。

（三）败血病

败血病是西方蜜蜂的一种成年蜂病害，目前广泛发生于世界各养蜂国。在我国北方沼泽地带，此病时有发生。

1. 病原 本病病原为蜜蜂假单胞菌。该菌为多形性杆菌，革兰氏阴性菌，周生鞭毛，运动力强，兼性厌氧，无芽孢。此菌对外界不良环境抵抗力不强，在阳光和福尔马林蒸气中可存活 7 小时，在蜂尸中可存活 30 分钟，100℃沸水中只能存活 3 分钟。

2. 传播　蜜蜂败血杆菌广泛存在于自然界，如污水、土壤中，故污水等是主要传染源。当蜜蜂在采集污水或接触污水时，可将病菌带入蜂巢。病菌主要通过接触，由蜜蜂的节间膜、气门侵入体内。

3. 症状　病蜂烦躁不安，不取食，无法飞翔，在箱内外爬行，最后抽搐而亡。死蜂肌肉迅速腐败，肢体关节处分离，即死蜂的头、胸、腹、翅、足分离，甚至触角及足的各节也分离。病蜂血淋巴变为乳白色，浓稠。

4. 诊断　根据典型症状诊断：死蜂迅速腐败，肢体分离。取病蜂数只，摘取胸部，挤压出血淋巴，若是乳白色，可做初步判断。

5. 预防　由于污水坑为主要的病菌之源，故防止蜜蜂采集污水为主要预防手段。为此，蜂场应选择干燥之处，蜂群内注意通风降湿，蜂场内设置清洁水源。

（四）蜜蜂副伤寒病

蜜蜂副伤寒病是西方蜜蜂的一种成蜂病害。世界许多养蜂国家都有发生。我国东北地区较多，常在冬末春初发生，特别是阴雨潮湿天气较重，严重影响蜂群越冬和春繁。

1. 病原　为蜂房哈夫尼菌，菌体两端有钝圆的小杆菌，革兰氏染色阴性，不形成芽孢。

2. 传播　污水坑是箱外的传染源，病原菌可在污水坑中营腐生生活，蜜蜂沾染了或吃了含菌的污水后感病。病蜂粪便污染的饲料和巢脾是巢内主要的传播媒介。

3. 症状　病蜂腹胀，行动迟缓，不能飞翔，下痢。拉出病蜂消化道观察，中肠灰白色，中肠、后肠膨大，后肠积满棕黄色粪便。

4. 诊断　由于病蜂无特殊的症状，很难从外表直接诊断，需结合显微观察和分离培养出病原菌才能确诊。取病蜂消化道内容物做简单染色显微观察，可见许多小型多形态的杆菌，可做初步诊断。

5. 防治

（1）预防　选择高燥的地方放置蜂群，留足优质越冬饲料，蜂场设置清洁的水源，晴暖天气促蜂排泄。

（2）治疗　用土霉素或链霉素（0.1克/10框蜂）配制含药饱和糖浆饲喂，隔天1次，直至不见病蜂为止。

（五）蜜蜂螺原体病

蜜蜂螺原体病是西方蜜蜂的一种成蜂病害。1988年以来在我国各地广泛流行。以长期转地蜂群发病重，定地或小转地蜂群发病轻；阴雨天或寒流后严重，使用代用饲料、劣质饲料越冬的蜂群发病严重。南方在 4～5 月份为发病高峰期，东北一带 6～7 月份为高峰期。

1. 病原 蜜蜂螺原体是一种螺旋形、能运动、无细胞壁的原核生物。

2. 传播 病死蜂是主要传染源。病蜂和无症状的带菌蜂是病害的传播者。病菌污染的巢脾、饲料等是传播媒介。成蜂经饲喂和注射病菌均可感染。从十几种植物花上也分离到螺原体，如刺槐花、荆条花等，它们对蜜蜂也有致病性。蜜蜂的采集活动有可能也是病害在蜂间传播的原因之一。

3. 症状 病蜂腹部膨大，行动迟缓，不能飞翔，在蜂箱周围爬行。病蜂中肠变白肿胀，环纹消失，后肠积满绿色水样粪便。病蜂感染 3 天后，血淋巴中可检测到菌体，感病 7 天后死亡。此病原与孢子虫、麻痹病病毒等混合感染蜜蜂时，病情严重，爬蜂死蜂遍地，群势锐减。

4. 诊断 根据病蜂表现症状特征不明显，要确诊须进一步检查。取可疑病蜂 5 只，用 1％升汞水表面消毒，再用无菌水冲洗 2～3 次，加少量水研磨，1000 转/分离心 5 分钟，取一滴上清液于载片上，加盖片，用暗视野显微镜或相差显微镜 1500 倍检查，见到晃动的小亮点，并拖有一条丝状体，做原地旋转或摇动，即可确诊。也可做电镜检查来确诊。

5. 防治

（1）预防 选择干燥通风的场所越冬，加强保温，留足优质饲料。培育强壮的越冬蜂。病群换箱换脾，旧箱脾等蜂具消毒处理。

（2）治疗 用四环素（0.25 克/10 框蜂）调花粉或糖浆中饲喂，每天 1 次，连续喂至不见病蜂为止。

三、蜜蜂真菌病

（一）白垩病

白垩病是西方蜜蜂的一种幼虫病，由 Massen 于 1913 年首次报道，现已广泛分布于各养蜂地区。我国自 1991 首次报道以来，危害一直较严重，已在我国流行 20 多年，给我国养蜂生产造成很大损失。

1. 病原 白垩病病原菌有两种，一种是大孢球囊菌，另一种是蜜蜂球囊菌。两菌的孢囊均为深墨绿色，主要区别在于成熟的滋养细胞和孢囊的大小不同。

2. 传播 病虫和病菌污染的饲料、蜂具是主要的传染源。菌丝和孢子均有侵染性，它们可由成蜂或蜂螨体表携带而在蜂群内或群间传播。病群生产的花粉带有病菌，这种花粉的广泛传播和使用是此病在我国快速蔓延的重要原因之一。

3. 症状 子囊孢子被4～5龄幼虫（最敏感时期）摄入后，进入中肠，孢子萌发，尽管菌丝并不在肠道中大量生长，但却直接穿过围食膜和中肠上皮细胞，进入血体腔大量生长，3天后幼虫体表可见菌丝体。幼虫在封盖后的前2天或在前蛹期死亡。

病虫软塌，后期失水缩小成较硬的虫尸。体表呈白色或黑白两色。由于雄蜂幼虫常分布在脾的外围，易受冻，故而雄蜂幼虫比工蜂幼虫更易受到感染。

4. 诊断 在病群的巢门前、箱底或巢脾上可见长有白色菌丝或黑白两色的幼虫尸，即可确诊。

5. 防治 蜜蜂白垩病是一种较顽固的真菌性病害，易复发，因此不能只依赖药物，要采取综合防治的方法。

（1）预防 ①选育和使用抗病蜂王。②春季做好保温，保持箱内通风干燥。③不饲喂带菌的花粉，或消毒后再饲喂。④蜂群治螨，减少病原传播者。⑤病群换下的蜂箱要彻底消毒才能使用，巢脾化蜡或烧毁。

（2）治疗 用两性霉素B（2克/60框蜂），或甲苯咪唑（1片/10框蜂），或左旋咪唑（3片/10框蜂）加制霉菌素（1片/10框蜂），碾粉掺入花粉饲喂病群，连续7天。均可获得较好的疗效，且不伤蜂。

（二）黄曲霉病

黄曲霉病，又称石子病，是一种罕见的西方蜜蜂真菌病。幼虫、蛹和成蜂均可感染，但以幼虫及蛹的感染较多。主要分布于欧洲、北美、委内瑞拉、中国。

1. 病原 蜜蜂黄曲霉病由黄曲霉菌引起，黄曲霉菌落呈绒状黄绿色，分生孢子梗棒状，不分枝。

2. 传播 黄曲霉的孢子广泛存在于土壤、谷物作物等环境中，在霉变的花粉中也可能存在。孢子可随风飘散，污染花蜜、花粉等物，蜜蜂因取食了被污染的饲料而感染。黄曲霉的孢子在蜜蜂肠道中萌发，形成菌丝，穿透肠壁，释放毒素，最后菌丝长出体表而呈黄绿色。

3. 症状 病虫在封盖前或封盖后死亡。感病初期幼虫变软，死时体表长满绒毛状黄绿色菌丝，虫尸因失水而变得十分坚硬。有的虫尸会被菌丝与巢房壁紧连在一起。少数成蜂感病，病蜂表现出腹大、无力、瘫痪的症状。死蜂体躯干硬，不腐烂，体表上有黄绿色孢子。

4. 诊断 根据症状诊断。挑取病虫表面黄绿色物质，置载玻片上做成水浸片，于 400 倍显微镜下观察，见到黄曲霉即可确诊。

5. 防治 可参照白垩病的防治方法。因黄曲霉毒素对人有毒，操作过程中应注意自我防护。从病群取得的蜜脾和粉脾可烧毁或深埋处理。

四、蜜蜂原虫病

(一) 蜜蜂微孢子虫病

蜜蜂微孢子虫病是一种常见的成年蜂病。世界各养蜂地区均有分布。在我国也有广泛分布，且发病率较高，造成成蜂寿命缩短，春繁和越冬受影响。孢子虫经常与其他病原物一起侵染蜜蜂，造成并发症，给蜂群带来很大损失。西方蜜蜂和东方蜜蜂均有发生，但东方蜜蜂尚未见流行病。

1. 病原 本病病原为蜜蜂微孢子虫。孢子前端有一胚孔，为放射极丝的孔道，以侵入细胞。蜜蜂微孢子虫有两种生殖方式：无性裂殖和孢子生殖。成熟孢子虫对外界不良环境有很强的抵抗力。在蜜蜂的粪便中可存活 2 年，在 25℃、4‰甲醛溶液中可存活 1 小时。

2. 传播 孢子通过被污染的食物进入蜜蜂中肠，在消化液的刺激下，放射出中空的极丝，通过极丝，将两细胞核及少量细胞质注入中肠上皮细胞，在其中增殖。一周后，中肠细胞脱落，释放出大量孢子虫，随粪便排出体外，污染箱、脾、粉、蜜。内勤蜂因清理受污染巢脾、取食受污染蜜粉而被感染。群间传播主要是由迷巢蜂、盗蜂及不卫生的蜂群管理行为造成的。孢子能随风到处飘落，造成大面积、大范围的散布。

3. 症状 病蜂无明显的外部症状，只是行动迟缓，腹部末端呈暗黑色。当外界连续阴雨潮湿，蜜蜂无法外出排泄时，会有下痢症状。病蜂中肠环纹消失，失去弹性，极易破裂；而健蜂的中肠环纹清晰，弹性良好。雄蜂及蜂王对孢子虫也敏感，蜂王若被侵染，很快停止产卵，并在几周内死亡。

4. 诊断 由于病蜂在外观上没有明显的症状，须做如下诊断：用拇指和食指捏住成蜂腹部末端，拉出中肠，观察中肠的环纹、弹性。病蜂中肠环纹消失，失去弹性。

5. 防治

(1) 蜂具的消毒 换下的蜂箱、巢脾等蜂具用冰醋酸、福尔马林加高锰酸钾熏蒸消毒。空箱、空脾也可用热消毒法，即将温度升到 49℃，保持 24 小时，即可杀死孢子虫。

（2）饲喂酸饲料　在每升饱和糖浆或蜂蜜中加入 1 克柠檬酸，提高饲料的酸度，可抑制孢子虫的侵入与增殖。也可用适量白米醋代替柠檬酸，但米醋用量不好掌握。

（3）药物防治　每升糖浆加入 25 毫克烟曲霉素饲喂蜂群，可起到防治效果。

（二）阿米巴病

阿米巴病，即蜜蜂马氏管变形虫病，是西方蜜蜂的一种成年蜂病害，常与蜜蜂微孢子虫病并发，造成的危害虽较单一，但发病也较严重。每年的 4～5 月份是发病高峰期。

1. 病原　本病病原为蜜蜂马氏管变形虫，有变形虫（阿米巴）和孢囊两种形态。变形虫是一形状可变的单细胞，表面有许多突起和凹陷，并有灵巧的伪足，以吞噬作用和胞饮作用取食；当环境不良时，形成厚壁的球形或近球形的孢囊。

2. 传播　孢囊被成蜂吞食后，在肠道内释放出营养体，进入变形虫阶段，依靠伪足钻入马氏管上皮细胞里繁殖。受侵染的马氏管上皮细胞刷状缘肿胀、破裂，细胞核消失，丧失其排泄功能。蜜蜂被孢囊侵染 22～24 天后，变形虫营养体又形成许多新的孢囊，随粪便一起排出。病蜂粪便中含有大量的孢囊，当巢脾等蜂具和饲料被污染后，便成为病害在群内传播的主要媒介。群间传播是由盗蜂、迷巢蜂、污染器具和饲料的混用造成的。

3. 症状　病蜂腹部膨大，有时下痢，无力飞行。拉出中肠，可见中肠末端变为红褐色；显微镜下，马氏管变得肿胀、透明。后肠膨大，积满大量黄色粪便。

4. 诊断　拉出中肠观察其颜色，病蜂中肠末端棕红色，后肠积满黄色粪便，可做初步诊断。

5. 防治　与微孢子虫病防治方法相同。

（三）爬　蜂　病

爬蜂病是仅发生在我国境内的一种西方蜜蜂成年蜂病害。20 世纪 80 年代末至 90 年代初曾广泛流行，给养蜂业造成极大损失。该病有明显的季节性，4 月份为发病高峰期，秋季病害基本自愈。病害与环境条件密切相关，当温度低、湿度大时，病害重。

1. 病原　爬蜂病的病原十分复杂。该病是多种蜜蜂病原物混合感染的结果，已发现的病原有：蜜蜂微孢子虫、蜜蜂马氏管变形虫、蜜蜂螺原体、奇异变形杆菌。病蜂至少有 3 种病原同时感染，4 种病原同时检出率达 85.2%。奇异变形杆菌是第一次从蜜蜂中分离到，其病理作用尚不清楚。

2. 传播　病蜂是主要的传染源，其排泄物含有大量病菌，会污染箱内蜂具及饲料，使之成为传播媒介。盗蜂、迷巢蜂、人为的子脾互调和蜂具混用等操作会使病害在群间蔓延。

3. 症状　病蜂行动迟缓，腹部拉长，有时下痢，翅微上翘。病害前期，可见病蜂在巢箱周围蹦跳，后期无力飞行，在地上爬行，最后抽搐死亡。病害严重时，大量幼蜂和青壮年蜂爬出蜂箱，死于蜂箱周围。死蜂伸吻，张翅。病蜂中肠变色，后肠膨大，积满黄色或绿色粪便，有时有恶臭。

4. 诊断　根据症状可做初步判断，但须结合显微镜检查才能确诊。具体方法可参见蜜蜂螺原体、孢子虫及变形虫部分内容。

5. 防治

（1）预防　①选择高燥、背风向阳的越冬及春繁场地。②适时停产王浆，培育适龄的越冬蜂。③供给蜂群充足的优质饲料，不用代用品。④早春及越冬时，注意蜂群的通风降湿及保温物的翻晒工作。⑤抓紧有利晴暖天气，促蜂排泄。⑥饲喂酸饲料，抑制病原物的繁殖。⑦病群换下的箱脾等器具要进行消毒后才能使用。

（2）治疗　具体方法："四环素＋诺氟沙星＋甲硝唑"各 1 片，研成粉末，加入 1 000 毫升含糖 50% 糖液中搅拌均匀，每足框蜂喂 100 毫升含药糖浆；或"四环素＋诺氟沙星＋甲硝唑"各 1 片，研成粉末，加入 500 毫升含糖 50% 糖液中搅拌均匀，加入适量蜂花粉制成药粉饼，饲喂 10 足框蜂。

第三节　蜜蜂敌害

西方蜜蜂的主要敌害是蜂螨，如果没有掌握控制蜂螨的技术手段，西方蜜蜂的饲养必定会失败。中蜂的主要敌害是蜡螟，蜡螟危害完全可以通过加强饲养管理解决，换言之蜡螟危害是由于管理不善造成的。胡蜂是南方养蜂的主要敌害，但从大生态和大农业的角度，胡蜂是益虫。不主张消灭胡蜂，只是控制蜂场附近的胡蜂种群数量。蜂巢小甲虫是我国还没有发生的敌害，一旦发生后果很严重，养蜂人如果发现应及时报告养蜂主管部门或中国养蜂学会。蜂巢小甲虫通常为黑色，有时为浅褐色，其体色随日龄增长不断加深。一般体长 6 毫米，宽 3 毫米。

一、螨类敌害

全世界与蜜蜂有关的螨类达 28 科 83 种，其中大多数是对蜜蜂无害的螨，只有少数几种是严重为害蜜蜂的，如大蜂螨、小蜂螨、武氏蜂盾螨。

（一）大蜂螨

1. 分布　大蜂螨，又称雅氏瓦螨、亚洲螨、大螨，属瓦螨科。自从大蜂螨传播给西方蜜蜂之后，逐渐在世界各养蜂地区传播开来。目前，除澳洲尚未报道大蜂螨危害外，亚洲、非洲、欧洲、美洲地区都有分布。

2. 危害　西方蜜蜂受侵染后，若不加治疗，蜂群很快衰亡。被寄生的成蜂，体质衰弱，烦躁不安，体重减轻，寿命缩短。幼虫受害后，发育不正常，出房的成蜂畸形，残翅，失去飞翔能力，四处乱爬。受害蜂群，哺育力和采集力下降，成蜂日益减少，群势迅速下降，甚至全群死亡。

大蜂螨吸食蜜蜂血淋巴造成危害，能携播多种病原。已知其体内可携带的有：急性麻痹病病毒、蜜蜂克什米尔病毒、残翅病毒、慢性麻痹病病毒、云翅粒子病毒、蜂房哈夫尼菌。体表可携带的有：蜜蜂球囊霉、曲霉、孢子虫。当以上某种病害和螨同时发生在蜂群中时，螨就可以通过吸食和活动在群内甚至群间传播病害。因此，在治疗以上病害的同时，要彻底治螨。

3. 形态特征　卵乳白色，圆形，长 0.60 毫米，宽 0.43 毫米。卵膜薄而透明，产下时已发育，可见 4 对肢芽，形如紧握的拳头。若螨分为前期若螨和后期若螨两种。前期若螨近圆形，乳白色，体表着生稀疏的刚毛，具有 4 对粗壮的附肢。体型随时间的增长而变为卵圆形。后期若螨体呈心脏形，随着横向生长的加速，螨体由心脏形变为横椭圆形，体背出现褐色斑纹。雌成螨呈横椭圆形，棕褐色。雄成螨较雌成螨小，体呈卵圆形。

4. 传播途径　蜂场内的蜂群间传播，主要通过带螨蜂和健蜂的相互接触。盗蜂和迷巢蜂是传染的主要因素。其次病健群的子脾互调和子脾混用等不当操作也可造成场内螨害的迅速蔓延。另外，采蜜时有螨工蜂与无螨工蜂通过花的媒介也可造成蜂群间的相互传染。大蜂螨远距离、跨国传播是由蜜蜂的进出口贸易造成的。不同地区螨类传播可能是蜂群转地造成的。

5. 防治方法　可以采取化学防治和综合防治两种措施。

（1）化学防治　使用化学药物杀螨，要求药物对蜂螨毒力强，伤蜂少；对蜂产品污染小，对人无毒无致畸致癌作用。目前，国外只有极少的杀螨药物获准在蜂群中使用，如氟胺氰菊酯。

①氟胺氰菊酯 又称马扑立克，国内俗称螨扑，由国外进口原药。为拟除虫菊酯类杀虫剂，有胃毒、触杀作用，残效期长。使药物依附于板条后，将板条挂于蜂路间，当成蜂路过时触杀蜂体上的蜂螨。可用2周以上。由于杀螨持久，又省工省力，已成为目前国内主要的杀螨用药。

②甲酸 为熏蒸性药物，将封盖子脾脱蜂后，用平皿盛5毫升甲酸置于箱底，集中熏蒸4～6小时。甲酸有腐蚀性，不可直接接触皮肤，使用时注意防护。

③硫磺 硫磺燃烧能产生二氧化硫气体，能透过封盖杀死房内的螨。特别是增长阶段螨害严重的时候，子脾内存有大量的螨，用硫磺熏脾治螨，可以保住子脾。具体做法是：将封盖子脾集中于空箱中，4～5个箱一叠，用报纸糊严箱外缝隙，底箱不放巢脾。在底箱底放一块15厘米大小的瓦片，上面加上一折呈波浪形的铁纱网，在网上放一棉花块，硫磺粉撒在棉花上，熏脾时点燃棉花四周，使硫磺燃烧成烟。特别注意的是，过量的二氧化硫对蜜蜂子脾有伤害，因此，要严格控制硫磺用量及熏烟时间，一次投入硫磺粉不能超过25克，封盖子脾熏烟不超过5分钟，卵脾、虫脾熏烟不超过1分钟，可保存蜜蜂封盖子卵、虫80%～90%，使封盖房内大蜂螨消灭50%左右，小蜂螨全部死亡的效果，然后再结合其他药物消灭寄生在成年蜂体上的大小成螨。

（2）综合防治 当蜂群内无封盖子时，蜂螨只能在成蜂体上寄生。利用此特点，抓住群内无封盖子的时机或人为创造无子蜂群进行药物治螨，可达到事半功倍的效果。

①断子治螨 利用蜂群越冬越夏前的自然断子期，或采用人工扣王断子的方法，使群内无封盖子和大幼虫，蜂螨无处藏身，完全暴露。将装有5毫升甲酸的小瓶放在蜂箱的角落，由挥发的甲酸杀灭蜂螨。每3天补充1次甲酸，连续5次，可取得良好的治螨效果。

②增长阶段分巢治螨 当蜂群增长阶段出现螨害，可将蜂群的蛹脾和大幼虫脾带蜂提出，另组成无王群。蜂王、卵脾和小幼虫脾留在原箱，蜂群安定后，用药治疗。无王群可诱入王台，先用药物治疗1～2次，待新蜂全部出房后，再继续用药治疗1～2次，可达到治螨的目的。

③切除雄蜂封盖子 利用蜂螨喜欢在雄蜂封盖子中寄生的特点，当蜂群内出现成片的雄蜂封盖子时，连续不断地切除雄蜂封盖子。也可以从无螨群调进雄蜂幼虫脾，诱引大蜂螨到雄蜂房内繁殖。通过不断地切除雄蜂封盖子，同时配合甲酸治疗，可以有效减轻螨害。

④毁弃子脾 对螨害严重的蜂群，多数蛹无法羽化，出房的也残翅无用。可集中所有封盖子脾烧毁，再对原群进行药物治疗，并补充无螨老熟子脾，可

以恢复蜂群生产力。

（二）小蜂螨

1. 分布 小蜂螨属寄螨目、厉螨科、热厉螨属。俗称小螨。小蜂螨分布范围比大蜂螨小，主要在亚洲一些国家发生，如菲律宾、缅甸、泰国、阿富汗、越南、巴基斯坦、印度、中国。小蜂螨常和大蜂螨一起为害西方蜜蜂。小蜂螨寄主较广泛，已知的有东方蜜蜂、西方蜜蜂、大蜜蜂、黑色大蜜蜂、小蜜蜂。

2. 危害 小蜂螨主要寄生在老熟幼虫房和蛹房中，很少在蜂体上寄生。靠吸食幼虫和蛹的血淋巴生存，造成幼虫和蛹大批死亡或腐烂。个别出房的幼蜂也是残缺不全，体弱无力。封盖子房盖有时会出现小穿孔。小蜂螨繁殖速度比大蜂螨快，造成烂子也比大蜂螨严重，若防治不及时，极易造成全群烂子覆灭。

3. 生活习性 小蜂螨主要寄生在子脾上，靠吸食幼虫和蛹的血淋巴生活，很少吮吸成蜂的血淋巴，当一只幼虫或蛹被寄生死亡后，雌螨就从封盖房的穿孔中爬出，重新潜入其他幼虫房内繁殖。

4. 传播途径 小蜂螨在蜂群间的传播主要是饲养管理不当造成的，如病健蜂群合并，子脾互调，蜂具混用，以及盗蜂和迷巢蜂的活动。蜂场间的螨害传播可能是蜂场间距离过近，蜜蜂相互接触引起的，也可能是购买有螨害的蜂群造成的。

5. 防治 与大蜂螨防治方法相同。

二、昆虫类敌害

（一）大蜡螟

1. 分布 大蜡螟俗称大巢虫，是一种很常见的鳞翅目害虫。寒冷地区，大蜡螟生活受限，危害很小。而在气候温暖的地区，大蜡螟繁殖容易，分布广，危害较严重。

2. 危害 大蜡螟的危害主要包括两方面：一方面是对仓贮巢脾、蜂箱、花粉等的危害，另一方面是对蜂群的危害，其中主要是中蜂受害严重。大蜡螟只在幼虫期为害，其幼虫以巢脾为食。对于蜂群来说，中蜂受害远较西方蜜蜂严重。中蜂护脾力差，大蜡螟幼虫危害的蜂群出现大量"白头蛹"。大蜡螟的为害是中蜂蜂群逃亡的主要原因之一。

3. 形态特征 大蜡螟是全变态昆虫，一生要经历卵、幼虫、蛹、成虫4个阶段。

（1）卵　卵的形状与卵块所产的位置，在缝隙中的卵一般呈扁圆形。卵表面不光滑，在放大镜下可见表面有刻纹。卵浅黄色，有的呈粉红色，快孵化的卵呈暗灰色。

（2）幼虫　初孵幼虫头大尾小，呈倒三角形，灰白色。二龄以后，虫体呈圆柱形，浅黄色。老熟幼虫体长可达28毫米。

（3）蛹　幼虫在茧中化蛹。茧通常是裸露，白色；常有许多茧并列在一起，形成茧团。茧长12～20毫米，直径5～7毫米。常在箱底和副盖处结茧。

（4）成虫　雌蛾体大，平均体重达169毫克，体长20毫米左右。下唇须1对，水平向前延伸，使头前部呈短喙状突出。前翅的前端2/3处呈均匀的黑色，后部1/3处有不规则的灰色和黑色区域。前翅顶端外缘较平直。雄蛾体较小，重量也较轻。下唇须紧贴额部，故头前部不呈短喙状突出，而呈圆弧形。体色比雌蛾淡，前翅顶端外缘有一明显的扇形内凹区。

4. 防治方法　由于大蜡螟幼虫主要是在有蜂子的巢脾上为害和藏匿，因此用一般的药物难于处理，且还有污染蜂产品的危险。根据大蜡螟的生活习性，应采取"以防为主，防治结合"的方针，在饲养管理上采取适当措施，可遏制其发生发展。具体措施是：①经常清理箱底蜡屑、污物，防止蜡螟幼虫滋生。②结合中蜂喜爱新脾的特点，及时造新脾更换老旧脾，利用新脾恶化其食物营养，阻止其生长发育。③旧脾及时化蜡处理，蜂场中不随意放置蜡屑、赘脾，以防大蜡螟滋生。④保持强群，调整群势，做到蜂多于脾或蜂脾相称，加强护脾能力，阻止幼虫上脾为害。⑤扑杀成蛾与越冬虫蛹。当子脾中出现少量"白头蛹"时，可先清除"白头蛹"，寻找房底的大蜡螟幼虫，加以挑杀。若"白头蛹"面积过大，可提出暴晒或熔蜡处理。⑥防治病虫害，避免群势过弱而易受侵害。

（二）胡　蜂

胡蜂隶属膜翅目胡蜂总科，胡蜂科。为害蜜蜂的主要是胡蜂属的种类。

1. 分布　胡蜂是蜜蜂的主要敌害之一，呈世界性分布。我国南部及东南亚一带种类较多，危害也较重。据记载，我国胡蜂属有14种和19个变种。捕杀蜜蜂的胡蜂常见的有金环胡蜂、墨胸胡蜂、基胡蜂、黑尾胡蜂、黄腰胡蜂、黑盾胡蜂等。

2. 危害　在我国南方8～11月份，胡蜂为害最为猖獗，常常造成蜜蜂越夏困难。在山区，胡蜂种类和数量较多，蜜蜂受害也较严重。像墨胸胡蜂体型大小的中小型胡蜂一般不敢在巢门板上攻击蜜蜂，而是常在蜂箱前1～2米处飞行，寻找捕捉机会，抓捕进出飞行的蜜蜂；而像金环胡蜂和黑尾胡蜂一类的体大的胡蜂，在巢门口处直接咬杀蜜蜂。若有多只胡蜂，还可攻进蜂群中捕食，造成全群飞逃。中蜂受到攻击后尤其容易发生飞逃。全场蜂群均可能受害，外勤蜂损失可达 20％～30％。

3. 防除方法　现在消灭胡蜂的方法以人工扑打为主，当蜂场发现有胡蜂为害时，可用薄板条进行人工扑打。也可尝试诱用少量敌敌畏农药拌入少量咸鱼碎肉里，盛于盘内，放在蜂场附近诱杀。胡蜂为害时节，在蜜蜂巢口安上金属隔王板或毛竹片，以防胡蜂侵入。

第四节　蜜蜂中毒

蜜蜂中毒属于非传染性病害，是指蜜蜂由于自然或人为的原因摄取了蜜蜂无法利用或有毒的物质而引起机体功能紊乱甚至死亡的现象。蜜蜂中毒可分为花蜜花粉中毒和农药中毒两大类。

一、花蜜花粉中毒

在众多蜜粉源植物中，有少数种类的花蜜或花粉含有某些蜜蜂无法消化的成分或对蜜蜂直接产生毒性的有毒物质，而导致蜜蜂中毒。我国常见的对蜜蜂有毒的蜜粉源植物有 20 多种，如油茶、茶、枣、藜芦、苦皮藤、喜树等。不同的植物所含的有毒成分不同，引起的毒性反应也有差异。

（一）茶花蜜中毒

茶树是我国南方广泛种植的重要经济作物，花粉多且流蜜量大，是蜜蜂秋末冬初的好蜜粉源。茶花粉是主要的商品蜂花粉。

1. 中毒原因　引起中毒的是茶花蜜而不是茶花粉，这是因为茶花蜜中含有 14.2％寡糖成分，其中主要是三糖和四糖。这些寡糖中都含有半乳糖成分，在蜜蜂肠道中经酶解后会产生半乳糖，而半乳糖是蜜蜂所不能消化的，因而造成蜜蜂幼虫中毒。此外，茶花蜜中还含有微量的咖啡因和茶皂苷，尚不明确是否会造成幼虫中毒。

2. 中毒症状　成蜂一般不表现症状，主要是大幼虫腐烂，严重时有酸臭味。只在茶花期表现，可与美洲幼虫腐臭病相区别。

3. 预防和治疗措施　在茶花期，将群内的幼虫脾和蜜脾用隔王板隔开，分区放置；同时，每隔 1～2 天在子区饲以稀糖水，以减少幼虫取食茶花蜜的量，降低中毒程度。

（二）油茶中毒

油茶花期蜜粉丰富，是晚秋良好的蜜粉源，但花期蜜蜂中毒明显。

1. 中毒原因 油茶中毒有两种观点：一种观点认为是由油茶蜜中的咖啡因造成的；另一种观点认为是由于花蜜中的寡糖成分过高，其中的半乳糖成分无法被利用而中毒。

2. 中毒症状 花期间，成蜂采集花蜜后腹胀，无法飞行，中毒死亡；幼虫中毒表现为烂子。

3. 预防和治疗措施 方法同茶花蜜中毒，也可以使用中国林业科学院研制的"油茶蜂乐"解毒。

（三）枣花蜜中毒

枣是我国重要果树之一，是北方夏季主要蜜源植物。5～6月份或6～7月份开花，花期长达30多天。泌蜜量大，花粉少；成蜂采集后易中毒，严重时死亡率达30％以上，尤其是干旱年份较重。

1. 中毒原因 枣花蜜中毒有两种观点：一种认为是枣花蜜中所含生物碱引起的中毒，另一种观点认为是由于蜜中有过高含量的钾离子引起的中毒。

2. 中毒症状 成蜂采集后，腹胀，失去飞翔能力，只能在箱外做跳跃式爬行；死蜂呈伸吻勾腹状。主要是成年蜂中毒，未见幼虫中毒的报道。

3. 预防和治疗措施 采蜜期间，做好蜂群的防暑降温工作，扩大巢门，蜂场增设饲水器及在场地喷水增湿。经常给蜂群饲喂些稀薄糖水，可减轻发病。

（四）甘露蜜中毒

在外界蜜粉源缺乏时，蜜蜂会采集某些植物幼叶及花蕾等部位分泌的甘露或蚜虫、介壳虫分泌的蜜露。有时蜜蜂会出现中毒症状。

1. 中毒原因 在甘露蜜或蜜露蜜中可能含有较多的矿物质和糊精，蜜蜂因无法消化吸收而中毒死亡。

2. 中毒症状 成蜂腹部膨大，无力飞翔。拉出消化道观察，可见蜜囊膨大，中肠环纹消失，后肠有黑色积液，严重时幼蜂、幼虫、蜂王也会中毒死亡。

3. 预防和治疗措施 当外界没有蜜源时，不要将蜂群放在松柏类植物较多的地方，防止蜜蜂采集；如果蜜蜂已采集，要及时用摇蜜机取出，并给蜂群补喂糖浆。

二、农药中毒

（一）农药中毒的危害

农药已广泛用于农业害虫的防治。由于各种农药的大量使用，蜜蜂农药中毒一直是困扰各国养蜂生产的一大问题。蜜蜂农药中毒主要是在采集水果蔬菜等人工种植植物的花蜜花粉时发生。如我国南方的柑橘、荔枝、龙眼本是春季非常好的主要蜜源，不仅流蜜量大，品质也很好，可是由于农药中毒的原因，每年都有大量的蜜蜂死亡，许多蜂农常常不得不提早退出场地，以减少蜜蜂损失；同时，果树的授粉也受到很大的影响。尽管我国已有相关的法规来保护蜜蜂授粉的行为，但是对种植者缺乏约束力，加上蜜蜂授粉的知识还不够普及，种植者对授粉的益处了解甚少，少有主动配合者。因此，蜜蜂中毒事件仍时有发生，常常给养蜂者造成较大的经济损失，对农业及养蜂业都有显著的负面影响。

（二）中毒症状与诊断

农药中毒的主要是外勤蜂，有一些在还未飞回蜂箱时，就已中毒死亡，一些蜂在飞回后表现出中毒症状。成蜂中毒后，变得爱蜇人；蜂群很凶。大批成蜂出现肢体麻痹、打转、爬行，无法飞翔。死蜂多呈伸吻、张翅、勾腹状，有些死蜂还携带有花粉团；严重时，短时间内在蜂箱前或蜂箱内可见大量的死蜂，并且全场蜂群都如此，而且群势越强的死亡越多。有时幼虫也会因中毒而剧烈抽搐跳出巢房。再根据对花期的特点和种植管理方式的了解，就可判断是农药中毒。

当成蜂中毒较轻而将受农药污染的食物带回蜂巢内时，巢内的幼虫可能会中毒。中毒的幼虫可能在发育的不同时期死亡。即使有一些羽化，出房的成蜂也是残翅或无翅的，体重变轻。不同的农药，引起成蜂中毒的症状差别不大，很难从死蜂的状态来推断中毒农药的类别。

（三）预防措施

一旦蜜蜂发生农药中毒，蜜蜂的损失很难挽回，因此要尽量避免发生农药中毒现象，做好预防工作是非常重要的。

第一，要制定相关的法规来保护蜜蜂的授粉采集行为，大力宣传蜜蜂授粉知识。

第二，养蜂者和种植者密切合作，协调好双方关系，使杀虫与授粉采集两不误。

第三，尽量做到花期不喷药或在花前花后喷药。若必须在花期喷药的，尽量在清晨或傍晚喷施，以减少对蜜蜂直接的毒杀作用。

第四，尽量选用对蜜蜂低毒和残效期短的农药。

第五，在不影响药效和损害农作物的前提下，在农药中添加适量驱避剂，如杂酚油、石炭酸、苯甲醛等，可减少蜜蜂采集。

第六，地面喷药时，当风速超过 3 米/秒，蜂群的隔离距离至少要在 5 米以上。

第七，若花期大面积喷施对蜜蜂高毒的农药，应及时搬走蜂群。蜂群一时无法搬走，就必须关上巢门，并进行遮盖幽闭，幽闭期间注意通风降温，保持蜂群黑暗，最长不超过 2～3 天。

（四）急救措施

第一，若只是外勤蜂中毒，及时撤离施药区即可。若有幼虫中毒现象，则须摇出受污染的饲料，清洗受污染的巢脾。

第二，给中毒的蜂群饲喂 1∶1 的糖浆或甘草糖浆。对确知为有机磷农药中毒的蜂群，用 0.05%～0.1% 硫酸阿托品或 0.1%～0.2% 解磷定溶液喷脾解毒。

第五节　蜜蜂检疫

蜜蜂检疫是动物检疫的一部分，是根据国家或地方政府规定要控制的蜜蜂疫病，对蜜蜂及其产品的移动加以限制的一种措施。检疫的目的是为了预防和消灭蜜蜂传染病，防止危险性病虫害的扩大蔓延，对保障养蜂业的健康发展有重要意义。随着商品经济的日益发展，蜂群及其产品流动性的加大，蜜蜂疫病的传播的机会增多，为保障蜂业的健康发展，对流通的蜜蜂及其产品进行检疫，可以防止疫病的传入或传出。

由于多种蜜蜂病虫害能够引起严重的经济损失，不注重蜜蜂检疫工作往往会带来严重的不良后果。如 20 世纪 50 年代末的螨害流行，70 年代末的中蜂囊状幼虫病，以至 90 年代的爬蜂病、白垩病等，都曾从小范围而迅速蔓延全国，造成的经济损失难以计数，教训深刻而惨痛。因此，为维护我国养蜂业的利益信誉和形象，促进蜂业贸易和经济交流，进行蜜蜂检疫是非常必要的。为了做好检疫工作，一方面检疫机关要严格执法，另一方面要求受检人员主动配合。

一、检疫种类

我国动物检疫从总体上分为外检和内检，各自又包括若干种检疫形式。

（一）外　检

对出入国境的动物及其产品进行的检疫叫国境检疫，又称进出境检疫或口岸检疫，简称外检。蜜蜂外检的目的是为了保护国内的蜜蜂不受外来蜜蜂疫病的侵袭和防止国内蜜蜂疫病的传出，我国在海、陆、空各口岸设立了动植物检疫机关，代表国家执行检疫，既不允许外国蜜蜂疫病的传入，也不允许国内蜜蜂疫病的传出。外检又分为：进出境检疫，过境检疫、携带和邮寄物检疫、运输工具检疫等。只有在受检蜜蜂及其产品不带有检疫对象时，方准许进入或输出。当受检蜜蜂及其产品带有检疫对象时，做退回或销毁处理，对来自疫区的蜜蜂及其产品无论带菌与否，一律禁止入境，予以退回或销毁。

（二）内　检

对国内动物及其产品进行检疫对象的检疫称国内检疫，简称内检。蜜蜂的国内检疫主要是对转地蜂群、邮寄或托运的蜜蜂及蜂产品等进行检疫。蜜蜂内检的目的是为了保护各省、直辖市、自治区的蜜蜂不受邻近地区蜜蜂疫病的传染，防止蜜蜂疫病的扩散蔓延。内检包括产地检疫、运输检疫等。蜜蜂的产地检疫是在蜜蜂饲养地进行的检疫，是蜜蜂检疫最基层的环节，因此做好产地检疫是直接控制蜜蜂疫病扩散的一种好方法。蜜蜂的运输检疫是指蜜蜂在起运之前的检疫，若受检人持有效的检疫证明则可免检。

二、检疫对象

检疫对象是指检疫中政府规定的动物疫病。这些疫病往往传染性强，危害性较大，一旦传出或传入都可能造成较大的经济损失。因此，国家制定相应的法律法规，并由农业部的相关部门或其委托部门来强制执行。蜜蜂病虫害种类较多，但只有一小部分的疫病为检疫对象。检疫对象的确立，主要考察两方面的因素：一是危害性大而目前防治有困难或耗费财力的蜜蜂疫病，如美洲幼虫腐臭病、白垩病、蜂螨。二是国内尚未发生或已消灭的蜜蜂疫病，如壁虱、蜂虱为国内尚未发生的蜜蜂病害。

外检的检疫对象名单由农业部制定，我国自 1974 年以来先后公布过 5 次蜜蜂检疫对象名单，1992 年 6 月农业部公布的《进口动物检疫对象名单》中蜜蜂检疫对象为：美洲幼虫腐臭病、欧洲幼虫腐臭病、壁虱病、瓦螨病、蜜蜂微孢子虫病。依照农业部 1992 年发布的《家畜家禽防疫条例》及其实施细则的规定，蜜蜂的国内检疫对象可由各省、直辖市、自治区根据当地实际情况，自行规定。也可参照外检对象名单进行检疫。根据目前蜜蜂疫病的情况，蜜蜂的检疫对象，主要宜检美洲幼虫腐臭病、欧洲幼虫腐臭病、蜂螨、囊状幼虫病、白垩病、孢子虫病、爬蜂病，尤其需要关注的是我国还没有的蜂箱小甲虫。

三、检疫方法

（一）抽样方法

对数量不多的蜂群、引种蜂王、蜂产品应进行逐箱逐件检疫；但对于数量太大而无法做到逐件检疫的情况下，可采取抽样检疫的办法。抽样的比例和方法要求尽量客观、具代表性。一般来说，100 件（群）以下不低于 15％～20％，101～200 件（群）不低于 10％～15％，201～300 件（群）不低于 5％～10％。引进的种用蜂在 100 件以内的要逐件检疫。

（二）检疫的方法

检疫的方法、手段要求尽可能灵敏、准确、简易、快速，应尽量避免误检和漏检。蜜蜂检疫的方法主要有临场检疫和实验室检疫。

1. 临场检疫　临场检疫是指能够在现场进行并得到一般检查结果的检疫方法。通常以蜜蜂流行病学调查和临诊检查为主。

（1）调查　调查当前蜜蜂疫病流行情况，包括病害种类、发病时间、地点、数量等。

（2）临床检疫　对待检的所有蜂群进行箱外观察，从中把可疑有病的蜂群挑选出来，进一步进行箱内检查。临床检疫可以经过箱外观察后，进一步进行箱内观察和实验室检查以做确切的诊断。临床检疫主要是看看箱内外有无异常的拖弃物，蜜蜂是否有行为、形态等方面的异常，巢脾上的幼虫是否有病态表现，幼虫或成蜂身上是否有携带寄生物，以此对蜂群的健康状况做出初步的判断。

①白垩病　箱外如果有白色、黑色或黑白杂色的虫尸，提脾可见到巢房中有死亡虫尸，且虫尸体表长有白色或黑色短绒状菌丝。

②囊状幼虫病　提脾观察，巢脾上有呈尖头状前蛹期幼虫，幼虫头部表皮

内有液化现象，用镊子小心地将幼虫提出时呈现囊状。

③欧洲幼虫腐臭病　提幼虫脾观察，脾上有典型虫、卵、蛹空房相间的"花子"，病虫主要为2～4日龄，甚至虫体组织化解并有发酸臭味。

④美洲幼虫腐臭病　提幼虫脾，脾上呈现"花子"，封盖子房盖下陷、润湿，颜色变暗，有的有孔洞，临近封盖或已封盖的大幼虫有明显变色，甚至呈咖啡色。用小杆接触死虫易拉出细丝。死虫发出胶臭味。

⑤孢子虫　巢门口处可能有排泄物污染的痕迹，成蜂的腹部膨大，腹末端颜色发暗。从腹末端轻轻拉出它们的消化道，观察中肠是否发生病变。中肠暗灰色，环纹不清，且膨胀松软，容易破裂。

⑥大蜂螨　观察箱外是否有残翅的幼蜂爬行，提脾观察成蜂体上是否有棕褐色的1毫米横椭圆形体外寄生物。随机挑开20～30个雄蜂或工蜂封盖房可见一些蜂蛹体上有大蜂螨寄生。

⑦小蜂螨　观察箱外是否有残翅的幼蜂爬行，巢脾上有小蜂螨在巢房间迅速爬动；一些封盖房上出现小孔，挑出虫蛹可见体上有小螨寄生，严重时出现封盖子腐烂，有腐臭味。

⑧蜂虱　注意观察有否骚动不安的成蜂，认真观察它们的头部、胸部背面绒毛处有无红褐色并着生稠密绒毛的体外寄生物，它具有3对足但无翅的蝇类成虫。抽取将要封盖的蜜脾，仔细观察半封盖蜜房盖下或巢房壁上，有无虫子咬的细小隧道，有无乳白色的卵和幼虫。若有则初步判断有蜂虱寄生。

⑨壁虱病　成蜂体衰弱，失去飞翔能力，前后翅错位，翅呈"K"形，初步断定为壁虱病。

2. 实验室检疫　实验室检疫是采用实验室手段确定检查结果的检疫方法，要依据病原物特征做微生物学、病理学、免疫学等方面的检查，它是检疫工作中确定检疫对象的主要方法。除了白垩病、美洲幼虫腐臭病具有典型症状或已经直接找到病原物或寄生物可以确诊外，欧洲幼虫腐臭病、孢子虫病、壁虱病、蜂虱等还必须在现场检查它们症状的基础上，取回可疑材料，进一步进行实验室检验。

（1）欧洲幼虫腐臭病　挑取2～4日龄的病死幼虫，制片镜检，若发现略呈披针形的蜂房链球菌，有时还有杆菌、芽孢杆菌时，即可初步确定为欧洲幼虫腐臭病。为进一步确定病原，可做实验室培养：在普通马铃薯琼脂平板和酵母浸膏琼脂平板上，蜂房球菌和蜂房芽孢杆菌均生长良好。置32℃～35℃恒温箱培养24～36小时后，蜂房芽孢杆菌在酵母浸膏琼脂平板上菌落低平而有光泽，直径1～1.5毫米。蜂房球菌在马铃薯琼脂平板上生长，菌落淡黄色，边缘光滑，直径0.5～1.5毫米。蜂房芽孢杆菌能液化明胶，分解蛋白胨产生腐烂气味，能利用葡萄糖、麦芽糖、糊精和甘油产酸产气，不发酵乳糖。

（2）美洲幼虫腐臭病 可从封盖子脾上挑取病虫涂片，加热固定，然后加数滴孔雀绿于涂片上，再加热至沸腾，维持3分钟后水洗。加番红花水溶液染色30秒钟，水洗后吸干镜检。在1 000～1 500倍的显微镜下进行检查，若发现有大量呈游离状态绿色的芽孢存在，即可初步确定是美洲幼虫病。

为进一步确定病原，可做实验室培养。从可疑为患美洲幼虫腐臭病的蜂群病脾上挑取病幼虫5～10只，经镜检发现有大量芽孢后，即可将死幼虫置研钵中研磨，加无菌水稀释，制成细菌悬液，在80℃水浴中保温30分钟，以杀死营养细胞，然后接种到胡萝卜培养基（马铃薯培养基或酵母浸膏培养基）上，置30℃～32℃培养24小时。再将待定菌株分别移至胡萝卜培养基斜面和牛肉汁培养基斜面培养，若在胡萝卜培养基斜面上生长良好而在牛肉汤培养基斜面上不能生长或生长很差则可确定为美洲幼虫腐臭病病原菌。

（3）蜂虱 可将蜂虱用酒精杀死，在解剖镜下观察，如果确证了其形态、色泽、大小等与现场观察无异，并于蜜房封盖下穿成隧道典型症状，即可确定为蜂虱。

（4）蜜蜂孢子虫病 可从蜂群中取病蜂2～3只，用镊子或两手指捏住蜜蜂尾部连同螫针，轻轻地拉出其消化道，然后取一载玻片，于其中央加一滴灭菌水，再以解剖剪剪下一小块中肠壁，在水滴中轻轻捣碎，盖上盖片，放在400～600倍显微镜下镜检。有大量大小一致的椭圆形孢子，可确定为孢子虫。进一步确诊，可根据孢子虫在酸性溶液里溶解消失的特性，用10%盐酸滴加在涂片上，放置温箱30℃保温10分钟。再进行镜检，若是蜜蜂孢子虫，则大部分溶解消失，而酵母菌及真菌孢子仍然存在。

（5）壁虱病 从蜂群中取病蜂，进行解剖后镜检。用左手捏住双翅，右手持解剖剪紧靠第一对胸足基部的后方和头部上方将其与头部一起剪掉，然后腹部朝上，用昆虫针固定在蜡盘上。在解剖镜下，用尖的小镊子将切口处残余的前胸背板顺时针方向撕掉，细心观察，可见一对人字形的气管干于胸腔内。注意观察紧贴体表处的胸部气管有无异常变化，正常气管为白色、透明、富有弹性，若发现前胸气管内出现褐色斑点或更深，或看到壁虱，即可确定为壁虱病。

（6）大蜂螨和小蜂螨 可取1～2只可疑蜂螨，用酒精杀死，置于解剖镜下观察，大蜂螨棕褐色，横椭圆形，长1.01～1.05毫米，宽1.45～1.75毫米；小蜂螨呈卵圆形，长0.98～1.05毫米，宽0.54～0.59毫米，棕黄色。

（三）隔离检疫

隔离检疫是将蜜蜂隔离在相对孤立的场所进行的检疫。在进出境检疫、运输前后及过程中发现有或可疑有传染病时的检疫，或为建立健康群体时所采取的检疫方式，一般隔离时间为 30 天，隔离期间，须进行经常性的临床检查，并做好管理记录，一旦发现异常，立即采样送检。隔离期满，经检疫合格，凭检疫放行通知单方可运出隔离场。不合格的按规定做退回或销毁处理。

第七章

中蜂饲养模式与管理技术

阅读提示：

　　本章重点介绍了中蜂规模化活框饲养技术的理念和方法，并从新的角度介绍了中蜂原始饲养的价值和技术改进的方法。通过本章的阅读，可以全面了解中蜂规模化饲养的各技术环节，有助于中蜂饲养规模和效益的提高；了解中蜂过箱技术、野生中蜂诱引技术和野生中蜂收捕技术，在中蜂资源丰富的地区可以通过诱引和收捕增加初建场的蜂群来源。鉴于我国中蜂良种培育的不足，提出地方良种选育的概念，介绍了可行的集团闭锁选育的方法。规模化蜂场发展到一定程度后，中蜂饲养企业可以自行地方良种选育，为提高中蜂规模化饲养水平打下良种基础。

中蜂是我国土生土长的蜂种，在长期进化适应过程中，形成了一系列特别能适应我国气候、蜜源条件的生物学特性。在我国的养蜂自然条件下，与西方蜜蜂相比中蜂有很多西方蜜蜂不可比拟的优良特性，如采集勤奋、个体耐寒能力强、节约饲料、飞行灵活、躲避胡蜂敌害和抗螨能力强、善于利用零星蜜源和冬季蜜源等。但是中蜂也有弱点，如分蜂性强、蜂王产卵量低、不易保持强群、易迁飞、采蜜量较低等。只有在科学饲养的条件下，才能充分发挥中蜂的优良特性，改进和解决中蜂的弱点。

我国饲养中蜂历史悠久，但科学饲养技术的形成只有数十年。随着对中蜂生物学特性的深入了解，中蜂的饲养技术将会不断地完善。本章只介绍有关中蜂饲养中的一些特殊技术问题，与西方蜜蜂具有相同的饲养内容，请参见第八章西方蜜蜂定地饲养模式与管理技术，在此不再赘述。

第一节　中蜂规模化原始养蜂技术

中蜂原始饲养技术是利用原始蜂巢饲养中蜂的传统方法，从技术上操作简单，管理简化；从养蜂生产效率的角度落后于活框饲养技术。但在资源丰富而饲养技术落后的地方，用相对简单的原始养蜂技术有利于蜜粉资源的利用、促进养蜂发展、扩大中蜂的种群数量、保护中蜂资源。鉴于当今社会对自然食物的追求，原始养蜂生产的蜂蜜仍能够在高端蜂蜜市场占据一席之地。

在蜜蜂现代化饲养技术快速发展的今天，中蜂原始饲养最大意义在于对中蜂遗传资源的保护，减少活框饲养技术对中蜂遗传结构的人为干扰。中蜂原始饲养技术在换王时对蜂王选择的人为干预较少，有利于中蜂遗传性状的自然选择，对中蜂种群遗传多样性的保护和蜂种对当地环境的适应性意义重大。原始中蜂饲养的地区，中蜂遗传资源接近于野生中蜂，其种群的遗传进化多遵循自然选择规则，受人为干扰的影响较少，种群遗传结构稳定，有利于中蜂保持在自然界的独立生存能力。

一、原始蜂巢

中蜂的原始蜂巢有自然界的树洞（图 7-1-A）、岩洞、土洞、墓穴等洞穴，中蜂也会利用人类生活产生的洞穴空间，如箱柜（图 7-1-B）、坛罐、棺材、谷仓、房间内的天花板上（图 7-1-C）和地板下等，甚至堆放在仓库中的小学生课桌内都有野生蜜蜂筑巢（图 7-2）。养蜂人根据蜜蜂营巢特点，用树段、木桶、木箱、陶器、砖石、水泥、草编、竹编、枝条编等制作原始蜂巢，通过诱引和过箱方式将蜂群引入原始蜂巢进行饲养。原始蜂巢的空间与中蜂群势有关，天气炎热的南方中蜂群势较小，北方和高海拔较冷的地方中蜂群势较大。一般来说，中蜂原始蜂巢北方大于南方。经调查，原始蜂巢内部空间多为 $0.02\sim0.08$ 米^3。

A   B   C

图 7-1　野生中蜂蜂巢

A. 树洞野生中蜂蜂巢洞口　B. 橱柜中的野生中蜂蜂巢　C. 天花板上的野生中蜂蜂巢

A   B

图 7-2　堆放在仓库中小学生课桌内的野生蜂群

A. 课桌中的野生中蜂　B. 木板与课桌的缝隙形成巢门，巢门前有两只守卫工蜂

（一）树段原始蜂巢

树段原始蜂巢是用直径 30～60 厘米、长 40～80 厘米的树段，将中间镂空后制成。这种形式的原始蜂巢受到材料来源的限制，多出现在北方或高海拔的山区。树段原始蜂巢的特点是保温好，且与原始中蜂的蜂巢相近，适应中蜂生存发展。树段原始蜂巢有两种形式：整体树段原始蜂巢和纵分树段原始蜂巢。

1. 整体树段原始蜂巢　整体树段原始蜂巢是将树段中间镂空（图 7-3-A），两端用木板等封闭，在树段的中间钻数个小孔作为巢门。这种形式原始蜂巢可立放（图 7-3-B），也可横放（图 7-3-C）。在吉林长白山，四川甘孜州、凉山州、达州市，河南济原等地常见。

图7-3 整体树段蜂巢

A. 树段镂空的原始蜂巢 B. 立放的树段蜂巢 C. 横放的树段蜂巢

2. 纵分树段原始蜂巢 纵分树段原始蜂巢是将树段中间纵分为二，分别将半个树段镂空（图7-4-A），将两个半个镂空的树段上下叠放成为原始蜂巢（图7-4-B）。养在这种原始蜂巢中的蜜蜂，当地称其为"棒棒蜂"。这种形式的树段原始蜂巢多见于甘肃省和四川省阿坝州（图7-4-C）。

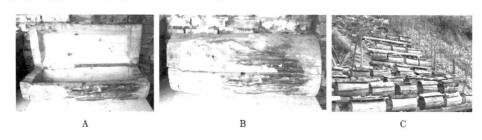

图7-4 棒棒蜂巢

A. 一对被镂空的半个树段 B. 纵分树段原始蜂巢 C. 九寨沟原始饲养的中蜂场

（二）木桶、木箱原始蜂巢

木桶、木箱原始蜂巢均用木板制作成圆柱状蜂桶或立方体的蜂箱，木板厚度多为1.5～2.5厘米。木桶、木箱原始蜂巢在我国大部地区普遍使用。

1. 木桶原始蜂巢 木桶原始蜂巢是用木片箍成的圆桶状原始蜂巢（图7-5-A），箍桶技术在民间非常成熟，在20世纪多用于制作水桶。木桶原始蜂巢内径为20～50厘米，长度为25～90厘米。横放木桶两端多用木板封堵，在桶壁上钻若干个直径8～10毫米的小孔，成为供蜜蜂进出的巢门（图7-5-B）。立放木桶的上方用木板等板材盖住，下方不封闭，放在地面上，蜂桶的下方是平面，用小木棍、小石块等垫起8～12毫米的缝隙成为蜜蜂进出的巢门（图7-5-C）。

图7-5　木桶原始蜂巢

A. 用于原始养蜂的木桶　B. 横放木桶原始蜂巢　C. 立放木桶原始蜂巢

2. 木箱原始蜂巢　木箱原始蜂巢长为40～80厘米，宽为18～40厘米，高为20～80厘米，有的近正立方体，也有的呈长方体（图7-6-A）。木箱原始蜂巢可以横放（图7-6-B），也可以竖放（图7-6-C）。

图7-6　木箱原始蜂巢

A. 木箱原始蜂巢　B. 木箱原始蜂巢横放　C. 木箱原始蜂巢竖放

（三）草编、竹编、枝条编原始蜂巢

草编、竹编、枝条编原始蜂巢是利用当地的材料编制圆桶蜂巢，在较冷的地区，原始蜂巢的内部或内外用泥涂抹。规格大小与木桶原始蜂巢类似。

1. 草编原始蜂巢　草编原始蜂巢（图7-7-A）是用稻草或谷草编制而成，可横放，也可竖放。

2. 竹编原始蜂巢　竹编原始蜂巢（图7-7-B）是在产竹地区，利用竹篾编制技术制成的圆桶状原始蜂巢。有的蜂农直接将竹制筐篓用于原始饲养中蜂（图7-7-C）。

3. 枝条编原始蜂巢　枝条编原始蜂巢（图7-7-D）是用柳条、荆条等筐篓编制技术制成的圆桶状原始蜂巢。枝条编原始蜂巢多在桶内壁或桶的内外壁涂抹上泥，以增加其保温性和巢内避光性。

图 7-7　编制的原始蜂巢

A. 草编原始蜂巢　B. 竹编原始蜂巢　C. 竹编筐篓代原始蜂巢　D. 枝条编原始蜂巢

（四）砖石原始蜂巢

用砖（图 7-8-A）、石板（图 7-8-B）砌成固定的原始蜂巢，多用泥土和水泥粘合，内外用泥土和水泥抹平（图 7-8-C）。规格大小与木箱原始蜂巢相似。

图 7-8　砖石砌原始蜂巢

A. 砖砌原始蜂巢　B. 石砌原始蜂巢　C. 内外用泥土和水泥抹平的砖砌原始蜂巢

（五）日常容器蜂巢

日常生活和生产使用的容器也可用作原始蜂巢，如塑胶水桶（图 7-9-A）、陶器的缸（图 7-9-B）、坛（图 7-9-C）等。将容器的开口处用木板封闭（图 7-9-D），并在封闭蜂巢的木板上钻洞作为巢门。也有的将巢门开在缸底（图 7-9-B）。

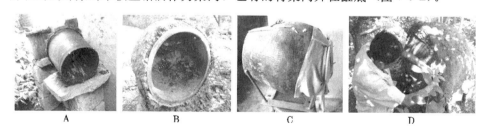

图 7-9　缸桶原始蜂巢

A. 塑胶水桶原始蜂巢　B. 饲养原始蜂群的大缸　C. 饲养原始蜂群的坛子　D. 打开大缸蜂巢的缸盖

（六）水泥原始蜂巢

用水泥铸成圆桶状水泥管蜂巢（图 7-10-A），水泥原始蜂巢的内径为 20～30 厘米，长度为 40～60 厘米，壁厚 2.5 厘米。在使用时，水泥桶的两端用木板封堵（图 7-10-B），木板上钻孔作为巢门。

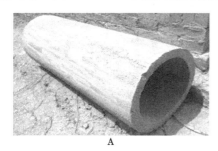
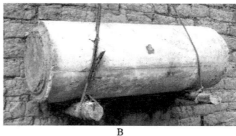

A   B

图 7-10　水泥铸成的圆桶原始蜂巢

A. 用作原始蜂巢的水泥桶　B. 水泥桶两端用木板封堵

（七）墙壁原始蜂巢

在宁夏、山东、河南、山西等地，将原始蜂巢镶嵌在院墙的墙壁中（图 7-11）或房屋内的墙壁中（图 7-12）。这种方式最大的优点是节省蜂群放置的空间。

A   B   C

图 7-11　院墙墙壁中的蜂巢

A. 镶嵌在院墙墙壁中的方形巢　B. 镶嵌在院墙墙壁中的圆形巢　C. 饲养在墙壁中的中蜂

A   B   C

图 7-12　屋内墙壁中的蜂巢

A. 镶嵌在房屋墙壁中的原始蜂巢，示巢门两旁的巢门　B. 镶嵌在房屋墙壁中的原始蜂巢，示门两旁的蜂箱　C. 从屋内打开镶嵌在墙壁中蜂箱的原始蜂群

（八）用泥坯等建筑的原始蜂巢组

我国西北山区饲养中蜂有用泥坯构筑蜂巢的建筑，将多个蜂巢组成"蜜蜂大厦"，以便相对集中安置蜂群（图7-13）。

图 7-13　用泥坯等建筑的原始蜂巢组

（九）人工石洞蜂巢和人工土洞蜂巢

在石壁的凹陷处外部用石板封闭，石板内的空间可作蜂群的生存之处（图7-14-A）。在黄土高原的农村，养蜂人将黄土坡挖成垂直于地面的断面，在断面的土壁上挖出原始蜂巢（图 7-14-B）。

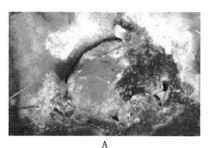

A　　　　　　　　　　　　　　　　　　B

图 7-14　人工石洞和土洞中的原始蜂巢

A. 人工石洞蜂巢　　B. 人工土洞蜂巢

二、蜂巢的放置

中蜂原始蜂巢的放置主要有 5 种形式：放置地上、放置高处、悬空安置、组合放置、镶嵌入壁。无论哪一种形式，原始蜂巢的放置均需做到干燥通风、遮阳避雨、安静无扰、蜜蜂飞行路线通畅。

（一）地　上

将原始蜂巢直接放置在地面上，便于蜂群管理和取蜜操作，是最主要的原始蜂群放置方法。这种方式简单实用,适用于放置在庭院、山林等场地较开阔的地方,是大型蜂场主要的放置方式,也是中蜂原始饲养蜂巢主要的放置方式。

放置在地上的蜂巢多数用砖、石、木桩垫高 10～100 毫米(图 7-15-A,图 7-15-B),既方便管理操作,避免地面潮湿,又能减少地面敌害对蜂群的危害。也有的直接放置在地面,蜂巢下方往往是硬化的地面,或垫木板、石板等(图 7-15-C)。立式蜂巢下方无巢底,直接立在木板或石板上。蜂巢下方用小石块或树枝等垫起形成巢门。

図 7-15　原始蜂巢放置在地上
A. 原始蜂巢用石砖垫高　B. 原始蜂巢用木桩垫高　C. 原始蜂巢放置在地面

(二) 高　置

将原始蜂巢放置在楼上阳台(图 7-16-A)、屋顶(图 7-16-B)、树上、墙上(图 7-16-C),可避免人或动物的干扰,但管理稍有不便,可以作为家庭小规模养蜂的放置方式。

図 7-16　原始蜂巢高置
A. 原始蜂巢放置在楼上阳台　B. 原始蜂巢放置在房顶　C. 原始蜂巢放置在墙上

(三) 悬　空

将原始蜂巢悬挂(图 7-17-A,图 7-17-B)或悬置(图 7-17-C)在房屋外墙上,可以完全避免地面上的动物对蜂群的干扰,但对蜂群的管理十分不便。这样放置的蜂群几乎不进行管理，多用于业余养蜂。

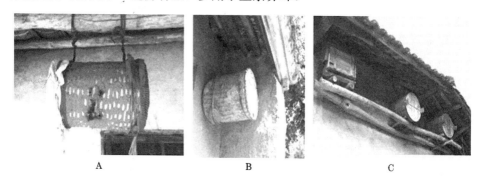

A   B   C

图 7-17　原始蜂巢悬挂或放置在房屋外墙上
A、B. 原始蜂巢悬挂在房屋外墙上　C. 原始蜂巢放置在房屋外墙上

（四）组　合

砖石或泥胚砌成多个原始蜂巢成组建在一起（见图 7-13），蜂巢集中，便于管理。主要问题是容易造成蜜蜂的迷巢和偏集。

（五）镶嵌入壁

将简易的木箱原始蜂巢镶嵌入墙壁（见图 7 11）、土壁、石壁，对原始蜂巢内环境温度湿度的调节有利。在山东省胶东半岛的农村见到将原始蜂巢镶嵌到进入房间的门两侧。

三、原始饲养的基础管理

中蜂原始饲养管理相对简单，原始蜂群也不宜过多地打扰，所以原始饲养的中蜂只做简单的处理。

（一）清　巢

蜂巢内的下方易积累蜂巢的脱落杂物，如果杂物数量不多，工蜂会自行清理。但由于巢脾过旧，蜜蜂啃咬旧脾、巢内旧脾屑过多，工蜂就无力清除。原始蜂巢下方的旧脾屑等杂物是滋生巢虫、微生物的场所。在蜜蜂活动季节应 1 个月检查一次蜂巢，如果巢底杂物多就需要清除。

（二）饲　喂

原始蜂群一般不需要饲喂，但在越冬越夏前，群势增长阶段要注意蜂群是否缺糖饲料。如果边脾没有贮蜜或贮蜜较少，就需要及时饲喂。饲喂方法是用浅容器作为饲喂器，饲喂器中放入糖水比 2：1 的蔗糖液，于当晚放入蜂巢底部。饲喂的量以蜜蜂一夜能将饲喂器中的糖饲料完全搬入巢脾为度，一般为 0.5 千克。

（三）调整巢脾

在蜂群的增长阶段，用割脾专用工具将旧脾割下，让蜜蜂造新脾，用此方法保持蜂巢内巢脾更新。在群势下降的季节，可以适当将边脾割下，以保持蜂脾相称。蜂脾相称就是脾面爬满蜜蜂，脾面的蜜蜂全覆盖，不重叠。蜂脾相称是蜜蜂饲养管理技术的基本原则。

原始蜂群的割脾专用工具在民间有各种类型的设计（图 7-18），但主要的功能有两种，铲（图 7-19-A）和割（图 7-19-B）。可以按图 7-18 的思路，找当地的铁匠铺或铁艺店等作坊打造。专用工具最好用不锈钢材料制作。

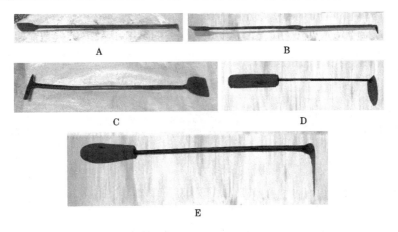

图 7-18　原始蜂群割脾专用工具
A、B. 具有铲脾和割脾功能　C. 具有铲脾功能　D、E. 具有割脾功能

图 7-19　原始蜂群割脾专用工具的铲头和割刀
A. 割脾专用工具的铲头　B. 割脾专用工具的割刀

（四）取　蜜

在主要蜜源花期结束后，待巢内贮蜜成熟，也就是巢脾上的贮蜜完全封盖，就可将巢内蜜脾割下。取蜜操作顺序如下。

1. 准备工作　蜂巢周边环境操作前，准备好割蜜专用工具、盛蜜容器、喷烟器、起刮刀、蜂刷和装有清水的水桶等。将原始蜂巢安放在易操作的地方。

2. 打开原始蜂巢的桶盖或箱盖　用起刮刀撬开原始蜂巢的桶盖或箱盖，适当向蜂巢内喷烟，驱赶蜜蜂离脾。割脾前最好能将原始蜂巢翻转（图 7-20-A），方便割脾操作。翻转原始蜂巢一定要看清巢脾走向，在翻转蜂巢时要始终保持巢脾与地面垂直，以免巢脾断裂。不便翻转的原始蜂巢也可以直接打开桶盖割脾（图 7-20-B）。

3. 割取蜜脾　用割蜜专用工具顺序将蜜脾割下，小心取出。如果脾上有少量的蜜蜂，可用蜂刷去除（图 7-20-C）。取出的蜜脾，轻稳平放在容器中（图 7-20-D）。原始养蜂取蜜不可一次将脾割尽，一般情况下一次只割取 1/3～1/2 的巢脾，以减轻取蜜对蜂群的伤害。待蜂巢恢复后，视情况再取另外一部分的蜜脾，如此取蜜在蜂群饲养管理中还能起到更换巢脾的作用。

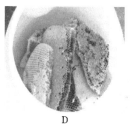

A　　　　　　B　　　　　　C　　　　　　D

图 7-20　原始蜂巢取蜜

A. 已翻转的原始蜂巢，蜂巢上方的收蜂笼收集桶中的蜜蜂　B. 原始蜂巢不翻转取蜜
C. 割脾时扫去脾上的蜜蜂　D. 放在容器中的蜜脾

4. 蜜脾处理　封盖蜜脾切割修整后，可以巢蜜的形式直接出售，提高产品附加值。切割下的边角不规则的蜜脾和未封盖的蜜脾，用干净的纱布或尼龙纱挤榨。挤榨的蜂蜜放入陶制的容器中静置 10 余天，去除上层杂质和下层杂质，最后封装在陶制的容器中。

5. 取蜜后的恢复　取蜜后，将蜂群放回原位，清扫场地，清洗工具和容器，将榨蜜后的蜡渣封装。蜂场不允许有残蜜和脾蜡暴露在外，以防发生盗蜂。

（五）人工分群

人工分群是活框饲养蜂场增加蜂群数量的重要方法。活框饲养人工分群操作较容易，但原始饲养的中蜂人工分群有些困难。原始饲养的中蜂场现多靠收捕分蜂团来增加蜂群数量，也就在分蜂季节自然分蜂的蜂群，蜜蜂飞出蜂巢结团后，将分蜂团收捕回来放入空的蜂巢中，形成新的蜂群。原始饲养的蜂群人工分群操作的关键技术在于取下巢脾固定到新的蜂巢中。人工分群在自然分蜂的季节进行，人工分群的蜂群要有一定的分蜂热，子脾上要有封盖的分蜂王台。

1. 准备空蜂巢　一般不用新的蜂巢，有蜂群新居住过的蜂巢最好。将原蜂巢搬离原位，空蜂巢放置在原来的箱位，以使过箱后更多蜜蜂进入新分群。

2. 割脾和固定巢脾　打开原群蜂巢的桶盖，用烟驱蜂离脾，小心地带蜂割下子脾（图7-21），割除子脾上的蜜脾。用自制的托脾叉（图7-22），将子脾托起，

图 7-21　割下子脾

固定在新的蜂巢中（图7-23），巢脾间按正常蜂路平行排列。

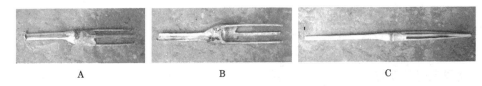

A　　　　　　　　　B　　　　　　　　　C

图 7-22　人工分群的专用托脾叉

A. 竹制的托脾叉　B. 竹制托脾叉的反面　C. 稍长些的竹制托脾叉

托脾叉可就地取材用竹子制作，根据子脾距蜂巢顶部的距离，确定托脾叉的长度。至少其中一张子脾的下方要有1个以上的王台。

3. 新分群补蜂　子脾固定新巢后，将原群的蜜蜂用大饭勺等器具舀出，放入新巢中，舀出的蜜蜂数量大约能使子脾爬满蜂。

4. 将原巢搬离原位另置　人工分群操作结束后，将原群搬离

图 7-23　用托脾叉固定子脾

原位。清理好操作场地，仔细清除蜂箱外的残蜜，以防引起盗蜂。

人工分群后，视外界蜜源情况，给原群和新分群进行奖励饲喂，外界蜜源较丰富可少喂一些糖饲料，蜜源不足就多喂一些。奖励饲喂有助于蜜蜂泌蜡造脾，有利于蜜蜂将脾固定在蜂巢顶部。

四、原始饲养的阶段管理

阶段管理是根据气候、蜜源、蜂群等季节变化，确定阶段的管理目标和任务，制定蜂群阶段的管理方案。原始饲养中蜂的管理阶段基本可以划分为增长阶段、流蜜阶段和停卵阶段。中蜂的停卵阶段，南方在夏季，北方在冬季。不同地区的气候差异，蜜蜂周年的管理阶段也不同。养蜂者需要掌握阶段管理的基本原理，在养蜂实践中根据具体环境条件确定管理办法。

原始饲养的中蜂在阶段管理中也不需要太多的管理操作。

(一) 增长阶段管理

增长阶段是指蜂王产卵、蜂群育子且非大流蜜期的阶段。增长阶段的管理目标是以最快的速度恢复和发展蜂群。根据管理目标确定的阶段任务是克服不利因素，创造有利条件促进蜂群快速增长。

1. 保持巢温　适宜的巢温（32℃～35℃）是蜂子发育的重要条件，巢温偏低将导致蜂子发育不良，蜂群易患病，蜜蜂寿命缩短，群势增长缓慢。在低气温季节，蜂群应放置在温暖向阳的地方。保温不良的原始蜂巢还需要在巢外用稻草等包裹保温。如果巢内巢脾过多，蜜蜂护脾不足，应将蜂较少的边脾割除。强群是蜂群保持巢温的根本，养蜂人要养成不养弱群的习惯。

2. 饲料充足　饲料缺乏，蜂王产卵减少，严重时停卵，清除幼虫，导致群势发展缓慢。当边脾没有蜂蜜贮备，就需要及时补助饲喂。

3. 增加蜂群数量　通过人工分群和收捕分蜂群的方法增加蜂群数量。选择群势强盛的有封盖分蜂王台的蜂群进行人工分群。在人工分群前，需要采用促进蜂群快速增长的技术措施，加快速度培养强群。促进蜂群快速增长的技术措施包括奖励饲喂，在粉源不足的情况下饲喂蜂花粉，保持良好的巢温。保温不可过度，以巢门前无大量扇风的工蜂为度。

(二) 流蜜阶段管理

取蜜多在主要蜜源流蜜期结束以后。在流蜜阶段，蜂群几乎无须操作。但要防止巢温过高，蜜蜂为调节巢温采水而影响采蜜。在流蜜阶段初期需要处理分蜂热，需要及时将分蜂群收捕回来，放入新的蜂巢另组一群。结合换新脾取蜜最好分两次进行，第一次割取一半的巢脾，割下的巢脾切割下蜜脾，保留并保护好子脾。取蜜后及时将子脾按图7-23的方法放回蜂群，要保持放回蜂巢的巢脾两脾面间距8～10厘米。半个月后再取巢内另一半蜂蜜。

（三）越夏阶段管理

越夏阶段前，保证蜂群饲料充足。不足的蜂群需要及时饲喂。越夏阶段最重要的是防蜜蜂逃群。巢内脾新蜜足、群势强盛、无疾病、无干扰的蜂群是保证不逃群，中蜂顺利越夏的重要条件。蜂群放置的场地要通风遮阴。周边缺少水源的蜂场，需要在蜂场上设饲水器。简易的饲水器可用大的容器，内铺细沙和卵石，加水供蜜蜂采集。要及时扑杀巢前胡蜂，胡蜂危害严重也常导致蜜蜂逃群。

（四）越冬阶段管理

越冬前保证贮蜜充足，不足需要饲喂补足。蜂巢放置在避风处，并用稻草、谷草等保温物进行箱外保温，保持蜂群安静不受干扰。冬季保温在北方一般要足够，中原和南方要注意不可保温过度，只要蜜蜂出巢活动就说明巢温偏高。

[案例7-1]　　新乡综合试验站中蜂原始饲养管理技术

原始饲养中蜂的要点是：蜜足、蜂蜜优质、蜂群健康，良种生产，蜂群散放，环境朝阳等。下面介绍的是新乡综合试验站中蜂原始饲养管理的主要技术。

一、蜂　具

1. 蜂　箱

由6块木板合围而成，其中一个侧面是活动的，作为打开蜂箱检查、管理蜂群使用。蜂箱左右内宽66厘米，前后深40厘米（如果群势强大，则增加到45～48厘米），内高33厘米。蜂箱用木架支高40厘米左右，上部用草苫做成斜坡状，以遮蔽雨水和阳光。夏天时，将浸水布片置于箱上用来降温。蜂箱活动箱板下沿开有巢门，活动板左右和上部都有缝隙，蜜蜂在夏季可以进出。

2. 收蜂网

收蜂网顶端采用一个高24厘米、下口直径24厘米的圆形（即半球形）竹（荆）编笼（壳），并且用泥涂抹竹笼缝隙，下沿缝上塑料纱网，使用前在内壁涂上蜂蜜。

二、饲养方法

1. 检查蜂群

根据经验按季节查看蜂群。打开活动箱板观察，巢脾发白，说明蜜蜂造脾正常；巢脾发黄，蜂不兴旺，是不正常。判断是病害、虫害还是蜂王问题，及时处理。

2. 促进蜂增长

蜂群越冬后的恢复期在立春前后。用泥巴将蜂箱孔洞糊严，减少通风透气，再在箱上用草苫围着，促进产子。开始时，稍微喂些糖水，植物开花泌蜜后停止喂蜂。

3. 造　脾

每年割蜜留下4张脾，作为第二年蜜蜂造脾发展群势的基础，并在翌年割蜜时割除。以脾是否发黄判断巢脾是否需要更换，每年更新巢脾。

4. 蜜蜂饲料

割蜜时间多在农历十月初十前后。将巢脾割下，但须保留一个角（蜂巢）够蜂越冬食用。冬季饲料留4个脾，每脾高20厘米、宽20厘米，多余的割除。正月检查，如果缺食，就取一块蜜脾放置蜂团下方补食，并让蜜蜂能接触到。

5. 人工分群

用锤子敲击蜂箱一侧，迫使蜜蜂聚集到另一端，然后割取巢脾一片，在巢脾中央插入竹丝一根；准备一个空箱，在靠近箱侧或后箱壁的顶端，将其吊绑于箱顶上，并从箱外孔隙横向插入两个竹片且穿过巢脾；然后将有封口王台的巢脾带王台割下一小块，固定在横向插入的两个竹片上，与原焊接在箱顶上的巢脾间隔8～10毫米，再用"V"形纸筒将蜂舀入3筒即可；最后搬走原群，新分群（安装王台群）放在原群位置。原群蜜蜂约10天后即发展起来，安装王台蜂群，新王产卵即成一群。

6. 收捕分蜂团

原始饲养的蜂群一般在4月下旬至5月上旬发生自然分蜂。如果当天发现王台封口，次日王台端部就会变黄，天气正常就要发生分蜂，或在封口第三天分蜂；如果天气不好，蜜蜂就在天气转晴、温度18℃以上分蜂。在分蜂季节，必须有人住在蜂场盯住，如果发生蜜蜂一个紧随一个地从巢门往外涌出，即表明分蜂开始。收蜂时，将收蜂网套在分蜂群活动箱板（巢门）一侧，顶端挂在一个立柱上，2分钟左右，分出的蜂蜜被套在网中，撤回套在蜂箱上的网，稍停 30 分钟左右，蜜蜂便聚集在竹笼内，然后准备一个蜂箱，在靠近后箱壁或左右箱壁，将一个小巢脾用铁丝吊在箱顶之上，再将收回的蜜蜂放入箱中，引进蜜蜂时，先将纱网反卷，暴露出蜂团，将竹笼倒置于蜂箱中，盖好箱板，蜜蜂自动上脾造脾，蜜蜂造脾走向与事先固定的巢脾相同。因此，原始蜂巢的巢脾走向、大小是可以控制的。

三、蜂蜜生产

每年 9～10 月份割蜜 1 次，将蜜脾从蜂箱中割下来，蜂蜜带巢一起销售。在河南省伏牛山区，每年每箱平均生产蜂蜜 20 千克。

（案例提供者　张中印）

第二节　中蜂规模化活框养蜂技术

中蜂规模化活框饲养就是在现有技术水平的基础上一个人饲养的中蜂数量要大幅度提高。我国大多数专业饲养中蜂的蜂场人均 50～60 群。通过国家蜂产业技术体系的研发和集成，现已形成人均饲养 200～300 群的中蜂规模化饲养技术模式。未来的发展趋势，可以将中蜂规模化饲养水平提高到人均千群以上。

一、中蜂规模化活框饲养概述

中蜂规模化饲养管理技术是近年来提出的新理念和新方法，解决中蜂饲养规模小、效益低的问题。其技术的基本要点是简化管理、机具应用、良种应用和病敌害防控。

（一）简化管理

简化一切不必要的操作，谋求一个人能够饲养管理更多的蜂群。

1. 全场蜂群状态调整保持一致　全场蜂群的蜂王、群势、子脾、粉蜜、巢脾等均调整并保持一致，这是中蜂规模化活框饲养的前提。全场蜂群所有管理操作均统一处理，不再根据不同蜂群状态采取管理。

2. 简化蜂群检查　蜂群检查在一般养蜂管理中很频繁，非常消耗养蜂者的精力，影响养蜂数量的增加。简化蜂群检查要减少蜂群检查的次数和简化蜂群检查的操作。全面检查是费时最多的蜂群检查方法，一般饲养中蜂要求在蜂群增长阶段每隔 11 天检查 1 次。规模化蜜蜂饲养要求全年只在每阶段开始时检查

1 次，每年只需全面检查 3～4 次。全面检查方法的简化，无须查找蜂王，通过巢脾上蜂子和王台判断蜂王的正常与否。在全面检查记录中只需要记录群势和子脾数量，其余只记录蜂群是否正常和出现的问题。

（二）机具应用

通过机具的应用减轻劳动强度，提高生产效率。现在规模化中蜂活框饲养技术应用的蜂具有电埋础器、电动脱蜂机和电动摇蜜机。随着规模化的发展，饲养中蜂所用的机具将向重型化方向发展。

（三）良种应用

中蜂规模化活框饲养技术对蜂种性状的要求是强群和抗病。我国还没有专门培养中蜂良种的机构和单位，中蜂良种需要蜂场自己培育。在强群和高产的蜂群中移虫育王，保留强群雄蜂，割除弱群雄蜂封盖子。在地方良种选育中，必须保持丰富的遗传多样性，也就是移虫育王的母群要多，至少 20 群以上，同时再选择 20 群作为培养种用雄蜂的副群。需要强调的是，育王移虫的母群和培育种用雄蜂的父群只能在本区域选择，不能跨区域引种。

（四）控制病害

规模化中蜂场与大型畜牧场一样，疫病控制第一重要，如果疫病流行，对蜂场将是毁灭性的。中蜂的主要病害是中蜂囊状幼虫病，一旦暴发病害很难控制。规模化中蜂活框饲养蜂场必须把防疫放在首位。加强管理，为蜂子发育提供理想的巢温和充足的营养，以此提高蜜蜂对疾病的抵抗力。选育抗病蜂种，在抗病的强群移虫育王，割除患病严重蜂群中的雄蜂。

二、中蜂基础管理

（一）保持巢脾优良

蜂群中的巢脾质量是反映活框饲养中蜂技术水平的重要判断依据。巢内出现劣脾（彩页 11），说明该蜂场饲养技术有问题。好的巢脾应该是完整、平整、脾较新，雄蜂房少。保持蜂群中巢脾优良，需要在修造巢脾的季节加紧造脾，将蜂群内的所有巢脾都换掉。修造优质巢脾须准备以下条件：

第一，在外界蜜粉源丰富的季节，必须抓住时机造出足够的巢脾。适宜造脾的蜂群，在框梁上有新蜡出现，这意味着造新的时机到来。

第二，蜂群强盛，弱群是造不出好巢脾的。培养强群是快速修造优质巢脾的前提条件之一。

第三，蜂多脾少，使蜂群感觉巢脾不足，才能促进蜜蜂造脾。造脾前需要提前将旧脾淘汰。

第四，造脾前更换新王，新王产卵多，可以刺激蜂群造脾。新王控制分蜂能力强，减少造雄蜂房，同时能够避免因蜂群闹分蜂而停止泌蜡造脾。

第五，奖励饲喂能够促进造新脾。

第六，巢框要周正，铁线要拉紧，埋线要到位。

（二）蜂脾比适当

中蜂活框饲养的基本要求是蜂脾相称（图7-24-A），即巢脾两面都爬满蜜蜂，不重叠、无空隙。在气温较低的季节蜂脾比为1.2：1，在高温季节蜂脾为0.8：1，一般情况下保持蜂脾比相称。

我国大多数活框饲养的蜂农都存在脾多蜂少的问题（图7-24-B，图7-24-C），这也是中蜂活框饲养技术不到位的主要问题。脾多蜂少的危害非常大：①不利于维持巢温，蜜蜂只能利用巢脾中间有限的区域，且子脾边缘的蜂子易冻伤。②护脾能力弱，很多巢脾没有蜜蜂，易滋生巢虫，造成大面积白头蛹。③易引发盗蜂，它群蜜蜂进入巢内，可轻易进入巢脾贮蜜区搬走蜂蜜。盗蜂回巢后，通过舞蹈信息招引来更多的盗蜂。④蜂子发育不良易患病。⑤脾上的蜂少，巢脾上的空间不能充分利用，蜜蜂中能保证巢中心的蜂子发育温度，导致蜂王只能在脾的中间产卵，所以经常见到脾中间颜色深、边缘色浅的巢脾。巢脾修造后从未产卵育子的巢脾被称为"老白脾"，蜂群不会在老白脾产卵育子。

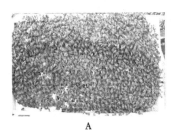  

A B C

图7-24 蜂脾关系
A. 蜂脾相称 B. 巢础框上蜂少 C. 巢脾上蜂少

（三）蜂群排列

中蜂认巢能力差，但嗅觉灵敏，迷巢错投后易引起斗杀。因此，中蜂排列不能像西方蜜蜂那样整齐紧密，使相邻的蜂箱位置有明显的不同。在缺乏蜜源的季节，中蜂不宜与西方蜜蜂排列在一起，以免被西方蜜蜂攻击。即使在流蜜期，如果蜂群密度过大，也会发生西方蜜蜂盗中蜂的现象。

1. 蜂群的一般排列　在较平坦的场地应将蜂群尽可能的分散排列，相邻蜂群的巢门巢向各有不同或相邻蜂箱附件的参照物不同（图7-25）。在山区，中蜂排列应根据地形、地物尽可能分散，充分利用树木、大石块、小土丘等天然标记物安置蜂群。各群巢门的朝向也应尽可能错开。在山区可利用斜坡梯级布置蜂群，使各箱的巢门方向及前后高低各不相同（图7-26）。

图 7-25　较平坦场地的中蜂排列

图 7-26　山坡场地的中蜂排列

2. 在面积有限的场地排列　蜂群排放密集，可在蜂箱的正面涂以不同的颜色和图形，也可把蜂箱垫成不同高度来增强蜜蜂的认巢能力（图7-27-A）。根据蜜蜂对颜色辨别的特性，蜂箱应分别涂以黄色、蓝色、白色、青色等。安徽省一位蜂农在自家长9米、宽7米的庭院内，应用这种方法成功地周年饲养30余群中蜂。中蜂排列密集，应注意保持蜂群饲料充足，以减少盗蜂发生；取蜜或其他开箱作业应等开过箱的蜂群完全安定后，再打开邻近蜂箱。也可以围绕树木等参照物排列（图7-27-B）。

3. 短期放蜂的蜂群排列　转地采蜜的蜂群，如果场地较小，可以3～4群排列成一组，组距1～1.5米，相邻蜂箱的巢门应错开45°～90°。

4. 业余养蜂少量蜂群的排列　饲养少数蜂群，可以排在安静的屋檐下或围墙及篱笆边做单箱排列，两箱距离最好在1米以上。

图 7-27　中蜂紧密排列

A. 庭院内排列　　B. 围绕树木排列

（四）蜂群放置

蜂箱摆放在背风向阳处，既不能使太阳直射蜂箱，也不能太阴凉潮湿。需要将蜂箱垫高 200～500 毫米，以防除蚂蚁、白蚁、蟾蜍敌害，避免地下的湿气影响蜂群。蜂箱垫高的材料往往就地取材，木桩、竹桩、钢筋、砖石等均可以。在广东等发达地区，常见蜂农购买塑料凳、塑料桶来垫高蜂箱。

（五）工蜂产卵处理

工蜂是生殖系统发育不完全的雌性蜂，在正常蜂群中工蜂的卵巢受到蜂王物质抑制，一般情况下工蜂不产卵。失王后，蜂群内蜂王物质消失，工蜂卵巢开始发育，一定时间后，就会产下未受精卵。这些未受精卵在工蜂巢房中发育成个体较小的雄蜂，这对养蜂生产有害无益。如果对工蜂产卵的蜂群不及时进行处理，此群必定灭亡。

1. 工蜂产卵特性　中蜂失王后比西方蜜蜂更容易出现工蜂产卵，一般只经过 3～5 天就能发现工蜂产卵。在蜜粉源充足的情况下失王，蜂群往往一边改造王台，工蜂一边产卵。工蜂产卵初期常常也是一房一卵，有的甚至还在台基中产卵，随后呈现一房多卵。工蜂产的卵比较分散零乱，产卵工蜂因腹部短小，多将卵产在巢房壁上。工蜂产卵的蜂群采蜜能力明显下降，性情较凶暴。出现工蜂产卵的蜂群，在诱入蜂王或合并蜂群处理上有一定的难度。

2. 工蜂产卵群的处理　工蜂产卵蜂群比较难处理，既不容易诱王诱台，又不容易合并。失王越久，处理难度越大。所以，失王应及早发现，及时处理。

防止工蜂产卵，关键在于防止失王。蜂群中大量的小幼虫，在一定程度能够抑制工蜂的卵巢发育。发生工蜂产卵，可视失王时间长短和工蜂产卵程度，采取诱王、诱台、蜂群合并、处理卵虫脾等措施。

●●● **195**

（1）**诱台或诱王**　中蜂失王后，越早诱王或诱台，越容易被接受。对于工蜂产卵不久的蜂群，应及时诱入一个成熟王台或产卵王。工蜂产卵比较严重的蜂群直接诱王或诱台往往失败，在诱王或诱台前，先将工蜂产卵脾全部撤出，从正常蜂群中抽调卵虫脾，加重工蜂产卵群的哺育负担。一天后再诱入产卵王或成熟王台。

（2）**蜂群合并**　工蜂产卵初期，如果没有产卵蜂王或成熟台，可按常规方法直接合并或间接合并。工蜂产卵较严重，采用常规方法合并往往失败，需采取类似合并的方法处理。即在上午将工蜂产卵群移位 0.5～1 米，原位放置一个有王弱群，使工蜂产卵群的外勤蜂返回原巢位，投入弱群中。留在原蜂箱中的工蜂，多为卵巢发育的产卵工蜂，晚上将产卵蜂群中的巢脾脱蜂提出，让留在原箱中的工蜂饥饿一夜，促使其卵巢退化，次日仍由它们自行返回原巢位，然后加脾调整。工蜂产卵超过 20 天以上，由工蜂产卵发育的雄蜂大量出房，工蜂产卵群应分散合并到其他正常蜂群。

（3）**工蜂产卵巢脾的处理**　在卵虫脾上灌满蜂蜜、高浓度糖液或用浸泡冷水等方法使脾中的卵虫死亡，后放到正常蜂群中清理。或用 3％碳酸钠溶液灌脾后，放入摇蜜机中将卵虫摇出，用清水冲洗干净并阴干后使用。对于工蜂产卵的封盖子脾，可将其封盖割开后，用摇蜜机将巢房内的虫蛹摇出，然后放入强群中清理。

（六）迁飞处理

中蜂迁飞是蜂群躲避饥饿、病敌害、人为干扰以及不良环境而另择新居的一种群体迁居行为，也称为逃群。

1. 迁飞的原因　蜜蜂迁飞的原因总的来说是原巢已不适应蜂群生活：①巢内缺乏粉蜜，蜂群长期饥饿；或长期无蜜源后，外界蜜粉源日渐丰富的季节。②群势过弱，蜂脾比例不当等蜂群因素。③阳光下暴晒、寒风侵袭、漏雨潮湿等小气候不良，烟雾、振动、噪声、不当开箱、过度取蜜等人为干扰等；巢内巢脾老旧、潮湿、异味、漏洞和缝隙等巢内环境恶化。④盗蜂、胡蜂、巢虫、蚂蚁、老鼠等敌害威胁和骚扰。⑤发生囊状幼虫病、欧洲幼虫腐臭病等病害。⑥转地运输剧烈震动。

中蜂迁飞行为的强弱由蜂种的遗传性决定。春、夏两季由低海拔山下向高海拔山上迁飞，秋季再由高海拔山上向低海拔山下迁飞。迁飞性强的中蜂，不需要任何理由就发生迁飞。在中蜂饲养中也出现过这样的中蜂，连续数次迁飞，数次处理最后仍迁飞离去。尤其是迁飞来投的中蜂，也更容易迁飞逃走。

2. 迁飞特性　迁飞前，蜂群处于消极怠工状态，出勤明显减少，停止巢门前的守卫和扇风；蜂王腹部缩小，巢内卵虫数量和贮蜜迅速减少，当巢内封盖子脾基本出房后，相对晴好的天气便开始迁飞。因此，在中蜂饲养管理中，发现巢内卵虫突然减少时，应及时分析原因，采取相应措施。开始迁飞时，工蜂表现兴奋，巢门附近部分工蜂举腹散发臭腺物质；巢内秩序混乱。不久大量蜜蜂倾巢而出，在蜂场上空盘旋结团，然后飞向新巢。迁飞的中蜂往往不经结团，待蜂王出巢后，直接飞往预定目标。迁飞一般发生在 10～16 时，中午 12～14 时是迁飞的高峰时间。

3. 防止迁飞措施　在日常蜂群管理中，应保证蜂群饲料充足、蜂脾相称、环境安静、健康无病、无敌害以及避免盗蜂和人为干扰。在易发生迁飞的季节，可在巢门前安装控王巢门，防止发生迁飞时蜂王出巢。控王巢门的高度为 4 毫米，只允许工蜂进出，蜂王只能留在巢内。一旦发现巢内无卵虫和无贮蜜，应立即采取措施，如蜂王剪翅、调入卵虫脾和补足粉蜜饲料等。然后，再寻找原因，对症处理。

此外，因中蜂迁飞性的强弱有一定的遗传性，在常年的中蜂饲养中，应注意观察，选择迁飞性较弱的蜂群作为种用群，培育种用雄蜂和蜂王。

4. 中蜂迁飞的处理　蜂群刚发生迁飞，工蜂涌出蜂箱，但蜂王还未出巢，应立即将巢门关闭，待夜晚开箱检查后，根据蜂群具体问题再做调整、饲喂等处理。蜂群已开始迁飞，应按自然分蜂团的收捕方法进行。为防多群相继迁飞，在发生蜂群迁飞的同时，将相邻蜂群的巢门暂时关闭，并注意箱内的通风。待迁飞蜂群处理后，再开放巢门。迁飞蜂群一般不愿再栖息在原巢原位，收捕回来后，最好能放置在小气候良好的新址；蜂箱应清洗干净，用火烘烤后并换入其他正常蜂群的巢脾，再将迁飞的蜂群放入蜂箱。为防止收捕回来的中蜂再次迁飞，应常做箱外观察，但 1 周内尽量不开箱检查。在安置时，应保证收捕回来的中蜂巢内有适量的卵虫和充足的贮蜜。

［案例 7-2］　儋州综合试验站示范基地中蜂规模化饲养技术

儋州综合试验站的规模化饲养技术示范基地，最初饲养中蜂 103 群，年收入 8 万～10 万元。2011 年开始开展中蜂规模化饲养技术示范，主要做法是：减少蜂群开箱管理措施，增加箱外观察，保持整个蜂场群势基本一致，统一操作，减少检查频率。这样，极大地降低了劳动强度，增加了蜂群饲养数量。

该示范基地，2014 年 2 人活框饲养中蜂 350 群左右，人均饲养 175 群。蜂群分 3 个地方摆放，分别在 3 个村寄放。蜂群以定地饲养为主，结合小转地，自己人工育王。养蜂者除了分蜂季节和采蜜季节，平时很少开箱检查蜂群。年收入在 20 万～30 万元。

该示范基地的规模化饲养技术已辐射到儋州、白沙、临高等市（县），共计60多人，其中由邱恒学负责的中蜂规模化示范场，1人可饲养管理130群。

（案例提供者　高景林）

第三节　中蜂过箱技术

中蜂过箱，就是将生活在原始蜂巢（包括箱、桶、竹笼、洞穴等）中的中蜂，转移到活框蜂箱中饲养。中蜂过箱是将中蜂从原始饲养向活框饲养过渡的过程，是解决中蜂活框饲养所需蜂种的重要来源。尤其是在蜂种资源丰富，而中蜂活框饲养技术落后的深山区，掌握中蜂过箱技术意义很大。

过箱过程对于蜂群来说是强迫性的迁移，难免在一定程度上使蜂群失蜜、伤子，干扰蜂群的正常生活。所以，一定要选择适当的时间、采用恰当的方法和妥善的管理，才能减少对蜂群的伤害，使蜂群安全过箱。中蜂过箱的成败，关键在于过箱条件的选择与控制、过箱操作技术和过箱后的管理。

一、过箱条件

（一）过箱时期的选择

各地气候和蜜源环境不同，中蜂过箱的最佳时期也不同。有些地区，一年四季均可进行过箱操作，春夏秋冬均有过箱成功的经验。但不同季节过箱，操作难易程度和成功率有所不同。

（1）不同季节的过箱

①早春过箱　巢内无子脾，或子脾较小，贮蜜少，操作较容易，不伤子脾或对子脾伤害较轻，一般不会轻易发生逃群；但此时外界气温较低，蜜粉源少，操作不慎易引起盗蜂，过箱后巢脾与巢框的粘接较慢，蜂群适应性较差。

②春末夏初过箱　外界气候温暖，蜜粉源比较丰富，蜜蜂群强子旺，蜂群抵抗力强，过箱后蜂群恢复发展快，但是由于子脾多，过箱时绑脾的工作量较大。

③夏季过箱　南方蜜粉源枯竭，气候炎热，敌害猖獗，蜂群抵抗力弱，如果过箱操作不慎，或过箱后管理不善，易引起盗蜂和逃群。北方往往处于大流蜜阶段，蜂群强盛，蜂群抵抗力强，过箱成功率高，但巢内子脾多、贮蜜多，操作较麻烦，同时对蜂群的采蜜有不利的影响。

④秋季过箱 南方气候渐凉，有一定的蜜粉源，蜜蜂的群势有所恢复，过箱操作较易，但在外界蜜粉源不足的地区，应防盗蜂；北方日夜温差较大，有一定的蜜粉源，巢内蜜多子少，过箱操作较难，过箱后易盗蜂，操作不慎，蜜蜂不上脾，易冻伤子脾，削弱群势，若蜂王不及时恢复产卵，将影响适龄越冬蜂的培育。

⑤冬季过箱 在南方有冬季蜜源的地区，流蜜初盛期，巢内子多蜜多，群势强，蜂群适应性强，过箱恢复快，但早晚温差较大，操作时应注意保温；流蜜后期，巢内蜜多子少，群势有所不降，蜂群的抵抗力减弱，过箱成功率低，易引起盗蜂。北方冬季，蜂群处于基本不活动的越冬期，此时过箱干扰蜂群正常越冬，巢脾与巢框不易粘接，过箱成功率低；但在冬末春初，蜂群恢复期前借脾过箱则利多弊少。

（2）最理想的过箱时期 最理想的过箱时期应是外界气候较温暖，蜜粉源较丰富的季节。此时期过箱，不易引起盗蜂，过箱后巢脾与巢框粘接快，有利于蜂群恢复和发展。冬季过箱，应在气温20℃以上的天气进行。阴雨、大风天气蜜蜂比较凶暴，影响过箱操作。夏、秋两季过箱宜在傍晚进行；早春或秋、冬季节可在室内操作，用红光照明，室内烧开水，保持室温25℃～30℃。

（二）过箱的群势标准

强群在保温、采集、造脾、哺育等各方面，都显示出优越性。因此，过箱要求具有一定的群势，一般应达3～4足框及以上，子脾较大。这样的蜂群恢复发展快，不易逃群。弱群不宜过箱，否则影响蜂群保温。凡弱群宁可等其强盛后再行过箱。利用幼虫可增加蜜蜂的恋巢性，防止过箱后发生逃群。因此，巢内带有子脾，特别是带有幼虫脾，是安全过箱的重要因素。

二、过箱准备

为使过箱顺利迅速进行，确保成功，事前必须做好蜂巢位置调整和过箱用具准备等工作。

（一）蜂箱巢位的调整

中蜂活框饲养，需要经常开箱操作。蜂群摆放的位置，应便于管理操作。过箱前原始饲养的蜂巢，因无须常开箱，往往摆放在不便操作的地方，如悬吊在屋檐下、墙壁上、树上等。在过箱操作前，应采用蜂群近距离迁移的方法，将处于不适当位置的原始蜂巢移到相应地点。

（二）过箱用具的准备

中蜂过箱要求快速，尽量缩短操作时间，以减少对蜂群的影响。所以，在操作前必须做好各项过箱用具的准备工作。这些用具包括活框蜂箱和上好线的巢框、盛放子脾用的平板、插绑巢脾用的薄铁片、吊绑或钩绑巢脾用的硬纸板、夹绑巢脾用的竹片，以及蜂帽面网、蜂刷、收蜂笼、喷烟器、割蜜刀、起刮刀、钳子、图钉、细铁线、盛蜜容器、埋线棒、水盆、抹布等。蜂箱和巢框最好是用旧的；若是新的，应待木材气味散尽后才能使用。埋线棒可用小竹条制成，长约 15 厘米，直径应小于巢房，其下端削成"Λ"形，也可用螺丝刀替代。薄铁片，可用易拉罐、罐头壳剪制，每片宽约 10 毫米、长 30 毫米。

三、过箱方法

我国原始饲养中蜂的蜂巢种类很多，有用木板钉成的蜂箱或箍成的蜂桶，有用大树干掏空制成的，有用竹条、荆条编制后再涂上泥巴形成，也有的用土坯砌成；有横卧式，立桶式；有长方形，有圆形。虽然原始蜂巢的材料和形状结构各不相同，但从过箱操作的角度，可将原始蜂巢分为可活动翻转的和固定的两大类。为了提高效率，过箱时最好有 2～3 人协同作业。一人脱蜂、割脾、绑脾，一人收蜂入笼、协助绑脾，以及清理残蜜蜡等。

如果蜂场中已有改良的活框中蜂群，可采取借脾过箱的方法。将其他活框蜂群中的 1～2 张幼虫脾和 1 张粉蜜脾放入箱内，根据蜜蜂群势适当加巢础框。巢脾在箱内排列好后，直接把蜂群抖入蜂箱中。原巢子脾经割脾和绑脾后分散放入其他活框蜂群中修补，使其蜂子继续发育。

（一）驱蜂离脾

驱蜂离脾是过箱操作的第一步，就是驱赶蜜蜂离脾，以便于割脾和绑脾。驱蜂离脾的方法，根据原始蜂巢是否可移动翻转，采取不同的方法。

1. 活动原巢 凡是能够翻转的原始蜂巢，应尽量采用翻转巢箱的过箱方法。

（1）翻转巢箱 将原蜂巢翻转 180°，使巢脾的下端朝上（见图 7-20-A）。这样，既可避免贮蜜多的巢脾折裂，又便于割脾操作。在蜂巢翻转前，务必观察巢内巢脾的排列走向。翻转时，应掌握巢脾纵向始终与地面保持垂直，以防巢脾断裂，贮蜜流出，造成操作的麻烦。贮蜜污染子脾表面，易造成巢房中的虫蛹窒息、过箱后蜜蜂不护脾等情况。

（2）驱蜂入笼　将蜂巢底部打开，收蜂笼紧放在已翻转朝上的蜂巢底部。然后在蜂巢下部的固定地方，用木棒有节奏地连续轻击，或者喷以淡烟，驱赶蜜蜂离脾，引导蜜蜂向上集结于收蜂笼中（图 7-28）。切忌乱敲，否则导致蜜蜂在原始蜂箱中乱跑。待蜜蜂全部入笼后，将蜂巢搬进操作室中处理。装有蜂团的收蜂笼稍加垫高，放置在蜂巢原位，使出勤归巢的蜜蜂投入笼中集结。驱蜂入笼时，切莫急躁，以免散驱蜂团。

图 7-28　翻转的蜂巢

2. 固定原巢　不能翻转的原始蜂巢，过箱时宜采用此方法。

（1）打开蜂箱　首先揭开原始蜂巢的侧板或侧壁，观察巢脾着生的位置和方向，选择巢脾横向靠外的一侧，作为割脾操作的起点。

（2）驱蜂离脾　采用喷淡烟的方法或用木棒轻敲巢箱的上板或侧板，驱赶蜜蜂离开最外侧巢脾，团集蜂巢里侧。然后逐脾喷烟驱蜂（图 7-29），依次割脾，直到巢脾全部取出，蜜蜂团集在另一端为止。

A　　　　　　　　　　B　　　　　　　　　　C

图 7-29　喷烟驱蜂

A、B. 用点燃的草把驱蜂　C. 用点燃的喷烟器驱蜂

（二）割取巢脾

驱蜂离脾后，应迅速用利刀将巢脾逐一割下（图 7-30）。如果该原始蜂巢还用于诱引中蜂，割脾时应在脾的上方留 2 行巢房。每割 1 张脾，都应用手掌承

托取出，避免巢脾折断。割下巢脾凡是可以利用的子脾，均应平放在清洁的平板上，不能重叠积压，避免子脾压伤和被蜂蜜污染。在低温季节过箱，最好在温暖的室内操作，或进行子脾保温，以免冻伤虫蛹。

图 7-30　割　脾
A. 在翻转的原始蜂巢中割脾　B. 刚割下的一张巢脾　C. 从未翻转的原始蜂巢中割脾

（三）绑脾上框

大而整齐的粉蜜脾可适当保留，作为过箱后的蜂群饲料。凡无卵虫蛹的巢脾一般均应淘汰。在需淘汰的巢脾中，将脾中的贮蜜部分割下留待榨蜜，其余另置，集中化蜡（图 7-31-A）。

子脾是蜂群的后继有生力量，割脾后应尽快绑脾上框，放回蜂群。为了防止在插绑和吊绑时，因子脾上方的贮蜜过重，巢脾下坠使巢脾与巢框上梁不易粘接，在绑脾前应切除子脾上部的贮蜜（图 7-31-B，图 7-31-C）。切脾时，应保证子脾上端平齐。绑脾一定要认真细致，要求平整牢固，以防发生过箱后逃群。巢脾不平整，会阻塞蜂路；绑脾不牢，容易发生坠脾。绑脾的方法，通常有插绑、吊绑、钩绑、夹绑等，应根据子脾的大小、新旧灵活应用。

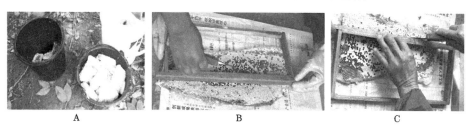

图 7-31　切除贮蜜
A. 容器中割下来蜜脾　B. 将巢框上梁横放在巢脾的贮蜜和蜂子之间　C. 用刀将蜜脾割下

穿好铁线的巢框套在子脾上，使脾的上沿切口紧贴巢框上梁。顺着巢框穿线，用小刀划脾，刀口的深度以刚好接近房基为准（图7-32-A）。接着用埋线棒或螺丝刀把铁线嵌入巢房底部（图7-32-B）。

A   B

图7-32 铁线埋入巢脾
A. 用刀沿巢框上的铁线划到脾中间　B. 用螺丝刀将铁线压入巢脾中间

1. 插绑　子脾埋线后，用薄铁片嵌入巢脾中的适当位置，再穿入铁线绑牢在巢框上梁。凡经多次育虫的黄褐色巢脾，因其茧衣厚、质地牢固，均适于插绑。

2. 吊绑　将子脾裁平埋线后，用硬纸板承托在巢脾的下沿，再用图钉、铁线将脾吊绑在巢框上梁。凡新、软巢脾均应用此方法。

3. 钩绑　钩绑是对经插绑和吊绑后脾下方歪斜巢脾的校正方法。用一条细铁线，在一端拴一小块硬纸板，另一端从巢脾的歪出部位穿过，再从另一面轻轻拉正，然后用图钉将铁线固定在巢框的上梁。

4. 夹绑　把巢脾裁切平整后，使其上下紧顶巢框的上下梁，经埋线后，用竹条从脾面两侧夹紧绑牢。凡是大片、整齐、牢固的粉蜜脾或子脾，均可采用夹绑。夹绑所用的竹片，遮盖住巢房较多，易影响部分子脾的发育和羽化出房。

绑好的子脾，应随手放入蜂箱内。最大的子脾放入在蜂巢的中间，较小的依次放在两侧，其间保持适当的蜂路。如果群势强大，子脾又少，则应酌加巢础框。巢脾靠蜂箱一侧排放，外侧加隔板。为防过箱后蜜蜂不上脾，而在隔板外空间栖息造脾，应在蜂箱的空位暂用稻草等物填塞。

（四）催蜂上脾

将排列好子脾、盖好副盖和箱盖的活框蜂箱放在原来旧巢位置，箱身垫高200毫米，巢门保持原来的方位。将巢门档撬起，在巢门前斜放一块副盖或其他木板，将蜂笼中的蜂团直接抖落在巢门前，使蜜蜂自行爬进蜂箱。如有小团蜜蜂集结在巢口或其附近，可用蜂刷等催赶入箱。也可在子脾放入蜂箱后，将收蜂笼中的蜜蜂，直接抖入蜂箱中，然后快速盖好副盖和箱盖。

对于固定蜂巢中蜂团，可用手捧或瓢取等方法，将蜜蜂取出，直接放入排放好子脾的活框蜂箱中。

（五）过箱时应注意的问题

1. 环境清洁　过箱前，应将原蜂巢上下和外围，操作环境清理干净，以免操作时污染巢脾。

2. 不弄散蜂团　细心操作，避免弄散蜂团，防止蜂王起飞。万一蜂王起飞，不要惊慌，只要蜂团没散，蜂王会自行归队；若散团引起蜂王起飞，则应在蜜蜂重新结团处寻找蜂王。蜂王一般在较大的蜂团中。找到蜂王应连同蜂团一起收回。

3. 清除蜜蜡　过箱时和过箱后，最怕引起盗蜂。在过箱操作时尽量减少贮蜜的流失，过箱后应立即清除场地上一切蜜蜡，洒落在地上、箱外的点滴蜜蜡都应及时用水冲洗或用土埋。

（六）过箱后的管理

1. 调节巢门　过箱后应关小巢门，严防盗蜂。随气温的变化和流蜜情况，调节巢门大小。

2. 奖励饲喂　在外界蜜源不多的条件下过箱，应在每日傍晚进行饲喂，促进巢脾与巢框的粘接、工蜂造脾和刺激蜂王产卵。

3. 检查整顿　过箱后 0.5～1 小时察看蜜蜂上脾情况。如果蜜蜂全部上脾，没有纷乱的声音，说明蜂群正常。如果未上脾，需用蜂刷驱赶蜜蜂上脾。

过箱后第二天，观察箱外蜜蜂活动情况。如果蜜蜂采集积极，清除蜡屑，拖出死蜂，则表明蜂群正常；如果工蜂乱飞，不正常采集则有可能失王，应立即开箱检查。如果蜂群活动不积极，则应及时查明原因并妥善处理，防止蜂群发生迁飞。

过箱 3～4 天后，进行全面检查。巢脾粘接牢固，可以去除绑缚物；如果巢脾和巢框粘接不好，应重新绑缚，注意巢内蜜粉是否充足和脾框距离是否过大。同时清除箱底的蜡屑和污物。

4. 保温　保温是过箱后中蜂护脾的关键。由于气温低，箱内空旷，过箱后蜜蜂往往集结于箱角。蜜蜂长时间不护脾，造成蜂子冻死，蜜蜂就更不上脾。为了避免这种现象发生，除了加快过箱速度，减缓巢脾温度的降低外，过箱后应加强保温，减少巢内空间。

5. 失王处理　过箱后蜂王丢失，最好诱入产卵王或成熟的自然王台。如果没有产卵蜂王或成熟王台，则可考虑选留一个改造王台，或与其他有王群合并。

第四节　野生中蜂的诱引和收捕技术

我国各地的山林蕴藏着大量的野生中蜂，对其进行收捕，并加以改良饲养，能够充分利用丰富的养蜂资源，促进经济欠发达地区养蜂业的发展。野生中蜂的收捕是一项有益于发展农村经济的实用技术。

一、与诱引和收捕有关的中蜂生物学习性

与诱引和收捕有关的中蜂的生物学习性，主要包括中蜂的营巢、迁飞。根据中蜂营巢习性，准备合适的诱引箱桶，选择恰当的诱引地点；根据中蜂迁飞习性确定诱引的季节和时间；根据蜜蜂采集特性寻找野生中蜂的蜂巢。

（一）营巢习性

蜂巢是蜂群栖息场所。蜜蜂对营巢地点的选择十分严格，要求蜜源丰富、小气候适宜、目标显著、飞行路线通畅和能躲避敌害。因此，野生蜂群常穴居在周围有一定蜜粉源的南向山麓或山腰中，能蔽日晒、防风雨、冬暖夏凉，且能避敌侵扰的地方。孤岩和独树，是它们最喜欢营巢的目标。在密林茂竹或只有小灌木的地方，因环境闭塞，目标不明显，蜜蜂一般不来投居。

蜜蜂对蜂巢的选择，要求密闭、干燥、适当大小的空间和洞口。在自然界，蜜蜂多在树洞、岩洞、土洞或古坟内筑巢。野生蜂洞穴的出入口一般只有人眼大小，这样有利防止敌害侵袭。凡黄喉貂等敌害能闯入的洞穴，是不会有蜂群的。

（二）迁居习性

中蜂迁居主要有两种情况，自然分蜂和迁飞。蜜蜂迁居的方向往往有一定的季节性，春、夏季节多由山下向山上迁移，而秋、冬季节则由山上向山下迁移。

自然分蜂也有很强的季节性，分蜂季节最主要的环境特征是蜜粉源丰富。因此，自然分蜂多发生在春、夏季节。南方山区，也有少数发生在初冬。

迁飞主要因缺蜜、人为干扰、受病敌害所迫。野生中蜂的迁飞也有一定的季节性规律。例如，被巢虫逼迁的，南方山区常发生在秋季群势衰退、巢虫猖獗的时期；被胡蜂侵害逼迁的，常发生在夏、秋季节蜜源枯竭的地区；被鼬类

破坏逼迁的，常发生在寒冬或初春鼬类觅食困难时期。但这并不意味野生蜂具有典型的季节性迁移现象。

二、野生中蜂的诱引

野生中蜂的诱引的要点，选择野生中蜂分蜂的时期，在适宜蜜蜂营巢的环境地点，放置诱引箱桶，让蜂群自动投入。诱引迁飞的野生中蜂在饲养中也往往易迁飞逃走。蜂群诱入后，再进行相应的处理和饲养。

（一）诱引地点

选择诱引点的关键是蜜粉源丰富、小气候适宜和目标突出。蜜粉源较丰富是选择诱引点的首要条件。"蜜蜂不落枯竭地"，在没有蜜粉源的地方是不可能诱引到蜜蜂的。小气候环境是蜜蜂安居的基本条件。夏季诱引野生蜂，应选择阴凉通风的场所，冬天应选择背风向阳的地方。在坐北朝南的山腰突岩下，日晒、雨淋不到，而且冬暖夏凉，是最为理想的诱引地点，宜四季放箱诱引（图7-33-A，图7-33-B）。另外，南向或东南向的屋檐前、大树下等也是较好的地点。根据蜜蜂的迁徙规律，诱蜂地点春夏季节设在山下，秋冬季节设在山上。

诱引箱放置的地点必须目标显著，这才容易被侦察蜂所发现，而且蜜蜂飞行路线应畅通。如山中突出的隆坡、独树、巨岩（图7-33-C）等附近，都是蜜蜂营巢的天然明显目标。

A   B   C

图7-33　野生中蜂诱引
A. 诱引箱放置在目标明显的山崖　B. 山崖下的诱引箱　C. 诱蜂点为目标明显的巨崖

（二）适当时期

诱引野生蜂的最佳时期为分蜂期。分蜂主要发生在流蜜期前或流蜜初期，应根据当地气候和蜜粉源的具体情况确定诱引时间。

在蜜蜂分布密集的地区，还可诱引迁飞的野生蜂。诱引迁飞蜂群，应根据具体情况分析当地蜜蜂迁飞的主要原因，把握时机安置诱引蜂箱。

（三）合适的箱桶

诱引野生蜂的箱桶，要求避光、洁净、干燥，没有木材或其他特殊气味。新制的箱桶，因有浓烈的木材气味，影响蜜蜂投居。新的箱桶应经过日晒、雨淋或烟熏，或者用乌桕叶汁、洗米水浸泡，待完全除去异味后，再涂上蜜、蜡，用火烤过方可使用。附有脾痕的箱桶带有蜜、蜡和蜂群的气味，对蜜蜂富有吸引力。特别是那种蜜蜂投居1～2天后就过了箱，留着新筑脾芽的箱桶诱蜂更为理想。诱引箱桶的容积应大小适当，一般为0.05～0.07米³。为了适应蜂群在巢内团集保温护脾，箱桶的形状应尽量接近球状或正方体。箱桶的巢门，只要保留几个小孔即可。

闽北山区、浙西北山区常在竖放蜂桶的中部，横穿几根木条或竹条（图7-34），在木条和竹条上面铺一层棕皮，棕皮上面再塞紧稻草，然后安置在平坦石块上。再用棕皮封住桶的上口，并覆盖树皮和石块。当蜂群飞来，筑满了巢脾后，取去稻草，剥掉棕皮，让蜂群向上发展，以后再过箱。

诱引野生蜂最好采用活框蜂箱，这样可以使野生蜂群直接接受新法饲养，减少过箱环节。采用活框蜂箱诱蜂，在箱内先排放4～5个穿上铁线，并镶有窄条集础的巢框。有条件的最好事前把巢础交给蜂群进行部分修造。为了便于

图7-34　蜂桶中间横穿几根木条或竹条

初投蜂群在诱引箱中团聚，不宜采用全框巢础。箱内用稻草等填塞隔板外侧空间，以免蜂群进箱后不上脾，而在隔板外的空处营巢。蜂箱巢门留30毫米宽、10毫米高。为了诱蜂后搬动方便，在放置前，先把巢框和副盖装钉牢固。

诱引箱中放入适量的蜂蜜或白砂糖等糖饲料，以及每天上午10时左右，诱引箱附近燃烧旧脾，有助于诱蜂。如果发现常在墙壁等处飞飞停停、寻找巢穴的侦察蜂，可将诱引箱放置在附近，并在诱引箱巢口涂抹少许蜂蜜诱引侦察蜂。或将侦察蜂捕捉后放入诱引箱中关闭10分钟，然后再将此侦察蜂放出。应注意不得损伤侦察蜂。侦察蜂飞走后不得变动诱引箱的位置。

诱引箱的摆放，最好依附着岩石，并把箱身垫高些，左右应垒砌石垣保护，箱面要加以覆盖，并压上石头，以防风吹、雨淋及兽类等的侵害。

（四）检查安顿

在诱引野生蜂群过程中，需经常检查。检查次数，应根据季节、路程远近而定。在自然分蜂季节，一般每3～4天检查1次。久雨天晴，应及时检查；连续阴雨，则不必徒劳。

发现蜂群已经进箱定居，应待傍晚蜜蜂全部归巢后，关闭巢门搬回。凡采用旧式箱、桶的，最好在当天傍晚就借脾过箱。

三、野生中蜂的收捕

野生中蜂的收捕是根据野生中蜂的营巢习性和活动规律，寻找野生蜂巢，再进行收捕。收捕野生蜂，应在气候暖和、蜜粉源丰富的季节进行。此时期蜜蜂活动积极，群势较强，捕获后有助于蜂群迅速恢复。

（一）寻觅野生蜂巢的方法

寻找野生蜂巢，应选择晴暖的天气，在蜜蜂采集最活跃的季节和时刻进行。

图7-35　考察核桃树洞中的野生中蜂

进山以后，若在山坳、山口、山顶和蜜源植物的花朵上从未发现蜜蜂的踪迹，说明这一带没有野生蜂居住，不必再行寻觅。

1. 搜索树洞　沿着林子边缘和边远的山村，以空心有洞的大树为搜索目标，认真寻找（图7-35）。

2. 追踪工蜂　采用沿途追踪工蜂的方法，寻找蜂巢。其方法有多种。

在晴天上午9～11时，守候在山谷出口处，留心观察回程蜂的飞行路线，也可以观察花上采集蜂的动向。如果有5～7只回程蜂飞往同一方向去，就可以沿着这个方向进行跟踪，每次前进30～50米，最后就可能找到蜂巢。

在高地的上风处，用带叶的树枝蘸

上蜂蜜,挂在离地2米高的地方,并燃烧一些旧巢脾,使蜂蜜和蜡的气味散发出去,招引野生蜜蜂。然后注意吸饱蜂蜜的野生蜂的飞行路线。与此同时,在相距数十步远的地方的另一个高地上,也用同样方法招引并观察蜜蜂的飞行路线。这两条飞行路线相交叉的方位,往往就是蜂巢的所在地。

长白山区寻找野生蜂巢的方法是在晴暖的天气,在山中的高岗处,支起锅灶点燃火堆,把高浓度的蜂蜜放到锅中煮至沸腾,用蜂蜜的香味吸引野生中蜂来采集。根据蜜蜂返回的飞行路线追踪,寻找蜂巢。在追踪过程中,若失去踪迹,在蜜蜂飞行路线的附近再煮蜂蜜,吸引蜜蜂。反复数次定位寻找,就可准确地找到野生蜜蜂的蜂巢。

捉住即将归巢的采集蜂,在蜂腰上绑一根300~400毫米长的细线,另一端粘上一块10毫米宽、数厘米长的纸片,然后释放跟踪。通常重复几次,就可以找到蜂巢。

当蜜蜂采好粉蜜后,起飞时往往会打1~3个圈子,然后才按一定的高度笔直地飞向蜂巢。根据回程采集蜂起飞打圈次数和飞行的高度,来判断蜂巢的远近。起飞时只打1个圈子的,蜂巢不会很远;打3个圈子的,蜂巢2.5千米以外,追踪比较困难。如回程蜂在离地3米左右的高度飞行,说明蜂巢约在250米远的地方;若飞行的高度在6米以上,就说明蜂巢较远,不可盲目追踪。

3. 观察采水蜂 采水蜂大部分是老蜂,飞行距离不会很远。入山找蜂时,要留心水源边沿,如果发现有采水蜂,就表明附近有蜂巢。采水蜂在下降和起飞时,都是绕圈子飞行的。如果飞来时打圈是逆时针方向,而回去时是顺时针方向,就表明蜂巢在山的左边;如果打圈的方向与上述相反,则表明蜂巢在山的右边。

4. 通过蜜蜂粪便判断蜂巢方位 工蜂在认巢飞翔或爽身飞翔时,常在蜂巢附近排下许多粪便。采集蜂在出巢起飞时,也常先排掉粪便后才飞往采集。因此,在蜂巢周围的树叶、杂草上,必有很多蜂粪。蜂粪呈黄色,一头大,一头小,通常大的一头总是朝着蜂巢的方向应按照这个方向去寻找。若发现蜂粪逐渐密集,那么附近就必有蜂巢。

此外,还可以向山区的药农、猎人等经常在山中活动的人了解野生蜂的踪迹,为收捕提供线索。

(二) 收捕技术

发现野生蜂的蜂巢后,要准备好刀,斧,凿,锄,喷烟器(或艾条、草把等),收蜂笼,蜂箱,面网,蜜桶等用具,于傍晚进行收捕。在野生蜂收捕过程中,应尽量保护好巢穴,并留下一些蜡痕,然后用石块、树皮、木片、黏土等将其修复成原状，留下人眼大小的巢孔，以便今后分蜂群前来投居。如果发现迁飞的蜂群，可用水或沙撒上去迎击，迫使蜜蜂中途坠落结团，然后再行收捕。

1. 收捕树洞和土洞中的野生中蜂 收捕树洞或土洞中的蜂群时，先用喷烟器或艾条从洞口向内喷烟，镇服蜜蜂。然后凿开或挖开洞穴，使巢脾暴露出来。继而参照中蜂过箱方法，割取巢脾，进行收捕。在收进蜂团时，应特别注意蜂王。

2. 收捕岩洞中的野生中蜂 如果野生蜂群是居住在难于凿开的岩洞中，收捕时，应先观察有几个出入口，再把其中主要的一个出入口留着，其余洞口全部用泥土封闭，然后用脱脂棉花蘸石炭酸、樟脑油、卫生球粉等驱避剂，塞进蜂巢下方，再从这个洞口插入一根玻璃管，另一端管口通入蜂箱。洞里的蜜蜂，由于受驱避剂的驱赶，通过玻璃管进入蜂箱中。看到蜂王已从管中通过，而且洞内蜜蜂基本出尽后，就可搬回处理。

第五节　中蜂地方良种选育技术

通过种用群的收集，建立60～80群种用群的良种选育场。采用自然交配的集团闭锁选育技术，在保持遗传多样性的前提下，以抗病和维持强群为主要性状，以累代选择有益性状改良蜂种，选育具有区域特点的中蜂地方良种。自然交配的集团闭锁选育技术的基本方法是，建立种用群，种用群必须是种性最好的蜂群。种用群形成集团，集团内种用群数量不变，每个种用群均培养数个子代蜂王。在子代蜂王中选择一个最好的蜂王，替代原种用群蜂王。连续多代的集团闭锁选育，在保留集团种用群的遗传多样性的前提下，提高种群的生产性状。

一、选育场的建立

中蜂地方良种选育场需要两种功能的场地，培育种王的育王场和种性观察的生产场。

（一）育王场

育王场的功能是培育良种蜂王和新王交尾。育王场首要的要求是与其他中蜂适当的隔离，以取得较好的选育效果。所以，应选择在直线距离10～20千米范围内周边人工饲养中蜂和野生中蜂不多的地方，也就是具有一定隔离条件。

如果隔离条件不理想，可采取提前促进种用群快速增长的技术手段，使强群的种用群比周边的中蜂提前培育种用雄蜂。种王在空中交尾时，没有非种用群的雄蜂，避免混杂。此外，育王需要蜜粉源较丰富的条件，培育优质健康的蜂王和促进蜂王交配。

（二）种性考察场

要求种性考察场具备良好的生产条件，充分表现生产性状。一是要有丰富的蜜粉源，保证周年要有 1 个以上主要蜜源和在蜜蜂活动季节有连续的辅助蜜粉源。二是要有良好的遮阴和避风条件，水源清洁，避开大面积水域。三是可与中蜂规模化饲养技术示范蜂场结合，也就是将子代蜂王放到中蜂规模化饲养技术示范蜂场饲养并考察。

二、种用群的建立

集团闭锁选育的种用群，重点从抗病性、群势增长与群势维持等方面来考察蜂种特性，此外要求无明显的不良生物学特性和生产性能。

（一）种用群的数量

种用群选择 60～80 群。为保证种用群的数量，后备种用群的数量应为70～90 群。

（二）后备种用群的选择

在地方良种选育场及周边地区 200 千米范围内，且生境相似，选择性状优良的蜂群作为种用群备用群。尽可能避免亲缘关系过近。人工育王的蜂场，每个蜂场只选 1 群；非人工育王蜂场可选 1～5 群。

（三）后备种用群的记录

详细记录种用群信息，包括原收集地的地点（经度和纬度、省、市、乡、村），原主人信息（姓名、电话等联系方式），生境（山区或平原、植被、蜜源），饲养方式（活框或原始），所在蜂场规模（群），原育王换王方式等。

（四）种用群的考察确定

放在生产蜂场中观察，经过完整的一周年考察后，再作为种用群放入良种选育场。根据各地的中蜂遗传特征确定种用蜂群和种用蜂王标准。种用群编码

Q 1~Q60。

1. 抗病 囊状幼虫病、欧洲幼虫腐臭病的病虫少于 1%。如果在病害严重的地区可根据具体情况放宽条件。

2. 强群 在分蜂季节能够维持的群势比当地中蜂同期平均群势强 20% 以上。其他生物学性状和生产性能无明显缺陷，包括管理难易、盗性、认巢性、清巢性、温驯性、护脾能力等。

三、种王的培育

种用群采用母女顶替换王。

（一）育王群的组织和管理

1. 育王群组织 选择种性优良、群势强盛、分蜂性弱的蜂群 15 群作为育王群。用隔王栅将育王群蜂箱分隔为 2 个区，育王区和育子区。育王区空间大于育子区，最好 4 个脾以上。根据气温调整育王群的蜂脾关系，保持蜂脾相称或蜂多于脾。

育王群编码 B1~B15。

2. 育王群管理 保证蜜粉充足，蜜源不足需要奖励饲喂和饲喂优质蜂花粉；保持蜂脾相称或蜂多于脾；根据气温采取保温或遮阴。

3. 蜂巢调整 在移虫前 2 天，在育王区的中间，调整至 2 张小幼虫脾，吸引哺育蜂集中在育王区的中间。

（二）种用小幼虫的准备

在移虫前 8~10 天减少蜂王产卵量，以获得大卵。通过调整巢脾的措施，减少蜂王产卵空间，降低蜂王产卵量。在移虫前 4 天，在种用群中放入 1 张 100~200 个空巢房的巢脾。24 天后恢复种用群。

（三）人工育王

中蜂人工育王的原理及操作技术与意蜂相似。但因中蜂群弱，且无王易引起工蜂产卵，工蜂房中的小幼虫浆少，所以中蜂人工育王相对比较困难。培育优质中蜂蜂王，在操作中应注意以下几方面的问题。

1. 种用群的选择 在人工育王过程中，通过种用群的考察和选择，不断地提高中蜂的种性，对改良中蜂具有重要的意义。我国各地的中蜂，形态和生物学特性有很大的差别，因此很难为种用群定出统一的标准。通过周年的饲养观察，应选择群势强、抗病敌、易管理的蜂群作为种用群。

（1）**能维持强群** 选择蜂王产卵力和工蜂哺育力强，分蜂性弱的强群作为种用群。种用群的群势在一年中最强群势的参考标准为：华南 7～8 足框，长江流域 10～12 足框，黄河以北 12～14 足框。蜂王产卵力强，工蜂育子积极，群势发展较快。

（2）**抗病敌害** 主要考察中蜂抗中囊病的特性。在发病季节进行鉴定，选择无病蜂群作为种用群。若全场蜂群患病率高，可选抗病力较强、病虫低于 5‰ 的蜂群育王。其次考察抗巢虫能力，种用群内无白头蛹。

（3）**易管理** 与蜂群管理有关的蜂群特性主要有迁飞性、分蜂性护脾能力、温驯性、盗性、认巢性等。应选择认巢性强，不易错投和偏集；迁飞性弱，不轻易迁飞；护脾能力强，受震动或开箱蜜蜂不离脾；分蜂性和盗性弱，较温驯的蜂群作为种用群。

（4）**生产性能好** 要求种用群采蜜积极，蜂蜜产量高，节省饲料，造脾能力强。

2. 最佳育王期的确定 只要有足够数量的雄蜂，气温稳定在 20℃～30℃，有一定量的蜜粉源就能人工育王。但是不同时期培育的蜂王，质量有差别。非人为干预的自然条件下，中蜂大量培育蜂王多在自然分蜂期。长期的进化和自然选择，形成了中蜂只在分蜂期培育的蜂王质量最好。所以，应根据当地的特点，抓住有限的自然分蜂期进行人工育王。促进种用群快速增长，可以使种用群提早产生分蜂热，提前培育种用蜂王。

3. 优质处女王的培育

（1）**育王群的组织** 为防无王群工蜂产卵，中蜂多采用有王群育王。选择老蜂王的强群，用隔板把蜂王限制在留有 3 个巢脾的一侧产卵区内，在另一侧组成育王区。在育王区内放 2 张有蜜、粉的成熟封盖子脾和 2 张幼虫脾。幼虫脾居中，然后将育王框放在 2 张幼虫脾之间，以使育王框附近形成哺育蜂集中区。移虫 24 小时后，把中间的隔板改用框式隔王板并把巢门移到产卵区与育王区之间。育王区在移虫前 4 小时组成。

如果育王的数量大，可将处女王的培育过程分始工群和完成群两个步骤进行。始工群无王，并经常哺育幼蜂及小幼虫脾，使群内保持强烈的育王要求，以此提高接受率。育王始工群应在移虫前 1 天组织，育王框放入始工群 1 天后取出，放入完成群继续哺育。完成群采用老王强群，用隔王板把蜂王及 2～3 张巢脾隔在箱内一侧，另一侧为育王区。

（2）**移虫** 人工育王的台基与意蜂相似，用台基棒蘸熔蜡制成。所不同的是，中蜂具有喜欢新蜡的特性，所以育王用台基最好用新蜡制成；台基直径和高度比意蜂稍小，直径 9～10 毫米、高 4～6 毫米。中蜂的群势相对较弱，采用巢脾式育王框，可相对提高巢内密集度。育王框用较旧的巢脾改制，将巢脾下半部的黑老巢房割去，保留上半部茧衣较少的巢房。在育王框的中部和下部镶入 2 根育王条，上半部贮蜜，下半部育王。

中蜂群势相对较弱，为保证质量，每次育王数量不可太多。育王的数量与育王群的群势有关，一般每个育王群每次移虫 20～25 只。

中蜂哺育蜂对蜂王幼虫的饲喂量，是随着虫龄的增大而增加的。因此，王浆在幼虫周围的累积量很少。为了保证新蜂王的质量，需采用复式移虫的办法。

我国养蜂工作者用意蜂群培育中蜂蜂王进行了有益的探索，以期提高中蜂育王的质量。意蜂培育的中蜂蜂王体大、产卵力高，但操作复杂，且移虫的接受率较低。为提高接受率，可在无王的意蜂群中先移 1 日龄意蜂幼虫；第二天取出育王框后用孵化 8 小时内种用群中蜂幼虫进行复式移虫，放进无王的中蜂群哺育 1 天；然后将育王框从中蜂群提出，用蜂刷将蜂扫除后放进无王的意蜂群培育；待王台将要封盖时再提出，放入无王的中蜂群中封盖及继续发育至出台。用这种方法培育的蜂王，体重约增加 21.3 毫克，产卵量提高 26％左右。

（3）育王群的管理　育王群的管理要点是群强、密集、粉蜜充足、奖励饲喂。若缺乏饲料，将直接影响育王的质量。外界蜜粉源不足时，给育王群饲喂花粉，并进行奖励饲喂，可以增加处女王的初生重。中蜂供应饲料，宜采用箱底饲喂或箱顶饲喂方法，不可灌脾饲喂。在育王群的管理中，应尽量减少对蜂群的干扰。

（4）挑选王台　王台选择一般在移虫后第六天进行，保留台正、粗壮，长度17～19 毫米的王台，其余淘汰。过长的王台往往是因震动使台内幼虫坠离台底造成的，不宜保留。选留的王台在移虫后第 10～11 天诱入交尾群。

从王台中剩余的王浆量、发育历期和处女王的外观来判断蜂王的质量。处女王出台后，台内仍有余浆，说明处女王在发育过程中饲料充足。胚后发育历期适当，移虫后 12 天出台，提前出台可能是移虫过大，推迟出台可能处女王发育不良。

四、交尾群的组织

交尾群在诱台前 1 天组成，不可组织过早，以避免工蜂产卵。交尾群应保证 2 足框的群势，群内有充足的粉蜜饲料，以及有比例适当的卵虫封盖子。交尾群的管理与意蜂相似。

（一）原群分隔法

因气温低，早春不宜另组小交尾群。在较强蜂群中，利用其保温能力，将蜂箱用闸板分隔。一侧组成交尾群，另一侧仍作为正常的蜂群。如果处女王交尾成功，同箱的交尾群与原群调整后组成双群同箱进行饲养；也可淘汰老王后，交尾群和原群合并，组成新王强群。如果交尾失败，可再诱入第二个王台或处女王，继续交尾；或合并恢复原群。

（二）自然交替法

中蜂具有更易母女同巢的特点。蜂群增长季节可在正常蜂群诱入王台，形成人为的新老蜂王同巢。新王交尾成功后，对老蜂王可不做任何处理，由其自然淘汰老王。这样的交尾群最大的特点就是在提供处女王交尾的同时，不影响蜂群的正常发展。采用自然交替法的蜂群不能有分蜂热，以防促其分蜂；蜂群也不能过弱，低于 2 足框的蜂群，诱入王台后，蜂群会未等新王交尾成功就提前淘汰老王。

（三）原群囚王法

为防处女王交尾失败造成蜂群无王，可用囚王笼将老蜂王囚在边脾上，然后再诱入王台作为交尾群。若发现处女王交配未成功，应立即放出原蜂王。

五、交配方式和交尾群检查

（一）交配方式

交配方式为隔离随机自然交配。在育王季节将交尾群放入隔离交尾场，使处女王随机地与本场种用雄蜂交配。

（二）交尾群组织

在移虫后第 10 天根据成熟王台的数量组织交尾群，同时诱入王台；交尾群蜂箱应使用正常蜂箱；每一交尾群 2 张巢脾以上，蜂脾相称或蜂略多于脾；交尾群应粉蜜充足，子脾 0.8～1.2 足框，卵、幼虫、封盖子的比例约为 1∶2∶4。蜂王交配成功后应在巢门前固定隔王栅片。

（三）交尾群检查

第一，诱台后 2～4 天检查出台情况，将台壳取出。

第二，诱台 4 天后还未出台的，王台淘汰。

第三，诱台后 8～15 天检查蜂王交尾情况，新王已产卵，需在巢门安装隔王栅。

第四，诱台 15 天后仍未产卵的蜂王予以淘汰。

六、种王性状考察

每个种用群至少成功培育 3 个子代蜂王。如果不足，需在育王季节前补充育王。每个种用群的 3 个子代蜂王分别诱入生产群，将种王性状考察群放在生产环境中，全面考察子代蜂王生物学特性和生产性能。经 1～2 年的全面考察，在 3 个子代蜂王中选择 1 只最好的蜂王替代母代蜂王，成为种用群。

第八章
西方蜜蜂定地饲养模式与管理技术

阅读提示:

　　本章重点介绍了我国西方蜜蜂规模化饲养技术模式,具有技术的前瞻性,是我国蜜蜂饲养技术的发展方向。分析了我国西方蜜蜂规模化饲养技术的瓶颈,提出了简化操作管理、蜂机具研发与应用、蜜蜂良种化以及蜜蜂病敌害的防疫防控等,促进西方蜜蜂规模化饲养技术发展的思路。全面介绍了西方蜜蜂现实普遍应用的一般饲养管理技术,包括西方蜜蜂基础管理技术和阶段管理技术的思维。蜜蜂周年饲养管理可分为增长阶段、蜂蜜生产阶段、越夏阶段、越冬准备阶段和越冬阶段。详细分析了各阶段的养蜂条件,明确了各阶段的目标和任务,以及相应的管理措施。

蜂群定地饲养是指长年把蜂群固定在某地饲养，蜂场不进行长途转地。在我国受主要蜜粉源数量的限制，大多数定地蜂场在某一流蜜期或无蜜粉源季节，进行短途转地。西方蜜蜂定地饲养蜂场多以生产蜂王浆为主。蜂群定地饲养有利于控制蜂病的传播，同时节省运费开支，便于采用先进的现代化设备，实现一人多养。

第一节　西方蜜蜂定地规模化饲养
管理技术模式

西方蜜蜂规模化饲养管理模式是在我国现实养蜂技术产生的一系列严重问题的背景下提出的。蜜蜂规模化饲养就是要提高人均蜜蜂饲养量，以此解决我国蜂业存在的规模小、效益差、劳动强度大、蜜蜂病害多、产品质量差、缺少养蜂机械、养蜂人老龄化等问题。规模化是现代种植和养殖业的发展方向，没有规模就没有效益。蜜蜂规模化饲养管理模式对提升我国养蜂业水平意义重大。

我国的蜜蜂饲养规模与国外养蜂技术发达国家相比差距非常大，美国、加拿大、澳大利亚等国商业养蜂规模数量是我国专业蜂农的 10～100 倍。如何借鉴国外养蜂的先进技术、将国外先进的养蜂技术进行本土化改造，突破我国养蜂技术在规模化方面的瓶颈，是我们养蜂工作者当今需要解决的重要问题。

我国西方蜜蜂定地饲养技术中制约规模化发展的瓶颈主要有：①蜂群管理过于细致，投入的精力和体力过多，蜂群饲养管理的效率低；②没有高效的养蜂机具，养蜂所用的工具简单原始；③缺少适应于规模化饲养的蜂种，蜜蜂规模化饲养的蜂种要求维持的群势强、盗性弱等，减少因处理分蜂和盗蜂而限制人均饲养蜂群的数量；④对蜜蜂疾病防控防疫的意识薄弱，蜂病的暴发和流行限制了蜂场规模的扩大；⑤放蜂场地不足，规模化蜂场需要多个蜜粉源丰富、小气候适宜、水源良好、蜂群安全的放蜂点。

蜜蜂规模化饲养需要突破上述的技术瓶颈，通过简化操作解决管理繁杂、效率低、劳动强度大的问题。这也是目前提高我国蜜蜂规模化饲养程度的主要方法。同时，努力研发和应用与现代养蜂生产相适应的养蜂机具。

我国西方蜜蜂的规模化饲养管理技术，应借鉴国外的西方蜜蜂规模化饲养管理技术，同时要结合我国养蜂的环境条件。西方蜜蜂规模化饲养管理技术的主要特点是：①在蜜蜂管理上以放蜂点为单位，蜂群管理操作不是根据每一蜂群的现状来定，而是根据一个放蜂点的总体情况来决定。每一放蜂点的所有蜂群做统一处理。②在蜜蜂饲养操作上以箱体为单位，调整蜂巢空间时，加一个箱体或撤下一个箱体，而非我国现阶段养蜂技术中调整蜂巢的方法，即以脾为单位，加一张脾或抽出一张脾；调整巢脾位置是将箱体连同箱内的巢脾上下调换位置，而不是将巢脾提到上继箱或放到下巢箱，也不是将中间的巢脾调整到边缘。③常年保持育子区2～3个箱体，而不是采用我国目前养蜂一个育子箱体的方法。2～3个育子箱体可以为蜂群提供更大的发展空间，有利于蜂群快速增长，减弱分蜂热，培育的蜂群更强盛，采蜜更多。

一、蜂群分点放置

蜜蜂规模化饲养按现在起步阶段要求人均达到300群以上，将来可发展到1 000群以上。一般情况下，视蜜粉源丰富程度每个放蜂点放蜂100～120群蜜蜂。规模化蜂场要有8～10个放蜂点，现阶段我国规模化饲养技术不成熟的情况下，至少也需要3个以上的放蜂点。放蜂点也可以称其为分场，是蜂场若干个放置蜂群的场所之一。蜂群过于集中放在一起，会导致蜜源相对不足，影响蜂产品的产量，增加蜜蜂饲料的饲喂量，甚至引起盗蜂等严重问题。所以，规模化蜂场的蜂群必须分放在多个放蜂点。

二、调整和保持全场蜂群一致

蜜蜂饲养管理的单位由"脾"改为"放蜂点"。改变传统的以脾为单位的管理方式，不再以调整巢脾为主要操作手段，而改为以一个放蜂点为管理单位。也就是在同一放蜂点的蜂群基本状况保持一致的前提下，所有蜂群做相同的饲养管理。

保持全场蜂群状态一致是蜜蜂规模化饲养的前提。西方蜜蜂规模化饲养管理，要求全场蜂群的群势、贮蜜量、放脾数、蜂王等蜂群状态一致。在蜂群饲养管理中，同一个放蜂点的所有蜂群统一管理方法和技术操作。如在换王时，全场蜂群全部换王，无论现有的蜂王是好还是不好，这样就不必进行蜂王好坏的鉴别；在蜂群饲喂时，每群蜂都进行相同的饲喂，无论蜂群的贮蜜贮粉是多还是少；在造脾时，所有的蜂群都加入同样数量的巢础框，无论蜂群的群势是略强还是略弱等。所以，在规模化饲养中，全场蜂群保持状态一致的程度决定了饲养效果的成败。

三、简化技术和减少操作

要实现西方蜜蜂定地规模化饲养，减轻饲养人员的劳动强度，就要在蜂群饲养管理过程中采用省时、省力的简化养蜂操作，才能扩大饲养规模，并取得更好的经济效益。简化蜂群饲养技术是指在蜂群饲养过程中，以整个蜂场为管理对象，利用科学的方法，将蜂群饲养主要目标以外的因素尽可能剔除掉，使复杂的问题简单化，使简单的问题条理化，从而简化蜂群饲养程序，提高养蜂生产效率。蜜蜂饲养管理操作简化的原则是：①不是必须操作的工作，不操作；②可操作也可不操作的工作，也不操作；③能够一步完成的操作，不要分多次进行。

（一）蜂群检查

在现阶段的蜜蜂日常饲养技术中最消耗时间的工作是蜂群检查，全面检查一群蜜蜂需要的时间与蜜蜂群势大小有关，一般需要5～12分钟，也就是每小时只能检查5～12群蜂。如果是人均饲养1000群的规模化蜂场，全面检查一次需要80～200小时，需要10～25个工作日。按现阶段养蜂技术要求，在蜂群增长阶段需每隔12天全面检查一次蜂群，且每群均有详细的检查记录，检查的内容包括检查日期、蜂群号、蜂王情况、放脾数、贮蜜量、贮粉量、蜜蜂成虫数量、蜜蜂卵数量、未封盖幼虫数量、封盖子数量等。所以，现在的蜜蜂全面检查方式是不可进行规模化饲养的。

蜜蜂规模化饲养管理技术的特点之一是减少开箱操作。检查蜂群尽可能不开箱或少开箱，多进行箱外观察，开部分蜂箱进行局部检查。

1. 全面检查 全面检查是对所有蜂群进行开箱检查，为了提高蜜蜂的饲养管理效率，减少全面检查次数和简化全面检查方法。全面检查操作只在每一养蜂阶段的开始，也是上一养蜂阶段结束时进行一次。蜜蜂周年饲养管理可分为增长阶段、蜂蜜生产阶段，南方蜂场还有越夏阶段，北方蜂场有越冬准备阶段和越冬阶段。规模化蜂场周年养蜂全面检查只需要3～4次，每群蜂每次检查所需时间减少到2～5分钟。蜂群全面检查只需关注群势、蜂子数量及蜂子发育、粉蜜饲料贮存和蜂脾比。

2. 局部检查 在两次全面检查之间，通过局部检查了解掌握蜂群的基本情况。局部检查只抽查少部分蜂群，占放蜂点所有蜂群的10%～20%。开箱但并不是提出蜂箱中所有的巢脾，只提出蜂群中的1～2张巢脾。一般情况下，局部检查并不要求了解蜂群全面情况，多为只检查某一问题。

（1）**贮蜜情况** 提边脾，有蜜表明不缺；如边脾蜜不足，提边2脾，有角蜜表明不缺。

（2）**蜂王及蜂子发育** 在蜂巢中部提脾，有卵虫，无改造王台，则有王；可直接观察幼虫的发育情况。

（3）**蜂脾比**　根据边 2 脾上的蜜蜂数量来判断蜂群的蜂脾比。换句话说，就是此脾的蜂脾比能够代表蜂群的蜂脾比。

3. 箱外观察　在蜜蜂巢外活动的时段，在箱外观察蜜蜂在巢门前的活动情况判断。检查方法参见本章第二节中的"一、蜂群检查（三）箱外观察"。

（二）换　王

换王季节一般蜜蜂的群势在 8 足框以上，西方蜜蜂多为继箱群。将巢箱和继箱的巢脾调整好，使上下箱体的巢脾结构差不多，巢箱多留空脾和正在出房的封盖子脾，为蜂王产卵提供充足的空间。蜂王留在下方的巢箱中。

从生产性能优良的蜂群中移虫育王，保留群势强盛蜂群中的雄蜂。当王台封盖 6 天，诱入生产蜂群的继箱中。继箱上开巢门，供处女王出台后出巢交配。

诱王后第 15 天，去除巢继箱间的隔王板，关闭继箱巢门。此时，新蜂王已交配完毕开始产卵。撤除巢箱和继箱间的隔王板，巢箱的老蜂王爬上继箱后与新蜂王相遇，新旧两只蜂王可能出现自然交替的母女同巢情况，更可能的是两只蜂王厮杀，绝大多数的情况是新蜂王淘汰老蜂王。

（三）造　脾

在蜂群增长阶段，外界辅助蜜粉源较丰富，在能保持蜂巢温度正常的条件下，群势 6 足框、封盖子 2 足框的蜂群，可一次加 2 个巢础框；群势 8 足框、封盖子 3 足框的蜂群，且有大量的新蜂出房，一次可 4 个巢础框；群势达到 9 足框，可一次 5～6 个巢础框。巢础框加在育子区，最好与箱内的巢脾相间放置。

（四）人工分群

西方蜜蜂规模化饲养管理的人工分群方法可采用单群平分和混合分群。在蜂群增长阶段时间较长的地方，多采用单群平分的方法。与常规蜂群管理相同的是单群平分也需在流蜜期到来 45 天前进行，不足 45 天只适宜采取混合分群的方法。

1. 西方蜜蜂规模化饲养管理的单群平分　原群向一侧移动约一个箱位的距离，在另一侧距原箱位等距离位置放一个空蜂箱。将原群一半放入空蜂箱。蜂王留在原群，给无王的新分群诱入一个产卵王。诱入的蜂王正常产卵后，给两个新分群各加一个箱体，形成两个新的继箱群（图 8-1）。如果发生偏集，可通过箱体的移动调节。

2. 西方蜜蜂规模化饲养管理的混合分群　从几个强群中提出 5～6 张带蜂

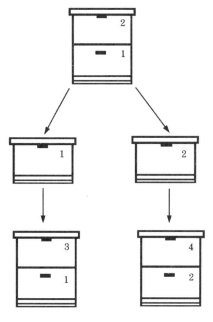

图 8-1 双箱体蜂群单箱平分

的封盖子脾放入蜂箱中，并用空脾将箱内的空间填满。再抖入 3～4 足框蜜蜂，诱入蜂王或成熟王台。待蜂王产卵正常后，再加一个装有空巢脾和巢础框的继箱。为避免分群后蜜蜂返回原巢，可将混合分群的新分群搬运至直线距离 5 千米以外的其他放蜂点饲养。如果需要将新分群运回原放蜂点须 20 天以后。

（五）分蜂热控制和解除

西方蜜蜂规模化饲养管理中，蜂群多用两个箱体作为育子区，也就是巢箱和第一继箱间不加隔王板。因此蜂箱内空间大，巢内卵虫多，此外规模化饲养要求蜂种优良等，控制分蜂能力较强，一般不易发生强烈的分蜂热。但是分蜂是蜜蜂群体繁殖的方式，是蜜蜂基本生物学特性，所以分蜂热不可能完全避免。尤其在饲养蜜蜂的数量多，箱体的调整和扩巢不及时，就有可能出现分蜂热。西方蜜蜂规模化饲养管理中，蜂群控制分蜂热措施也具有简便的特点。

1. 分隔蜂巢 解除双箱体蜂群的分蜂热，可在毁尽分蜂王台后，如果使用活底蜂箱可将上下箱体的巢脾对调。如果固定箱底蜂箱需要手工将巢箱的巢脾与继箱对调整。然后在两个原箱体间加一个装满巢础框继箱，使育子区达 3 个箱体。新加入的蜂箱将原蜂巢分成上下两个部分，中间出现空的区域，促使蜂群在中间的箱体积极造脾。同时，由于蜂巢扩大，缓解了巢内拥挤闷热的环境，因此有利于分蜂热的解除。

2. 模拟分蜂 将发生分蜂热的蜂群暂时移开原位，在原址放一个蜂箱，箱内中间位置放一张卵虫脾，其余空间用巢础框填满。在此箱体上加隔王板，先将原群最上层箱体放在隔王板的上方，箱体内的巢脾逐一提出，抖蜂在巢前，使蜜蜂自行从巢门进入蜂箱。脱蜂后的巢脾毁尽所有分蜂王台后放回原箱内。再将下一个箱体放到蜂群的上方，箱内所有的巢脾也均脱蜂于巢前。工蜂和蜂王从巢门进入蜂箱后，部分工蜂通过隔王栅进入上层箱体，部分工蜂伴随蜂王留在底层箱体。底层箱体多为巢础框，且卵虫较少，与分蜂后的新巢接近，有利于消除底层箱体蜜蜂的分蜂热，促使蜜蜂积极造脾；上层箱体相对位置改变，最上层继箱的贮蜜调整到下方，蜜蜂努力将贮蜜蜂搬运到最上层箱体，以适应蜂群内粉蜜贮存的自然结构。蜂群恢复了积极工作状态和巢内空间的扩大，消除了蜂群的分蜂热（图 8-2）。处理后的 7～9 天将隔王板上各箱体中的改造王台毁尽，调整箱体位置，将隔王板撤除或放在育子区和贮蜜区间。

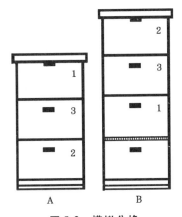

图 8-2　模拟分蜂

A. 原群　B. 模拟分蜂后的蜂群

3. 暂时分群　流蜜期前不久或流蜜期到来之际，蜂群发生分蜂热，处理时首先应考虑如何保证流蜜期强盛的群势，以获得高产蜂蜜。暂时分群法是指流蜜期前先进行人工分群，解除蜂群的分蜂热，流蜜期到来时再使分出群与原群合并，保证强盛的群势采蜜。

暂时分群的具体方法是：将发生分蜂热的强群暂时移开（图 8-3-A），在原箱位先放上一个装满空脾的继箱，其上再放一个装满巢础框的继箱。巢础框继箱上放一个装满封盖子脾的继箱，并毁尽所有王台。在此箱体中诱入一只产卵王或成熟王台。巢础框继箱上方用木板副盖或铺有覆布的铁纱副盖隔开，将其余 2 个箱体放在副盖上，在副盖上方与原巢门方向相反位置开巢门（图 8-3-B）。这样处理外勤蜂集中于下面箱体，上面箱体巢内拥挤状态缓解，分蜂热消除；下面箱体空间增大，蜜蜂的减少分蜂热也被解除。第二天将上箱体调头，使巢门与原巢门方向一致（图 8-3-C）。流蜜到来后，撤除两群间的副盖，将上下箱体的蜜蜂合并成强群。

4. 蜂群易位　大流蜜初期蜂群发生分蜂热，可在蜜蜂出勤前将有分蜂热的蜂群移位或将有分蜂热的强群与无分蜂热的弱群互换箱位（图 8-4），削弱强群的群势解

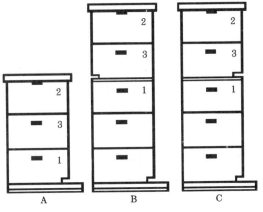

图 8-3　暂时分群法

A. 原群　B. 加隔板分群，上箱体开后巢门

C. 上箱体巢门调头，与下箱体巢门方向一致

除分蜂热。这种方法在解除强群分蜂热的同时，还可加强弱群的采集能力。

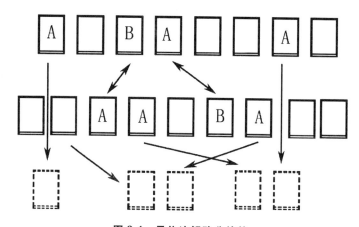

图 8-4　易位法解除分蜂热

A. 有分蜂热的强群　B. 无分蜂热的弱群

（六）取　蜜

蜜蜂规模化饲养的蜂蜜生产要求取成熟蜜，一个流蜜期只取一次蜜。一个流蜜期是指不连续的一个主要蜜源花期和多个连续的主要蜜源花期。在流蜜期蜂箱中贮蜜达 80％以上时添加新的空脾贮蜜继箱，新加的贮蜜继箱贮蜜 80％时再添加新的空脾贮蜜继箱，直到流蜜期结束。新添加的贮蜜空脾继箱始终都放在贮蜜区的最下层，也就是隔王板的上面（图 8-5），原有的贮蜜继箱顺序向上放。这样，可以缩短巢门到贮蜜空脾间的距离，提高蜜蜂采蜜效率。

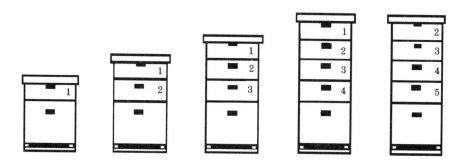

图 8-5　流蜜阶段加贮蜜继箱方法

流蜜期结束后，将贮蜜继箱中的蜜蜂脱除后，进行取蜜作业。蜜蜂规模化饲养蜂群数量多，每群蜂的贮蜜量大，取蜜需要在车间内使用较大型的取蜜机械。

四、养蜂生产机械化

西方蜜蜂的规模化饲养管理与所有行业的现代化生产一样，必须要有现代化的生产机械。我国蜜蜂规模化饲养管理还处于起步水平，现阶段快速提高养蜂规模主要是通过简化操作实现。但实现西方蜜蜂规模化饲养管理，最终还是要依赖于现代养蜂生产机械的研发与应用。现阶段养蜂生产者根据需要可以自行改良工具和自制机具，提高养蜂生产效率。

（一）蜂产品生产机械化

蜂产品生产机械最主要的是取蜜机械化，此外国家蜂产业技术体系西方蜜蜂饲养岗位科学家团队研发的免移虫机具和采浆机械化设备已日臻成熟。国外有成熟的大型取蜜机械设备，包括脱蜂机、切蜜盖机、分蜜机、蜜蜡分离机和蜂蜜过滤设备等。随着我国西方蜜蜂规模化程度的发展，可以引进或借鉴国外成熟的设备，也可以根据我国西方蜜蜂规模化发展的阶段，自行设计研发适应我国现阶段规模化水平的蜂蜜生产设备。

在我国蜂机具水平还不能满足蜜蜂规模化饲养管理发展的情况下，很多养蜂生产者自行研制蜂机具，以提高养蜂生产效率。国家蜂产业技术体系乌鲁木齐综合试验站北屯西方蜜蜂规模化饲养管理示范基地，将柴油发动机和发电机安装在三轮车上。在采收蜂蜜时，将此发电机组运到蜂场（图 8-6-A），带动自制的电动脱蜂机（图 8-6-B）脱除蜜脾上的蜜蜂（图 8-6-A）。国家蜂产业技术体系乌鲁木齐综合试验站新疆新源黑蜂蜜蜂规模化饲养管理示范基地，用摩托车提供电力（图 8-7-A），驱动 12 伏电动摇蜜机（图 8-7-B）在蜂场收取蜂蜜。

A   B

图 8-6　自制取蜜脱蜂装置（一）

A. 三轮车上有发电机组，为脱蜂机提供电力　B. 自制电动脱蜂机

图 8-7　自制取蜜脱蜂装置（二）

A. 摩托车为蜂场摇蜜机提供电力　B. 12 伏电动摇蜜机

（二）蜜蜂饲养管理机械化

蜜蜂规模化饲养管理的机具包括巢框和上础机具、蜜蜂饲料加工和饲喂机

图 8-8　自制上础铁线分段器

（铁线绕转盘一周，正好是所需铁线的长度）

具、巢脾保存机具等。国家蜂产业技术体系乌鲁木齐综合试验站新疆北屯西方蜜蜂规模化饲养管理示范基地，自制出上础铁线分段器（图 8-8），提高了分剪铁线的效率。

（三）短途转地装运蜂群机械化

我国定地蜂场大多都要经过 1～2 次的短途转地，规模化蜂场的蜂群装卸对养蜂人来说是沉重的体力负担。蜂群短途转地机具除了用汽车运输外，最好用叉车装卸蜂群。为了便于叉车的使用，蜂箱 4～6 个一组固定在托盘上，叉车将一个托盘的蜂箱整体装车或卸下。蜂群放置时也以托盘为单位，整体放置。有实力的规模化大蜂场可以自购大型的卡车来运蜂，购买叉车用来装卸蜂群。

（四）蜂群防病治病机械化

西方蜜蜂最主要的病害是蜂螨。国家蜂产业技术体系乌鲁木齐综合试验站规模化饲养管理技术示范蜂场，梁朝友自行研发了治螨机具（图 8-9），1 小时能治螨处理 100～150 群蜜蜂。治螨机具用高压气筒改装，将干粉状的治螨药通过高压气筒呈雾霾状分散在蜂箱内，均匀地喷洒到蜜蜂身体表面。

五、养蜂生产设施化

在规模化养蜂场，巢脾的贮存量为每群至少贮存 10 张脾，1 000群蜂就贮存万张脾以上，按常规饲养方法需要用 1 000 个继

图 8-9　自制治螨器
（两个接口，一个连接高压气筒，另一个通过软管从巢门卷入蜂箱）

箱。因此，规模化养蜂场需要建设巢脾贮存室。在巢脾贮存室内安放巢脾架，将清理好的巢脾按质量分类摆放在巢脾架上。优质巢脾最先使用，应存放在最容易获取的位置。

巢脾贮存室应严格密封，保护经过杀虫处理后的巢脾免受巢虫危害。杀虫处理有两种方法，一是硫磺熏蒸法，二是巢脾冷冻法。硫磺熏蒸法是将巢脾全部放进巢脾贮存后，将燃烧的硫磺产生的二氧化硫气体通过鼓风机送入贮存室内。巢脾冷冻法是将需要保存的巢脾放入−15℃以下的冷库中冷冻 2 天，从冷库中取出巢脾后迅速放入贮存室内的脾架上，然后密封贮存室。

六、蜜蜂病敌害的防控防疫

蜜蜂病敌害的防控防疫对于规模化蜂场非常重要，必须重视。疫病流行可毁掉整个蜂场。蜜蜂病敌害防控防疫需从环境卫生、蜜蜂健康、避免传染、病害隔离和销毁病群等多方面入手。

（一）蜂场环境

蜂场环境是保证蜜蜂健康和蜂产品优质的重要条件。蜂场环境包括蜂场内的环境和蜂场周边的环境。蜂场内保持整洁，不乱堆放蜂箱蜂具，不乱丢弃旧脾，不乱堆入垃圾。蜂场周边无"三废"污染，无畜牧场粪便污染，水源安全。

（二）蜂群健康

蜂群健康是增强蜜蜂对病害抵抗力的重要措施。保持蜂群健康需要做到：

①保持蜜蜂营养充足；②保持蜂巢适宜巢温，巢温的适宜温度为 33℃～35℃；③留足蜂群的粉蜜饲料；④不滥用蜂药。

（三）防疫措施

防疫是指为预防、控制疾病传播而采取的一系列措施，防止传染病传播流行的方法。规模化蜂场最直观的特征就是蜂群数量多，疫病发生给蜂场造成的损失要比普通蜂场大得多。规模越大的蜂场，越要重视蜜蜂防疫工作。

1. 蜂场封闭管理 蜂场尽可能与周边的蜂群保持 5 千米以上的距离，减少本场蜂群与外场蜂群的接触。蜂场的放蜂场用围栏等隔离人畜，以防流动的人畜传播病原。在进入蜂场的放蜂区的入口处设立石灰消毒池。

2. 保持卫生 保持蜂场整洁和卫生，在蜂箱外及蜂箱周边定期消毒。养蜂人要保持个人卫生，专用干净的开箱工作服是完全必要的，开箱前要用肥皂等洗手。养蜂人不要去动非本场的蜂群。一般不允许外来人员进入蜂场的放蜂区和开箱。如外来人需要进入蜂场，应穿戴消毒后的工作服；外来人员需要开箱，除穿戴消毒后的工作服外，还需用肥皂等清洗双手。

3. 销毁病群 只出现在 1～3 群患传染病的蜂群，将脾和蜂用火烧毁，蜂箱仔细洗刷、晾晒、喷灯火焰灭菌后，备用。如果舍不得销毁，作为蜂病的传染源影响整个蜂场的风险极大，且患病蜂群很难发展起来，在生产中没有价值。

如果发现本地区没有的病虫害，应及时向当地主管部门报告。

[案例 8-1] 　　金华综合试验站金华规模化示范蜂场西方蜜蜂定地饲养管理技术

金华综合试验站金华西方蜜蜂规模化定地示范蜂场，位于浙江省金华市中戴乡寺平村。全年有油菜、橘子两种主要蜜源，同时还有多种辅助蜜粉源供蜂群恢复和发展。该蜂场主要以蜂王浆生产为主，产量在 6～8 千克/群。近年来，在蜜蜂白糖饲料价格升高、人工劳动费用增加等各种因素都在不断挤压蜂场利润的情况下，示范蜂场通过不断改进简化操作，在春季和秋季增长阶段 1 人管理 240 群蜂，仍能获得较好的效益，年纯收入基本稳定在 10 万～15 万元。

该场之所以能够保持较好的效益，主要是通过扩大饲养规模，采用简化操作来实现的。具体经验如下。

一、统一管理

把整个蜂场看成一个点，根据蜂群增长或生产需要，对点内的所有蜂群在相对应的时间内完成所要完成的所有工作，如加脾、减脾、治螨、饲喂等全场统一进行。

二、简化蜂群检查

对蜂群检查以箱外观察为主，对有异常情况的蜂群才对该群开箱做全面检查。平时为了掌握整个蜂场的蜂群情况，也只抽取4～5个蜂群，对其检查饲料、产子、蜂螨等内容，即可了解和掌握整个蜂场的大致情况，有针对性地采取相应措施。

三、简化操作

1. 春季增长阶段管理

该场春季增长阶段通常在元旦后进行，一般从单脾发展。不管有多少蜂量，全部压缩至一张脾。以群势3足框的单王群为例：在下午或傍晚将王扣在中间巢脾上，两边脾放在较远处，让蜜蜂自行爬到有蜂王的巢脾上，待第二天早上抽出两边的空脾。随后加入消毒后的花粉脾，将王扣在花粉脾上面，原来的巢脾移至一边，第三天早上抽出原来的巢脾。然后打开王笼，放在隔板外，让蜂王自行爬出。1周后悬挂螨扑，每箱1/2片或1/4片，防治螨害。

2. 蜂蜜生产阶段管理

生产期不需进行蜂群检查，只做箱外观察。流蜜期生产成熟蜜，每隔3天摇蜜1次，减少劳动力。在同时生产蜂蜜和蜂王浆时，合理分配劳动力：早上移虫，下午摇蜜，晚上取浆。早上取出浆条后，置于箱内，盖上塑料袋。

3. 越冬前准备阶段管理

越冬前准备阶段在蜂场需要育1批新王，育王群挑选生产性能、群势发展快的较好蜂群，在继箱中放入2框育王框，每3天育一批王台。在介绍王台前3天把老王淘汰，将培育的王台诱入蜂箱（双王群两边各1只），第三天再次放入王台。让蜂王自由交尾，待7～8天后查看巢房有无产卵，若已产卵，说明蜂王正常（只看卵不查王）。最长不超过20天，否则就要重新育王。待蜂王交尾成功后，在越冬前培育一批适龄越冬蜂。

4. 越冬阶段管理

越冬阶段管理是在越冬准备阶段做好充分的适龄越冬蜂培育和越冬饲料贮备的前提下，重点减少蜜蜂出巢活动，以保持蜂群的实力。采取的措施包括越冬场所避开有油茶、茶树、甘露蜜的地方；在气温突然下降时，把蜂群搬到阴冷的地方；在巢门前采取遮光措施，避免蜜蜂受光线刺激出巢；扩大蜂路，降低巢温；减少人为的干扰。

金华西方蜜蜂规模化定地饲养示范蜂场经多年的探索，通过全场统一操作、不抖蜂紧脾、重复介绍蜂王、生产成熟蜜等简化操作，在相同的劳动力条件下，提高了人均饲养蜂群数，减少了成本支出，增加了养蜂收入。

（案例提供者　华启云）

第二节　西方蜜蜂定地饲养管理常规技术

西方蜜蜂定地饲养管理一般技术是指现在普遍应用的西方蜜蜂定地饲养管理技术，是具有我国特色的养蜂技术。这项技术的特色在于管理精细，追求单群效益最大化，技术成熟，应用广泛。但存在的问题也非常突出，如劳动强度大、人均效益差，导致我国养蜂者出现后继无人的风险。上一节阐述的规模化饲养技术是我国养蜂发展的方向，是解决我国养蜂业产前突出问题的重要途径。西方蜜蜂定地饲养管理一般技术是推动我国蜜蜂规模化饲养管理技术发展的基础。

一、蜂群检查

蜂群巢内的情况不断变化。为了及时掌握蜂群的活动和预测蜂群的发展趋势，以便结合蜜源、天气以及蜂场（或养蜂者）的目的要求采取相应的管理措施，这就需要了解蜂群的内部情况，如蜂王状况、蜂子的发育和数量、群势强弱、粉蜜贮存情况、蜂脾比例、有无雄蜂和王台以及巢内病虫敌害情况等。我国养蜂生产者习惯于开箱就查找蜂王，多数情况下没必要，既浪费时间，又降低效率。蜂群的检查方法有3种，即全面检查、局部检查和箱外观察。

（一）全面检查

蜂群的全面检查就是开箱后将巢脾逐一提出进行仔细查看，全面了解蜂群内部状况的蜂群检查方法。全面检查的特点是对蜂群内部的情况了解比较详细，但是由于检查的项目多和需查看的巢脾数量也多，开箱所花费的时间较长，在低温的季节，特别是在早春或晚秋，会影响蜂群的巢温稳定；蜜源缺乏的季节开箱，时间过长容易引起盗蜂。并且蜂群全面检查操作管理所花费的时间也多，劳动强度大。因此，全面检查不宜经常进行。在蜂群的饲养管理过程中，不需进行全面检查的应尽可能避免。全面检查一般在春季蜂群增长期、蜂群分蜂期、主要蜜源花期始末以及秋季换王和越冬前后进行。

对蜂群进行全面检查时，应重点了解蜂群巢内的饲料是否充足，蜂和脾的比例是否适当，蜂王是否健在，产卵多寡，蜂群是否发生病害、虫害、敌害，在分蜂季节还要注意巢脾上是否出现自然分蜂王台等。检查时，将每一群的蜂群状况添入蜂群检查记录分表（表 8-1）。全部检查好，将蜂群检查记录分表的信息整理到蜂群检查记录总表中（表 8-2）。

表 8-1　蜂群检查记录分表

蜂箱号：　　　　蜂群号：　　　　蜂王初产卵日期：　　　　　　　　　　　年　　月　　日

检查日期		蜂王情况	放框数	子脾框数	空脾数	巢础框数	存蜜量	存粉量	群　势		发现问题及工作事项
月	日								蜂	子	

表 8-2　蜂群检查记录总表

场址：　　　　　　　　　　　　　　　　　　　　　　检查日期：　　年　　月　　日

蜂箱号	蜂群号	蜂王情况	放框数	子脾框数	空脾数	巢础框数	存粉量	群　势		发现问题及工作事项
								蜂	子	

　　全面检查蜂群的速度要快，对于检查中发现的问题能够顺手处理的，如毁台、割除雄蜂、加脾、加础、抽脾等，立即处理；不能马上处理的，应做好记号，待全场蜂群全部检查完毕之后再统一处理。

（二）局部检查

　　蜂群的局部检查，就是抽查巢内 1～2 张巢脾，根据蜜蜂生物学特性的规律和养蜂经验，判断和推测蜂群中的某些情况。由于不需要查看所有的巢脾，因而开箱的时间短，可以减轻养蜂人员的劳动强度和对蜂群的干扰。蜂群的局部检查特别适用于外界气温低，或者蜜源缺少，容易发生盗蜂等不便长时间开箱的条件下检查蜂群。

　　蜂群局部检查要有明确的目的，需要了解蜂群的什么问题，从哪个部位提脾，都应事先考虑好，以便对要了解的情况能做出准确的判断，收到事半功倍的效果。局部检查主要了解贮蜜、蜂王、蜂脾比例、蜂子发育等情况，了解不同问题提脾的位置也不同。

1. 群内贮蜜情况 了解蜂群的贮蜜多少，只需查看边脾上有无存蜜。如果边脾有较多的封盖蜜，说明巢内贮蜜充足。如果边脾贮蜜较少，可继续查看隔板内侧第二张巢脾，若巢脾的上边角有封盖蜜，说明蜂群暂不缺蜜。如果边二脾贮蜜较少，则需及时补助饲喂。

2. 蜂王情况 检查蜂王情况应在巢内育子区的中间提脾，如果在提出的巢脾上见不到蜂王，但巢脾上有卵和小幼虫，且无改造王台，说明该群的蜂王健在；封盖子脾整齐、空房少，说明蜂王产卵良好；倘若既不见蜂王，又无各日龄的蜂子，或在脾上发现改造王台，看到有的工蜂在巢上或巢框顶上惊慌扇翅，这就意味着已经失王；若发现巢脾上的卵分布极不整齐，一个巢房中有好几粒卵，而且东倒西歪，卵粘附在巢房壁上，这说明该群已失王已久，工蜂开始产卵；如果蜂王和一房多卵现象并存，这说明蜂王已经衰老，或存在着生理缺陷，应及时淘汰。

3. 加脾或抽脾 检查蜂群的蜂脾关系，确定蜂群是否需要加脾或抽脾，应查看蜜蜂在巢脾上分布密度和蜂王产卵力的高低。通常抽查隔板内侧第二张脾，如果该巢脾上的蜜蜂达80％以上，蜂王的产卵圈已扩大到巢脾的边缘巢房，并且边脾是贮蜜脾，就需要加脾；如果该巢脾上的蜜蜂稀疏，巢房中无蜂子，就应将此脾抽出，适当地紧缩蜂巢。

4. 蜂子的发育情况 检查蜂子的发育，一查幼虫营养状况，二查有无患幼虫病。从巢内育子区的偏中部提1～2张巢脾检查。如果幼虫显得湿润、丰满、鲜亮，小幼虫底部白色浆状物较多，封盖子面积大、整齐，表明蜂子发育良好；若幼虫干瘪，甚至变色、变形或出现异臭，整个子脾上的卵、虫、封盖子混杂，封盖巢房塌陷或穿孔，说明蜂子发育不良，或患有幼虫病。若脾面上或蜜蜂体上可见大小蜂螨，则说明蜂螨危害严重。

（三）箱外观察

蜂群的内部情况，在一定的程度上能够从巢门前的一些现象反映出来。因此，通过箱外观察蜜蜂的活动和巢门前的蜂尸的数量和形态，就能大致推断蜂群内部的情况。用箱外观察来了解蜂群的方法，随时都可以进行。尤其是在特殊的环境条件下，蜂群不宜开箱检查时，或需随时掌握全场蜂群情况时，箱外观察更为常用。在蜂群饲养管理过程中，平时了解全场的蜂群情况，一般都是先通过箱外观察进行初步判断，发现个别不正常的蜂群，再针对具体问题进行局部检查或全面检查。

1. 从蜜蜂的活动状况判断 巢门前的蜜蜂活动和行为能够反映蜂群的状态以及蜂群可能出现的各种问题。

（1）蜂群的采蜜情况 全场的蜂群普遍出现外勤工蜂进出巢繁忙，巢门拥挤，归巢的工蜂腹部饱满沉重，夜晚扇风声较大，说明外界蜜源泌蜜丰富，蜂群采酿蜂蜜积极。蜜蜂出勤少，巢门口的守卫蜂警觉性强，常有几只蜜蜂在蜂箱的周围或巢门口附近窥探，伺机进入蜂箱，说明外界蜜源稀绝，已出现盗蜂活动。在流蜜期，如果外勤蜂采集时间突然提早或延迟，说明天气将要变化。

（2）蜂王状况 在外界有蜜粉源的晴暖天气，如果工蜂采集积极，归巢携带大量的花粉（图8-10），说明该蜂王健在，且产卵力强。这是因为蜂王产卵力强，巢内卵虫多，需要花粉量也大。所以，采集花粉多的蜂群，巢内子脾就必然多。如果蜂群出巢怠慢，无花粉带回，有的工蜂在巢门前乱爬或振翅，则有失王的嫌疑。

图8-10 采集花粉的工蜂

（3）自然分蜂的征兆 在分蜂季节，大部分的蜂群采集出勤积极，而个别强群很少有工蜂进出巢，却有很多工蜂拥挤在巢门前形成蜂胡子，此现象多为分蜂的征兆（图8-11）。如果大量蜜蜂涌出巢门，则说明分蜂活动已经开始。

（4）群势的强弱 当天气、蜜粉源条件都比较好时，有许多蜜蜂同时出入，傍晚大量的蜜蜂拥簇在巢门踏板或蜂箱前壁，说明蜂群强盛；反之，在相同的情况下，进出巢的蜜蜂比较少的蜂群，群势就相对弱一些。

（5）巢内拥挤闷热 气温较高的季节，许多蜜蜂在巢门口扇风，傍晚部分蜜蜂不愿进巢，而在巢门周围聚集，这种现象说明巢内拥挤闷热。

图8-11 分蜂前巢门前形成蜂胡子

（6）发生盗蜂 当外界蜜源稀少时，有少量工蜂在蜂箱四周飞绕，伺机寻

图 8-12　抱团厮杀的工蜂

找进入蜂箱的缝隙，表明该群已被盗蜂窥视，但还未发生盗蜂。蜂箱的巢门前秩序混乱，工蜂抱团厮杀（图 8-12），表明盗蜂已开始进攻被盗群。如果弱群巢前的工蜂进出巢突然活跃起来，仔细观察进巢的工蜂腹部小，而出巢的工蜂腹部大，这些现象都说明发生了盗蜂。如果此时某一强群突然又有大量的工蜂携蜜归巢，该群则有可能是作盗群。

（7）农药中毒　工蜂在蜂场激怒狂飞，性情凶暴，并追蜇人、畜；头胸部绒毛较多的壮年工蜂在地上翻滚抽搐，尤其是携带花粉的工蜂在巢前挣扎，此现象为蜜蜂农药中毒。

（8）螨害严重　巢前不断地发现有一些体格弱小、翅残缺的幼蜂爬出巢门，不能飞，在地上乱爬，此现象说明蜂螨危害严重。

（9）蜂群患下痢病　巢门前有体色特别深暗、腹部膨大、飞翔困难、行动迟缓的蜜蜂，并在蜂箱周围有稀薄量大的蜜蜂粪便，这是蜂群患下痢病的症状。

2. 从巢前死蜂和死虫蛹的状况判断　严格意义上讲，蜜蜂死在巢前是不正常的。如果巢前有少量的死蜂和死虫蛹对蜂群无大影响，但死蜂和死虫蛹数量较多，就要引起注意。为了准确判断死蜂出现的时间，在日常的蜜蜂饲养管理中应每天定时清扫巢前。

（1）蜂群巢内缺蜜　巢门前出现有拖弃幼虫或增长阶段驱杀雄蜂的现象，若用手托起蜂箱后方感到很轻，说明巢内已经缺乏贮蜜，蜂群处于接近危险的状态。巢前出现腹小、伸吻的死蜂，甚至巢内外大量的堆积这种蜂尸，则说明蜜蜂已因饥饿而开始死亡。

（2）农药中毒　在晴朗的天气，蜜蜂出勤采集时，全场蜂群的巢门前突然出现大量的双翅展开、勾腹、伸吻、伸出蜇刺的青壮死蜂（图 8-13），尤其强群巢前死蜂更多，部分死蜂后足携带花粉团，说明是农药中毒。

（3）大胡蜂侵害　夏秋两季是胡蜂活动猖獗的季节，蜂箱前突现大量的缺头、断足、尸体不全的死蜂，而且死蜂中大部分都是青壮年蜂，这表明该群曾遭受大胡蜂的袭击。

（4）冻死　在较冷的天气，蜂箱巢门前出现头朝箱口、呈冻僵状的死蜂，则说明因气温太低，外勤蜂归巢时来不及进巢就冻死在巢外。

　　(5) 蜂群遭受鼠害　冬季或早春,如果门前出现较多的蜡渣和头胸不全的死蜂,从巢内散发出腺臭的气味,并且看到蜂箱有咬洞,则说明有老鼠进入巢箱危害蜂群。

　　(6) 巢虫危害　饲养中蜂,如果发现在巢门前有工蜂拖弃已死亡的工蜂蛹,则说明是巢虫危害。取蜜操作不慎,碰坏封盖巢房,巢前也会出现工蜂或雄蜂的死蛹。

图 8-13　农药中毒死亡的蜜蜂

　　(7) 自然交替　天气正常,蜂群也未曾分蜂,如果见到巢前有被刺死和拖弃的蜂王或王蛹,可推断此蜂群的蜂王已完成自然交替。

二、巢脾修造和保存

　　蜂巢由巢脾组成,巢脾是蜂群培育蜂子、贮存粉蜜以及蜜蜂在巢内活动的场所。蜂巢中巢脾的数量和质量,直接影响蜜蜂群势的增长速度、蜂群的生产能力以及养蜂生产。蜂场应贮备足够的优质巢脾,以便在群势壮大时适时加脾扩巢,促进蜂群的增长和蜂蜜生产。蜂场需要配备的巢脾数量,应根据蜂种、蜂场规模、饲养方式而定。饲养意蜂,一般应按计划发展蜂群数,每群配备15～20个巢脾;若采用规模化饲养管理,每群蜜蜂应贮备30～40个巢脾。

　　新巢脾房壁薄,培育的工蜂发育好、体重大、寿命长、采集力强、抗病能力强。每培育一代蜜蜂,巢房中都要留下一层茧衣,使房壁逐渐加厚、巢房容积缩小、巢脾颜色变深。旧巢脾培育的工蜂体小、发育不良、寿命短、采集力及抗逆力差。一般来说,一个意蜂的巢脾最多使用3年,也就是每年至少应更换1/3的巢脾。转地饲养的蜂群,因花期连续,培育幼虫的代数多,巢脾老化快,需要年年更换新脾。中蜂常啃咬旧脾,使巢内蜡渣堆积,滋生巢虫,饲养中蜂也应年年更换新脾。

(一) 新脾的修造

　　优质巢脾的修造需根据蜂群泌蜡造脾的特点,以及所需要的条件来采取具体的技术措施，进行镶装巢础，加础造脾和相应的蜂群管理措施。

1. 蜂群泌蜡造脾的条件和特点 只有当巢脾数量不能满足蜂群育子和贮存粉蜜需要时，蜜蜂才积极造脾。筑造巢脾材料是由蜡腺细胞比较发达的工蜂分泌的蜂蜡，工蜂蜡腺靠花粉提供营养发育，发育的蜡腺细胞将糖转化为蜂蜡。蜂群泌蜡需消耗 3～4 倍的蜂蜜。蜂群泌蜡造脾的条件是：①外界气温稳定，一般要求在 15℃～25℃；②蜜粉源丰富，蜂群大量采集粉蜜，巢内粉蜜充足；③蜂群处于增长阶段，蜂王产卵力强，巢内子脾多，巢内拥挤，需要扩巢；④蜜蜂群势较强，泌蜡适龄蜂数量多，但无强烈的分蜂热；⑤蜂群失巢和蜂巢的完整性被破坏。

在同等条件下，不同状态的蜂群，造脾能力也有所不同。增长阶段蜜蜂群势达到 7～8 足框时，蜂群的增长速度快，造脾积极性高。双王群卵虫多，巢内空间相对较小，蜂群需要扩巢，此外由于双王群分蜂期推迟，泌蜡造脾积极性高。自然分蜂的分出群造脾能力最强，因为自然条件下，自然分出群到了新的巢穴，都需立即造脾，以尽快恢复蜂群的正常生活，这是蜜蜂长期适应的结果。新王群蜂王物质多，产卵力强，能够维持强群，造脾能力也强。群势强盛且分蜂热不强烈的蜂群，泌蜡适龄蜂多，造脾速度较快，但是强群造脾易造雄蜂房。无王群、处女王群、弱群、囚王群、分蜂热强烈的蜂群，造脾能力差。

2. 镶装巢础 优质巢脾应具备完整、平整、无雄蜂房或雄蜂房很少。新脾造好后应及时提供蜂王产卵。修造巢脾需经钉巢框或清理巢框、拉线、上础、埋线、固定巢础等步骤。修造优质巢脾需选用优质巢础。巢础须用纯净蜂蜡制成，厚薄均匀，房基明显，房基的深度和大小一致。掺有较多矿蜡的巢础，熔点低，巢房易变形，用这样的巢础修造的巢脾雄蜂房较多。

（1）钉巢框或清理巢框 修造新脾可用新的巢框，也可用旧的巢框。新巢框由完全干燥的杉木、白松或其他不易变形的木材加工的一根上梁、一根下梁和两根侧条构成。先用一块预制的铁片模板卡在巢框的侧条上，从侧条的内侧中心上等距向外侧用圆锥钻 3～4 个小孔，以备穿铁线。先用小铁钉从上梁的上方将上梁和侧条固定，侧条上端侧面钉入铁钉加固上梁与侧条。最后用铁钉固定下梁和侧条。为了提高钉新巢框的效率，可用专用的模具固定。巢框的侧梁最好选用较硬的木材根端，以防拉线时把孔眼划破陷入。新巢框应结实，周正，上梁、下梁和侧条都要在同一平面上。

用旧巢框修造巢脾，将旧脾割下，去除铁线，用起刮刀刮干净框梁和侧条上的蜂蜡，用特制的清沟器（图 8-14-A）仔细清除上梁下面巢础沟中的残蜡（图 8-14-B）。旧巢框清理干净后，需检查巢框是否完好和平整，必要时需重新装钉。

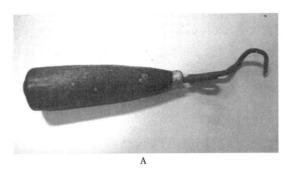

图 8-14　用特制的清沟器清理巢础沟

A. 清沟器　B. 清理巢础沟

（2）拉线　拉线是为了增强巢脾的强度，避免巢脾断裂。拉线使用 24～26 号铁丝，铁线拉直后，每根预先剪成 2.3 米长。拉线时顺着巢框侧梁的小孔来回穿 3～4 道铁丝，将铁丝的一端缠绕在事先钉在侧条孔眼附近的小铁钉上，并将小钉完全钉入侧条固定。用手钳拉紧铁丝的另一端，直至用手指弹拨铁丝能发出清脆的声音为度。最后将这一端的铁丝也用铁钉固定在侧条上（图 8-15）。美国和新西兰等国外蜂场多用上线板穿线和拉线。

（3）上础　巢础很容易被碰坏，上础时应细心。将巢础放入拉好线的巢础框上，使巢框中间

图 8-15　拉线后的巢框

的两根铁线处于巢础的同一面，上下两根铁线处于巢础的另一面。再将巢础仔细放入巢框上梁下面的巢础沟中。

（4）埋线　埋线就是用埋线器将铁线加热部分熔蜡后埋入巢础中的操作。埋线前，应先将表面光滑、规格略小于巢框内径的埋线板用清水浸泡 4～5 小时，以防埋线时蜂蜡熔化将巢础与埋线板粘连，损坏巢础。

将已拉线的巢础框镶入巢础，使中间的铁线在巢础的一面，上下两条铁线在巢础的另一面。将巢础框平放在埋线板上，将巢础镶嵌伸入上梁的巢础沟，并将巢础抚平。用埋线器将铁线加热，熔化部分巢础中的蜂蜡，铁线埋入巢础中。

埋线器有普通埋线器（图 8-16-A）和电热埋线器（图 8-16-B）两种。普通埋线器又分为烙铁式埋线器和齿轮式埋线器（图 8-16-A）。普通埋线器在使用

前需要适当加热，埋线器尖端部有小沟槽，埋线时将埋线器尖端小沟槽骑在铁线上向前推移（图 8-16-C，图 8-16-D）。推移埋线器时，用力要适当，防止铁丝压断巢础，或浮离巢础的表面。用电埋线器上础时，将两个电极分别与铁线两端接触，通过短路加热铁线（图 8-16-E）。埋线时先将中间的铁线埋入，然后再埋上下两条铁线。将铁线逐根埋入巢础中间，如果铁线浮在巢础表面，巢脾修造后，浮铁线的一行巢房不被蜂群育子利用（图 8-17）。

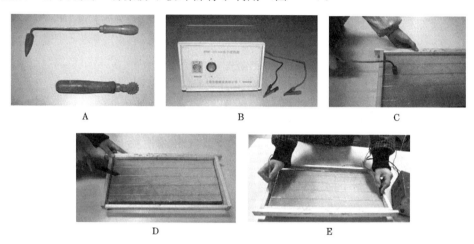

图 8-16　埋　线　器

A. 普通埋线器（上方为烙铁式，下方为齿轮式）　B. 电热埋线器　C. 用烙铁式埋线器上础
D. 用齿轮埋线器上础　E. 用电热埋线器上础

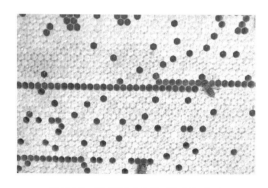

图 8-17　铁线没有埋入巢础的巢脾

（5）巢础和巢框上梁的固定
埋线后需用熔蜡浇注巢框上梁的巢础沟槽中，使巢础与巢框上梁粘接牢固。熔蜡壶中放入碎块蜂蜡，放在电炉等炉具上水浴加热。蜂蜡熔化后，熔蜡壶置于 70℃～80℃ 的水浴中待用。蜡液的温度不可过高，否则易使巢础熔化损坏。如果直接将熔蜡壶置于炉具上加热，熔蜡时应注意严防因熔蜡沸腾溢出引发火灾。万一发生火灾事故，应立即切断电源，用平时备好的灭火器或沙土灭火。

浇蜡固定时，一手持埋线后的巢础框，使巢框下梁朝上；另一手持熔蜡壶或盛蜡液容器，向上梁的巢础沟中倒入熔蜡。手持巢框使上梁两端高低略有不同，初时手持端略高，熔蜡从巢础沟的靠手持的一端倒入，蜡液沿巢础沟缓缓向另一端流动，熔蜡到达另一端后立即抬高巢框上梁的另一端，使蜡液停止继续向下流动。

3. 加础造脾 在适宜修造新脾的季节，采取快速造脾技术，更换蜂箱中的旧脾。适合造脾的季节特点是天气温和、蜜粉源丰富，蜂群强盛，巢内贮蜜充足，在巢脾的上梁和蜂箱内空档处有赘脾（图8-18）。

图8-18　巢脾上梁有赘脾，说明蜂群
泌蜡造脾的积极性高

（1）加础策略 在造脾季节先采用普遍造脾方法，全场正常蜂群每群均加础造脾。巢础框的数量根据蜜蜂的群势而定，加入巢础框后仍能保持蜂脾相称。在普遍造脾的基础上，发现造脾能力强的蜂群可用于重点造脾。造脾能力强的蜂群多处于群势增长阶段中期的蜂群，双王群和蜂蜜生产阶段的副群，无分蜂热，蜂王产卵积极，内勤蜂较多，造脾较快。巢础框一般每次加一个，多加育子区边2脾的位置。待新脾巢房加高到约一半时，将这半成品的巢脾移到蜂巢中间，供蜂王产卵，以促进蜂群更快速度造脾，并在原来的巢础框位置再放入一个新的巢础框。如果不存在蜂群保温的问题，也可以将巢础框直接加在蜂巢的中间。自然分蜂的新分出群造脾能力最强，刚收捕回来的分蜂团另组新群，巢内除了放一张供蜂王产卵的半蜜脾之外，其余均加入巢础框，加入巢础框的数量以群内蜂脾相称为度。利用造脾能力强的蜂群多造脾，可将基本造好的巢脾及时抽补给其他蜂群，此蜂群继续加础造脾。

（2）加础方法 巢础框应加在蜂箱中的育子区，如果加在无王的贮蜜区易造雄蜂巢房。在气候温暖且稳定的季节，可将巢础框直接加在蜂巢的中部。由于蜂巢的完整性受到较大的影响，蜜蜂造脾速度快。气温较低和群势较弱时，巢础框应加在子圈的外围，也就是边二脾的位置，以免对保持巢温产生不利的影响。加巢础框应避开气温较高的中午，以防巢础受热变形；傍晚加础还能利用蜂群夜间造脾，减轻白天的工作负担。

处于群势增长阶段中期的蜂群、双王群和蜂蜜生产阶段的副群都有一个共同特点，蜂群无分蜂热，蜂王产卵积极，内勤蜂较多，所以造脾较快，且不易造雄蜂房。

4. 造脾蜂群的管理 养蜂者要将造脾蜂群调整到积极泌蜡造脾的状态，提供快速造脾的物质条件。积极泌蜡造脾的蜂群状态是：群强，适龄泌蜡蜂多；外界蜜粉源丰富，巢内贮蜜充足，不断有新蜜采进；巢内有空间位巢脾不足，可供蜂王产卵育子和贮蜜的空巢房缺少。快速造脾的物质条件是有充足的贮蜜和优质的巢础框。

（1）调整蜂群　为了加快造脾速度和造脾完整，应保持蜂群巢内蜂脾相称，或蜂略多于脾。巢内巢脾过多，影响蜂群造脾积极性，并使新脾修造不完整。在造脾蜂群的管理中应及时淘汰老劣旧脾或抽出多余的巢脾，以保证蜂群内适当密集。抽出多余巢脾和淘汰旧脾时，空脾可抖蜂后用蜂刷扫除脾上的蜜蜂，此脾做保存或淘汰处理；有少量贮蜜的巢脾应先将该脾放到蜂箱内隔板外侧，让蜜蜂将脾中的贮蜜搬空后再提出。

（2）奖励饲喂　在蜜粉源不是很充足的条件下，奖励饲喂能够给造脾蜂群外界蜜源丰富的错觉，促进蜂群造脾。

（3）检查　加础后第二天检查造脾情况。变形破损的巢础框及时淘汰。未造脾或造脾较慢，应查找原因（蜂王是否存在、是否脾多蜂少、饲料是否充足、是否分蜂热严重等），根据具体情况再做处理。在新脾的修造过程中，需要检查1～2次。修造不到边角的新脾，应立即移到造脾能力强且高度密集的蜂群去完成。如果巢础框两面或两端造脾速度不同，可将巢础框调头后放入。发现脾面歪斜应及时推正，否则向内弯的部位会造出畸形的小巢房，而弯曲的外侧会造出较大的雄蜂房。对有断裂、漏洞、翘曲、皱折等变形严重，雄蜂房多、质量差的新脾，应及时取出淘汰，另加新巢础框重新造脾。造脾过程中，发现杂有少量的雄蜂房或变形巢房，可用镊子将非工蜂房部分的房壁拔掉，并在此部位喷少许蜜水，让蜂群继续填造。

（二）巢脾的清理与保存

早春蜜蜂群势逐渐壮大，就需要优质巢脾扩巢，但在此季节，无论是天气还是蜂群状况，都不利于新脾的修造，这就需要事先储备足够的优良巢脾。蜂群越冬或越夏前，蜂群的群势下降，必然要从蜂箱中抽出许多余脾。抽出的巢脾保管不当，就会发霉、积尘、滋生巢虫、引起盗蜂和遭受鼠害，并会影响下一个养蜂季节的生产。巢脾保存最主要的问题是防止蜡螟的幼虫，即巢虫蛀食危害。巢脾应该保存在干燥清洁的地方，其楼上、楼下以及邻室都不能贮藏农药，以免造成蜂群中毒。由于巢脾保存需要用药物熏蒸消毒，因此保存巢脾的地点也不宜靠近生活区。

清理好的巢脾，应保存在鼠类、蜡螟以及蜜蜂都不能到达的地方，最好能将巢脾贮藏在特制的能密闭熏蒸的大橱内。规模化的蜂场应设立密闭的巢脾贮存室。一般蜂场保存巢脾多利用现有的空蜂箱。在贮存巢脾前需将蜂箱彻底洗刷干净。

1. 巢脾的分类和清理　巢脾分类是将不可用的巢脾淘汰，再将可用的巢脾分类或按质量分等级。可用的巢脾清理干净后贮存处理。

（1）巢脾的分类　需要贮存的巢脾可分为蜜脾、粉脾和空脾三大类。根据脾中的贮蜜程度，可将蜜脾分为全蜜脾和半蜜脾。粉脾也可以分为全粉脾或粉蜜脾。蜜脾和粉脾应是适合蜂王产卵的优质巢脾，在蜂群的增长阶段将蜜脾和粉脾加入蜂群后，粉蜜消耗后空出的巢房应供蜂王产卵。

贮存的空脾主要用于提供蜂王产卵和贮蜜。空脾可根据新旧程度和质量分为三等：一等空巢脾应是浅褐色、脾面平整，几乎全部都是工蜂房的巢脾；二等巢脾稍次于一等空巢脾，巢脾颜色稍深，或有少部分雄蜂房的巢脾；三等空巢脾颜色褐色，或有部分雄蜂蜂房，或有其他小缺陷，但还能使用的巢脾。除此之外的空脾，如颜色深褐色甚至呈黑色、巢脾变形，雄蜂巢房过多、巢脾破损，以及没有育过蜂子的老白脾等，都不宜保留，应集中化蜡。

（2）巢脾的清理　巢脾贮存整理之前，应将空脾中的少量蜂蜜摇尽，刚摇出蜂蜜的空脾，须放到巢箱的隔板外侧，让蜜蜂将残余在空脾上的蜂蜜舔吸干净，然后再取出收存。从蜂群中抽取出来的巢脾应用起刮刀将巢框上的蜂胶、蜡瘤、下痢的污迹及霉点等清理干净，然后分类放入蜂箱中，或分类放入巢脾贮存室的脾架上，并在箱外或脾架上加以标注。同类的巢脾应放置在一起，以利于以后的选择使用。

2. 巢脾的熏蒸　巢脾密封保存是为了防止鼠害和巢虫危害，以及盗蜂的骚扰。巢脾在贮存前很可能有蜡螟的卵虫蛹，使巢虫继续危害密封中的巢脾。为了消灭这些蜡螟及其卵虫蛹，就需要用药物熏蒸。蜡螟和巢虫在10℃以下就不活动，在气温10℃以下的冬季保存巢脾可暂免熏蒸。用于熏蒸巢脾的药物主要有二硫化碳和硫磺粉。

（1）二硫化碳熏蒸　二硫化碳是一种无色、透明、有特殊气味的液体，比重1.263，常温下容易挥发。气态下二硫化碳比空气重，易燃、有毒，使用时应避免火源或吸入。二硫化碳熏蒸巢脾只需1次，处理时相对方便，效果好；但是成本高，对人体有害。

具体操作方法：用蜂箱贮存巢脾，在一个巢箱上叠加5～6层继箱，最上层加副盖。若不是木质地板，应适当垫高防潮。巢箱和每层继箱均等距排列10张脾。二硫化碳气体比空气重，应放在顶层巢脾。如果盛放二硫化碳的容器较高，最上层继箱还应在中间空出2脾的位置。蜂箱所有的缝隙用裁成条状的报纸糊严。待放入二硫化碳后再用大张报纸将副盖糊严。

在熏蒸操作时，为了减少吸入有毒的二硫化碳气体，应从下风处向蜂箱中放入二硫化碳，或从里面开始，逐渐向上风或外面移动。除非以后外面的巢虫重新侵入，二硫化碳气体能杀死蜡螟的卵、虫、蛹和成虫，所以经一次彻底处理后就能解决问题。二硫化碳的用量，按每立方米容积30毫升计算，即每个继箱用量约1.5毫升。考虑到巢脾所处空间不可能绝对密封，实际用量可酌加1倍左右。

（2）**硫磺粉熏蒸**　硫磺粉熏蒸是通过硫磺粉燃烧后产生大量的二氧化硫气体达到杀灭巢虫和蜡螟的目的。二氧化硫熏脾，一般只能杀死蜡螟和巢虫，不能杀死蜡螟的卵和蛹。彻底杀灭蜡螟须待蜡螟的卵和蛹孵化成幼虫和蛹羽化成成虫后再次熏蒸。因此，用硫磺粉熏蒸，需在第一次熏蒸后的10～15天熏蒸第二次，再过15～20天熏蒸第三次。硫磺粉熏蒸成本低，易购买，但是操作较麻烦，不慎易发生火灾。

具体操作方法：用蜂箱贮存巢脾，硫磺粉熏蒸应备一个有巢门档的空巢箱作为底箱，上面叠加5～6层继箱。为防硫磺燃烧时巢脾熔化失火，巢箱不放巢脾，第一层继箱仅在两侧各排列6个巢脾，分置两侧，中央空出4框的位置。其上各层继箱分别各排中10张巢脾。除了巢门档外，蜂箱所有的缝隙也用裁成条状的报纸糊严。

撬起巢门档，在薄瓦片或浅碟上放上燃烧火炭数小块，撒上硫磺粉后，从巢门档处塞进箱底，直到硫磺粉完全烧尽后，将余火取出，仔细观察箱内无火源后，再关闭巢门档并用报纸糊严。

硫磺粉熏脾，易发生火灾事故，切勿大意。二氧化硫气体具有强烈的刺激性、有毒，操作时应避免吸入。硫磺粉燃烧后产生热的二氧化硫气体，比空气轻，所以硫磺粉熏蒸应放在巢脾的下方。其用量按每立方米容积50克计算，即每个继箱用量约2.5克。考虑到巢脾所处空间不可能绝对密封，实际用量同样酌加1倍左右。

三、蜂群合并

蜂群的合并就是把两个或两个以上蜂群合并为一群。养蜂实践证明，饲养强群是夺取高产、稳产的重要保证。蜂群合并是养蜂生产中常用的管理措施。早春合并弱群，可加强巢内保温和哺育幼虫能力，加快蜜蜂群势增长速度；晚秋合并弱群，可保障蜂群安全越冬；主要流蜜期前合并弱群，组织强盛的生产群，以获蜂蜜高产；王浆生产可合并弱群组织产浆群；在流蜜期后合并弱群，有助于预防盗蜂发生。在蜜蜂饲养管理中，蜂群丢失蜂王而又无法补充储备蜂王或成熟王台时，也需要将无王群并入其他有王群。

（一）蜂群安全合并的障碍

蜜蜂是以蜂群为单位生活的社会性昆虫，不同的蜂群通常具有不同的气味。蜜蜂凭借灵敏的嗅觉，通过不同群体的蜜蜂气味的差异，分辨出本群或其他蜂群的个体。蜂群具有警惕守卫自己蜂巢、防止异群蜜蜂进入的特点，尤其在蜜粉源缺乏条件下更为突出。如果将不同的蜂群任意合并到一起，就可能因蜂群的群味不同，而引起蜜蜂相互斗杀，使得合并失败造成损失，这就是合并蜂群的主要障碍。组成蜂群特殊群味的成分很复杂，其中包括蜜粉源气味、蜂箱气味、巢脾气味等综合而成。在主要蜜源花期，各蜂群的群味由同一种主要蜜源的气味占据了主导地位，此时各蜂群的群味差异不明显。蜂群的独特气味，只有在外界蜜粉源缺乏或由多种蜜粉源供蜜蜂采集的情况下，才能突显。通过群味分辨异群蜜蜂个体，是蜂群对种内竞争的适应。蜂群的安全合并需要采取措施消除蜂群安全合并的障碍，混同群味，削弱警觉性。

在大流蜜期，所有的蜂群都积极投入到紧张的采集活动中，既不会出现盗蜂，也无须加强蜂巢的守卫，此时蜂群的警觉性弱。夜间蜂群不出巢活动，因此也不会出现盗蜂，这时蜂群警觉性也不强。

（二）蜂群合并前的准备

蜂群的群味和警觉性是蜂群安全合并的障碍。因此，蜂群在大流蜜期，群势较弱、失王不久、子脾幼蜂比较多的蜂群警觉性弱，比较容易进行合并；而蜂群在非流蜜期，以及群势较强、群内又有蜂王或王台存在、失王过久甚至工蜂产卵、子脾少、老蜂多、常遭受到蜜蜂或胡蜂等骚扰的蜂群，合并比较困难。为此，在蜂群合并之前，应注意做好准备工作，创造蜂群安全合并的条件。蜂群合并原则是弱群并入强群，无王群并入有王群。

1. 备好箱位　蜜蜂具有很强的认巢能力，将两群或几群蜂合并以后，由于蜂箱位置的变迁，有的蜜蜂仍要飞回原址寻巢，易造成混乱。合并应在相邻的蜂群间进行。需将两个相距较远的蜂群合并，应在合并之前，采用渐移法使箱位靠近。

2. 除王毁台　如果合并的两个蜂群均有蜂王存在，除了保留一只品质较好的蜂王之外，另一只蜂王应在合并前 1~2 天去除。在蜂群合并的前半天，还应彻底检查毁弃无王群中的改造王台。

3. 保护蜂王　蜂群合并往往会发生围王现象，为了保证蜂群合并时蜂王的安全，应先将蜂王暂时关入蜂王诱入器内保护起来，待蜂群合并成功后，再释放蜂王。

4. 补加幼虫脾 对于失王已久、巢内老蜂多、子脾少的蜂群，在合并之前应先补给1～2框未封盖子脾，以稳蜂性。补脾后应在合并前毁弃改造王台。

5. 合并蜂群巢脾移至巢中部 直接合并前1～2小时，将无王群的巢脾移至蜂巢中央，使无王群的蜜蜂全部集中到巢脾上，以便合并时通过提脾将蜜蜂移到并入群。

6. 选好蜂群合并时间 蜂群合并时间的选择应重点考虑避免盗蜂和胡蜂的骚扰，在蜂群警觉性较低时进行。蜂群合并宜选择在蜜蜂停止巢外活动的傍晚或夜间进行，此时的蜜蜂已经全部归巢，蜂群的警觉性很低。

（三）蜂群合并的方法

根据外界的蜜粉源条件，以及蜂群内部的状况，判断蜂群安全合并的难易程度。容易合并的采用直接合并，较困难的采取间接合并法。

1. 直接合并 直接合并蜂群适用于刚搬出越冬室而又没有经过爽身飞翔的蜂群，以及外界蜜源泌蜜较丰富的季节。合并时，打开蜂箱，把有王群的巢脾调整到蜂箱的一侧，再将无王群的巢脾带蜂放到有王群蜂箱内另一侧。根据蜂群的警觉性调整两群蜜蜂巢脾间隔的距离，多为间隔1～3张巢脾。也可用隔板暂时隔开两群蜜蜂的巢脾。次日，两群蜜蜂的群味完全混同后，即可将两侧的巢脾靠拢。

为了合并的安全，直接合并蜂群可同时采取混同群味的措施，混淆群味界限。直接合并所采取的措施有：①向合并的蜂群喷洒稀薄的蜜水；②合并前在箱底和框梁滴2～3滴香水，或滴几十滴白酒，或向参与合并的蜂群喷烟；③在合并之前1～2小时，将切碎的葱末分别放入需要合并蜂群的蜂路中；④将合并的蜂群都放入同一箱后，中间用装满糖液或灌蜜的巢脾隔开。

2. 间接合并 间接合并法应用于非流蜜期、失王过久、巢内老蜂多而子脾少的蜂群。间接合并主要有铁纱合并法和报纸合并法。在炎热的天气应用间接合并法，在继箱上开一个临时小巢门，以防继箱中的蜜蜂受闷死亡。

（1）铁纱合并法 将有王群的箱盖打开，铁纱副盖上叠加一个空继箱，然后将另一需要合并无王群的巢脾带蜂提入继箱。两个蜂群的群味通过铁纱互通混合，待两群蜜蜂相互无敌意后就可撤除铁纱副盖，将两原群的巢脾并为一处，必要时抽出余脾。间接合并用铁纱分隔的时间主要视外界蜜源而定，有少量辅助蜜源时只需1天，无蜜源需要2～3天。能否去除铁纱，需观察铁纱两侧的蜜蜂行为，蜜蜂较容易驱赶时，表明两群气味已互通；若有蜜蜂死咬铁纱，驱赶不散，则说明两群蜜蜂敌意未消。

（2）报纸合并法　铁纱副盖可用钻许多小孔的报纸代替，将巢箱和继箱中的两个需合并的蜂群，用有小孔的报纸隔开。上下箱体中的蜜蜂会集中精力将报纸咬开，放松对身边蜜蜂的警觉。当合并的报纸洞穿半天至 1 天后，两群蜜蜂的群味也就混同了。

四、人工分群

人工分群（简称分群），就是人为地从一个或几个蜂群中，抽出部分蜜蜂、子脾和粉蜜脾，组成一个新分群。人工分群是养蜂生产增加蜂群数量的主要手段，也是防止自然分蜂的一项有效措施。无论采用什么方法分群，一般应在蜂群强盛的前提下进行。在养蜂生产上，除组织交尾群外，弱群分群一般是没有意义的。原始饲养的中蜂人工分群方法详见第七章第一节"三、原始饲养的基础管理"。

（一）单群平分

单群平分，就是将一个原群按等量的蜜蜂、子脾和粉蜜脾等分为两群。其中原群保留原有的蜂王，分出群则需诱入一只产卵蜂王。这种分群方法的优点是，分开后的两个蜂群都是由各龄蜂和各龄蜂子组成，不影响蜂群的正常活动，日后新分群的群势增长也比较快。其缺点是，一个强群平分后群势大幅度下降，在接近流蜜期时分群会影响蜂蜜生产。因此，单群平分只宜在主要蜜源流蜜期开始的 45 天前进行。

单群平分操作时，先将原群的蜂箱向一侧移出一个箱体的距离，在原蜂箱位置的另一侧，放好一个空蜂箱。再从原群中提出大约一半的蜜蜂、子脾和粉蜜脾置于空箱内。次日给没有王的新分出群诱入一只产卵蜂王。分群后如果发生偏集现象，可以将蜂偏多的一箱向外移出一些，稍远离原群巢位，或将蜂少的一群向原箱位靠近一些，以调整两个蜂群的群势。

单群平分不宜给新分出群介入王台。因为介入王台后，等新王出台、交尾、产卵，还需 10 天左右。在这段时间内，新分群的哺育力不能得到充分发挥，浪费蜂群的哺育力，影响蜜蜂群势发展。如果新王出台、交尾不成功，产卵不正常或意外死亡，损失就会更大。

（二）混合蜂群

利用若干个强群中一些带蜂的成熟封盖子脾，搭配在一起组成新分群，这种人工分群的方法称为混合分蜂。利用强群中多余的蜜蜂和成熟子脾，并给产卵王或成熟王台组成新分群。因为混合分群可以从根本上解决分群与采蜜的矛盾，分群后的蜂群比不分蜂的原群所培育的蜜蜂数量要多，产蜜量也增加。从强盛的蜂群中抽出部分带蜂成熟的子脾，既不影响原群的增长，又可改善原群蜂巢中的环境条件，防止分蜂热的发生，使原群始终处于积极的工作状态。同时，由强群中多余的蜜蜂和成熟的封盖子所组成的新分群到主要流蜜期，可以使蜂场得到为数众多的采蜜群。混合分群不足之外主要有分群的速度较慢，原场分群易回蜂，外场分群较麻烦，混合分群容易扩散蜂病。因此，患病蜂群不宜进行混合分群。

为了有计划地进行混合分群，应从早春开始就给蜂群创造好的发展条件，如加强饲喂和保温、适时扩巢等，促使蜂群尽快地强盛。当蜂群达 8 足框以上的群势和 4 足框以上的子脾时，即可从这些蜂群中各抽 1～2 框带蜂的成熟子脾，混合组成 4～6 带蜂子脾的新分蜂。第二天给新分群各诱入一只产卵王或成熟王台。抽脾分群时，应先查找原群的蜂王，避免将原群蜂王误随蜂脾提出。

进行混合分群时，防止新分群的外勤蜂返回原巢使子脾受冻，可在分群后将新分群迁移到直线距离 5 千米以外的地方。原场分群可在分群时避免在外勤蜂较多的边脾提蜂，每个新分群多放一个带蜂的巢脾，并额外补充抖入 2～3 框幼虫脾上的内勤蜂，以此保证新分群外勤蜂返回原巢后仍能有适当的群势；新分群组织完毕，巢门暂时用茅草较松软地塞上，让蜜蜂自己咬开，促使部分蜜蜂重新认巢。混合分群的次日检查一次新分群，脱蜂抽出多加入的巢脾，对蜂量不足的新分群及时补充内勤蜂。新分群组成后，为了帮助新分群快速发展壮大，可陆续补给 2～3 框脱了蜂的成熟封盖子脾。

五、分蜂热的控制和解除

蜂群的自然分蜂须经历建造雄蜂房、培育雄蜂、建造台基、迫使蜂王在台基产卵、培育蜂王等过程。在新王出台前，蜂群原蜂王和一半以上的工蜂飞离原巢另寻新居。蜂群在增长阶段和流蜜初盛期，当中蜂群势的发展超过 3～4 框子脾，意蜂超过 6～7 框子脾后就会产生分蜂热。

自然分蜂是蜂群自然增殖的唯一方式，对蜜蜂种群的繁荣和分布区域扩大具有非常重要的意义。但是，养蜂生产的高产稳产必须以强群为基础，而分蜂使蜜蜂群势大幅度下降。特别是在主要蜜源花期，发生分蜂就会大大影响产蜜量。此外，蜂群在准备分蜂的过程中，当王台封盖以后，工蜂就会减少对蜂王饲喂，迫使蜂王卵巢收缩，产卵力下降，甚至停卵。与此同时，蜂群也减少了采集和造脾活动，整个蜂群呈"怠工"状态。这种现象在蜂群饲养管理中称为分蜂热。产生分蜂热的蜂群既影响蜂群的增长，又影响养蜂生产。分蜂发生后，增加了收捕分蜂团的麻烦。所以，在养蜂生产上控制蜂群分蜂热是极其重要的管理措施。西方蜜蜂规模化饲养管理技术的分蜂热控制和解除详见本章第一节"三、简化技术和减少操作"。

（一）控制分蜂热的管理措施

促使蜂群发生分蜂热的因素很多，其主要原因是蜂群中的蜂王物质不足、哺育力过剩以及巢内外环境温度过高。控制和消除分蜂热应根据蜂群自然分蜂的生物学规律，在不同阶段采取相应的综合管理措施。如果一直坚持采取破坏王台等简单生硬方法来压制分蜂热，则导致工蜂长期怠工，并影响蜂王产卵和蜂群的发展。其结果既不能获得蜂蜜高产，群势也将大幅度削弱。

大流蜜的来临，有时可以暂时抑制分蜂，使蜂群投入到紧张的采集活动中。但是，大流蜜的出现，要有主要蜜源植物的花期和良好的气候相配合。主要蜜源的花期固然可以估计，而流蜜期的气候却是难以预测的。因此，想利用大流蜜期来抑制分蜂也是靠不住的。控制自然分蜂的最根本方法，就是在蜂群增长的中后期，产生分蜂热之前，对蜂群采取综合的管理措施。

1. 选育良种　同一蜂种的不同蜂群控制分蜂的能力有所不同，并且蜂群控制分蜂能力的性状具有很强的遗传力。因此，在蜂群换王过程，应注意选择能维持强群的高产蜂群作为种用群，进行移虫育王。此外，还应注意定期割除分蜂性强的蜂群中的雄蜂封盖子，同时保留能维持强群的蜂群中的雄蜂，以此培育出能维持强群的蜂王。

在利用自然王台换王时，切忌随意从早出现的王台中培育蜂王，这些王台往往产生于分蜂性强的蜂群。如果长期如此换王，蜂群的分蜂性将越来越强。蜜蜂交配在空中进行，因此蜂种的分蜂性受周边蜂场的种性影响很大。选育的良种在周边免费推广，有利于促进本地区蜜蜂种性的改良。

2. 更换新王　新蜂王释放的蜂王物质多，控制分蜂能力强。一般来说，新王群很少发生分蜂。此外，新王群的卵虫多，既能加快蜂群的增长速度，又使蜂群具有一定的哺育负担。所以，在蜂群的增长期应尽量提早换新王。

3. 调整蜂群　蜂群的哺育力过剩是产生分蜂热的主要原因。蜂群的增长期保持过强的群势，不但对发挥工蜂的哺育力不利，而且还容易促使分蜂，增加管理上的麻烦，增加蜂群的饲料消耗。因此，在蜂群增长阶段应适当地调整蜂群的群势，以保持最佳群势为宜。蜂群快速增长的最佳群势，意蜂为8～10足框。调整群势的方法主要有两种，一是抽出强群的封盖子脾补给弱群，同时抽出弱群的卵虫脾加到强群中，这样既可减少强群中的潜在哺育力，又可加速弱群的群势发展；二是进行适当的人工分蜂。

4. 改善巢内环境 巢内拥挤闷热也是促使分蜂的因素之一。在蜂群的增长阶段后期，当外界气候稳定，蜂群的群势较强时，就应及时进行扩巢、通风、遮阴、降温，以改善巢内环境。蜂群应放置在阴凉通风处，不可在太阳下长时间暴晒；适时加脾或加础造脾，增加继箱等扩大蜂巢的空间；开大巢门、扩大脾间蜂路以加强巢内通风；及时饲水和在蜂箱周围喷水降温等。

5. 生产王浆 蜂群的群势壮大以后，连续生产王浆，加重蜂群的哺育负担，充分利用工蜂过剩的哺育力，这是抑制蜂群分蜂热的有效措施。

6. 组织双王群饲养 双王群能够抑制分蜂热，所维持的群势更强，主要是因为双王群中蜂王物质多和哺育负担重。由于蜂群中有两只蜂王释放蜂王物质，增强了控制分蜂的能力，因此能够延缓分蜂热的发生。双王群中两只蜂王产卵，幼虫较多，可减轻强群哺育力过剩的压力。

7. 蜂群增长阶段的主副群饲养 主副群饲养是强弱群搭配分组管理的养蜂方法。2～3箱蜜蜂紧靠成一组。其中一箱为强群，群势为8～10足框，为蜂群增长最佳群势，经适当调整和组织，到了流蜜期可成为采蜜主群。另1～2群为相对较弱的蜂群，主群增长后多出最佳群势的蜂子不断地调入副群。当蜂群上继箱后，培育一批蜂王。蜂王出台前2～3天，在主群旁边放一个空蜂箱，然后从主群中提出3～4框带蜂的封盖子脾和蜜脾，组成副群。第二天诱入一个成熟王台。等新王产卵后，不断地从主群中提出多余的封盖子脾补充给副群，以此控制主群产生分蜂热。

8. 多造新脾 凡是陈旧的、雄蜂房多的以及不整齐的劣脾，都应及早剔除，以免占据蜂巢内的有效产卵圈。同时，可充分利用工蜂的泌蜡能力，积极地加础造脾、扩大卵圈，加重蜂群的工作负担，有利于控制分蜂热。

9. 毁弃王台 分蜂王台封盖，蜂王的腹部开始收缩。蜂群出现分蜂热后，应每隔5～7天定期检查1次，将王台毁弃在早期未封盖阶段。毁台只是应急的临时延缓分蜂的手段，不能从根本上解决问题。在毁台的同时，还应采取相应的措施，彻底解除分蜂热。如果一味地毁台抑制分蜂，则蜂群的分蜂热越来越强，最后可能导致蜂群建造王台并逼迫蜂王在台中产卵后，就开始分蜂。

10. 蜂王剪翅 为了避免在久雨初晴时因来不及检查，或管理疏忽而发生分蜂，应在蜂群出现分蜂征兆时，将老蜂王的一侧前翅剪去70%。蜂王剪翅后发生分蜂，蜂王必跌落于巢前，分出的蜜蜂因没有蜂王不能稳定结团，不久就会重返原巢。

剪翅时，可将带蜂王的巢脾提出，左手提巢脾的框耳，巢脾的另一侧搭放在蜂箱上；用右手拇指和食指捏住翅部，将蜂王提起。放下巢脾后再用左手的拇指和食指将蜂王的胸部轻轻地捏住，右手拿一把锐利的小剪刀，挑起一边前翅，剪去前翅面积的2/3（图8-19）。剪翅操作之前，可先用雄蜂进行练习。

11. 提早取蜜　在大流蜜期到来之前，取出巢内的贮蜜，有助于促进蜜蜂采集，减轻分蜂热。当贮蜜与育子发生矛盾时，应取出积压在子脾上的成熟蜂蜜，以扩大卵圈。

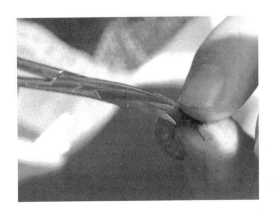

图8-19　蜂王剪翅

（二）解除分蜂热的方法

如果由于各种原因，所采取的控制分蜂热的措施无效，群内王台封盖，蜂王腹部收缩，产卵几乎停止，分蜂即将发生时，应根据具体情况，因势利导采取措施。

1. 人工分群　当活框饲养的强群发生分蜂热以后，采用人工分群的方法解除分蜂热，是一项非常有效的措施。为了解除强群的分蜂热，又要保证生产群的群势，应根据不同蜂种的特点采取人工分群方法。意蜂分蜂性相对较弱，当蜂群中分蜂王台封盖以后，可将老王和带蜂的成熟封盖子脾和蜜脾各一脾提出，另用蜂箱组成新分群，另置。在新分群中加入1张空脾，供老王产卵。同时，在原群中选留或诱入一个较大的、端正的、成熟的封盖王台，其余的王台全部毁除，组织成采蜜群。

2. 促使分蜂　当个别的蜂群发生严重分蜂热时，也可以采取抽出空脾，紧缩蜂巢，同时奖励饲喂，促使蜂群尽早分蜂，以缩短蜂群怠工状态的时间。分蜂发生后，及时收捕分蜂团。充分利用自然分出群的积极性。这种方法只适宜蜂场只有个别分蜂热强烈的蜂群，如果分蜂热强烈的蜂群过多，来不及收捕分蜂，分出群的飞失会给蜂场造成很大损失。

3. 调整子脾　把发生分蜂热强烈的蜂群中所有封盖子脾全部脱蜂提出，补给弱群，留下全部的卵虫脾。再从其他蜂群中抽出卵虫脾加入该群，使每足框蜜蜂都负担约一足框卵虫脾的哺育饲喂工作，加重蜂群的哺育负担，以此消耗分蜂热蜂群中过剩哺育力。这种方法的不足之处是哺育负担过重，影响大流蜜期的蜂蜜生产。

4. 互换箱位　流蜜初盛期蜂群发生严重分蜂热，可以把有分蜂热的强群与群势较弱的蜂群互换箱位，使强群的采集蜂进入弱群。分蜂热强烈的强群，由于失去大量的采集蜂，群势下降，迫使一部分内勤蜂参加采集活动，因而分蜂热消除。较弱的蜂群补充了大量的外勤蜂，群势增强，适当的加脾和蜂群调整可以成为采蜜主群。

5. 空脾取蜜 流蜜期已开始，蜂群中出现比较严重的分蜂热，可将子脾全部提出放入副群中，强群中只加入空脾，使蜂群所有工蜂全部投入到采酿蜂蜜的活动中，以此解除分蜂热。空脾取蜜不但能解除分蜂热，而且因巢内无哺育负担，可提高蜂蜜产量50％左右。空脾取蜜的不足是后继无蜂，对群势后续发展有严重影响。因此，应注意这种方法只适用于流蜜期短而流蜜量大的蜜源花期，并且距下一个主要蜜源花期蜂群有足够的恢复发展时间。流蜜期长，或者几个主要花期连续，只可提出部分子脾，以防严重削弱采蜜群。流蜜期长而进蜜慢，或紧接着就要进入越冬期，不能采取空脾取蜜的方法解除分蜂热。

6. 提出蜂王 当大流蜜期马上就要到来，蜂群发生不可抑制的分蜂热时，为了确保当季的蜂蜜高产，可采取提出蜂王的方法解除强烈分蜂热。将蜂王和带蜂的子脾蜜脾各一框提出，另组一群，或者干脆去除蜂王。脱蜂仔细检查巢脾上的各类王台，将蜂群内所有的封盖王台全部毁弃，保留所有的未封盖的王台。过足7天，除了选留一个成熟王台之外，其余的尽毁。这样，处理后的蜂群没有条件分蜂。大流蜜期到来时，由于巢内哺育负担轻，蜂群便可大量投入采集活动。流蜜期过后，新王也开始产卵，有助于蜜蜂群势的恢复。

第三节　西方蜜蜂定地饲养的阶段管理技术

气候变化直接影响蜜蜂的发育和蜂群的生活，同时通过对蜜粉源植物开花的影响，又间接地作用于蜂群的活动和群势的消长。随着一年四季气候周期性的变化，蜜粉源植物的花期和蜂群的内部状况也呈周期性的变化。蜂群的阶段管理就是根据不同阶段的外界气候、蜜粉源条件、蜂群本身的特点，以及蜂场经营的目的、所养蜂种的特性、病敌害的消长规律、所掌握的技术手段等，明确蜂群饲养管理的目标和任务，制定并实施某一阶段的蜂群管理方案。

蜜蜂饲养管理是一项科学性很强的技术。养蜂需要严格遵守自然规律，正确地处理蜂群与气候、蜜源之间的关系，根据蜜蜂生物学的特性和蜂场的阶段目标，科学地引导蜂群活动。注意掌握蜂群壮年蜂出现的高峰期和主要流蜜期或授粉期相吻合。这是奠定蜜、蜡、浆、粉、胶、毒和虫蛹等蜜蜂产品高产以及高效授粉的基础，也是养蜂技术的综合表现。

全国各地的养蜂自然条件千变万化，即使同一地区，每年的气候和蜜粉源条件，以及蜂群状况也不尽相同。因此，蜂群的阶段管理要掌握基本的原理，在养蜂生产实践中，根据具体情况具体分析，制定实施管理方案，切不可死搬教条，墨守成规。

一、春季增长阶段管理

增长阶段是指蜂蜜生产阶段前，蜜蜂群势恢复和发展的阶段。增长阶段的主要特征是蜂王产卵、工蜂育子，蜜蜂群势持续增长，增长阶段结束进入蜂蜜生产阶段。无论是春、夏、秋、冬蜜源，此前的蜂群管理阶段均为增长阶段。春季增长阶段最为典型，难度最大，对周年养蜂也最重要。下面以春季增长阶段管理为主，介绍增长阶段的管理方法。其他增长阶段的管理可参照处理。

春季是蜂群周年饲养管理的开端，蜂群春季增长阶段是从蜂群越冬结束蜂王产卵开始，直到蜂蜜生产阶段到来止。此阶段根据外界气候、蜜粉源条件和蜂群的特点，可划分为恢复期和发展期。

越冬工蜂经过漫长的越冬期后，生理功能远远不如春季培育的新蜂。蜂王开始产卵后，越冬蜂腺体发育，代谢加强，加速了衰老。因此，在新蜂没有出房之前，越冬工蜂就开始死亡。此时，蜜蜂群势非但没有发展，而且还继续下降，是蜂群全年最薄弱的时期。当新蜂出房后逐渐地取代了越冬蜂，蜜蜂群势开始恢复上升。当新蜂完全取代越冬蜂，蜜蜂群势恢复到蜂群越冬结束时的水平，标志着早春恢复期的结束。蜂群恢复期一般需要40天。蜂群在恢复期，因越冬蜂体质差、早春管理不善等越冬蜂死亡数量一直高于新蜂出房的数量，使蜂群的恢复期延长，这种现象在养蜂生产中称之为春衰。早春管理不善可以导致群势持续下降直至蜂群灭亡。蜂群度过恢复期后群势上升，直到主要蜜源流蜜期前，这段时间为蜂群的发展期。处于发展期的蜂群，群势增长迅速。发展后期蜂群的群势壮大，应注意控制分蜂热。春季发展阶段的管理是全年养蜂生产的关键，春季蜂群发展顺利就可能获得高产，否则可能导致全年养蜂生产失败。

（一）春季增长阶段的养蜂条件、管理目标和任务

我国春季虽然南北各地的条件差别很大，但是由于蜂群都处于流蜜期前的恢复和增长状态，因此，无论是蜂群的状况和养蜂管理目标，还是蜂群管理的环境条件都有相似之处。

1. 春季增长阶段养蜂条件的特点　春季增长阶段，养蜂条件主要包括气候、蜜源和蜂群状况。我国各地蜂群春季增长阶段的条件特点基本一致。早春

气温低，时有寒流；蜜蜂群势弱，保温能力和哺育能力不足；蜜粉源条件差，尤其花粉供应不足。随着时间的推移，养蜂条件逐渐好转，天气越来越适宜；蜜粉源越来越丰富，甚至有可能出现粉蜜压子脾现象；蜜蜂群势越来越强，后期易发生分蜂热。

2. 春季增长阶段的管理目标　为了在有限的蜂群增长阶段培养强群，使蜂群适龄采集蜂出现的高峰期与主要蜜源花期吻合，此阶段的蜂群管理目标是，以最快的速度恢复和发展蜂群。

3. 春季增长阶段的管理任务　根据管理目标，蜂群春季增长阶段的主要任务是克服蜂群春季增长阶段的不利因素，创造蜂群快速发展的条件，加速蜜蜂群势的增长和蜂群数量的增加。

4. 蜂群快速发展所需要的条件　蜜蜂群势快速增长必须具备蜂王优质、群势适当、饲料充足、巢温良好等条件。优质蜂王最重要的特征是产卵力强和控制分蜂能力强。

5. 影响蜂群增长的因素　春季增长阶段影响蜜蜂群势增长的常见因素主要有：外界低温和箱内保温不良、保温过度、群势衰弱和哺育力不足、巢脾储备不足影响扩巢，以及发生病敌害、盗蜂、发生分蜂热等。盗蜂主要发生在蜜粉源不足的早春，分蜂热主要发生在增长阶段中后期群势旺盛的春末。

（二）春季增长阶段的蜂群管理措施

蜂群春季增长阶段管理的一切工作都应围绕着创造蜂群快速增长的条件和克服不利蜜蜂群势增长的因素进行。其他季节的流蜜期前蜂群增长阶段管理可参照春季管理进行。

1. 选择放蜂场地　放蜂场地的优劣将会直接影响蜂群的发展和生产。

（1）蜜粉源要求　蜂群春季增长阶段要求蜂场周围一定要有良好的蜜粉源，尤其粉源更重要。因为幼虫的发育花粉是不可缺少的，粉源不足就会影响蜂群的恢复和发展。虽然可以补饲人工蛋白质饲料，但是饲喂效果远不如天然花粉。蜂群增长阶段中后期，群势迅速壮大，糖饲料消耗增多，此时养蜂场地的蜜源就显得非常重要。蜂群春季的养蜂场地，初期粉源一定要充足，中后期则要蜜粉源同时兼顾。

蜂群增长阶段理想的蜜源条件是蜂群的进蜜量等于耗蜜量，也就是蜂箱内的贮蜜不增加也不减少，处于动态平衡的状态。蜜源不足蜂群将自行下调蜂王的产卵量，影响蜜蜂群势增长；流蜜量大，采进的花蜜挤占了蜂王产卵巢房，蜂群的主要工作转移到采酿蜂蜜，高强度的采集工作缩短工蜂寿命等，致使蜂群的发展受到影响。在养蜂实践中优先选择蜂群贮蜜量缓慢增长的蜜源，如果在贮蜜量缓慢减少的蜜源场地，则需采取奖励饲喂措施。

（2）**小环境要求**　春季蜂场应选择在干燥、向阳、避风的场所放蜂，最好在蜂场的西、北两个方向有挡风屏障。如果蜂群只能安置在开阔的田野，就需用土墙、篱笆等在蜂箱的北侧和西侧阻挡寒冷的西北风。冷风吹袭使巢温降低，不利于蜂群育子，并迫使蜜蜂消耗大量的贮蜜，加强代谢产热，加速了工蜂衰老。为蜂群设立挡风屏障是北方春季管理的一项不可忽视的措施。

2. 促使越冬蜂排便飞翔　正常蜜蜂都在巢外飞翔中排便。越冬期间蜜蜂不能出巢活动，消化产生的粪便只能积存在直肠中。在越冬期比较长的地方，越冬后期蜜蜂直肠的积粪量常达自身体重的50%。到了冬末由于腹中粪便的刺激，蜜蜂不能再保持安静的状态，从而使蜂团中心的温度升高。巢温升高，则需更多耗饲料，因此就会更增加腹中的积粪量。如果不及时促使越冬蜂出巢排便，蜂群就会患消化不良引起下痢病，缩短越冬蜂寿命。因此，在蜂群越冬结束后，必须尽快抓住天气回暖的时机，创造条件让越冬蜂飞翔排便。

排便后的越冬蜂群表现活跃，蜂王产卵量也显著提高。适当的提早排便有利于蜜蜂群势的恢复。但是蜂群排便也不宜过早，避免造成春衰。越冬蜂排便的时间选择，应根据各地的气候特点来确定。

南方冬季气温较高，蜂群没有明显的越冬期，就不存在促蜂排便的问题。随着纬度的北移，春天气温回升推迟，蜂群排便的时间也相应延迟。正常蜂群在第一个蜜源出现前30天促蜂排便最合适。患有下痢病的越冬蜂群，促蜂排便还应再提前20天，并且应在排便后，立即紧脾使蜂群高度密集，一般3足框蜂只放1张巢脾。正常蜂群促蜂排便的时间：黄河中下游地区1月下旬，内蒙古、华北地区2月上中旬，吉林长白山3月上中旬，黑龙江3月中下旬。

北方在越冬室越冬的蜂群，促飞排便前，应先将巢内的死蜂从巢门前掏出。选择向阳背风、温暖干燥的场地，清除放蜂场地及其周围的积雪。然后根据天气预报，选择阴处气温8℃以上、风力在2级以下的晴暖天气，在上午10时以前，将蜂群全部搬出越冬室。为了防止蜜蜂偏集，蜂群可3箱一组排列。搬出越冬室的蜂箱放置好以后，取下箱盖，让阳光晒暖蜂巢，20分钟后再次打开巢门。午后3~4时，气温开始下降前及时盖好箱盖。蜂群排便后如果不搬回越冬室，需及时进行箱外保温包装，并在巢前用木板或用厚纸板遮光，以防气温低蜜蜂受光线刺激飞出箱外而冻僵。

室外越冬的蜂群适应性比较强。在外界气温超过5℃、风力2级以下的晴朗天气，场地向阳背风无积雪，即可撤去蜂箱上部和前部的保温物，使阳光直接照射巢门和箱壁，提高巢温促蜂飞翔排便。长江中下游地区，在大寒前后可选择气温8℃以上无风雨的中午，打开蜂箱饲喂少量蜂蜜，促蜂出巢飞翔。

3. 箱外观察越冬蜂的出巢表现　在越冬蜂排便飞翔的同时，应在箱外注意观察越冬工蜂出巢表现。对于各种不正常蜂群，应及时做好标记，等大规模的飞翔排便活动结束后，立刻进行检查。凡是失王或劣王蜂群应尽快直接诱王或直接合并；饥饿缺蜜的蜂群要立即补换蜜脾，若蜜脾结晶可在脾上喷洒温水。

越冬顺利的蜂群，蜜蜂体色鲜艳，腹部较小，飞翔有利敏捷，排出的粪便少，常像高粱米粒般大小的一个点，或像线头一样的细条。蜂群越强，飞出的蜂越多。蜜蜂体色黯淡，腹部膨大，行动迟缓，排出的粪便多，像玉米粒大的一片，排便在蜂箱附近，有的蜜蜂甚至就在巢门踏板上排便，这表明蜂群因越冬饲料不良或受潮湿影响患下痢病。蜜蜂从巢门爬出来后，在蜂箱上无秩序地乱爬，用耳朵贴近箱壁，可以听到箱内有混乱的声音，表明该蜂群有可能失王。在绝大多数的蜂群已停止活动，而少数蜂群仍有蜜蜂不断地飞出或爬出巢门，发出不正常的嗡嗡声，同时发现部分蜜蜂在箱底蠕动，并有新的死蜂出现，且死蜂的吻足伸长，则表明巢内严重缺蜜。

4. 蜂群快速检查　对于个别问题严重蜂群采取急救措施后，还应在蜂群排便后、天气晴暖时尽快地对全场蜂群进行一次快速检查，以便及时了解越冬后所有蜂群的概况。快速检查的主要目的是查明贮蜜、群势及蜂王等情况。

早春快速检查，一般不必查看全部巢脾。打开箱盖和副盖，根据蜂团的大小、位置等就能判断出群内的大概状况。如果蜂群保持自然结团状态，表明该群正常，可不再提脾查看。如果蜂团处于上框梁附近，则说明巢脾中部缺蜜，应将边脾蜜脾调到贴近蜂团的位置，或者插入一张贮备的蜜脾，插入前必须将蜜脾放在30℃～35℃的室内24小时，脾温加热。如果蜂群散团，工蜂显得不安，在蜂箱里到处乱爬，则可能失王，应提脾仔细检查。

因早春能够开箱时间有限，快速检查应注重对全场蜂群的了解，不能只注意处理已发现的问题。快速检查中发现问题，如果不需急救，可把情况先记录下来，继续检查其他蜂群。在蜂群快速检查的同时，也可以做些顺便的工作，例如将贮备的蜜脾及时调给急需的蜂群，并将空脾撤出等。

5. 蜂巢的整顿和防螨消毒　主要的工作是换箱和紧脾。换箱是给蜂群换上干净消毒过的蜂箱，为蜂群的恢复和发展提供良好的空间。紧脾是将巢内多余的脾取出或换上合适的巢脾，使蜂多于脾。紧脾标志着蜂群增长阶段的开始。

（1）**紧脾时间**　蜂群经过排便飞翔后，蜂王产卵量逐渐增多。但是蜂王过早地大量产卵，外界气温低，蜂群为维持巢温付出的代价很高，而育子的效率则很低。巢内的饲料消耗完而外界还没有出现蜜粉源，就会出现巢内死亡的蜜蜂多于出房的新蜂。蜂群过早地开始育子，对养蜂生产并非有利。在一定的情况下，还需采取撤除保温、加大蜂路等降低巢温的方法限制蜂王产卵。蜂群紧紧脾时间多在第一个蜜粉源花期前 20～30 天。南方的转地蜂群经过北方越半冬休整后，可在 1 月初紧脾。南方定地饲养的蜂群在 1 月底紧脾；江苏、安徽、山东、河南、河北、陕西关中等地的蜂群 2 月紧脾；内蒙古、吉林、辽宁等地的蜂群 3 月紧脾；黑龙江的蜂群则在 4 月初紧脾。

（2）蜂巢整顿　蜂巢整顿应在晴暖无风的天气进行。先准备好用硫磺熏蒸消毒过的粉蜜脾和清理并用火焰消毒过的蜂箱，用来依次换下越冬蜂箱，以减少疾病发生和控制螨害。操作时将蜂群搬离原位，并在原箱位放上一个清理消毒过的空蜂箱，箱底撒上少许的升华硫，每框蜂用药量为 0.5～1.0 克，再放入适当数量的巢脾。原箱巢脾提出，将蜜蜂抖入更换箱内的升华硫上，以消灭蜂体上的蜂螨。换下的蜂箱去除蜂箱内的死蜂、下痢、霉点等污物，用喷灯消毒后，再换给下一群蜜蜂。蜂群早春恢复期应蜂多于脾，越弱的蜂群紧脾的程度越高，1.5～2.5 足框蜂放 1 张脾，2.5～3.5 足框蜂 2 张脾，3.5～4.5 足框蜂 3 张脾，4.5～5.5 足框放 4 张脾。蜂路均调整为 9～10 毫米。2 足框以下的较弱蜂群应双群同箱饲养。蜂群在早春高度密集，可以使蜂王产卵集中，有利于蜂群对幼虫的哺育饲喂和保温。

早春紧脾饲养蜂多脾少，巢脾质量以及巢脾中的饲料数量对蜂群的恢复和发展非常重要。紧脾放入蜂群第一批巢脾应选择培育过 3～5 批虫蛹的褐色巢脾，且脾面完整和平整。只放 1 个巢脾的蜂群，脾上应存有蜂蜜 800 克，花粉 0.25 足框；蜂群中放 2 张巢脾的，应 1 张粉蜜脾，1 张半蜜脾；放 3 张巢脾的蜂群，应有 1 张全蜜脾和 2 张粉蜜脾。

（3）蜂螨防治　蜂螨对西方蜜蜂危害极大，尤其是在发展后期更为明显。蜂群早春恢复初期是防治蜂螨最好时机，必须在子脾封盖之前将蜂螨种群数量控制在最低水平，保证蜂群顺利发展。为了减少蜜蜂吸吮药液，增强抵抗药害能力和促使钻栖于节间膜中的蜂螨接触药液，在治螨前，应对蜂群先奖励饲喂，然后用杀螨药剂均匀地喷洒在蜂体上。对于蜂群内少量的封盖子，需割开房盖用硫磺熏蒸。因为大量的越冬蜂螨多集中于封盖巢房内进行繁殖。由于全场蜂群开始育子的时间不一，个别蜂群封盖子可能较多。彻底治螨时，无论封盖子有多少都不能保留，一律提出割盖熏蒸。

6. 加强蜂群保温　蜂群保温在早春增长阶段比越冬停卵阶段更重要。春季气温偏低，蜂王产卵后，蜜蜂虫蛹发育对巢温有需求，工蜂常消耗大量的饲料产热，以维持巢内育子区在恒温 33℃～35℃。蜂群靠密集结团来维持巢温，但由于高度密集限制了产卵圈的扩大，使蜂群的增长迟缓。如果蜂群保温不良，则多耗糖饲料、缩短工蜂寿命、幼虫发育不良，特别是寒流来临时，蜂团紧缩会冻死外围子脾上的蜂子。

（1）箱内保温　在密集群势和缩小蜂路的同时，把巢脾放在蜂箱的中部，其中一侧用闸板封隔，另一侧用隔板隔开，闸板和隔板外侧均用保温物填充。蜂箱内填充的保温物多为农村常见的稻草或谷草，稻草或谷草捆扎成长度能放入蜂箱内为度，直径约 80 毫米。

为了避免隔板向内倾斜，可在蜂箱的前后内壁钉上两枚小钉挡在隔板下方。框梁上盖覆布，在覆布上再加盖 3～4 层报纸，把蜜蜂压在框间蜂路中（图 8-20）。盖上铁纱副盖后再加保温垫，保温垫可用棉布、毛毡、草苫等材料制作，大小参照副盖规格。巢内外的温差常使蜂箱内潮湿，不利于保温。在气温较低的季节，应抓住晴暖天气机会翻晒箱内外的保温物。

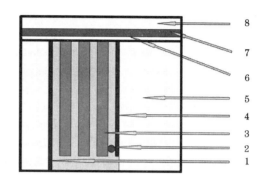

图 8-20　箱内保温示意图

1. 闸板　2. 固定隔板的铁钉　3. 巢脾　4. 隔板
5. 保温物　6. 覆布和报纸　7. 副盖　8. 保温垫

随着环境温度的升高，需要适当减轻保温。先将巢框上梁的覆布撤除，然后逐渐减少隔板外保温物，再撤除闸板外保温物，最后撤除闸板，将巢脾调整到靠一侧箱壁。

（2）箱外保温　蜂箱的缝隙和气窗用报纸糊严。放蜂场地清除积雪后，选用无毒的塑料薄膜铺在地上，垫一层 10～15 厘米厚的干稻草或谷草，各蜂箱紧靠一字形排列放在干草上，蜂箱间的缝隙也用干草填满。蜂箱上覆盖草苫，最后用整块的塑料薄膜盖在蜂箱上。箱后的薄膜压在箱底，两侧需包住边上蜂箱的侧面（图 8-21）。到了傍晚把塑料薄膜向前拉伸，覆盖住整个蜂箱。蜂箱前的塑料薄膜是否需要完全盖严，可根据蜂群的群势和夜间的气温等情况灵活掌握。夜间 5℃以下时，可完全盖严不留气孔；夜间 10℃以上时，薄膜内易形成小水滴，应注意及时晾晒箱内外的保温物。单箱排列的蜂群外包装，可在蜂箱四周

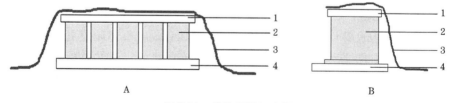

A   B

图 8-21　箱外保温示意图

A. 正面观　B. 侧面观

1. 草苫　2. 蜂箱　3. 塑料薄膜　4. 稻草或谷草

用干草编成的草苫捆扎严实,蜂箱前面应留出巢门。箱底也应垫上干草,箱顶用石块将草苫压住。

(3) 双群同箱保温和联合饲养保温 2~2.5足框的蜂群紧脾时只能放入1个巢脾,这样的蜂群可用双群同箱饲养来加强保温(图8-22)。在蜂箱的中部用闸板隔开,闸板两侧各放1个巢脾,各放入一群2~2.5足框的蜂群,分别巢门出入。加强箱内外保温。

如果蜂场弱群很多,也可以把几个弱群合并为一群,只留一个蜂王产卵。其余的蜂王用王笼囚起来,悬吊在蜂巢中间,到适

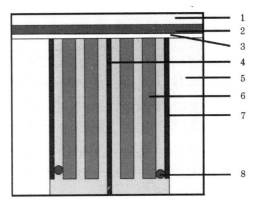

图8-22 双群同箱保温示意图

1. 保温垫　2. 副盖　3. 覆布和报纸　4. 闸板
5. 保温物　6. 巢脾　7. 隔板　8. 固定隔板的铁钉

宜的时候再组织成双王群饲养。还可以用24框横卧式蜂箱隔成几个区,放入3~4个小蜂群组成多群同箱进行联合饲养(图8-23)。

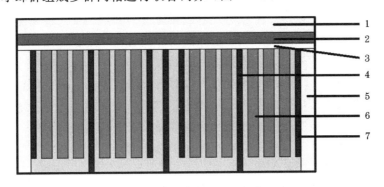

图8-23 联合饲养保温示意图

1. 保温垫　2. 副盖　3. 覆布和报纸　4. 闸板　5. 保温物　6. 巢脾　7. 隔板

(4) 紧脾初期暂不保温 江南早春初期,2~4足框的蜂群只放一张有粉蜜的巢脾,两侧不放隔板,不保温。箱内巢脾蜂子已满再加一张半蜜脾,直到蜂群发展到3~4框子脾时再进行箱内保温。这种方法的特点是,蜜蜂密集,子脾上的温度适宜,子脾外空间大,温度低,可减少蜜蜂因巢温过高而出巢冻死。

(5) 蜂巢分区 蜂巢中的蜜蜂只有内勤蜂和蜂子需要较高的巢温,外勤蜂

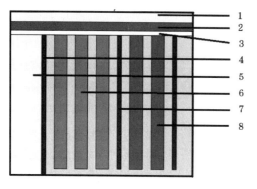

图 8-24 蜂巢分区示意图

1. 保温垫 2. 副盖 3. 覆布和报纸 4. 闸板
5. 保温物 6. 暖区巢脾 7. 隔板 8. 冷区巢脾

长时间处于育子区的温度是有害的。为此，在早春应把蜂巢划分成两部分，即供培育蜂子的暖区和贮存饲料及外勤蜂栖息的冷区，中间用隔板分开（图 8-24）。早春把蜂子限制在 3～4 个巢脾的暖区里，可使蜜蜂集中产热，充分利用这些巢脾，增加培育蜂子的总数，并为幼蜂和外勤蜂创造不同的热量条件。

（6）调节巢门和预防潮湿 春季日夜温差大，及时调节巢门在保温上有重要的作用。上午巢门应逐渐放大，下午 3 时以后逐渐缩小。巢门调节以保持工蜂出入不拥挤，不扇风为度。潮湿的箱体或保温物都容易导热，不利于保温。因此，春季蜂群的管理还应经常翻晒箱内外的保温物。

7. 蜂群全面检查 蜂群经过调整后，天气稳定，选择 14℃以上晴暖无风的天气进行蜂群的全面检查，对全场蜂群详细摸底。蜂群的全面检查最好是在外界有蜜粉源时进行，以防发生盗蜂，造成管理上的麻烦。全面检查应做详细的纪录，及时填好蜂群检查记录表。在蜂群全面检查时，还应根据蜂群的群势增减巢脾，并清理巢脾框梁上和箱底的污物。

8. 蜂群饲喂 保证巢内饲料充足，及时补充粉蜜饲料，避免因饲料不足对蜂群的恢复和发展造成影响。为了刺激蜂王产卵和工蜂哺育幼虫，蜂群度过恢复期后应连续奖励饲喂，促进蜂王产卵和工蜂育子。在饲喂操作中，须避免粉蜜压脾和防止盗蜂。为了减少蜜蜂低温采水时冻僵巢外，应在蜂场饲水，并在饲水同时，给蜂群提供矿物质盐类。

9. 适时扩大产卵圈和加脾扩巢 春季适时加脾扩大卵圈，是春季养蜂的关键技术之一。加脾扩巢过早，寒流侵袭蜂团收缩，冻死外圈子脾上蜂子；加脾扩巢过迟，蜂王产卵受限，影响蜂群的增长速度。蜂群加脾扩巢不当可能影响蜂群保温。早春蜂群恢复期不加脾。

（1）割蜜盖扩大产卵圈 蜂群度过恢复期后，群势开始缓慢上升。早期气温较低，群势偏弱，蜂群扩巢应慎重。初期扩巢可先采取用割蜜刀分期将子圈上面的蜜盖割开，并在割盖后的蜜房上喷少许温水，促蜂把子圈外围的贮蜜消耗，扩大蜂王产卵圈。割蜜盖还能起到奖饲的作用。蜜压子脾还可将子脾上的蜂蜜取出来扩大卵圈。

（2）提出粉脾扩大产卵圈　外界粉源丰富，也会出现粉压子脾现象，解决这个问题可在连续阴雨天，把边粉脾放到隔板外侧，使蜂群集中消耗子脾上贮粉，扩大产卵圈。天晴后蜂群大量采粉时，再把隔板外侧的粉脾放回隔板内侧，供蜂群继续贮粉。

（3）子脾调头扩大产卵圈　早春蜂王产卵常常偏在靠近温暖的蜂箱前部的巢脾前半部，可将子脾间隔的调头扩巢。蜂巢中脾间子房与蜜房相对，破坏了子圈完整，蜜蜂将子房相对的巢房中贮蜜清空，提供蜂王产卵，以促使子圈扩大到整个巢脾。子脾调头时应结合切除蜜盖，并应在蜂脾相称或蜂多于脾的情况下进行，避免低温季节调头扩大产卵圈后使蜂子受冻。还可将小子脾调到大子脾中间供蜂王产卵。

（4）加脾扩巢　采取上述措施后，蜂子又已满脾，就可以考虑加脾扩巢。蜂群加脾应同时具备3个条件：①巢内所有巢脾的子圈已满，蜂王产卵受限；②群势密集，加脾后仍能保证护脾能力；③扩大卵圈后蜂群哺育力足够。

初期空脾多加在子脾的外侧。万一加脾后寒流来袭，蜂团紧缩，冻伤蜂卵损失较小。气温稳定回升，蜜蜂群势较强可将空脾直接插入蜂巢中间，有利于蜂王在此脾更快产卵。

春季蜂群的蜂脾关系一般为先紧后松，也就是早春蜂多于脾，随着外界气候的回暖，蜜源增多，群势壮大，蜂脾关系逐渐转向蜂脾相称，最后脾多于蜂。具体加脾还应根据当地的气候蜜源以及蜂群等条件灵活掌握。巢内所有的巢脾子圈扩展到巢脾底部，封盖子开始出房，即可加脾。加脾时，应选择蜂场保存中最好的巢脾先加入蜂群。蜂群发展到5～7足框时，可加础造脾，淘汰旧脾。外界气候稳定，蜜粉源逐渐丰富，新蜂大量出房，则可加快加脾速度，但每个巢脾的平均蜂量至少应保持在80％以上。加脾时，应将过高的巢房适当的切割，保持巢房深度为10～12毫米，以利于蜂王产卵。

当蜂群内的巢脾数量达到9张时，标志着蜂群进入幼蜂积累期，此时暂缓加脾。箱内的巢脾已能满足蜂王产卵的需要。蜂群逐渐密集到蜂脾相称时，再进行育王、分群、产浆、强弱互补和加继箱组织采蜜群等措施。

（5）加继箱扩巢　全场蜂群都发展到满箱时，就需要叠加继箱来扩巢。单箱饲养的蜂群加继箱后，巢内空间突然增加1倍，在气温不稳定的季节，这样做对蜂群保温不利，同时也增加了饲料消耗。但是，不加继箱，蜂巢拥挤容易促使蜂群产生分蜂热。此时，可采取分批上继箱解决这一矛盾。先调整一部分蜂群上继箱，从巢箱中抽调5～6个新封盖子脾、幼虫脾和多余的粉蜜脾到继箱上，巢箱内再加入空脾或巢础框，供造脾和产卵。巢继箱之间加平面隔王栅，将蜂王限制在巢箱中产卵。再从暂不上继箱的蜂群中，带蜂抽调1～2张老熟封盖子脾加入到邻近的巢箱中。不上继箱的蜂群也加入空脾或巢础框供蜂产卵。加继箱蜂群巢继箱的巢脾数应一致，均放在蜂箱中的同一侧，并根据气候条件在巢箱和继箱的隔板外侧酌加保温物。待蜜蜂群势再次发展起来后，从继箱强群中抽出老熟封盖子脾，帮助单箱群上继箱。加继箱时，巢脾提入继箱谨防蜂王误提到继箱。

加继箱后，子脾从巢箱提到相对无王的继箱，子脾上的卵或 3 日龄以内的小幼虫房常被改造成王台。改造王台培育出来的蜂王体型较小，容易通过隔王栅进入巢箱，打死产卵王。所以，子脾从巢箱提入继箱之后，一定要在 7~9 天进行一次彻底的检查，毁弃改造王台。

10. 蜂群强弱互补 为了促使产卵迟的蜂群尽快产卵，可从已产卵的蜂群中抽出卵虫脾加入到未产卵的蜂群。既能充分利用未产卵蜂群的哺育力，又能刺激蜂王开始产卵。

早春气温低，弱群因保温和哺育能力不足，产卵圈扩大有限，可以将弱群的卵虫脾适当调整到强群，另调空脾让蜂王产卵。从较强蜂群中调整正在羽化出房的封盖子给弱群，以加强弱群的群势。强弱互补可减轻弱群的哺育负担，迅速加强弱群的群势，又可充分利用强群的哺育力，抑制强群分蜂热。春季蜂群发展阶段，尽可能保持 8~10 足框最佳增长群势。蜜蜂群势低于 8 足框，不宜抽出封盖子脾补充弱群。

11. 尽早育王，及时分群 提早育王，及时分群，对提高蜂王的产卵力，培养和维持强群，增加蜂群的数量，扩大养蜂生产规模，增加经济效益有着重要的意义。

越冬后的蜂王，多为前 1 年秋季，甚至是前 1 年春季增长阶段培育的，不及时换王，可能影响蜜蜂群势的快速增长和维持强群。人工育王时间受气候影响各地有所不同，多在全场蜂群普遍发展到 6~8 足框时进行。提早育王至少需见到雄蜂出房。春季第一次育王时的蜜蜂群势普遍不强，为保证培育蜂王的质量和数量，人工育王应分 2~3 批进行。

春季增长阶段进行人工分群，应在保证采蜜群组织的前提下进行。根据蜜蜂群势和距离主要蜜源泌蜜的时间，相应采用单群平分、混合分群、组织主副群、补强交尾群和弱群等方法，增加蜂群数量。

12. 控制分蜂热 春季蜂群增长阶段的中后期，群势迅速壮大。当蜂群达到一定的群势时，就会产生分蜂热。出现分蜂热的蜂群既影响蜂群的发展，又影响生产。所以，在增长阶段中后期应注意采取措施，控制分蜂热。

二、蜂蜜生产阶段管理

蜂蜜是养蜂生产最主要的产品。蜂蜜生产受到主要蜜源花期和气候的严格控制，蜂蜜生产均在主要蜜源花期进行。一年四季主要蜜源的流蜜期有限，适时大量地培养与大流蜜期相吻合的适龄采集蜂，是蜂蜜优质高产所必需的。

（一）蜂蜜生产阶段的养蜂条件、管理目标和任务

1. 蜂蜜生产阶段养蜂条件的特点 蜂蜜生产阶段总体上气候适宜、蜜粉源丰富、蜜蜂群势强盛，是周年养蜂环境最好的阶段。但也常受到不良天气和其他不利因素的影响而使蜂蜜减产，如低温、阴雨、干旱、洪涝、大风、冰雹，蜜源的长势、大小年、病虫害以及农药危害等。蜂蜜生产阶段可分为初期、盛期和后期，不同时期养蜂条件的特点也有所不同。蜂蜜生产阶段初盛期，蜜蜂群势达到最高峰，蜂场普遍存在不同程度分蜂热，天气闷热和泌蜜量不大时，常发生自然分蜂。蜂蜜生产阶段的中后期，因采进的蜂蜜挤占育子巢房，影响蜂王产卵，甚至人为限卵，巢内蜂子锐减。高强度的采集使工蜂老化，寿命缩短，群势大幅度下降。在流蜜期较长、几个主要蜜源花期连续或蜜源场地缺少花粉的情况下，蜜蜂群势下降的问题更突出。流蜜后期，蜜蜂采集积极性和主要蜜源泌蜜减少或枯竭的矛盾，导致盗蜂严重。尤其在人为不当采收蜂蜜的情况下，更加剧了盗蜂的程度。

2. 蜂蜜生产阶段的管理目标 蜂蜜生产阶段是养蜂生产最主要的收获季节，周年的养蜂效益主要在此阶段实现。一般养蜂生产注重追求蜂蜜等产品的高产稳产，把获得蜂蜜丰收作为养蜂最主要的目的。所以，蜂蜜生产阶段的蜂群管理目标是，力求始终保持蜂群旺盛的采集能力和积极的工作状态，以获得蜂蜜等蜂产品的高产稳产。

3. 蜂蜜生产阶段管理的主要任务 根据蜂群在蜂蜜生产阶段的管理目标和养蜂条件特点，该阶段的管理任务可确定为：①组织和维持强群，控制蜂群分蜂热；②中后期保持适当的群势，为蜂蜜生产阶段结束后的蜂群恢复和发展，或进行下一个流蜜期生产打下蜂群基础；③此阶段是周年养蜂条件最好的季节，蜂群周年饲养管理中需要在强群条件和蜜粉源丰富季节完成的工作，也应在此阶段进行，所以在采蜜的同时还需兼顾产浆、脱粉、育王等工作。

（二）适龄采集蜂的培育

蜂蜜是外勤工蜂采集的花蜜酿造而成的，外勤工蜂的数量就决定了蜂蜜的

产量。工蜂在蜂群中,所担负的职责一般来说都是按照日龄分工的。据观察,适龄的采集工蜂多是羽化出房后 20 日龄左右的工蜂。蜂群中幼蜂比例过大,即使蜜蜂的群势很强,由于采集蜂不足也很难获得蜂蜜高产。蜂群中适龄采集蜂的高峰期出现在蜂蜜生产阶段后,不但蜂蜜不能高产,而且还要多消耗蜂蜜。

适龄采集蜂是指采蜜能力最强日龄段的工蜂,但是适龄采集蜂的日龄范围还未深入研究。根据工蜂发育的日龄和担任外勤采集活动的工蜂日龄估计和猜测,培养适龄采集蜂应从主要蜜源花期开始前 45 天到结束前 40 天。在养蜂实践中,蜂群停卵在流蜜期结束前 30 天。推迟 10 天断子的理由是,蜂蜜生产阶段蜂群采蜜同样需要一定比例的内勤蜂。推迟 10 天停卵还有利于在蜂蜜生产阶段结束后,维持蜂群一定的群势。适龄采集蜂的培育技术应属蜂群增长阶段管理的范畴,可参考本节春季增长阶段蜂群管理的内容。

(三) 采蜜群的组织

蜂蜜高产的 3 个主要因素是蜜源、天气和蜂群。有大量适龄采集蜂的强群是蜂蜜高产所必需的。各国饲养的蜂种和饲养方式不同,蜂蜜生产阶段强群的标准也有所不同,美国、加拿大、澳大利亚等国家多采用西方蜜蜂规模化饲养管理技术,20 足框以上为强群;我国多采用继箱取蜜,群势达到 12～15 足框为强群。每群 10 足框蜜蜂的意蜂 2 群,在主要蜜源花期的总采蜜量,远不如每群 20 足框的意蜂 1 群,虽然总的蜂量相同。强群单位群势的产蜜量一般比弱群高出 30%～50%。强群调节巢内温度和湿度能力强,有利于蜂蜜的浓缩和酿造,因此所生产的蜂蜜成熟快、质量好。群势强弱悬殊的蜂群,在流蜜量不大的蜂蜜生产阶段,很可能出现强群可以适当取蜜,而弱群却需补助饲喂。这是因为强群投入外勤采集的工蜂比例大,而且强群培育的工蜂体大,采集力强,寿命长。因此,在主要蜜源花期之前必须要培养和组织强大的采蜜群。此外,在流蜜期还应采取维持强群的措施,以增强蜂蜜生产阶段中后期蜂群的采集后劲。

在养蜂生产中,由于种种原因很难做到在主要蜜源花期到来之前,全场的蜂群全部都能培养成强大的采蜜群。因此,应根据蜂群、蜜源等特点,采取不同的措施,组成强大的采蜜群,迎接蜂蜜生产阶段的到来。组织意蜂采蜜群,可以采取以下方法。

1. 加继箱　在大流蜜期开始前 30 天,将蜂数达 8～9 足框、子脾数达 7～8 框的单箱群添加第一继箱。从巢箱内提出 2～3 个带蜂的封盖子脾和框蜜脾放入继箱。从巢箱提脾到继箱,应在巢箱中找到蜂王,以避免将蜂王误提入继箱。巢箱内加入 2 张空脾或巢础框供蜂王产卵。巢箱与继箱之间加隔王栅,将蜂王限制在巢箱产卵。继箱上的子脾应集中在两蜜脾之间，外夹隔板，天气较冷还需进行箱内保温。提上继箱的子脾如有卵虫，应在第7~9天彻底检查一次，毁除改造王台，以免处女王出台发生事故。其后，应视群势发展情况，陆续将封盖子脾调整到继箱，巢箱加入空脾或巢础框。这样的蜂群，如果蜂王产卵力强，蜜粉源条件好，管理措施得当，到主要流蜜期开始，就可以成为强大的采蜜群。

2. 蜂群调整　在蜂群增长阶段中后期，通过群势发展的预测分析，估计到蜂蜜生产阶段，蜜蜂群势达不到采蜜生产群的要求，可根据距离主要蜜源花期的时间来采取调入卵虫脾、封盖子脾等措施。

（1）补充卵虫脾　主要蜜源花期前30天左右，可以从副群中抽出卵虫脾补充主群，这些卵虫脾经过12天发育就开始陆续羽化出房，这些新蜂到蜂蜜生产阶段便可逐渐成为适龄采集蜂。补充卵虫脾的数量要与该群的哺育力和保温能力相适应，必要时可分批加入卵虫脾。

（2）补充封盖子脾　距离蜂蜜生产阶段20天左右，可以把副群或特强群中的封盖子脾补给近满箱的中等蜂群。补充的封盖子脾12天内可全部出房，蜂蜜生产阶段开始后将逐渐成为适龄采集蜂。由于封盖子脾不需饲喂，只要保温能力足够，封盖子脾可一次补足。

蜂蜜生产阶段前10天左右，采蜜群的群势不足，可补充正在出房的老熟封盖子脾，3~4天内此封盖子部分都羽化成幼蜂，这些蜜蜂虽然在流蜜初期只能加强内勤蜂酿造蜂蜜的力量，但可成为蜂蜜生产阶段中后期的采集主力。

3. 蜂群合并　距离蜂蜜生产阶段15~20天，可将两个中等群势的蜂群合并，组成强大的采蜜群。合并时，应以蜂王质量好的一群作为采蜜群。将另一群的蜂王淘汰，所有蜜蜂和子脾均并入主群；也可以将蜂王连带1~2框卵虫脾和粉蜜脾带蜂提出，另组副群，其余的蜂脾并入采蜜群。

4. 补充采集蜂　蜂蜜生产阶段开始，未达到采蜜群势的蜂群或在流蜜中后期群势下降的采蜜群，在气候稳定的情况下，可以用外勤蜂加强采蜜主群的群势。流蜜期前，以新王或优良蜂王的强群为主群，另配一个副群放置在主群旁边。到流蜜盛期，把副群移开，使副群的外勤采集蜂投入主群（图8-25），然后主群按群势适当加脾，以此加强群的采集力。移开的副群，因外勤蜂多数都投向主群，不会出现蜜压子脾现象，蜂王可以充分产卵，又因哺育蜂并没有削弱，所以不会

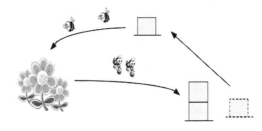

图 8-25　蜂箱移位后副群的
采集蜂投入采蜜主群

影响蜂群的可持续发展。这样可以为下一个蜜源或蜂群的越冬越夏创造良好的蜂群条件。

5. 采蜜群组织的其他方法 增长阶段用 16 框横卧式蜂箱双王群饲养，蜂蜜生产阶段前，淘汰一蜂王，或带王抽出另组小群。用框式隔王栅将蜂王限制在 6 个脾的育子区。育子区保留卵虫脾、空脾和粉蜜脾。另一侧为 10 个脾的贮蜜区。如果群势继续增强，可在贮蜜区上叠加标准继箱，这样布置，贮蜜区蜜蜂不需通过隔王栅，检查育子区也不必搬动继箱。

罗马尼亚和保加利亚用副盖把主群和副群隔开上、下两个箱体饲养，副盖的正面和侧面中部，各开上、下巢门，副群在上箱，平时仅让副群在正向上巢门出入。在蜂蜜生产阶段关闭原来的上巢门，同时开启同方向的下巢门，再另开侧向的上巢门。使副群的外勤采集蜂出巢采集后集中到主群中，既有利于主群的采蜜，也有利于副群的增长。

（四）蜂蜜生产阶段的蜂群管理要点

主要蜜源花期的蜂群管理，还应根据不同蜜源植物的泌蜜特点以及花期的气候和蜂群状况，采取具体措施。蜂蜜生产阶段蜂群一般的管理原则是：维持强群，控制分蜂热，保持蜂群旺盛的采集积极性；减轻巢内负担，加强采蜜力量，创造蜂群良好的采酿蜜环境；努力提高蜂蜜的质量和产量。此外，还应兼顾流蜜期后的下一个阶段蜂群管理。

1. 处理采蜜与繁殖的矛盾 主要蜜源花期蜜蜂群势下降很快，往往在蜂蜜生产阶段后期或流蜜期结束时后继无蜂，直接影响下一个阶段蜂群的恢复发展、生产或越夏越冬。如果蜂蜜生产阶段采取加强蜂群增长的措施，又会造成蜂群中蜂子哺育负担过重，影响蜂蜜生产。在蜂蜜生产阶段，蜂群的发展和蜂蜜生产是一对矛盾。解决这一矛盾可采取主副群的组织和管理，即组织群势强的主群生产和群势较弱的副群恢复和发展。在流蜜期中，一般采用强群、新王群、单王群取蜜，弱群、老王群、双王群增长群势。

2. 适当限王产卵 蜂王所产下的卵，约需 40 天才能发育为适龄采集蜂。在一般的主要蜜源花期中培育的卵虫，对该蜜源的采集作用很小，而且还要消耗饲料，加重巢内工作的负担，影响蜂蜜产量。因此，应根据主要蜜源花期的长短和前后主要蜜源花期的间隔来适当地控制蜂王产卵。

在短促而丰富的蜜源花期，距下一个主要蜜源花期或越夏越冬期还有一段时间，就可以用框式隔王栅和平面隔王栅将蜂王限制在巢箱中，仅 2～3 张脾的小区内产卵，也可以用蜂王产卵控制器限制蜂王。如果主要蜜源花期长，或距下一个主要蜜源花期时间很近，在进行蜂蜜生产的同时，还应为蜂王产卵提供条件，兼顾蜂群增长，或由副群中抽出封盖子脾，来加强主群的后继力量。长途转地的蜂群连续追花采蜜，则应边采蜜边育子，这样才能长期保持采蜜群的群势。

3. 断子取蜜 蜂蜜生产阶段的时间较短，但流蜜量大的蜜源，可在蜂蜜生产阶段开始前 5 天，去除采蜜群蜂王，或带蜂提出 1～2 脾卵虫粉蜜和蜂王另组小群。第二天给去除蜂王的蜂群诱入一个成熟的王台。处女王出台、交尾、产卵需要 10 天左右。也可以采取囚王断子的方法，将蜂王关进囚王笼中，放在蜂群中。这样处理可在流蜜前中期减轻巢内的哺育负担，使蜂群集中采蜜；而流蜜后期或流蜜期后蜂王交尾成功，蜂群便有一个产卵力旺盛的新蜂王，有利于蜂群流蜜期后群势的恢复。断子期不宜过长，一般为 15～20 天。断子期结束，在蜂王重新产卵后子脾未封盖前治螨。

4. 抽出卵虫脾 蜂蜜生产阶段采蜜主群的卵虫脾过多，可将一部分的卵虫脾抽出放到副群中培育，还可根据情况同时从副群中抽出老熟封盖子脾补充给采蜜主群，以此增加蜂蜜的产量。

5. 诱导采蜜 蜂蜜生产阶段初，可能会出现有一部分蜂群不投入主要蜜源的采集，仍然习惯性地采集零星蜜源，影响流蜜初期的蜂蜜产量。可采取诱导的措施，尽早地促使蜂群积极地投入到主要蜜源的采集中。当主要蜜源花期开始流蜜时，应及时地从先开始采集主要蜜源的蜂群中，取出新采集的蜂蜜，奖励饲喂给还没有开始采集的蜂群。

6. 调整蜂路 流蜜期，采蜜群的育子区蜂路仍保持 8～10 毫米。贮蜜区为了加强巢内通风，促使蜂蜜浓缩和使蜜脾巢房加高，多贮蜂蜜，便于切割蜜盖，巢脾之间的蜂路应逐渐放宽到 15 毫米，每个继箱内只放 8 个巢脾。

7. 及时扩巢 流蜜期及时扩巢是蜂蜜生产的重要措施，尤其是在泌蜜丰富的蜜源花期。流蜜期间蜂巢内空巢脾能够刺激工蜂的采蜜积极性。及时扩巢，增加巢内贮蜜空脾，保证工蜂有足够贮蜜的位置是十分必要的。蜂蜜生产阶段采蜜群应及时加足贮蜜空脾。若空脾贮备不足，也可适当加入巢础框。但是在蜂蜜生产阶段造脾，会明显影响蜂蜜的产量。

扩大蜂巢应根据蜜源泌蜜量和蜂群的采蜜能力来增加继箱。采蜜群每天进蜜 2 千克，应 7～8 天加一个标准继箱；每天进蜜 3 千克，4～5 天加一个标准继箱；每天进蜜 5 千克，2～3 天加一个继箱。在一些养蜂发达的国家，很多养蜂者使用浅继箱贮蜜。浅继箱的高度是标准继箱的 1/2～2/3。浅继箱贮蜜的特点是贮蜜集中、蜂蜜成熟快、封盖快，尤其在流蜜后期能避免蜜源泌蜜突然中断时贮蜜分散。浅继箱贮蜜有利于机械化取蜜，割蜜盖相对容易；由于浅继箱体积小，贮蜜后重量轻，可以减轻养蜂者的劳动强度。我国生产分离蜜的蜂场很少使用浅继箱，这与我国目前的养蜂生产方式有关。如果要严格区分育子区和贮蜜区，只采收贮蜜区成熟蜂蜜，提高蜂蜜产量，就需要使用浅继箱。

贮蜜继箱的位置应加在紧靠育子巢箱的上面。根据蜜蜂贮蜜向上的习性，当第一继箱已贮蜜80％时，可在巢箱上增加第二继箱；当第二继箱的蜂蜜又贮至80％时，第一继箱就可以脱蜂取蜜了。取出蜂蜜后再把此继箱加在巢箱之上。也可加第三、第四继箱，蜂蜜生产阶段结束再集中取蜜。空脾继箱应加在育子区的隔王栅上（图8-26）。

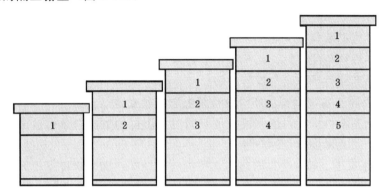

图8-26　蜂蜜生产阶段加贮蜜继箱的方法

8. 加强通风和遮阴　花蜜采集归巢后，工蜂在酿造蜂蜜的过程中需要使花蜜中水分蒸发。为了加速蜂蜜浓缩成熟，应加强蜂箱内的通风。蜂蜜生产阶段将巢门开放到最大限度，揭去纱盖上的覆布，放大蜂路等。同时，蜂箱放置的位置也应选择在阴凉通风处。

在夏、秋季节的蜂蜜生产阶段，应加强蜂群遮阴。阳光暴晒下的蜂群，中午箱盖下的温度常超过蜂巢的正常温度范围，许多工蜂不得不在巢门口或箱壁上扇风，加强采水，而降低了采蜜出勤率。甚至蜂群采水降温所花费的时间，比采蜜所花费的时间更多。

9. 取蜜原则　蜂蜜生产阶段的取蜜原则是：初期早取，盛期取尽，后期稳取。流蜜初期尽早取蜜能够刺激蜂群采蜜的积极性，也有利于抑制分蜂热。流蜜盛期应及时全部取出贮蜜区的成熟蜜，但是应适当保留育子区的贮蜜，以防天气突然变化，出现蜂群拔子现象。流蜜后期要稳取，不能将所有蜜脾都取尽，以防蜜源突然中断，造成巢内饲料不足和引发盗蜂。在越冬前的蜂蜜生产阶段还应贮备足够的优质封盖蜜脾，以作为蜂群的越冬饲料。

10. 控制分蜂热　蜂蜜生产阶段初盛期应控制分蜂热，以保持蜂群处于积极的工作状态。在流蜜期，应每隔5～7天全面检查一次育子区，发现王台和台基全部毁除。如果在蜂蜜生产阶段需要兼顾群势增长的蜂群，还需把育子区中被蜂蜜占满的巢脾提到贮蜜区。在育子区另加空脾供蜂王产卵。

11. 防止盗蜂 蜂蜜生产阶段后期流蜜量减少，而蜜蜂的采集冲动仍很强烈，使蜂群的盗性增强。因此，在流蜜后期应留足饲料、填塞箱缝、缩小巢门、合并调整蜂群和无王群。还要减少开箱，慎重取蜜操作。

12. 花期前禁止治病治螨 蜂蜜生产阶段不能在蜂箱中用各类药物治病治螨，应杜绝蜂蜜中抗生素及治螨药物的污染。蜂蜜生产阶段前在蜂群中使用药物，在摇取商品蜂蜜前必须清空巢内贮蜜，以防残留的药物混入商品蜂蜜中。

（五）优质蜂蜜生产措施

蜂蜜之所以能成为世界性的营养食品，主要在于天然性质及特有的芳香气味。优质蜂蜜除了应保持主要蜜源植物的花蜜芳香之外，还应有该蜜种蜂特有的色泽；并且不得混有蜡屑等杂质、残留的抗生素和治螨药物。单花蜜中不可混杂其他蜜种的蜂蜜。

1. 清除杂蜜 在流蜜初期，蜂箱内总会存留一些饲料，而且蜜蜂也会采集辅助蜜源。将蜂蜜生产阶段前巢内贮蜜混入单花蜜中，就会降低单花蜜的纯度。在大流蜜3天后全面清脾，把巢内所有贮蜜区的贮蜜取出单独存放，然后再开始生产单花蜜。

2. 用浅色巢脾贮蜜 用深色的旧巢脾贮蜜，能使蜂蜜的色泽变深。尤其是含水量50％的花蜜，最容易吸收旧巢脾上的茧衣颜色，降低蜂蜜质量。这就要求在蜂蜜生产阶段前修造足够的较新的巢脾以供贮蜜之需。新脾能够保证蜂蜜色泽和气味纯正。

3. 取成熟蜜 优质成熟的蜂蜜浓度高，含水量应在18％左右，最多也不超过20％。成熟蜂蜜营养成分高，容易保存；而不成熟蜂蜜因含水量高，容易发酵变质。最好能在蜜脾完全封盖时取蜜，但我国现状较难做到。一般来说，若蜜脾上有1/3～2/3的蜜房封盖，就可以取蜜。值得注意的是，蜜源植物种类、地区、气候、蜂蜂群势不同，同样的封盖程度取出的蜂蜜浓度也不同。在大流蜜期，一般情况下，洋槐、枣树2～3天取一次蜜；紫云英、椴树、荞麦、草木樨3～4天取一次蜜；油菜、荆条、乌桕、苕条、向日葵4～6天取一次蜜；芝麻、棉花6～7天取一次蜜。取蜜间隔时间与地区、气候、蜂群等因素有关。北方的枣花蜜即使不封盖也能达到40波美度以上；而南方的芝麻、棉花蜜封盖后取出也只有38波美度左右。干旱的天气，蜂蜜成熟快，取蜜时间可提前；多雨潮湿的天气，蜂蜜成熟慢，取蜜应推迟。强群内蜂蜜成熟快，弱群内蜂蜜成熟慢。因此，在养蜂实际生产中，要根据蜜源、气候、蜂群灵活掌握取蜜时间，适时摇取成熟蜜。

4. 强群生产 生产优质蜂蜜，最好利用强群生产。利用强群生产，不仅蜂蜜的含水量有保证，还可以避免带入过多的花粉。

三、越夏阶段管理

夏末秋初是我国南方各省周年养蜂最困难的阶段，越夏后，一般蜂群的群势下降约 50%。如果管理不善，此阶段易造成养蜂失败。

（一）南方蜂群夏秋停卵阶段的养蜂条件特点、管理目标和任务

1. 南方蜂群夏秋停卵阶段养蜂条件的特点 我国南方气候炎热、粉蜜枯竭、敌害严重。南方蜂群夏秋饲养困难最主要的原因就是外界蜜粉源枯竭。许多依赖粉蜜为食的胡蜂，在此阶段由于粉蜜源不足而转为危害蜜蜂。江浙一带 6～8 月份，闽粤地区 7～9 月份，天气持续高温，外界蜜粉缺乏，敌害猖獗，蜂群减少活动，蜂王产卵减少甚至停卵。新蜂出房少，老蜂的比例逐渐增大，群势也逐日下降。由于群势小，调节巢温能力弱，常巢温过高，致使卵虫发育不良，造成蜂卵干枯，虫蛹死亡，幼蜂卷翅。

2. 南方蜂群夏秋停卵阶段的管理目标 蜂群夏秋停卵阶段的管理目标是，减少蜂群的消耗，保持蜂群的有生力量，为秋季蜂群的恢复和发展打下良好的基础。

3. 南方蜂群夏秋停卵阶段的管理任务 蜂群夏秋停卵阶段的管理任务是创造良好的越夏条件，减少对蜂群的干扰，防除敌害。蜂群越夏所需要的条件包括蜂群放置在阴凉处、贮内粉蜜充足和保证饲水。减少干扰就是将蜂群放置在安静的场所，减少开箱。防除敌害的重点主要是胡蜂，越夏蜂场应采取有效措施防止胡蜂的危害。

（二）蜂群夏秋停卵阶段的准备

为了使蜂群安全地越夏度秋，在蜂群进入夏秋停卵阶段之前，必须做好补充饲料、更换蜂王、调整群势等准备工作。

1. 饲料充足 夏秋停卵阶段长达 2 个多月，外界又缺乏蜜粉源，该阶段饲料消耗量较大。如果此阶段群内饲料不足，就会促使蜂群出巢活动，加速蜂群的生命消耗，严重缺蜜还会发生整群饿死的危险。在停卵阶段饲喂蜂群，刺激蜜蜂出巢活动，易引起盗蜂。所以，在夏秋停卵阶段前的最后一个蜜源，应给蜂群留足饲料。最好再贮备一些成熟蜜脾，以备夏秋季节个别蜂群缺蜜直接补加。据测定，一个 2.5 框放 4 张脾的中蜂群，在夏秋停卵阶段每日耗蜜 50 克左

右。一个蜂群应备有 3～5 张封盖蜜脾。如果巢内贮蜜不足，就应及时进行补饲。

2. 更换蜂王　南方蜂群中的蜂王全年很少停卵，因此产卵力衰退比较快。为了越夏后蜜蜂群势正常恢复和发展，应在夏秋停卵阶段之前，培育一批优质蜂王，淘汰产卵力开始衰退的老、劣蜂王，为秋季的蜂群恢复和发展准备优质蜂王。

3. 调整群势　南方夏秋季的蜂群，在蜜粉源不足的地区，群势过强会因外界蜜源不足而消耗增大，群势过弱又不利于巢温的调节和抵御敌害。所以，在夏秋停卵阶段前，应对蜂群进行适当调整，及时合并弱小蜂群。调整群势应根据当地的气候、蜜粉源条件和饲养管理水平而定。一般在蜜粉源缺乏的地区，以 3 足框的群势越夏比较合适。如果山区或海滨有辅助粉蜜源，可组成 6～7 框的群势进行蜂群的恢复和发展。

4. 防治蜂螨　南方夏季由于群势下降，蜂群的蜂螨寄生率上升，使蜂群遭受螨害严重。对于早春治螨不彻底，螨害比较严重的蜂群，可在越夏前采取集中封盖子脾用硫磺熏蒸等方法治螨。

（三）蜂群夏秋停卵的阶段管理要点

蜂群夏秋停卵阶段管理的要点是：选好场地，降低巢温，避免干扰，减少活动，防止盗蜂，捕杀敌害，防蜂中毒。

1. 选场转地　在蜜粉源缺乏、敌害多、炎热干燥的地区，或夏秋经常喷施农药的地方的蜂场，在越夏时应选择敌害较少、有一定蜜粉源和良好水源的地方，作为蜂群越夏度秋的场所。华南地区蜂群越夏的经验是海滨越夏和山林越夏。

（1）海滨越夏　夏季海滨温湿度适宜，且海风凉爽，有利于蜂群散热，胡蜂等敌害也较少。因此，把蜂群转运到海滨种有芝麻、田菁、瓜类等场地放蜂，有利于蜜蜂群势的维持和发展。

（2）山林越夏　海拔升高，气温降低，夏秋季节高山密林的气温明显低于低海拔的平原，而且又有零星蜜粉源，有利于蜂群夏秋季节的发展。

2. 通风遮阴　夏末秋初，切忌将蜂箱露置在阳光下暴晒，尤其是在高温的午后。否则，轻者迫使工蜂剧烈扇风，大量采水，消耗大量的能量，使贮蜜短期耗尽，重者造成卵虫蛹的死亡，甚至使巢脾熔坠。因此，蜂群应放置在比较通风、阴凉开阔、排水良好的地面，如果没有天然林木遮阴，还应在蜂箱上搭盖凉棚。为了加强巢内通风，脾间蜂路应适当放宽。

3. 调节巢门　为了防止敌害侵入，巢门的高度最好控制在 7～8 毫米，必要时还可以加几根铁钉。巢门的宽度则应根据蜂群的群势而定，一般情况下，每框蜂巢门放宽 15 毫米为宜。如果发现工蜂在巢门剧烈扇风，还应将巢门酌量开大。有人认为，夏、秋季节打开巢箱前后壁的纱窗，有利于蜂群通风散热。这种做法并不适合蜂群的生活习性，因为打开蜂箱纱窗还会影响巢内温湿度的调节，并易引起盗蜂，工蜂也常用蜂胶、蜂蜡等将纱窗堵塞。

4. 降温增湿 高温季节蜂群调节巢温，主要依靠巢内的水分蒸发吸收热量使巢温降低。蜂群在夏秋高温季节对水的需求量很大。如果蜂群放置在无清洁水源的地方，就需要对蜂群进行饲水。此外，还需在蜂箱周围、箱壁洒水降温。夏秋季节巢内饲水，可将空脾灌好水之后，加在隔板外侧，每 3~4 天灌一次水。或在巢内饲喂器中装满清水。也可以用巢门饲喂器在巢门前饲水（图 8-27-A），或用棉纱经巢门前盛水容器将水引到巢前（图 8-27-B）。

A   B

图 8-27　巢门前饲水
A. 用巢门饲喂器饲水　B. 用棉纱从巢门前盛水容器将水引到巢前

5. 保持安静防止盗蜂 将蜂群放置在比较安静的场所，避免周围嘈杂、震动和烟雾。尽量减少开箱，夏、秋季开箱扰乱蜂群的安宁，也会影响蜂群巢内的温湿度，并且还易引起盗蜂。南方大多数地区，夏末秋初都缺乏蜜粉源，所以这阶段也是容易发生盗蜂的季节。正常情况下蜂群越夏度秋都有困难，如果再发生盗蜂就更危险了。所以，在蜂群夏秋停卵阶段的管理中，必须采取措施严防盗蜂。

6. 补助饲喂 蜂群在越夏度秋期间，巢内饲料不足，应及时进行补饲。为了避免刺激蜜蜂出巢活动和引起盗蜂，最好给蜂群补加贮备的成熟封盖蜜脾。如果蜜脾贮备不足，就要补饲高浓度的糖液。在饲喂糖液时，应注意在傍晚蜂群不活动时进行，并且不能将糖液滴在箱外和蜂场周围，以防止发生盗蜂。此时补饲还应特别注意，一定要在短时间内补足，不能造成奖励饲喂的效果。

7. 防治病敌害　蜂群进入夏秋停卵阶段，气温高，比较适合一些敌害的生活，而蜂群的群势下降，抵抗力削弱，因此就容易遭受病敌害的危害。此阶段蜂群主要的病敌害有卵干枯、卷翅病、蜂螨、胡蜂、巢虫、蟾蜍等。

（1）高温导致的发育不良　蜜蜂的卵干枯和幼蜂的卷翅病主要是因巢温过高引起的。高温季节蜂王产卵，工蜂无力调节巢内温度，就会使卵虫蛹发育不良。同时，因蜜蜂无效劳动过多，过早劳损，致使加速蜂群的群势下降。预防蜂卵干枯和幼蜂卷翅，除了积极采取措施降低巢温之外，还应适当控制蜂王产卵。

（2）防除胡蜂　胡蜂危害严重的地区，应采取防除胡蜂危害的措施，预防造成蜂群的惨重损失。防除胡蜂可在巢门前安装防护片等保护性装置，防止胡蜂侵入蜂箱。还应经常在蜂场巡视，及时捕杀来犯胡蜂。

（3）防除蟾蜍　可将蜂箱垫高300～400毫米，避免蟾蜍等敌害爬到巢口或直接进入箱内。此外，还应在夜晚巡视蜂箱前，发现蟾蜍捕捉逐出。因蟾蜍对生态环境是有益动物，捕捉到蟾蜍不应伤害，可放逐远离蜂场的野外。

（四）蜂群夏秋停卵阶段的后期管理

蜂群越夏后的恢复阶段，完成蜜蜂的更新以后，才能真正算作蜂群安全越夏。蜂群夏秋停卵阶段的后期管理，实际上就是蜂群秋季增长阶段的恢复期管理，越夏失败的蜜蜂多在此时灭亡。

1. 紧缩巢脾和恢复蜂路　夏秋停卵阶段后期，应对蜂群进行一次全面检查，并随群势下降抽出余脾，使蜂群相对密集，同时将原来稍放宽的蜂路恢复正常。

2. 喂足饲料和补充花粉　9月份，当天气开始转凉、外界有零星粉蜜源、蜂王又恢复正常产卵时，应及时喂足饲料。如果巢内花粉不足，最好能补给贮存的花粉或代用花粉，以加速蜂王产卵。

四、越冬准备阶段管理

南方有些地区，冬季仍有主要蜜源植物开花泌蜜，如鹅掌柴、野坝子、枧属植物、枇杷等。如果蜂群准备采集这些冬季蜜源，秋季就应抓紧恢复和发展蜜蜂群势，促进蜂群增长，培养适龄采集蜂，为采集冬蜜做好准备。秋季增长管理阶段的蜂群管理要点可参考蜂群春季增长阶段的管理方法。

在我国北方，冬季气候严寒，蜂群需要在巢内度过漫长的冬季。蜂群越冬能否顺利，将直接影响翌年春季蜂群的恢复发展和蜂蜜生产阶段的生产，而秋季蜂群的越冬前准备又是蜂群越冬的基础。所以，北方秋季蜂群越冬前的准备工作对蜂群安全越冬至关重要。

（一）秋季越冬准备阶段的养蜂条件、管理目标和任务

1. 北方秋季越冬准备阶段养蜂条件的特点　北方秋季养蜂条件的变化趋势与春季相反，随着临近冬季养蜂条件越来越差。气温逐渐转冷，昼夜温差增大。蜜粉源越来越稀少，盗蜂比较严重，蜂王产卵和蜜蜂群势也呈下降趋势。

2. 北方秋季越冬准备阶段的管理目标　北方蜂群的越冬准备阶段的管理目标是，培育大量健壮、保持生理青春的适龄越冬蜂和贮备充足优质的越冬饲料，为蜂群安全越冬创造必要的条件。

3. 北方秋季越冬准备阶段的管理任务　北方越冬准备阶段的管理任务主要有两点，即培育适龄越冬蜂和贮足越冬饲料。适龄越冬蜂是北方秋季培育的，未经参加哺育、高强度采集工作，又经充分排便，能够保持生理青春的健康工蜂。在此阶段的前期更换新王，促进蜂王产卵和工蜂育子，加强巢内保温，培育大量的适龄越冬蜂。后期应采取适时断子和减少蜂群活动等措施保持蜂群实力。此外，在适龄越冬蜂的培育前后还需狠治蜂螨，在培育越冬蜂期间还需防病，贮备越冬饲料。

（二）适龄越冬蜂培育期的管理

只有适龄越冬蜂才能度过北方严寒而又漫长的冬天，凡是参加过哺育幼虫工作或羽化出房后没有机会充分排便的工蜂，都无法安全越冬。培育适龄越冬蜂既不能过早，也不能过迟。过早，培育出来的新蜂将会参加哺育幼虫工作；过迟，培育的越冬蜂数量不足，甚至最后一批的越冬蜂来不及出巢排便。因此，在有限的越冬蜂培育时间内，要集中培养出大量的适龄越冬蜂，就需要有产卵力旺盛的蜂王和采取一系列的管理措施。

适龄越冬蜂的培育主要分为两大部分，越冬准备阶段的前期工作重点是促进适龄越冬蜂的培育，越冬准备阶段后期的工作重点是适时停卵断子。

1. 适龄越冬蜂的培育　北方秋季越冬准备阶段的前期工作围绕着促进蜂王产卵、提供充足的营养、创造适宜的巢温培育大量健康工蜂等进行。

（1）更换蜂王　为了大量集中地培育适龄越冬蜂，就应在初秋培育出一批

优质的蜂王，以淘汰产卵力开始下降的老蜂王。即使有的老蜂王产卵力还可以，但是往往到了第二年的春季产卵力也会降下来，在新王充足的情况下，这样的老王也应淘汰。更换蜂王之前，应对全场蜂群中的蜂王进行一次鉴定，以便分批更换。被淘汰的老蜂王还应充分利用它们的产卵力，可带蜂 3～4 张脾一起提出另组小群，继续培育越冬蜂。带蜂提走老蜂王的原群诱入一个新蜂王。当越冬蜂的培育结束后，就可将老蜂王去除，把小群的蜜蜂合并到群势较弱的越冬蜂群中。

（2）培育越冬蜂的时间选择　全国各地气候和蜜源不同，适龄越冬蜂培育的起止时间也不同。东北和西北越冬蜂培育起止时间为 8 月中下旬至 9 月中旬；华北为 9 月上旬至 9 月末或 10 月初。一般来说。纬度越高的地区培育越冬蜂的起止时间就越提前。确定培育越冬蜂起止时间的原则是，在保证越冬蜂不参加哺育和采集酿蜜工作的前提下，培育的起始时间越早越好。一般停卵前25～30天开始大量培育越冬蜂，截止时间应在保证最后一批工蜂羽化出房后能够安全出巢排便的前提下越迟越好，也就是应该在蜜蜂能够出巢飞翔的最后日期之前30 天左右采取停卵断子措施。

（3）选择场地　在蜜粉源丰富的条件下，蜂群的产卵力和哺育力强。尤其是秋季越冬蜂的培育要求在短时间内完成，就更需要良好的蜜粉源条件。培育适龄越冬蜂，粉源比蜜源更重要。如果在越冬蜂培育期间蜜多粉少就应果断地放弃采蜜，将蜂群转到粉源丰富的场地进行饲养。例如向日葵花期，前期蜜粉丰富适合生产和繁殖，但是到了后期，花粉减少影响越冬蜂的培育。所以，应该放弃向日葵蜜源的末花期，及时将蜂群转到粉源充足的场地。

（4）保证巢内粉蜜充足　蜜蜂个体发育的健康程度与饲料营养关系十分密切。在巢内粉蜜充足的条件下，蜂群培育的工蜂数量多、发育好、抗逆力强、寿命长。北方秋季一般养蜂场地都有不同程度的蜜粉源，如果过度地取蜜脱粉，就会人为地造成巢内蜜粉不足，导致越冬蜂的质量和数量明显的下降，影响蜂群的安全越冬。因此，培育适龄越冬蜂期间，应有意识地适当造成蜜粉压卵圈，使每个子脾面积只保持在 50％～60％，让越冬蜂在蜜粉过剩的环境中发育。

（5）扩大产卵圈　虽然适当地造成蜜粉压脾有利于越冬蜂的发育，但是产卵圈受贮蜜压缩严重，影响蜂群发展，就应及时把子脾上的封盖蜜切开扩大卵圈。此阶段一般不宜加脾扩巢。

（6）奖励饲喂　奖励饲喂在任何时候都是促进蜂群快速增长的有效手段。培育适龄越冬蜂应结合越冬饲料的贮备连续对蜂群奖励饲喂，以促进蜂王积极产卵。奖励饲喂应在夜间进行，严防盗蜂发生。

（7）适当密集群势　秋季气温逐渐下降，蜂群也常因采集秋蜜而群势逐渐衰弱。为了保证蜂群的护脾能力应逐步提出余脾，使蜂脾相称。同时，将蜂路缩小到9～10毫米。

（8）适当保温 北方的日夜温差很大，中午热晚上冷。为了保证蜂群巢内育子所需的正常温度，应及时做好蜂群的保温工作。副盖上和箱底加保温物，盖严覆布，并在覆布上加3～4层报纸，糊严堵塞箱缝。箱盖上最好加盖草苫，中午可以遮阴，晚上又可以保温。早晚应把巢门适当缩小，中午开大。必要时还需在巢内空处填塞保温物和在箱外覆盖塑料薄膜进行保温。

2. 适时停卵断子 北方秋季最后一个蜜源结束后，气温开始下降，蜂王产卵减少，子圈逐渐缩小，此时就应及时地停卵断子；否则，蜂群需要消耗大量的饲料维持子脾发育所需的巢温。哺育蜂的王浆腺继续发育分泌王浆只培育少量的幼虫，促使大批的越冬工蜂参与哺育工作，使这些工蜂新陈代谢增强、寿命缩短导致在越冬期间就死亡，影响蜂群安全越冬。此外，过迟培育的工蜂由于外界气温降低，无法进行排便飞行，也不能安全越冬。在外界蜜源泌蜜结束，巢内子脾最多或蜂王产卵刚开始下降时，就应果断地采取措施使蜂王停卵。停卵断子的主要方法是限王产卵和降低巢温。

（1）限王产卵 限制蜂王产卵是断子的有效手段。用框式隔王栅把蜂王限制在1～2框蜜粉脾上或用囚王笼囚王。应注意在囚王断子后7～9天彻底检查毁弃改造王台。如果不及时毁除改造王台，处女王出台就可能造成所囚王遭受蜂群遗弃，或者释放所囚蜂王后被处女王打死等事故。囚王期间，应继续保持稳定的巢温，以满足最后一批适龄越冬蜂发育的需要。

（2）降低巢温 囚王20～21天后，封盖子基本全部出房，可释放蜂王，通过降低巢温的手段限制蜂王再产卵。蜂王长期关在王笼中对蜂王有害，应尽可能减少囚王的时间。降低巢温可采取扩大蜂路到15～20毫米、撤除内外保温物、晚上开大巢门、将蜂群迁到阴冷的地方、巢门转向朝向北面等措施，迫使蜂王自然停卵。应注意，采取降低巢温措施须在最后一批蜂子全部出房以后才能进行。

（3）阻止蜜蜂出巢活动 断子后，中午外界气温升高，蜜蜂频繁地出巢活动。为了阻止蜂群的巢外活动，减少消耗，除了采取降低温度方法之外，还应在巢门前遮阴，避免光线对蜂箱内的越冬蜂刺激。同时，应尽量减少不必要的开箱检查，以防过度干扰惊动蜂群，增加蜜蜂的活动量。待外界气温下降到蜂群活动的临界温度以下，并趋于稳定，蜂群初步形成冬团时，再把蜂群搬到向阳处，采取越冬管理措施。

3. 贮备越冬饲料 越冬期间，蜜蜂长期不能出巢活动，整个越冬阶段蜜蜂代谢所产生的粪便都贮存积累在后肠的直肠中，直到第二年春天才能出巢排便。

如果越冬饲料质量差，蜂群越冬时蜜蜂产生的粪便多，蜜蜂直肠受其粪便膨胀的压力刺激，便结团不安定，往往因提早出巢排便而冻死巢外。越冬蜂体内粪便过多还容易引起蜜蜂消化道疾病，出现下痢造成蜜蜂死亡。因此，在秋季为蜜蜂贮备优质充足的越冬饲料，保证蜂群安全越冬是蜂群越冬前准备阶段管理的重要任务之一。

（1）选留优质蜜粉脾　优质蜂蜜是蜜蜂最理想的越冬饲料。在秋季主要蜜源花期中，应分批提出不易结晶、无甘露蜜的封盖蜜脾，并作为蜂群的越冬饲料妥善保存。选留越冬饲料的蜜脾，应挑选脾面平整、雄蜂房少、并培育过几批虫蛹的浅褐色优质巢脾，放入贮蜜区中让蜜蜂贮满蜂蜜。此脾越冬前加入蜂群内，待第二年春天蜜蜂将脾上的贮蜜耗空，正好可提供蜂王产卵。脾中蜂蜜贮满后放到贮蜜区巢脾外侧，促使蜜脾及时封盖。如果此蜜脾直接在越冬前加入蜂群，并供早春第一批产卵，应在调到巢脾外侧之后，与相邻巢脾保持 8～9毫米，以防蜜房加高而不利于蜂王春季产卵；如果此脾用于早春补助蜂群，就可将与相邻巢脾的距离适当加大，使蜜房中高而多贮蜂蜜，早春加入蜂群前将此脾蜜盖和巢房高出的部分割除。当此脾越冬饲料贮满封盖后提出集中保存，并注意在保存严防盗蜂、鼠害和巢虫危害。同时，蜂群中补进空脾继续贮蜜。

一个贮满并封盖的蜜脾，有 2.5～3 千克蜂蜜。蜂群越冬需要的蜜脾数量应根据越冬期的长短和蜜群势决定。东北和西北地区，每足框越冬蜂平均需要2.5～3.5 千克的蜂蜜；华北地区每足框越冬蜂平均需要 2～3 千克的蜂蜜；准备转地到南方发展的蜂群，可适当少留越冬饲料，平均每足框蜂需要留 1～1.5千克的蜂蜜。此外，还应再保留一些半蜜脾和分离蜜，以备急用。必须注意，所有的蜂群越冬饲料都不能含有甘露蜜。蜜蜂食用含有甘露蜜的饲料，在越冬期就会引起下痢死亡，导致蜂群越冬失败。倘若蜂巢中的越冬饲料混有蜜蜂采集的甘露蜜，则必须将巢内贮蜜全部摇出，另外补充优质饲料。

除了选留蜜脾之外，在粉源丰富的地区，还应选留部分粉脾，以用于来年早春蜜蜂群势的恢复和发展。在北方饲养的蜂群，每群最好能贮备 2 张以上的粉脾。到南方饲养的蜂场，每群也应保留 1 张粉脾。

（2）补充越冬饲料　越冬蜂群巢内的饲料一定要充足。宁可到春季第一次检查调整蜂群时，抽出多余的蜜脾，也不能使巢内贮蜜不足。蜂群越冬饲料的贮备，应尽量在流蜜期内完成。如果秋季最后一个流蜜期越冬饲料的贮备仍然不够，就应及时用优质的蜂蜜或白砂糖补充。给蜂群补充饲喂越冬饲料会影响越冬蜂的健康和寿命，因为补饲之后，蜜蜂对这些饲料需进行搬运、转化酿造，蜜蜂的唾腺也必须充分发育，分泌大量的唾液，增加了蜜蜂的劳动强度，加速了蜜蜂衰老。补充越冬饲料应在蜂王停卵前完成。

补充越冬饲料最好是优质、成熟、不结晶的蜂蜜。蜜和水按 10：1 的比例混合均匀后补饲给蜂群。没有蜂蜜也可用优质的白砂糖代替。绝对不能用甘露蜜、发酵蜜、来路不明的蜂蜜以及土糖、饴糖、红糖等作为越冬饲料。

4. 严防盗蜂 北方秋季往往是盗蜂发生最严重的季节。一旦发生盗蜂，一般的止盗方法都难以奏效，转地是止盗最有效的措施，但是往往难以找到蜜粉源理想的放蜂场地，且转地运输将增加养蜂成本。盗蜂对蜂群培育适龄越冬蜂危害极大，被盗蜂群饲料消耗增加，作盗群和被盗群的工蜂均加速衰老，寿命缩短。被盗蜂群凶暴不便管理。如果此阶段发生盗蜂，处理不当就更会使养蜂失败。

5. 巢脾的清理和保存 秋季蜜蜂的群势逐渐下降。在蜂群管理中，此阶段应保证蜂脾相称，及时抽出多余的巢脾。抽出的巢脾包括空脾、蜜脾、粉脾，这些巢脾对第二年蜂群的恢复和发展非常重要，应及时地进行分类、清理、淘汰旧脾和熏蒸保存。

五、越冬阶段管理

蜂群越冬停卵阶段是指长江中下游以及以北地区蜂群的越冬。冬季气候寒冷，工蜂停止巢外活动，蜂王停止产卵，蜂群处于半蛰伏状态的饲养管理阶段。我国北方气候严寒，且冬季漫长，如果管理措施不得当，就会使蜂群死亡，致使第二年养蜂生产无法正常进行。

我国各地的蜂群越冬环境和越冬期长短不同。蜂群的越冬饲养管理应根据越冬环境，制定采取安全越冬的措施。蜂群安全越冬的首要条件，就是要有适龄的越冬蜂和贮备充足的优质饲料。这两项工作必须在秋季越冬前准备阶段完成。蜂群的越冬管理阶段主要工作是保持蜂群越冬的适宜温度和加强蜂群通风。不熟悉蜂群越冬规律的人，往往认为越冬失败是由于温度低造成的。实际上，越冬失败的主要原因除了没有足够的越冬饲料和适龄越冬蜂之外，多是因为保温过度，造成蜂群伤热和巢内空气不流通、湿度过大、巢内贮蜜稀释发酵引起的。

（一）蜂群越冬停卵阶段的养蜂条件、管理目标和任务

1. 蜂群越冬停卵阶段养蜂条件的特点 我国南北方冬季的气温差别非常大，蜜蜂越冬的环境条件也不同。东北、西北、华北广大地区冬季天气寒冷而漫长，东北和西北常在 $-20℃ \sim -30℃$，越冬期长达 $5 \sim 6$ 个月。在越冬期蜜蜂完全停止了巢外活动，在巢内团集越冬。

长江流域和黄河流域冬季气温时有回暖，常导致蜜蜂出巢活动。越冬期蜜蜂频繁出巢活动，增加蜂群消耗，越冬蜂寿命缩短，甚至将早晚出巢活动的蜜

蜂冻僵巢外，使群势下降。

2. 蜂群越冬停卵阶段的管理目标 根据蜂群越冬停卵阶段的养蜂环境特点，此阶段的蜂群管理目标确定为保持越冬蜂健康和生理青春，减少蜜蜂死亡，为春季蜂群恢复和发展创造条件。

3. 蜂群越冬停卵阶段的任务 蜂群越冬停卵阶段的管理任务是，提供蜂群适当的低温和良好的通风条件，提供充足的优质饲料以及黑暗安静的环境，避免干扰蜂群，尽一切努力减少蜂群的活动和消耗，保持越冬蜂生理青春进入春季增长阶段。

（二）越冬蜂群的调整和布置

在蜂群越冬前应对蜂群进行全面检查，并逐步对群势进行调整，合理地布置蜂巢。越冬蜂群的强弱，不仅关系越冬安全，对翌年春天蜂群的恢复和发展也有大的影响。越冬蜂群的群势调整，要根据当地越冬期的长短和第二年第一个主要蜜源的迟早来决定。越冬期长，翌年第一个主要蜜源花期早，就需有较强群势的越冬蜂群。北方蜂群越冬期长达 4～5 个月，强群越冬的优势比较明显；长江中下游地区虽然越冬期较短，但翌年第一个主要蜜源花期早，群势也应稍强一些。北方越冬蜂的群势最好能达到 7～8 足框以上，最低也不能少于 3 足框；长江中下游地区越冬蜂的群势应不低于 2 足框。越冬蜂群的群势调整，应在秋末适龄越冬蜂的培育过程中进行。预计越冬蜂的群势达不到标准时，就应从强群中抽补部分的老熟封盖子脾，以平衡群势。

蜂群越冬蜂巢的布置，一般将全蜜脾放于巢箱的两侧和继箱上，半蜜脾放在巢箱中间。多数蜂场的越冬蜂巢布置是脾略多于蜂。越冬蜂巢的脾间蜂路可放宽到 15～20 毫米。

1. 单群平箱越冬 单箱 5～6 足框的蜂群越冬，巢箱内入 6～7 张脾；巢脾放在蜂箱的中间，两侧加隔板，中间的巢脾放半蜜脾，全蜜脾放在两侧（图 8-28）。

2. 单群双箱体越冬 7～8 足框蜂群采用双箱体越冬，巢箱和继箱各放 6～8 张脾。蜂团一般结在巢箱与继箱之间，并随着饲料消耗而逐渐向继箱移动。因此，70% 的饲料应放在继箱上，

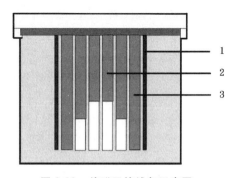

图 8-28 单群平箱越冬示意图
1. 隔板　2. 半蜜脾　3. 全蜜脾

继箱放全蜜脾，巢箱中间放半蜜脾，两侧放全蜜脾（图8-29）。

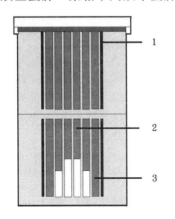

图 8-29 单群双箱体越冬示意图
1. 隔板 2. 半蜜脾 3. 全蜜脾

时，继箱中间再加入6张全蜜脾。

5. 拥挤蜂巢布置法 这是苏联推广的一种寒冷地区蜂群越冬的蜂巢布置法。这种方法是适当缩减巢脾使蜜蜂更紧密地拥挤在一起。例如，把7足框的蜂群，紧缩在5个蜜脾的4条蜂路间，以改善保温条件，减少巢内潮湿和蜂蜜的消耗，并相应减少蜜蜂直肠中的积粪。这种方法还能使蜂王来春提早产卵。此法只适合高寒地区蜂群越冬。

3. 双群同箱越冬 2～3足框的弱群在北方也能越冬，只是越冬后的蜂群很难恢复和发展。这样的弱群除了在秋季或春季合并外，还可以采取双群平箱越冬。将巢箱用闸板隔开，两侧各放入一群这样的弱群。在闸板两侧放半蜜脾，外侧放全蜜脾，使越冬蜂结团在闸板两侧（图8-30）。

4. 双群双箱越冬 将两5足框的蜂群各带4张脾分别放入巢箱闸板的两侧。巢脾也是按照外侧整蜜脾，闸板两侧半蜜脾的原则摆放。巢箱、继箱之间加平面隔王栅，然后再加上空继箱。继箱上暂时不加巢脾，等到蜂群结团稳定，白天也不散团

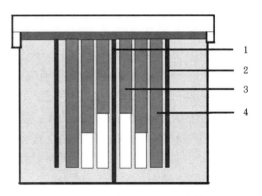

图 8-30 双群同箱越冬示意图
1. 闸板 2. 隔板 3. 半蜜脾 4. 全蜜脾

在蜂箱中央放3个整蜜脾，两旁各放一个半蜜脾，两侧再加闸板，外面的空隙填充保温物，巢底套垫板，使巢框下梁和巢底距离缩减到9毫米高。在巢框的上梁横放几根树枝，垫起蜂路，然后盖上覆布，加上副盖，再加盖数张报纸和保温物，最后盖上箱盖（图8-31）。

（三）北方地区蜂群越冬

1. 北方蜂群室内越冬 北方室内越冬的效果取决于越冬室温湿度的控制和管理水平。

（1）**蜂群入室**　蜂群入室的前提条件是：适龄越冬蜂已经过排便飞翔，气温下降并基本稳定，蜂群结成冬团。蜂群入室过早，会使蜂群伤热。蜂群入室的时间一般在外界气温稳定下降，地面结冰，但无大量积雪。东北高寒地区蜂群一般在 11 月上中旬入室，西北和华北地区常在 11 月底或 12 月初入室。

入室前一天晚上，撬动蜂箱，避免搬动蜂箱时震动。蜂群

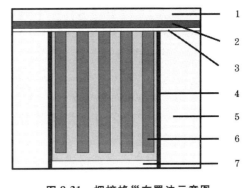

图 8-31　拥挤蜂巢布置法示意图

1. 保温垫　2. 副盖　3. 覆布和报纸　4. 闸板
5. 保温物　6. 蜜脾　7. 垫板

图 8-32　越冬室蜂群摆放

入室当天，越冬室应尽量采取降温措施，把室温降到 0℃ 以下，所有蜂群均安定结团后，再把室温控制在适当范围。蜂群入室之前，室内应先摆好蜂箱架，或用干砖头垫起，高度不低于 400 毫米（图 8-32，彩页 6）。蜂箱直接摆放在地面会使蜂群受潮。蜂群在搬动之前，应将巢门暂时关闭。搬动蜂箱应小心，不能弄散蜂团。蜂群入室可分批进行，弱群先入室，强群后入室。室内的蜂群分三层摆放，越冬室内的温度一般是上高下低，所以应将强群放在下面，弱群放在上层。蜂群在室内的摆放，蜂箱应距离墙壁 200 毫米，蜂箱的巢门向外。蜂群入室最初几天，巢门开大些，蜂群安定后巢门逐渐缩小。

（2）**越冬室温度的控制**　越冬室的温度应控制在 -2℃～2℃，短时间也不能超过 6℃，最低温度最好不低于 -5℃（图 8-33）。

图 8-33　越冬室内温湿度计

室内温度过高需打开所有进出气孔，或在夜间打开越冬室的门。如果白天室温过高，把雪或冰拌上食盐抬入越冬室内，进行降温。测定室内温度，可在第一层和第三层蜂箱的高度各放一个温度计，在中层蜂箱的高度放一个干湿球温度计。

（3）越冬室湿度的控制　越冬室的湿度应控制在 75% ～ 85%（图 8-33），过度潮湿将使未封盖的蜜脾中的贮蜜吸水发酵，蜜蜂吸食后会患下痢病。越冬室过度干燥使巢脾中的贮蜜脱水结晶，结晶的蜂蜜蜜蜂不能取食。东北地区室内越冬一般以防湿为主，在蜂群进入越冬室之前，就应采取措施使越冬室干燥。越冬室潮湿可用调节进出气孔，扩大通风来将湿气排出。室内地面潮湿可用草木灰、干锯末、干牛粪等吸水性强的材料平铺地面吸湿。新疆等干燥地区，蜂群室内越冬一般应增湿，在墙壁悬挂浸湿的麻袋和向地面洒水。蜂群还应采取饲水措施，在隔板外侧放一个加满清水的饲喂器，并用脱脂棉引导到脾上梁，在脱脂棉的上方覆盖无毒的塑料薄膜。

（4）室内越冬蜂群的检查　在蜂群入室初期需经常入室察看，当越冬室温度稳定后可减少入室观察的次数，一般 10 天一次。越冬后期室温易上升，蜂群也容易发生问题，应每隔 2～3 天入室观察一次。

①倾听蜂声　进入室内首先静立片刻，看室内是否有透光之处。注意倾听蜂群的声音：蜜蜂发出微微的嗡嗡声，说明正常；声音过大，时有蜜蜂飞出，可能是室温过高或室内干燥；蜜蜂发出的声音不均匀，时高时低，有可能室温过低。用医用听诊器或橡皮管测听蜂箱中声音，蜂声微弱均匀，用手指轻弹箱壁，能听到"唰"的一声，随后很快停止，说明正常；轻弹箱壁后声音经久不息，出现混乱的嗡嗡声，可能失王、鼠害、通风不良，必要时可个别开箱检查处理；从听诊器或橡皮管听到的声音极微弱，可能蜂群严重削弱或遭受饥饿，需要立即急救；蜂团发出"呼呼"的声音，巢内过热，应开大巢门或降低室温；蜂团发生微弱起伏的"唰唰"声，温度过低，应缩小巢门或提高室温；箱内蜂团不安静，时有"咔咔嚓嚓"等声音，可能是箱内有老鼠危害。听测蜂团的声音，还要根据蜂群的群势和结团的位置分析。强群声音较大，弱群声音较小；蜂团靠近蜂箱前部声音较大，靠近后部声音较小。

②巢门检查　检查时利用红光手电照射巢门和蜂团。蜂团松散，蜜蜂离脾或飞出，可能是巢温过高，蜂王提早产卵，或者饲料耗尽处于饥饿状态；巢门前有大肚子蜜蜂在活动，并排出粪便，是下痢病；蜂箱内有稀蜜流出，是贮蜜发酵变质；蜂箱内有水流出，是巢内先热后冷，通风不良，水蒸气凝结成水，造成巢内过湿；从蜂箱底部掏出糖粒是贮蜜结晶现象；巢内死蜂突然增多，且体色正常，腹部较小，可能是蜜蜂饥饿造成的，需要立即急救；出现残体蜂尸

和碎渣，是鼠害；某一侧死蜂特别多，很可能是这一侧巢脾贮蜜已空，饿死部分蜜蜂；正常蜂团的蜂群，蜂团已移向蜂箱后壁，说明巢脾前部的贮蜜已空，应注意防止发生饥饿。出现上述不正常的情况，应根据具体条件妥善处理。

（5）防止鼠害　北方冬季越冬室和蜂箱是家鼠和田鼠理想的越冬场所。老鼠进入蜂箱多半是在入室以前。在秋季预防鼠害，可用铁钉将巢门钉成栅状，防止老鼠钻入。越冬期间如果发现箱内有老鼠危害，要立即开箱捕捉。越冬室内的老鼠，会使越冬蜂不得安宁。

（6）保持越冬室的安静与黑暗　冬季的蜂群需要在安静和黑暗的环境中生活，震动和光亮都能干扰越冬蜂群，促使部分蜜蜂离开冬团，飞出箱外。多次骚动的蜂群，食量剧增，对越冬工蜂的健康和寿命都极为不利。在越冬蜂群的管理中，应保持黑暗和安静的环境，尽量避免干扰蜂群。

（7）蜂群出室　蜂群一般在3月中旬至4月中旬，外界气温达8℃～10℃时出室。蜂群出室也可分批进行，强群先出室，弱群后出室。蜂群出室后，蜂群便进入早春的增长阶段。

2. 北方蜂群室外越冬　蜂群室外越冬更接近蜜蜂自然的生活状态，只要管理得当，室外越冬的蜂群基本上不发生下痢，不伤热，蜂群在春季发展也较快。室外越冬的蜂群巢温稳定，空气流通，完全适于严寒地区的蜂群越冬。室外越冬可以节省建筑越冬室的费用。

（1）室外越冬蜂群的包装　室外越冬蜂群主要进行箱外包装，箱内包装很少。蜂群的包装材料，可根据具体情况就地取材，如锯末、稻草、谷草、稻皮、树叶等。箱外包装的方法，应根据冬季的气候确定包装的严密程度。在蜂群包装过程中，要防止蜂群伤热，最好分期包装。蜂群冬季伤热的危害要比过冷严重得多，所以蜂群室外越冬的包装原则是宁冷勿热。此外，蜂群包装还应注意保持巢内通风和防止鼠害。

蜂群室外越冬的场所须背风、干燥、安静，要远离铁路、公路以及人畜经常活动的地方，避免强烈震动和干扰。可采取砌挡风墙、搭越冬棚、挖地沟等措施，创造避风条件。

蜂群包装不宜过早，应在外界已开始冰冻，蜂群不再出巢活动时进行。包装后，如果蜂群出现热的迹象，应及时去除外包装。第一次包装时间华北地区在12月上旬，新疆11月中旬，东北10月中下旬。

①地面上越冬蜂群保温包装　蜂群一字形摆放在背风向阳的地面（图8-34-A，彩页6），在箱底垫起厚度100毫米以上干草（稻草或谷草）。蜂箱上方也铺上厚度100毫米以上的干草（图8-34-B，彩页6），蜂箱四周均用草苫（图8-34-C）或麻袋装填干草等制成的保温垫（图8-34-D）等包裹在蜂箱周围。蜂箱之

间相距 100 毫米，其间塞满干草、松针等保温物（图 8-34-B）。避免蜂箱巢门被堵塞，巢门前斜放一块板（图 8-34-C）或保温垫斜放在巢箱前（图 8-34-B）。

图 8-34　地上包装

A. 一字形排列　B. 蜂箱上方铺干草，保温垫斜放在巢前

C. 四周用草苫保温，用木板斜放在巢门前保持蜂箱通气　D. 麻袋中填充干草制成的保温垫

②草苫包装　华北地区冬季最低气温不低于 −18℃ 的地方，蜂群室外越冬包装，可利用预制的草苫包装蜂箱。在箱底垫起 100 毫米厚干草，10～40 个蜂箱一字形摆放在干草上，蜂箱之间相距 100 毫米，其间塞满干草（图 8-35）。将草苫从左至右把箱盖和蜂箱两侧都用草苫盖严，箱后也要用草苫盖好。夜间天气寒冷，蜂箱前也要用草苫遮住。

图 8-35　草苫包装

③草埋包装　草埋室外越冬，先砌一高 660 毫米高的围墙。围墙的长度可根据蜂群数量来决定。如果春季需要继续用围墙保温，每 3 群为一组，以防春季排便时造成蜂群偏集。在围墙内先垫上干草，然后将蜂箱搬入，蜂箱的巢门板与围墙外头一齐。在每个箱门前放一个“⌒”形板桥，前面再放挡板，挡板的缺口正好与“⌒”形板桥相配合，使巢门与外界相通。然后在蜂箱周围填充干燥的麦秸、秕谷、锯末等保温材料。包装厚度是，蜂后面 100 毫米，前面 66～85 毫米，各箱之间 10 毫米，蜂箱上面 100 毫米。包装时要把蜂箱覆布后面叠起一角，并且要在对着叠起覆布的地方放一个 60～80 毫米粗的草把作为通气孔，草把上端在覆土之上。最后用 20 毫米厚的湿泥土封顶（图 8-36）。包装后要仔细

检查，有孔隙的地方要用湿泥土盖严，所盖的湿泥土在夜间就会冻结，能防老鼠侵入。

④地沟包装　在土质干燥的地方，可利用地沟包装法进行蜂群室外越冬（图8-37-A，彩页7）。越冬前以每10～20群为一组，挖成一条长方形的地沟，沟长按蜂箱排列的数量而定，宽800毫米，深500毫米。沟下垫60～80毫米厚的保温材料，上面排列蜂箱，然后在蜂箱的后部和蜂箱之间填加80～100毫米厚的保温材料，蜂箱上部也覆盖以8～10毫米厚的保温材料，地沟中蜂箱前面用树枝搭架，保留巢门前空间，形成沿巢门前部的一条长洞。在这个长洞的两侧留有进气孔，中间洞的上方留一个出气孔（图8-37-B）。出气孔要有防鼠设备，在靠近蜂箱前部相应位置上分别插上2～3个塑料管，每个管里放一个温度计测地沟温度（图8-37-C）。保温材料覆盖之后，再往草上培以60～80毫米厚的土。放入地沟里的蜂群大开巢门，地沟内保持0℃～2℃。通过扩大和缩小进出气孔调解地沟里的温度。

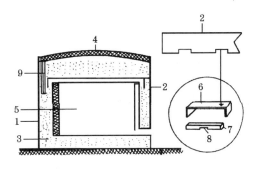

图 8-36　草埋包装

1. 后围墙　2. 前挡板　3. 保温材料　4. 泥顶
5. 蜂箱　6. 越冬巢门　7. 大门　8. 小门　9. 草把
资料来源：引自陈盛禄 2001。

A　　　　　　　　B　　　　　　　　C

图 8-37　地沟包装

A. 地沟包装外观　B. 通气孔　C. 通气孔中吊放温度计

（2）室外越冬蜂群管理

①调节巢门　调节巢门是越冬蜂群管理的重要环节。室外越冬包装严密的蜂群要求保留大巢门，冬季根据外界气温变化调整巢门。初包装后大开巢门，随着外界气温下降，逐渐缩小巢门，在最冷的季节还可在巢门外塞些松软的透气的保温物。随着天气回暖，应逐渐扩大巢门。

图 8-38 听箱内声音判断蜂群是否正常

②遮阴　从包装之日起直到越冬结束，都应在蜂箱前遮阴，防止低温晴天蜜蜂飞出巢外冻死。即使低气温下蜜蜂不出巢，受光线刺激也会使蜂团相对松散，引起代谢增强、耗蜜增多。蜂箱巢门前可用草苫、箱盖、木板等物遮阴。

③检查　从箱外听箱内蜂群的声音（图 8-38），能够判断箱内蜂群状况，判断方法参见室内越冬的检查。越冬后期应注意每隔 15～20 天在巢门掏除一次死

蜂，以防死蜂堵塞巢门不利通风。在掏除死蜂时尽量避免惊扰蜂群，要做到轻稳。掏死蜂时发现巢门冻结，巢门附近蜂尸冻实，而箱内死蜂没有冻实，表明巢温正常；巢门没冻，箱内温度偏高，巢内死蜂冻实，则巢温偏低。

室外越冬的蜂群整个冬季都不用开箱检查。如果初次进行室外越冬没有经验，可在 2 月份检查一次。打开蜂箱上面的保温物，逐箱查看。如果蜂团在蜂箱

图 8-39 越冬蜂团在巢的中部

的中部（图 8-39），蜂团小而紧，就说明越冬正常。

（四）中部地区蜂群越冬

由于我国中部地区位于长江中下游，冬季气温偏高，中午气温常在 10℃以上，蜜蜂常出巢活动，容易冻僵巢外。

1. 中部地区蜂群暗室越冬　南方蜂群暗室越冬措施得当，死亡率和饲料的消耗量都较低。但是，如果暗室温度过高，蜂群就会发生危险。在冬季气温偏高的年份，南方蜂群室内越冬也容易失败。

（1）**越冬暗室的选择** 我国中部地区蜂群越冬暗室瓦房和草房均可，要求室内宽敞、清洁、干燥、通风、隔热、黑暗。室内不能存放过农药等有毒的物质，并且室内应无异味。

（2）**入室前的蜂群准备** 蜂群入室之前须囚王断子，并且结合治螨，使新蜂充分排便，保持巢内饲料充足。脾略多于蜂，蜂路扩大到 15～20 毫米，箱内不保温。

（3）**蜂群入室及暗室越冬管理** 夜晚把蜂群搬入越冬室，打开巢门，并在巢门前喷水。蜂群入室后连续 10 天，每天在巢门前喷水 1～2 次以促使蜂群安定。室内温度控制在 8℃以下。白天关紧门窗保持黑暗，夜晚打开门窗通风降温。遇到天气闷热室温升高，蜜蜂骚动，应采取洒水、加冰等降温的措施。如果室温不能有效控制，应及时将蜂群搬出室外。

2. 中部地区蜂群室外越冬 我国中部地区蜂群室外越冬管理，重点应放在减少蜜蜂出巢活动，以保持蜂群的实力。管理要点是：①越冬前囚王断子，留足饲料；②在气温突然下降时，把蜂群搬到阴冷的地方；③注意遮光，避免蜜蜂受光线刺激出巢；④扩大蜂路，降低巢温；⑤越冬场所不能选择在有油茶、茶树、甘露蜜的地方越冬。

（五）越冬不正常蜂群的补救方法

1. 补充饲料 越冬期给蜂群补充饲料是一项迫不得已的措施。由于补充饲料时需要活动巢脾，惊动蜂团，致使巢温升高，蜜蜂不仅过多取食蜂蜜浪费饲料，而且也增多了腹部粪便的积存量，容易导致下痢病。为此，要立足于越冬前的准备工作，为蜂群贮存足够的优质饲料，避免冬季补充饲料的麻烦。

（1）**补换蜜脾** 用越冬前贮备蜜脾补换给缺饲料的蜂群。如果从贮备蜜脾较冷的仓库中取出，应先移到 25℃以上的温室内暂放 24 小时，待蜜脾温度升至室温再放入蜂群。换脾时要轻轻将多余的空脾提到靠近蜂团的隔板外侧，让脾上蜜蜂自己离脾返回蜂团，再将蜜脾放入隔板里靠近蜂团的位置。

（2）**灌蜜脾补喂** 如果贮备的蜜脾不足，可以使用成熟的分离蜜加温溶化或者以 2 份白砂糖、1 份水加温制成糖液，冷却至 35℃～40℃时进行人工灌脾，灌完糖液后要将巢脾放入容器上，待脾上不往下滴蜜时再放入蜂巢中。采用这种方法饲喂，必须把巢内多余的空脾撤到隔板外侧或者撤出去。

2. 变质饲料的调换 越冬饲料出现严重的发酵或结晶现象，应及时用优质蜜脾更换。换脾时发酵蜜脾不可在蜂箱里抖蜂，以免将发酵蜜抖落在蜂箱中和蜂体上造成更大危害，将这些蜜脾提到隔板外让蜜蜂自行爬回蜂团。结晶蜜脾可以抖去蜜蜂直接撤走。

3. 不正常蜂群的处理

（1）潮湿群 越冬期常因为蜂箱通风不良以及越冬室湿度过大，蜂箱内湿气排不出去，逐渐在蜂箱内壁聚集成小水珠并流落到箱底。出现这样严重潮湿的蜂群，若不及时处理必然因潮湿导致蜂蜜发酵和发生下痢病，威胁蜂群安全越冬。初见潮湿，除了加强室内通风降低湿度之外，还可将干草木灰装入小纱布袋里放进蜂箱隔板外侧，浸湿以后再换入干的草木灰。蜂箱中潮湿严重则需换箱，将潮湿蜂箱搬入15℃温室内，迅速换上已准备好的干燥空蜂箱。换完箱后盖严箱盖，然后逐渐降低室温，待蜜蜂重新结团时再搬回越冬室。

（2）下痢病蜂群 下痢病蜂群巢门口有粪便，常有蜂爬出，体色发暗，腹部膨大，严重时在巢脾上、隔板上、箱壁上和箱底都有下痢的粪便，箱内外死蜂较多。越冬期大批蜂群普遍发生下痢病，并且日渐严重说明越冬饲料有问题，最好能运到南方提早进入春季增长阶段；在越冬后期发生下痢病，可以采取换蜜脾、换蜂箱的措施减少损失。将下痢病蜂群搬入15℃左右的温室内放1～2小时，搬入22℃以上的塑料大棚内，打开巢门放蜂排便飞翔，同时进行换脾换箱。排便完毕即关闭巢门逐渐降温，蜂群安定后送回越冬室。

［案例 8-2］ **泰安综合试验站意蜂规模化示范蜂场定地饲养管理技术**

泰安综合试验站意蜂规模化示范蜂场位于泰山风景区，蜜粉源植物丰富。早春有大小樱桃、梨、桃、苹果等辅助蜜粉源，夏有刺槐、板栗、荆条等主要蜜源，秋有荆条、益母草、蒿、菊、苦丁等蜜粉源，具有定地饲养的良好条件。

每年在雨水前开始进入春季增长阶段。立春过后遇有晴暖好天气，气温在8℃时，晒箱，促使越冬蜂出巢排便。然后开始整理蜂群，一般治螨2次，水剂和杀螨粉各1次。紧脾放王，单王群应保持3足框以上群势，双王群应保持4足框以上，不足的蜂群应当合并。单王群靠箱一侧放1张半蜜脾，然后放1张灌制好的花粉脾。箱内不保温，箱外用软草包装。此时，开始对蜂群进行补助饲喂和奖励饲喂，每箱1次饲喂1.5～2千克糖液。4～5天后用鸭嘴式饲喂器不间断喂水。20天后单王群已有封盖子脾一张，幼蜂逐渐出房，另一张花粉脾已是幼虫脾了，便可加灌制好的大粉脾，蜂群开始新老更替。惊蛰后杨树、榆树、柳树等陆续开花吐粉，新鲜花粉进巢，蜂王产卵积极，开始奖励饲喂，以出现赘脾且贮蜜不压子为宜。天气不好时应补喂花粉，根据蜂群的群势情况适当加脾。

经过40～50天的恢复和发展，到清明节前，单王群的群势已达7～8足框，便可加继箱。从巢箱提出3张老封盖子脾于继箱中，巢箱中再加1张空脾，继箱中再加1～2张蜜粉脾。

刺槐蜜源结束后进行治螨，每 7 天从巢门口放入螨扑 1 片，3 天后翻面，连续放 3 次。双王群每边放入半片后，7 月中旬撒复方升华硫粉 1～2 次，每次 5～8 克，预防小螨。

进入夏季，无论枣花还是荆条流蜜后期，箱内一定要留有足够的饲料，不足的应补喂，充足的饲料是蜂群强大的保障。荆条花期结束后，天气炎热，蜂王产卵少，应做好遮阴保湿，使蜂王尽量多产卵为秋繁打基础。

秋季，玉米、芝麻等陆续开花吐粉，粉多蜜少，应大量奖励饲喂，使继续的空脾形成蜜脾。这时天气逐渐变凉，蜂王产卵量多，消耗饲料也多，应注意饲喂。8 月 20 日后进入越冬准备阶段。在 8 月初育王进行断子治螨，用新王培育越冬蜂。整个培育越冬蜂用 20 多天，可上下箱互换空脾子脾 2 次。这样越冬时单王群可达 7 脾足蜂，双王群可达 8 脾足蜂。

9 月 20 日前后扣王断子治螨，用水剂治螨 2～3 次，霜降前补喂足越冬饲料。用继箱越冬，无论是 7 足框还是 8 足框的群势，都用 6 张脾越冬。在巢箱只留 1 张空脾供蜜蜂作为上脾的踏板，中间保留隔王板。将 6 脾放在继箱中间，两边加保温挡板。继箱越冬的好处是越冬期蜂群不易散团，消耗食物少，防止空飞，箱内不潮湿。

（案例提供者　孙兆平）

第九章
西方蜜蜂转地饲养模式与管理技术

阅读提示：

　　本章重点介绍了我国主要的转地路线，蜜源调查、放蜂场地选择，蜜蜂的装运和安全运输等方法。通过本章的学习，可以全面掌握我国 3 条长途转地放蜂路线和转地路线的确定方法；明确放蜂场地选择需要考虑的要点和转地前所需要做好的物资、蜂群调整和交通运输等准备工作；掌握蜜蜂起运时间，汽车、火车、海轮等运输蜂群的装卸方法，转地蜂群管理技术和刚运抵新场地的蜂群管理；了解转地饲养的阶段管理特点和方法。本章还详细分析了影响蜜蜂运输安全的因素以及各因素间的关系，并在此基础上提出蜜蜂安全运输的技术措施。

蜜蜂转地饲养，又称转地放蜂，是一种利用蜜蜂的可运移性，将蜜蜂用车、船、飞机等交通工具运送到蜜源植物开花泌蜜的地方，进行蜂群增长、采蜜、产浆、脱粉，以及为农作物授粉等的养蜂生产方式。

我国幅员辽阔，南北纬度和地势海拔的高低不同，使得各地的气候差别很大。气候的差异，孕育了我国种类繁多、花期交错、四季不断的蜜粉源植物。即使同一种蜜源植物，生长在不同纬度和海拔高度，其花期也有所不同。如油菜蜜源在云南、广东、广西等地12月底开花，四川等地2月底开花，江浙4月份开花，青海油菜7月份开花。在我们的国土上，一年四季蜜粉源植物花期连续，且蜜粉源植物开花有一个规律，即春夏季节的蜜粉源由南向北，由低向高顺序开花。这就为蜜蜂转地饲养提供了基本的条件。目前，我国蜜粉资源、气候等条件，适合蜜蜂定地饲养并能获高产的地方并不多，这就给我国大部分地区蜜蜂定地饲养带来很多困难，甚至使一些地方定地饲养难以维持。因此，在不具备蜜蜂定地饲养条件的地方，养蜂只能采用转地的饲养方式。

根据蜜蜂转地路途的远近，可将蜜蜂转地饲养分为长途转地和短途转地。长途转地能充分利用我国丰富的蜜粉源资源，养蜂商品率高，自耗低，可获得较高的蜂产品收入。但是，长途运输蜜蜂的费用和其他开支很大，遇到的困难多，风险大，养蜂生产的劳动强度也高。短途转地各种费用开支相对较少，养蜂生产的劳动强度也比较轻，只是收获的蜂产品数量往往比长途转地少。

近年来，国家加大了对蜂业的支持，出台了一系列的扶持政策。其中，将转地运的蜂群纳入绿色通道，促进了养蜂专用车（见图1-4，图9-1）的发明与应用。灵活快捷的运输条件，降低了蜜蜂运输成本，减少了蜂群装卸工作量。一辆养蜂专用车能够装载260~270个继箱群，按现在的养蜂技术水平，1~3人管理，提高了西方蜜蜂转地饲养的规模。在促进蜜蜂运输绿色通道、养蜂专业车的设计与制造、我国养蜂机械化发展等方面，全国人大代表、养蜂专家宋心仿做了大量的工作。

| A | B | C |

图 9-1　民间改装的养蜂专用车

A. 民间改装的养蜂专用车侧面　B. 民间改装的养蜂专用车后面　C. 在养蜂专业车上取蜜作业

转地饲养收益大，但成本高，有风险。蜜蜂转地饲养的成败，关键在于转地路线的确定、放蜂场地的选择以及蜜蜂转运的速度和安全。

第一节　转地路线的制定

转地路线是指转地饲养的蜂群周年饲养、生产所经过的各放蜂场地的路线。转地路线的优劣是蜜蜂转地饲养能否获取蜜蜂产品高产稳产的关键因素之一。广西壮族自治区养蜂指导站连续 5 年对转地蜂场经济效益进行调查，发现不同转地路线的蜂场年均总收入相差近 1 倍。

转地路线的制定应根据生产计划和各地蜜粉源植物的开花泌蜜情况，按花期的先后顺序有机地连接起来。转地蜂场宜在何时、何地、何种蜜源植物花期进行饲养或生产，应该有全面的计划。此外，制定转地路线还应考虑路程、稳产等条件，以及对各放蜂场地的地理环境、气候特点、社会风俗等因素的熟悉程度。若远程迂回，不但增加运费开支，而且还会延长途中运输时间，这对蜂群的安全运输和养蜂生产都极为不利。对各放蜂场地的地理环境、气候特点等不熟悉，就不能因地制宜地采取相应的蜂群管理措施。

在转地饲养过程中，转地路线必须根据蜂群、运输以及下一个放蜂场地蜜粉源、气候等条件的变化情况，及时地进行调整。例如，蜂群由于某些原因达不到应有的群势，就不能继续去采集蜜源丰富而缺乏粉源的大宗主要蜜源，以免使蜂群的群势继续下降而失去生产能力。这时应该改变计划，选择一个粉蜜兼有的场地进行恢复和发展蜂群，使蜜蜂群势增长强盛后再去采集其他的主要蜜源。如果遇到气候、蜜粉源等条件变化，原计划下一个放蜂场地丰收希望不大，或因运输条件出现问题等，也需要及时变更转地路线。

各地蜂场的转地路线纵横交错，非常丰富。一年从春到冬，根据蜜粉源植物开花泌蜜的规律，转地蜂场省内或邻省的短途转地通常由低海拔的平原和盆地，逐渐向高海拔的高原和山区转运，全年的蜜粉源结束以后，再回到低海拔地区饲养。长途转地的蜂场多由春季开始，在云南、广东、广西、福建等南方各省恢复和发展蜂群，然后分别逐渐向西北、华北、东北方向运移，8～9 月份全年的蜜粉源基本结束后，或直接迁回南方饲养，或就地越半冬，11～12 月份再运回南方开始促蜂增长。

2000 年以前，全国的长途转地放蜂运输以火车为主，转地放蜂路线基本沿着铁路干线。近年来，我国高速公路迅猛发展，转地运蜂逐渐转为以汽车为主。蜜蜂转地饲养的放蜂路线现以高速公路为依据安排。无论是以铁路为主还是以高速公路为主，我国的转地路线一般可归纳为东线、中线、西线 3 条主要放蜂路线。

一、全国主要转地放蜂路线——东线

转地蜂场元旦前后，在福建的闽南、广东的梅县、新会、韶关、中山等地；或 1 月中下旬在福建的福州、长汀，江西的瑞金、宁都等地，利用油菜等蜜粉源饲养。2 月末或 3 月初北上江西省宜春、新余、上饶，或直接将蜂群运到浙江省萧山等地采集油菜和紫云英，蜂群逐渐进入生产阶段。4 月份到浙江北部、江苏、安徽等地继续采集油菜和紫云英。4 月末或 5 月初到苏北、鲁南采集刺槐和苕子。然后到山东、河北采集刺槐和枣花。5 月末或 6 月初转地蜂场可选择下列路线之一继续转地。

路线 1：多数蜂出山海关到黑龙江省铁力、方正、尚志、牡丹江，吉林省敦化、通化、抚松、露水河等地，利用山花蜜源进行蜂群饲养和休整，准备投入 7 月份的椴树花期生产。

路线 2：转地到辽宁省北票、阜新等地采集草木樨。

路线 3：转地到北京，辽宁省义县、凌源等地采集荆条。

路线 4：转地到黑龙江省嫩江地区采集油菜。

上述蜜源结束后，转地蜂场可就近到黑龙江省林口、吉林省东丰等地采集胡枝子，或者到东北西部采集向日葵和荞麦。8 月末或 9 月初全年的主要蜜源结束。

二、全国主要转地放蜂路线——中线

12 月末或 1 月初，转地蜂群在广东省韶关、花县、中山，广西壮族自治区南宁、玉林、桂林等地，利用蚕豆、油菜、紫云英等蜜粉源进行饲养。3 月上旬北上，到湖南省湘潭、醴陵，湖北省武昌、麻城等地进入生产阶段。4 月份进入湖北省北部地区和河南省信阳等地采集紫云英，然后再接着采集刺槐。6 月末或 7 月初，到北京、晋中等地采集荆条，或到山西省左云、右玉，陕北的榆林等地采集草木樨，也可以到内蒙古自治区集宁、四子王旗，山西省大同采集油菜、百里香、云芥等蜜源。尔后，在当地附近采集全年最后一个主要蜜源——荞麦。8 月末全年主要蜜源结束。

三、全国主要转地放蜂路线——西线

转地蜂场 12 月份在云南省的玉溪、呈贡，广西壮族自治区的玉林、南宁，广东省的湛江等地利用油菜、紫云英蜜粉源进行饲养。2月下旬或3月初入川，在四川省乐山、夹江、眉山、峨眉、简阳、资阳、乐至、温江、成都、德阳等地采集油菜，蜂群逐渐进入生产阶段。四川盆地的油菜蜜源结束后，放蜂路线可根据实际情况，选择以下路线进行。

路线1：3月下旬，在四川省绵阳地区各县和广元采集油菜。4月中旬，进入陕西省咸阳地区的三原、耀县、铜川、宜君、黄陵等地采集油菜和泡桐。5月上中旬，蜂群小转地到富县、延安等地，或就地运到丘陵地带采集刺槐、狼牙刺和其他山花蜜源。6月初，蜂群转运到内蒙古自治区的乌审旗、陕北的榆林等内蒙古与陕北交界地方采集沙漠蜜源老瓜头。7月上旬，到陕西省榆林地区的定边、靖边等地采集荞麦后，再将蜂群转运到吴旗、志丹、延安等地采集最后一个蜜源——晚荞麦。

路线2：4月上旬，蜂群进入陕西省渭河平原，采集油菜、刺槐等蜜源，5月中下旬，将蜂群直接用火车运到宁夏的青铜峡或内蒙古的包头，然后再用汽车运到鄂尔多斯高原，采集老瓜头、沙枣、地椒、紫花苜蓿、芸芥等蜜源。7月上旬，在宁夏的蜂群转入盐池、同心，甘肃省东部的环县，陕西省定边、靖边等地的荞麦场地；也可将蜂群转到黄河两岸的南起宁夏中卫，北至内蒙古临河的大面积向日葵场地，然后部分蜂群还可转到陕北采集荞麦。在内蒙古的蜂群，在老瓜头蜜源结束后，转地到包头等河套地区采集向日葵，然后转到固阳等地采集荞麦。

此外，在陕西渭河平原采集完油菜、刺槐后，也可在5月中旬，将蜂群转运到宁夏北部黄河灌区，包括石嘴山、银川、平罗、灵武、中宁、中卫等地，或转到内蒙古临河、包头等河套地区，采集沙枣、枸杞、小茴香、刺槐、紫苜蓿、草木樨、紫苏、向日葵等蜜源。

路线3：3月下旬，蜂群转地到陕西省汉中地区勉县、城固、西乡、洋县等地采集油菜。4月下旬，到陕西省凤县、太白，秦岭的黄牛铺，甘肃省两当、徽县、成县等地采集刺槐、狼牙刺、苜蓿和其他山花蜜源。6月中旬，转入甘肃省山丹、武威、天祝、古浪等地，采集油菜、野合香以及其他杂花蜜源。8月中下旬，再到武威、张掖、临泽、高台等地采集秋油菜、荞麦、向日葵、苜蓿等最后一个主要蜜源，一直到9月上旬结束。

路线4：4月中旬到陕西省关中地区采集油菜蜜源后，5月上旬到陕甘两省交界的两当、鳞游、凤翔、彬县、长武、灵台等地采集苜蓿、狼牙刺和其他山花蜜源。6月上旬将蜂群转入青海省东部的民和、乐都、互助、湟源、湟中等地采集早油菜，7月上旬，再将蜂群转到贵南、贵德、共和、刚察、海晏、江西沟、门源县青石嘴等地采集晚油菜和其他山花蜜源。8月上旬，全部蜜源结束后，一部分蜂场将蜂群转运到西宁附近越半冬；一部分蜂场转入四川、云南等地采集野坝子蜜源；多数蜂群于 7 月下旬转往甘肃省武威、张掖，陇东地区，陕北，宁夏六盘山区的荞麦放蜂场地。

路线 5：4 月中旬到陕西省扶风、绛帐、眉县等地采集油菜蜜源后，5 月中旬进新疆，在石河子、奎屯连续采集沙枣、苜蓿、草木樨、棉花、向日葵等蜜源；或者在 5 月下旬将蜂群转到乌鲁木齐、昌吉、吉尔木萨、奇台、阿克苏等地采集油菜蜜源。7 月中旬到吐鲁番、鄯善、阿克苏、喀什等地采集棉花、向日葵及其他山花蜜源。9 月中旬蜜源结束，立即将蜂群运回云南或四川。

在实际转地饲养过程中，转地蜂场并非一定要沿着某一个固定的路线一直到底。转地蜂场常根据蜜源、气候、蜂群等条件的变化，进行东西穿插，互相交错。例如，有些蜂场在东线恢复和发展蜂群，在苏北、鲁南采完刺槐和苕子后，穿过中线沿陇海线进入西线放蜂；也有的蜂场在西线在东线恢复和发展蜂群，进入四川采完油菜后，便转入中线放蜂；还有部分蜂场在中线在东线恢复和发展蜂群，到河南采集紫云英和刺槐后，分别转入东线或西线放蜂。也有部分南方转地蜂场沿着某一条放蜂路线，进行一半就返回。

转地蜂场在东北、华北、西北采集完全年最后一个主要蜜源后，有的直接运回南方各省进行蜂群的恢复，有的在北方当地越半冬后，11~12 月份再运回南方开始新的一年群势恢复和发展。总之，放蜂路线的制定要计划周密，但在转地过程中又要灵活掌握。在制定转地路线的计划时，还应多准备几条备用的转地路线。

[案例 9-1]　　金华综合试验站西方蜜蜂示范场转地饲养路线及主要蜜源生产

金华综合试验站西方蜜蜂规模化转地饲养示范场共饲养西方蜜蜂 260 群，周年在全国转地放蜂。经过多年的实践，总结出了一条从西南到东北的东线转地放蜂路线，近几年来都有较好的收成。

示范蜂场自 11 月底开始在云南的油菜场地进行蜜蜂群势恢复和增长，并在 2 月 10 日左右开始生产油菜蜜；3 月初前往四川双流采收油菜蜜；3 月 25 日左右前往江苏南通的油菜蜜场地；5 月 1 日前后，前往河北石家庄采收刺槐蜜；5 月 15 日去辽宁辽阳继续采收刺槐蜜，并恢复蜂群；6 月底，前往牡丹江采收椴树蜜；7 月底转到内蒙古六家采收荞麦蜜；最后 9 月初返回辽宁省辽阳越半冬。蜂群全年都在外追花采蜜，既保证了蜂群的高产，又能节约蜜蜂饲料。按 2011 年的生产情况来看，蜂场的产值约 76 万元，净收入达 50 余万元。

转地放蜂路线的合理选择是至关重要的。转地放蜂具有一定的盲目性，风险大。植物的开花泌蜜习性受气候影响呈不规则的变化，此外，长期阴雨、高温天气导致的严重减产、歉收也时有发生。示范蜂场经过多年的转地放蜂，与各地蜂农建立了联系，可随时了解各地的气候和蜜源情况；而且每个场地都应进行实地考察，减少放蜂的盲目性。

（案例提供者　华启云）

第二节　蜜源调查和放蜂场地选择

蜜蜂转地饲养的成败关键技术之一是放蜂场地的选择，蜂场安全和生产效益与放蜂场地相关。蜜源调查是放蜂场地选择的重要依据，转地饲养的蜂场必须做好蜜源调查的基础工作。

一、转地放蜂场地的蜜源调查

调查蜜源是选择放蜂场地和调整转地路线的重要依据。转地放蜂的总体路线基本确定之后，应该在蜂群转运之前，有目的地到下一个放蜂场地深入调查。切实掌握主要蜜粉源植物的数量、蜜源的长势和花期、泌蜜规律、蜜源花期的气候特点、人工栽培作物蜜源的耕作习惯、辅助粉源等有关养蜂生产的因素，以确定该蜜源场地的放蜂价值。

在蜜源调查中，还应注意发现新的蜜源场地，开辟新的放蜂路线。对农作物蜜源新的品种和新的栽培方式应充分注意，很可能会改变作物的泌蜜量，如果树喷洒保果灵后泌蜜能力降低。

我国通讯业的发展，为转地蜂场间的沟通创造了条件，加强与其他转地蜂场联系可及时获取蜜源信息。还应与各蜜源场地的当地人保持良好的关系，使之成为准确获取蜜源信息的可靠来源。

（一）主要蜜粉源植物的数量

主要蜜源的数量，需要深入现场进行实地考察，特别要注意有效采集范围内的蜜源植物的数量。蜜蜂的有效采集范围的半径一般为2500米。一个放蜂场地能容纳蜂群的数量，应根据实际可利用的蜜蜂源面积、蜜源植物的种类和长势而定。

一个群势达10～12足框的转地蜂群，应该有长势良好的草木樨、苜蓿、油菜、紫云英、芸芥、苕子、荞麦等0.4公顷；芝麻、向日葵1公顷；荔枝、龙眼、乌桕20株；刺槐、枣树、柿树25株以上；椴树10株左右。

（二）蜜源的长势和花期

蜜源植物的长势，直接关系到花期的迟早和泌蜜量的多少。生长不良的草本蜜源往往使花期提前，泌蜜量减少；木本蜜源植物的开花泌蜜多少与树龄有关，壮年树泌蜜量大，幼树和老树泌蜜量减少。蜜源植物的花期由于受气候的影响，每年也略有差别。干旱高温使花期提前，低温阴雨使花期推迟。另外，同一种类的蜜源花期还与植物的品种有关。例如，东北的椴树，紫椴的花期比糠椴早。调查蜜源时，应了解主要蜜源在放蜂场的最早和最迟的始花期，然后再根据当年的气候和蜜源植物的长势来判断花期。

（三）泌蜜规律

在调查蜜源时，还需了解这种主要蜜源植物历年的泌蜜规律。一般来说，像油菜、紫云英等一年生的草本蜜源植物的泌蜜无大小年，而荔枝、龙眼、椴树等多年生木本蜜源植物的泌蜜，往往一年多一年少，即泌蜜的大小年。东北的椴树大小年现象最典型，除了个别山沟，黑龙江省逢单、吉林省逢双是椴树泌蜜的大年。

蜜源植物的泌蜜量与其分布的地区有关。东北椴树泌蜜量很大，而华北椴树则不泌蜜；长江以北荞麦，泌蜜量要大于长江以南；新疆棉花泌蜜量，大于其他地区种植的棉花。

病虫害也是影响蜜源植物泌蜜量的一个因素。例如，苕子在花期遭受蚜虫为害，即使喷洒农药治净后，再开的花也往往不再泌蜜。因此，只要发现苕子遭受蚜虫危害，就应该放弃这一放蜂场地。

蜜源植物的泌蜜量与品种也有一定的关系。例如，光苕子的泌蜜量好于毛苕子；甘蓝型油菜泌蜜量多于芥菜型油菜等。

某种主要蜜源的泌蜜情况，还可以向蜂蜜收购商了解。根据此地历年来蜂蜜收购的数量，来初步判断这种蜜源的泌蜜情况。

（四）蜜源花期的气候特点

流蜜期天气状况直接影响植物的开花泌蜜。转地蜂场应时刻注意下一个放蜂场地的中长期天气预报。不同蜜源，开花泌蜜对气候条件的要求也不一样。多数种类的蜜源植物，在多晴少雨的天气泌蜜多，如油菜、荔枝、荞麦等。而枣树泌蜜则需要潮湿的天气条件。在调查蜜源时，应主要了解历年来在流蜜期中的天气状况。此外，还需了解有无灾害性天气。

前一年秋冬季是植物花芽分化的时期，花芽分化对花的形成关系重大，所以花芽分化时的天气状况对蜜源植物的开花泌蜜影响也很大。如果前一年秋季雨水充足、冬季雪多，则有利于蜜源植物的营养积累和花芽分化，蜜源植物泌蜜量就可能丰富；反之，秋季干旱，冬季干冷少雪，则第二年的泌蜜就会受到影响。所以，在调查蜜源时还应了解前一年秋冬季的气候情况。

（五）人工栽培作物蜜源的耕作习惯

人工栽培的作物蜜源利用，与农民耕作习惯有着密切的关系。在花期常喷农药的蜜源就很难利用；紫云英、苕子等绿肥和牧草蜜源，只有留种部分才有利用价值。为了选择可靠的放蜂场地，调查蜜源需要细致地了解当地历年来的蜜源作物耕作习惯和当年的种植计划，特别注意绿肥和牧草的留种面积和花期喷洒农药的情况。

（六）辅助粉源

转地蜂群与定地蜂群饲养管理的最大不同之一就是，转地蜂场的主要蜜源花期连续，蜂群需要不间断地培育新蜂维持较强盛的群势，以适应连续采集主要蜜源的需要。有些主要蜜源花期粉蜜俱佳，如油菜、紫云英、苕子、荞麦等。在这类蜜源的场地放蜂，蜂群在采蜜的同时还可兼顾群势维持和增长，对蜜蜂的群势发展影响不大。但是，有相当部分的主要蜜源植物在花期缺粉，如枣花、老瓜头、苜蓿、棉花、荆条、荔枝、野坝子等。蜂群采集这类蜜源，如果没有其他辅助粉源，就会使蜂群因缺少花粉而减少或停止培育新蜂，这对蜂群连续追花采蜜是非常不利的。所以，要利用缺少花粉而泌蜜量很大的主要蜜源，还应适当考虑放蜂场地其他辅助粉源的情况。

二、转地放蜂场地的选择

在进行周密的蜜源调查之后，如果决定利用此地蜜源，应具体选择落实放蜂场地。在选择时，除了参考蜂群基础管理章节中介绍的固定蜂场场址的选择方法外，还应特别注意以下几个问题。

（一）放蜂密度和蜂场间距

放蜂密度是影响转地饲养生产的重要因素。放蜂场地的蜂群密度过大，即使各方面条件都很理想，也难获得高产，甚至还会在流蜜期发生盗蜂、偏集、病害传播等问题。多数情况下，越是蜜源、交通等放蜂条件都比较好的地方，蜂群越容易高度密集。在确定一个新的放蜂场地之前，应先向当地有关部门了解历年来转地蜂群的数量，再根据蜜源的数量和长势判断可容纳蜂群的数量。前一年获得高产的放蜂场地，往往会聚集更多的转地蜂场，造成蜂群过于拥挤。转地蜂场在选择放蜂场址时总结出"赶欠不赶丰"的原则。

蜂场间的距离应尽量远一些，不能少于2千米，避免蜂场之间发生偏集、盗蜂和疾病传染等问题。蜜蜂有向上风位置偏集的特性，不能将放蜂场地设在紧靠邻场的下风位置，以防失去大量的采集蜂。另外，蜂群也不宜放在其他蜂场蜜蜂的采集路线上。否则，在外界蜜源泌蜜后期或结束时易在临场间发生盗蜂。

（二）交通运输和道路

蜜蜂长途运输主要依靠汽车和火车。放蜂场地最好选择在卸下火车后经过汽车或拖拉机等公路交通工具一次接运就能到达的地方。但是，放蜂场地距火车站不能少于5千米，以防受到进出火车站其他转地蜂场的干扰和在火车站临时放蜂后发生回蜂现象。

为了保证及时转地，蜜蜂运输途经的路面，应在久雨和大风雪等情况下仍能通行，而且联系租用交通工具也比较方便。很多偏远农村的村中雨天道路泥泞，进出不便，运蜂最好不通过村中。有些蜜源场交通极不方便，如东北某些椴树场地，只能在无冰封的季节进出，也有些地方大雪封山对越半冬的转地蜂场造成安全隐患；南方很多山区在雨季经常发生塌方，可能造成转地蜂场进不去出不来；西北有些场地，蜂箱需要靠人力搬进搬出。这类地方都不宜作为转地放蜂的场地。

（三）地形、地势和环境

在不同的季节和不同的地区放蜂，由于不同的气候特点，选择放蜂场地的条件也有所侧重。春季一般气温偏低，放蜂场地应选择背风向阳的地方。夏季气温多偏高，放蜂场地应考虑遮阴和通风条件。辽西和内蒙古等地干燥缺水、风沙大，在这类地方放蜂水源第一重要，蜂场周围500米的范围内，应有足够的水源。在高温干燥的新疆吐鲁番盆地放蜂，水源的重要性更为突出，也就是蜂场附近一定要有水源才能放蜂。在风沙大的地区放蜂，除了保证水源之外，还应优先考虑避风，然后再考虑遮阴等问题。在山区放蜂还要特别注意洪水、森林火灾和危及人蜂安全的野兽。

（四）社会因素

社会风气影响着转地蜂场的安全和正常生产。选择放蜂场地时应尽量避开敲诈勒索、偷盗成风的地方。虽然这种地方并不多，但是遇到这种情况蜂场就会不得安宁。为了减少蜜蜂蜇伤人畜而引起纠纷，放蜂场地应与人口密集的村镇保持适当的距离。蜂群最好不放在村中，减少与村民发生冲突的风险。但是，蜂群也不能放在远离人烟的地方，以免发生意想不到的危险。

在联系落实放蜂场地的同时，还应了解当地民众的风俗习惯，特别是在少数民族地区放蜂更应注意，避免因误触犯习俗而引起矛盾和纠纷。转地养蜂生产，应持与人为善、和为贵的态度，与当地各方面人都保持良好的关系。小心谨慎，尽量避免发生冲突。

（五）联系和落实场地

放蜂场地初步选定后，应持放蜂证明和养蜂工作证到当地的养蜂主管部门联系。我国各地养蜂主管部门不同，多为畜牧局，也有多经局、农业局等。经放蜂场地所在地的直接管理单位或个人认可后，再具体落实蜜蜂摆放的位置。转地蜂场常与当地的定地蜂场发生冲突，在落实场地时，要做好沟通协调工作。

放蜂场地落实后，在蜂群转运前，还应再复查一次。如果各种情况已发生变化，此地蜜源已失去利用价值，就应及时改变计划。

第三节　蜂群转地前的准备

长途转地的蜂场几乎周年在外。因此，在蜂群转地之前，必须做好运输、物资、蜂群等各方面的充分准备工作。

一、交通运输的准备

交通运输的准备是保证蜂群及时安全转运的不可缺少的条件。蜂群能否及时安全地运到下一个蜜源场地，对转地养蜂生产影响很大，尤其在花期紧紧衔接的生产旺季更为重要。蜂群进出场相差 1~2 天，其产值就可能差别数万元，最高可少收入 10 万元以上。

为保证蜂群及时安全地转运，在转地之前，需要做好下列的运输准备工作。

（一）联系交通运输工具

1. 火车运输　了解铁路运输规定，提前申请落实要车计划。车皮计划下达后，蜜蜂进站前应向火车站商定蜜蜂进站时间。征得货运室同意，察看好摆蜂货位。注意摆蜂货位以及周边有无导致蜜蜂中毒的风险。火车站给车后，马上检查车厢有无装过农药等有毒货物，车皮厢壁是否破损严重等。蜂群到达火车站应尽快装车。车皮编组后，要注意前后车皮有无运输有毒的农药或化工产品，如有风险，应及时向站方提出要求。蜂群装好，立即告知调度室，争取尽早将车皮挂发。

2. 汽车运输 用汽车装运蜜蜂，可根据当地运力提前与汽车货运者联系。在联系汽车运蜂时，应向承运方具体提出汽车安全运蜂的特殊要求，包括对车况、驾驶员的技术、对遵守交通规则、途中停留、颠簸震动等提出具体要求。蜜蜂公路运输被迫停在路上是非常被动的，存在着蜜蜂死亡的风险。确定车型和吨位，明确装卸蜜蜂的具体地点，谈妥运费及交费方式。最好能签订运蜂合同，以明确各方责任。必要时，在蜜蜂启运的当天，派人领车到蜂场，以防因汽车找不到蜂场延误启运时间。联系汽车运输时，还应注意车主及驾驶员的证件是否齐全，以防运输途中出现麻烦。国家蜂产业技术体系乌鲁木齐综合试验站蜜蜂规模化饲养示范场，用2个大型平板货车一次运蜂3 500群。

（二）合作包车

长途转地放蜂，主要利用火车和汽车运输。为了充分利用交通工具，节约运费，就必须使火车的车厢满载。为此，在转地之前应将蜂群进行合理编组。如果自己蜂场的蜂群装不满车厢，最好与其他转地蜂场合作包车。

一个巢箱和一个继箱合起来，或两个巢箱为一个转地放蜂的标准件，100千克的蜜桶也可作一个标准件。火车车皮装载蜂的数量，与车皮类型、蜂群转运时的气温以及蜜蜂的群势有关。高边车厢、外界气温低、蜜蜂群势弱，装载蜜蜂的数量就多一些；如果用棚车运蜂，或外界气温高、蜜蜂群势强，则应少装。一般高边车厢装运蜜蜂：10米长载重30吨，可装载120～200个标准件；12米长载重40吨，可装载200～300个标准件；13米长载重50吨的高边车皮，可装载300～400个标准件。

从北方越半冬后南返的蜂场，由于气温低、蜜蜂群势弱，在装车时可不留通道，装运蜜蜂的数量还可更多些。

二、转地物资的准备

转地放蜂所需的物资可分为两大类，即生产物资和生活用品。在蜂群转运之前，应对转地放蜂所需的物资做周密安排。转地物资不足，将会影响生产和生活；而转地物资准备过多，又会增加运费和劳动强度。

（一）生产物资的准备

转地蜂场除了需要一般的养蜂管理工具外，还应备足蜂箱、巢脾、巢框、产浆框、脱粉器、隔王栅、分蜜机、蜜桶、绳索以及蜂箱装钉用具、饲料糖等。各种养蜂生产的物质所需要的数量，根据蜂场的规模、基础以及饲养的目的而定。

一个在春季有 90～100 群蜜蜂，计划发展到 150～200 个强群，以生产蜂蜜和蜂王浆为主的蜂场，随带的主要蜂具及数量大约如下：原有的巢箱 250 个，继箱 200 个，平面隔王栅 200 块，框式隔王栅 90～100 块，巢脾按计划发展的蜂群数量每群配 14～16 张，不足部分以巢框和巢础代替，产浆框 200 个，饲料糖按越冬蜂的群势每足框 3～4 千克准备。如果蜂群贮蜜充足，或转地后的放蜂场地购买饲料糖不困难，就可少带些。

上述物品应在第一次转运前备足。为了节省运输空间，减少件数，尽可能地利用空蜂箱盛装。

（二）生活用品的准备

从事转地放蜂的养蜂人，长期野外生活。为了保证生活的基本需要，日常生活用品应尽可能携带周全。需要携带的物品包括：帆布帐篷或搭帐篷的帆布、钢丝床或床板、衣服被褥、炊具餐具、自行车或摩托车、粮食以及医治感冒、发热、中暑、腹泻、外伤、蛇伤等常用药品。

（三）转地放蜂证件的准备

转地前，还必须携带居民身份证、养蜂工作证、放蜂介绍信和蜜蜂检疫证等。养蜂工作证由国务院农业部统一设计，县级政府有关部印发。养蜂者可凭本单位或乡（镇）人民政府有关部门的介绍信，向所在县、区的养蜂生产主管部门领取。蜜蜂检疫证和放蜂介绍信应由县级以上的畜牧局签发。

三、蜂群转运前的调整

蜜蜂在转运途中，由于振动和通气条件的变化，尤其铁路和航运部门不允许开巢门运蜂，使蜂群处于不正常的巢内环境中。为了保证蜜蜂运输安全，除冬季外，在转运前蜂都必须进行合理的调整。蜂群的调整包括：蜂数、子脾、粉蜜脾以及巢脾排放位置等。

（一）蜂数的调整

蜜蜂在运输过程中，同等条件下因热闷死的首先是强群。所以，转运蜜蜂的群势不可太强。一般来说，单箱群不应超过 8 张脾、6 足框蜂，继箱群不应超过 15 张脾、12 足框蜂。转地蜂场在平时的蜂群管理中，就应注意调整，将群势发展快的蜂群中的子脾抽补给弱群。蜜蜂群势的调整还可采取在转运前 2 天将强弱群互换箱位的方法，使部分强群中的外勤蜂进入弱群。还可以通过在傍晚互换强弱群的副盖来平衡群势。

春季转地，部分蜂群发展到了 7～8 足框。这样的蜂群加继箱不够条件，不加继箱在转运时又容易闷死蜜蜂。这种情况可采取临时加继箱的方法解决。在巢箱与继箱之间加隔王栅，继箱中放 3～4 张半蜜脾。这样，气温高时，部分蜜蜂就会爬入继箱，避免蜂群受闷；气温下降时，继箱中的蜜蜂又回到巢箱保温。

（二）子脾的调整

转地蜂群要保持连续追花夺蜜的生产能力，需要足够的子脾作为采集蜂的后备力量。生产群一般应有 3～4 足框的子脾。但是，子脾太多同样会使巢温升高，过多的老熟封盖子脾中的蜂蛹在运输途中羽化出房，就更会增加蜜蜂运输的危险。

转运前调整子脾，既要保证蜜蜂运输的安全，又要保证生产群的后备力量。子脾调整的原则为强群少留子脾，而弱群在保证哺育饲喂和保温能力的前提下可适当多留子脾。

（三）粉蜜脾的调整

蜜蜂在运输途中，饲料不足会造成蜂王停卵、幼虫发育不良、拖子等现象，严重时甚至整群饿死。巢内贮蜜不足还会使蜂群危机感强烈，更加剧蜜蜂的出巢采集冲动，影响蜜蜂运输安全。但巢内贮蜜过多，又会使蜂箱过重，不便装卸，并且在运输途中易造成坠脾。蜜脾不易散热，所以巢内蜜脾过多也会促使巢温升高。因此，蜂群在转地途中应贮蜜适当。蜜蜂巢内的贮蜜量，应根据蜜蜂的群势和运输途中所需的时间来确定。一般情况下，群势达 12 足框的蜂群，如运输途中需 5～7 天，每群蜜蜂应贮蜜 5～6 千克。

如果全场蜂群贮蜜普遍不足，应在蜜蜂转运 3 天前补足，不可在临近转运时再补饲糖液或蜂蜜，以免刺激蜜蜂在运输途中产生强烈的出巢冲动。巢内如果有较多的刚采进的花蜜，则应在转地前取出。在蜜脾调整的同时还应注意粉脾的调整，特别是子脾较多的双王群更容易缺粉。

（四）巢脾的排列

蜂箱中巢脾的排列，应保证蜜蜂运输的安全，有利于蜜蜂正常生活、子脾发育、蜂王产卵、维持强群等。弱群在低气温季节转运，应注意蜂群的保温，避免子脾受冻。巢脾的排列，应将子脾放在中间，粉蜜脾放在两侧。生产季节转运，一般气温较高，蜜蜂的群势也较强，可将巢箱的封盖子脾和未封盖子脾交错排列，以利于巢内的热量平衡。在气温不是很高的季节运蜂，可将继箱和巢箱中的巢脾都靠向一侧；如果气温很高，为了加强巢内散热通风，可将继箱中的巢脾分左右两侧排列，使继箱中间留出空位，便于蜂箱的前后气窗通风。继箱群的巢箱内放一张带有角蜜的空脾，以供蜂王在运输途中产卵。卵虫脾放在巢箱，以增强蜜蜂的恋巢性。将老熟封盖子脾放入继箱，让它在转运途中陆续出房，使进场后的蜂群中有充足的哺育蜂。

（五）无王群处理

转地饲养，一般不允许无王群存在。如果转地前发现蜂群失王，应该及时诱入蜂王或将无王群合并，以利于转运期间蜂群的安定，也可以避免中途临时放蜂时，无王群的工蜂飞到其他蜂群中造成偏集。

四、蜂群转运前的装钉

蜂群装钉就是将巢脾、隔板、副盖与蜂箱，继箱与巢箱固定连接起来，以防蜜蜂在长途运输过程中因颠簸松散，巢脾、箱体相互冲撞造成蜂王受挤压伤亡，激怒蜜蜂而发生事故。蜂群装钉是否牢固，直接影响运输过程中蜂群的安全。

（一）装钉时间

蜂群装钉不宜过早，也不应太迟。一般在蜜蜂转运前1～2天进行。如果蜂群装钉过早，以后气候适宜，泌蜜丰富需要取蜜作业，或需要检查调整蜂群，或需要蜂王浆生产等操作，又要重新拆开包装和重新装钉；若蜂群装钉太迟，遇到不利的天气，或蜂群数量多，操作来不及影响蜜蜂及时转运。对于强群蜜蜂可采取分批装钉的方法，即将巢箱调整好后先装钉，继箱和巢箱也可提前连接固定。最后再固定继箱中的巢脾和副盖。江浙一带冬季去南方饲养的蜜蜂，可选择晴天提早装钉。在东北、华北、西北越半冬的蜂群，应在9月份蜂王基本停卵后，撤去隔王栅后即可装钉，以免在11～12月份临转地时再装钉，造成工蜂离巢冻死，或使继箱群的蜂团上升到继箱而蜂王受隔王栅阻挡而冻死于巢箱中。

（二）装钉方法

蜂群转地前的装钉，总的要求是牢固、快速、轻稳，尽量少用铁钉。

1. 巢脾的固定 巢脾固定的方法较多，养蜂人还在不断地创新中。可根据所具备的条件和自己的习惯特点选择适合自己的方式。

（1）蜂路卡固定法 巢框侧条或上梁有蜂路卡的巢脾，装钉比较方便。在装钉时先将巢脾推紧，再用约40毫米长的铁钉用手钳旋压入外侧巢脾的框耳处，把这张巢脾钉固在前后箱壁的框槽中（图9-2）。然后，用起刮刀将中间的蜂路撬大塞入一个较厚的蜂路卡。在其余巢脾的两端每间隔一个巢脾，各压入一枚铁钉。

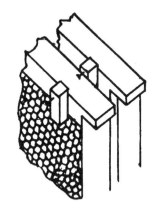

图9-2 蜂路卡固定法

没有蜂路卡的巢脾，在装钉前要先准备好木块蜂路卡。常用的木块蜂路卡是一种长25～30毫米、宽约15毫米、厚约12毫米的小木块。在小木块的上端钉一根10～15毫米的铁钉，铁钉钉入木块1/2。木块蜂路卡的厚度应稍有不同，以便在调整紧固巢脾时有所选择。用这种蜂路卡固定巢脾的方法是，在每条蜂路的近两端，各楔入一个稍薄的蜂路卡，将所有的巢脾向箱壁的一侧用力推紧，立即在最外侧巢脾的两端框耳各压入一枚铁钉固定。然后，用起刮刀或手钳将中央那条蜂路撬宽，并在这条蜂路中间塞入一个较厚的蜂路卡，同时取出原来较薄的蜂路卡。同样，最后每隔一张巢脾都用铁钉固定两端框耳。隔板可用同法固定在巢脾的外侧，也可用寸钉固定在蜂箱的内侧壁。

（2）海绵固定法 用海绵固定巢框更为简便。将380毫米×30毫米×30毫米、弹性好的海绵条（图9-3-A），放在巢框上梁上方的两端（图9-3-B），用平面隔王栅或副盖压实。

A   B

图9-3 用海绵条固定巢脾
A. 固定巢脾的海绵条 B. 海绵条放在巢框上梁的两端

（3）铁钉固定法　在蜂箱前壁和后壁大约箱内巢脾侧条的位置，钉入铁钉，两端铁钉的压力固定巢脾（图9-4）。

（4）木条塑料管固定法　在木条的下方钉一截弹性好的塑料管（图9-5-A），有塑料管的一面朝下，一端插入箱体的一侧固

图 9-4　用铁钉箱外固定巢脾

定，用力压下后再用拴销固定在箱体的另一侧（图 9-5-B）。

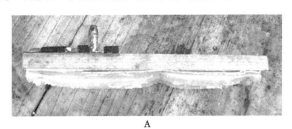

A　　　　　　　　　　　　　　B

图 9-5　用木条塑料管固定巢脾

A. 固定巢脾的木条塑料管　B. 木条塑料管在巢框上梁

2. 巢箱与继箱的连接固定　巢箱和继箱的连接方法很多，下面介绍的是在转地饲养中常用的方法。

（1）木条或竹条固定法　巢箱与继箱的连接和固定，每个继箱群需要 4 根连箱条。连箱条是长 300 毫米、宽 30 毫米的木条或竹条。每根连箱条各钻 4 个小孔。在蜂箱的前后或左右外壁各用两根连箱条按八字形用铁钉固定在巢箱与继箱上。最后用直径约 10 毫米的绳子捆绑，以便转地时搬运。

（2）巢箱、继箱和箱盖的固定　转地蜂箱的巢箱和继箱安装连接器，连接器类型多种，有弹簧型（图9-6-A）和扣紧型。在转地装车前用专用具安装弹簧或扣紧连接器。有的用专用的钢丝绳（图9-6-B）或弹簧加绳索（图9-6-C）固定箱体。

3. 副盖的固定　用两根长约 40 毫米的铁钉在副盖近对角处钉入，将副盖固定在蜂箱上。如果副盖不平整，还需适当多加钉几根铁钉加固。为了方便到达场地后拆除包装，在钉铁钉时应留出 3～5 毫米的钉头。

4. 箱盖的固定　箱盖和箱体用弹性好的钢丝制成连接器连接（图9-7）。

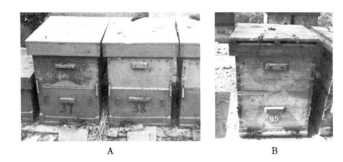

图 9-6　巢箱和继箱连接固定

A. 用弹簧连接固定巢继箱　B. 用钢丝绳连接固定蜂箱　C. 用弹簧和绳索连接固定蜂箱

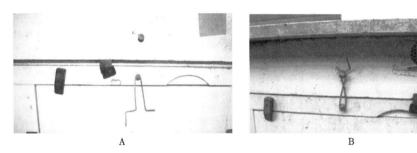

图 9-7　箱盖的固定

A. 未使用的连接器吊挂在箱体上　B. 连接器将箱盖和箱体固定

五、关闭巢门

　　关闭巢门应在傍晚蜜蜂归巢之后，或在天亮前蜜蜂尚未开始出巢活动时进行。如果由于天气炎热，许多蜜蜂聚集巢门前不进巢，可采用喷水或喷烟的方法将这些蜜蜂驱入巢内。有时需要在蜜蜂尚未全部归巢时就装车转运，为了减少外勤蜂的损失，可先将强群的巢门关上，并立即搬离原箱位，使采集归巢的强群外勤蜂投入弱群，最后关闭弱群巢门。关闭巢门后除寒冷季节外，一般应立即开启通气纱窗。

第四节　影响蜜蜂安全运输的因素和安全运蜂措施

　　在运输过程中，蜜蜂生活的环境发生了很大变化，正常活动规律被干扰。由于受运输条件的限制，蜜蜂在运输途中出现问题又不便及时处理。如果运输途中蜂群管理不当，没有采取有效的安全运输措施，蜜蜂很容易发生危险。为了保证蜜蜂在运输期间的安全，需要具体分析影响蜜蜂安全运输的因素，并在此基础上制定蜜蜂安全运输的技术措施。

一、影响蜜蜂安全运输的因素

影响蜜蜂运输安全的因素很多，其相互之间的关系也非常复杂，往往各因素之间互相影响、互相作用，造成运输途中蜜蜂死亡、工蜂寿命缩短、群势下降、生产力减弱。巢内高温高湿、通风不良是威胁蜜蜂安全的主要因素，其次是巢内缺乏饲料和其他意外事故（图 9-8）。

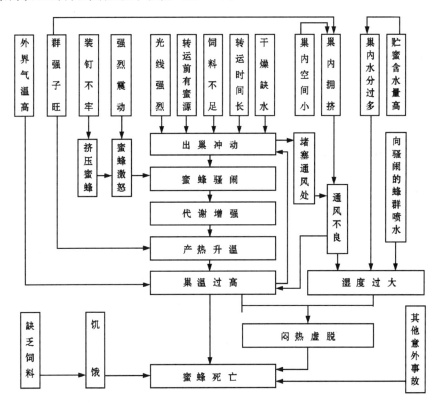

图9-8　影响蜜蜂安全运输因素与蜜蜂死亡的关系

由于某些原因造成部分蜜蜂出巢冲动和被激怒，使蜜蜂在关闭的蜂箱内骚闹，代谢增强，耗蜜产热，巢温升高。升高的巢温使巢内更多的蜜蜂感到不适，使得更多的蜜蜂产生出巢冲动，加剧骚闹。产生出巢冲动的蜜蜂聚集在有限的通气纱窗，堵塞蜂箱的通风处，致使过高的巢温散发不出来。如此恶性循环，最后导致巢脾熔坠，蜜蜂死亡。尤其在巢内湿度过大时，高温高湿更易导致蜜蜂热虚脱而迅速死亡。

（一）蜜蜂出巢冲动

在运输途中，引起蜜蜂出巢冲动的因素主要有光线刺激、转运前外界蜜源泌蜜丰富、巢内饲料贮备不足、干燥缺水、转运途中时间过长和巢内温湿度过高等。此外，由于装钉不牢等原因，使蜜蜂受到挤压，或由于剧烈的震动，使蜜蜂激怒，释放报警外激素。报警外激素使得更多的蜜蜂紧张和骚闹，也能引起蜜蜂出巢冲动。

激怒和骚闹的蜜蜂运动激烈，新陈代谢旺盛，耗蜜增加，产生和释放出大量的热量。静止不动的蜜蜂新陈代谢的速度比较缓慢，一只静止的蜜蜂每分钟的耗氧量只有 8 毫米^3；同等条件下，一只进行一般运动的蜜蜂，每分钟耗氧 36 毫米^3；而一只处于激怒、骚闹、振翅或飞翔状态下的蜜蜂，每分钟耗氧 520 毫米^3。激怒和骚闹等剧烈运动状态的蜜蜂，其耗氧量是静止不动蜜蜂的 65 倍左右，同时体温高出 16℃～17℃。

只要上述任何一项因素作用少部分蜜蜂产生出巢冲动，而又没有及时采取有效措施制止，就会最终导致整群蜜蜂死亡。运输期间保持蜜蜂安定，对蜜蜂的安全运输是非常重要的。

（二）巢内通风不良

巢内通风不良，使巢内多余的热量和水分不能及时有效地的排除，以及二氧化碳浓度的升高，氧气减少。由通风不良造成的巢内环境恶化，加剧了蜜蜂出巢冲动。出巢冲动的蜜蜂拥向纱窗等通风处，使得通风条件更差，如此也造成了恶性循环。在过热的环境中，蜜蜂本能地扇风，使水分蒸发来降温。由于通风不良，过湿的空气无法排除。当巢内空气含水量饱和时，扇风降温毫无意义，反而因扇风剧烈运动产热更多。

导致巢内通风不良的原因：一是由于蜜蜂出巢冲动等原因造成的蜂箱通风处堵塞；二是由于群强子旺和巢内空间过小造成巢内拥挤。

（三）巢内高温高湿

在高温季节运蜂，巢内湿度过大，蜜蜂就会因闷热虚脱而迅速大量死亡。闷热虚脱的蜜蜂死亡很快，前后仅需 1～2 小时。闷热虚脱的蜂群巢内温度和湿度分别高达 47.2℃和 98.9％。闷热虚脱死亡的蜜蜂腹部臌胀，发暗呈浸湿状。

即使闷热虚脱后没有死亡的蜜蜂，其寿命也会缩短，严重影响了蜂群的生产力。蜜蜂闷热虚脱的主要原因是巢内高温高湿，其中巢内贮蜜含水量和通风不良是造成巢内湿度过大的主要原因。外界气温和巢内蜜蜂群势是影响运输途中巢温的重要因素。

模拟运输途中蜜蜂巢内的环境特点，在巢内缺氧和二氧化碳充斥的条件下，蜜蜂的存活率与糖饲料的含水量密切相关，含水量越高蜜蜂的死亡率越高。

蜜蜂受闷虚脱死亡率与气温和巢内的贮蜜含水量有关。贮蜜浓度越稀，气温越高，蜜蜂的死亡率就越高。除此之外，通风不良也是造成巢内湿度过大的重要原因。向骚闹的蜂群喷水，更会加速蜜蜂的闷热虚脱。

（四）其他因素

在转地过程中，交通事故、中毒、饥饿也常威胁蜜蜂运输的安全。

1. 交通事故　用汽车、马车，甚至火车等交通工具运蜂，都可能发生翻车事故。尤其马车运蜂，蜜蜂飞出蜇马后，使马受惊狂奔，处理不及时就会蜂毁马亡。翻车后，受到强烈震动和挤压的蜜蜂非常凶暴。蜂箱破损，大量涌出的蜜蜂很难处理。装运前蜂箱捆绑不牢，将损失更大。吉林唐坊车站曾经发生运蜂火车脱轨翻车事故，500多箱蜜蜂从破损的蜂箱飞出，追蜇人畜，使车站秩序大乱。高速公路和普通公路上也会发生运蜂车翻车等交通事故。

2. 蜜蜂中毒　运输过程中，蜜蜂中毒事故也时有发生。其原因主要是，火车运蜂前后的车厢装有农药或其他有毒物品；装运过有毒物品的各类运输工具未经彻底清洗，就用来装运蜜蜂；装车前或卸车后，蜂群临时停放的地点，途中临时放蜂场地附近堆放过农药或其他毒品等。浙江省慈溪市卫前乡新兴村一养蜂人从安义县用汽车运蜂到南昌北站，50～60千米的路程死蜂60箱。经检查，此车在运蜂前曾运过敌敌畏乳剂，且在运农药时破损10瓶，药液浸渍渗入车厢板中，运蜂前对车厢未进行冲洗。

3. 火灾和爆炸　运输途中严禁携带易燃易爆危险品，不允许在车上吸烟、生火，以防生发生火灾。多年前，一转地蜂场用火车转运蜂群，从四川资阳到河南驻马店途中，因吸烟引发火灾，烧毁了全部蜂群和一节车皮。

4. 放蜂场地选择不当　蜜蜂运抵放蜂场地后，由于选场不当，同样可能发生危险。如蜂群被洪水冲走，或被森林火灾吞噬，以及熊、黄喉貂、大胡蜂等动物危害等。

5. 养蜂人自我管理不当　转地放蜂养蜂人也常发生意外。违章搭乘是事故发生的主要原因。用汽车运蜂，养蜂人坐在高高的顶层蜂箱上，最易发生事故。农村道路不平，汽车大幅度颠簸，可将人由高车上甩下跌伤。横穿农村道路的电线往往架设不高，稍不注意就有可能使人碰伤，甚至将人从车上摔下。如果是裸露的电力线，还有触电的危险。

火车运蜂时，养蜂人多在编组站发生事故。列车编组时，挂车的震动很大，养蜂人站在车门向外观望时，车门可能突然自动滑回，将人挤伤；编组运行时，由于铁路线叉道多，车体晃动大，易将人从车上甩出。在电气化铁路段，停车时用车站的水管向车厢喷水降温，不小心喷到车厢上方的动力电线，就会发生触电。还有的养蜂人在下车购物或打水时，运蜂车开走，造成漏乘等。养蜂人在蜜蜂的运输过程中，除了注意蜜蜂的安全外，还应时刻注意自身的安全。

二、安全运蜂措施

通过对影响蜜蜂安全运输因素的分析，制定蜜蜂安全运输技术措施的重点，应是保持蜂群的安定、加强通风、降温防湿和保证饲料优质充足。

（一）保持蜜蜂的安定

运输期间蜜蜂出巢冲动和被激怒，导致蜜蜂骚闹，巢温升高，而巢温升高更促使蜜蜂骚闹。所以，保持蜜蜂的安定在蜜蜂运输过程中非常重要。保持蜜蜂安定的途径，主要从抑制蜜蜂出巢冲动和避免激怒蜜蜂两方面入手。

1. 抑制蜜蜂出巢冲动　关巢门运蜂，蜜蜂出巢冲动导致蜂群骚乱。抑制蜜蜂的出巢冲动，需要尽量避免强光刺激，保证巢内饲料充足，及时饲水，加强通风，防止巢内高温、高湿、缺氧以及减弱外界大流蜜对蜜蜂的影响。

为了免受强光刺激，应尽量在夜晚运蜂。夜晚蜜蜂没有出巢冲动，且气温也比白天低，夜晚运蜂比白天相对安全。500～700千米的运程，用汽车运输，可在傍晚蜜蜂全部归巢后装车，于第二天中午前到达场地。白天运蜂应尽量选择阴雨天。如果运输途中光线很强，则需采取遮阴措施。当傍晚夕阳直射蜂箱的纱窗时，应将受太阳照射的纱窗暂时关闭，等太阳落山后再打开纱窗通风。

在蜜源泌蜜结束前转地，大量的采集蜂有着强烈的出巢采集冲动。为了减少蜜源泌蜜对蜜蜂出巢的刺激，应尽量在蜜源泌蜜基本结束再转地。也可在无蜜源的车站、码头等地方多停放1天，让蜜蜂出巢采集扑空，以此减弱蜜蜂采集的出巢冲动。

关巢门运蜂，蜜蜂无法出巢排泄。运输时间越长，蜜蜂出巢排泄的冲动就越强。因此，长距离运输蜜蜂应进行途中临时放蜂。途中临时放蜂宜早不宜迟，第一次临时放蜂应在装车后36小时进行，以后每48小时放蜂一次。途中临时放蜂应环形排列，即将蜂箱排列成方形或圆形，巢门朝内，以减少蜜蜂偏集。

临时放蜂结束后，应注意蜜蜂有无偏集现象，若发生偏集，则必须在再次装车前进行调整。

在运输期间，蜜蜂巢内不能缺水，但喷水也不能过多。给蜜蜂喷水要采取主动，在蜜蜂装运前就应适当喷水。运输途中，应时刻注意蜂群的变化，一旦发现蜜蜂出现不安的迹象时，就要立即喷水。如果蜜蜂已开始骚闹，这时喷水就容易造成蜜蜂巢内高温高湿，从而加速蜜蜂的死亡。给蜜蜂饲水的原则是多次少量。饲水可用喷雾器将清洁的水从纱窗喷入，尤其不可用车站上的水管引入车厢向蜂箱内大量喷水。

此外，为了蜜蜂在运输期间安静，还应保证巢内饲料充足，转地前不用药物治螨，及时处理无王群等。

2. 避免蜜蜂被激怒　蜜蜂在运输途中，尽量避免剧烈的震动。在装车后，要将蜂箱捆绑牢固，以防在运输途中因震动造成蜂箱之间松散、互相碰撞和倒塌。运蜂车在路面不好的路段行驶时，应将车速放慢，减轻震动。

蜂箱内的装钉应牢固，以免巢脾松动后相互碰撞挤压蜜蜂，导致蜂王的伤亡和工蜂被激怒。如果发现巢脾松动，应立即采取措施加固。除了打开蜂箱重新装钉外，还可以在蜂箱的中部钻小洞，用 6.5 厘米的铁钉经箱壁固定巢脾的侧梁。

3. 加强通风　通风不良是造成蜜蜂在运输期间巢内高温高湿缺氧的主要原因。保证蜂群巢内通风良好，除了必须做到保持蜜蜂安定、巢内群势适当、扩大巢内空间、装车时尽可能将蜂群，尤其是强群摆放在比较通风的地方、注意不使杂物堵塞通风口外，还可根据实际情况采取下列措施。采用加高铁纱副盖、巢门前加纱罩和蜂笼辅助运蜂等措施，能缓解高温季节运蜂途中的巢内拥挤、通风不良的矛盾，基本上能解决运输途中关巢门导致蜜蜂受闷死亡的问题。

（1）加高铁纱副盖　适当地加高铁纱副盖，使蜜蜂巢内的空间扩大。当蜂群中一部分蜜蜂骚动不安时，这些蜜蜂就会离开巢脾向上爬到加高的副盖下方集结。加高的铁纱盖下往往能聚集 1～2 足框蜜蜂。这部分活跃的蜜蜂离开了巢脾就起到了缓解巢内拥挤、加强通风和安定蜂群的作用，使蜂巢中心温度保持稳定。铁纱副盖加高的高度一般为 40～70 毫米。

（2）安装铁纱巢门罩　在蜂箱巢门前，安装铁纱巢门罩，可以使骚动不安的蜜蜂离开蜂巢进入纱罩中，缓解关巢门运输中蜜蜂因出巢冲动而发生的骚闹。该措施既能加强通风，安定蜂群，又不会使蜜蜂飞出。铁纱巢门罩是一个长方形的木制纱框，其规格大小与蜂箱的类型有关。郎氏标准蜂箱使用铁纱巢门罩，其参考规格为：两侧梁高 210 毫米，厚 15 毫米，上宽 15 毫米，下宽 40～80 毫米（以不超过巢门前的踏板为准）；上梁和下梁的长度为 370 毫米，上梁厚 10

图 9-9　铁纱巢门罩及使用

毫米，下梁厚 5 毫米。铁纱的孔径为 35 毫米。侧梁下端有竖式罩耳（图 9-9）。

铁纱巢门罩的使用方法是，在蜜蜂转运前一天的傍晚，蜜蜂全部归巢后，将巢门挡拔出；再将铁纱巢门罩两侧下方的罩耳插在原来巢门挡的位置，并打开蜂

箱的通气纱窗。运抵目的地后，先用淡烟或清水将罩内的蜜蜂驱赶入巢，然后将罩取下，再将巢门挡安装在原来的位置。使用铁纱巢门罩，在运输途中，应注意防止死蜂堵塞巢门，使铁纱巢门罩失去通风的作用。在蜜蜂运输过程中，必须及时清除堆积在巢门附近的死蜂，尤其在运程 4 天以上的运输途中更应注意。

铁纱巢门罩再加高一些，用于继箱群的转运则效果更好（图 9-10）。使用长 370 毫米、高 440 毫米、上宽 20 毫米、下宽 40 毫

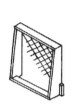

图 9-10　高铁纱巢门罩及使用

米的高纱罩运蜂，即使途中停留长达 10 小时，在气温高达 36℃的情况下，也能一直保持蜂群安静。这种高纱罩的使用方法是，在转运前蜂群调整时，从巢箱中抽出两张大幼虫脾放入继箱，以便吸引更多的蜜蜂进入继箱。在装车前先将继箱前壁的通风窗口打开。此窗口不能钉铁纱，允许蜜蜂从此窗口自由进出。然后将高纱罩固定在蜂箱的巢门前和蜂箱前壁的外侧。在蜜蜂运输过程中，应适当地向纱罩内喷水。

（二）开巢门运蜂

开巢门运蜂，可使受各种因素影响而产生出巢冲动的蜜蜂，及时地飞离蜂巢，避免了这部分蜜蜂在巢中骚闹。所以，开巢门运蜂比关巢门运蜂安全。开巢门运蜂的最大缺陷，就是在运输途中会飞失部分外勤工蜂。因此，开巢门运蜂同样也应采取措施，减少蜜蜂的出巢冲动。大量的卵虫能增强蜜蜂的恋巢性，转地前调整子脾对开巢门运蜂是很重要的。

开巢门运蜂，在装车前应先关闭巢门，待装车完毕蜜蜂略平静后，立即向蜂箱和巢门喷水，然后打开巢门。紧接着，在巢门前的踏板上，放置浸透水、

折叠成条的毛巾或脱脂棉，注意切勿堵塞巢门；或者在巢门前壁和巢门踏板之间斜钉一块湿毛巾。需要经常向毛巾喷水，以保持其湿润。斜钉在巢门前的湿毛巾还能起到遮光的作用。但是，毛巾一旦干燥，就会随风飘动，这样反而会更加刺激蜜蜂出巢。开巢门运蜂应特别注意，凡是在停车、列车编组、中午高温、午后2～3时新蜂认巢飞翔、接近终点站时，都应加强喷水，抑制蜜蜂出巢。

（三）积极降温

利用火车和轮船运蜂，可根据火车车厢的类型和船体结构，分别采取喷水洒水、加冰块、使用保温车或冷藏车船等措施降低蜂群的环境温度。用火车的平板车厢、高边车厢或轮船的甲板运蜂，主要采取在蜂箱周围、蜂箱外壁、车厢厢壁、甲板地面喷洒水，靠水分的蒸发吸收热量。在电气化铁路的路段运行期间，喷洒水降温时，一定要小心防止发生触电事故。

（四）保证饲料优质充足

蜜蜂在转运期间，不允许巢内有低浓度的贮蜜。所以，在转运之前绝不能给蜂群饲喂低浓度的糖液。如果巢内有刚采进的稀蜜，应该在转运装钉前取出，以防造成蜜蜂运输期间造成巢内高温高湿。

为了保持运输期间蜜蜂的安定，在蜜蜂运输过程中，应始终保证蜂群内有足够的饲料。如果蜂群缺蜜，应及时采取措施补救。在临启运前发现巢内饲料不足，最好补饲炼糖，炼糖已有蜜蜂饲料生产厂家专门生产。采用白砂糖吊袋补饲法，即用粗孔蚊帐布制成190毫米×110毫米的布袋，每袋装入0.6～1.0千克白砂糖，并封口，再在净水中浸一下立即取出，控净水，在装车前1小时挂在巢内箱侧壁上，最后用小铁钉和细绳固定糖袋。若在途中发现个别蜂群缺饲料，可在夜晚从巢门塞入白砂糖，然后喷洒些清水；也可以用脱脂棉浸浓糖浆放在铁纱副盖上饲喂。

（五）受闷蜂群的解救

蜜蜂装车后，应随时注意观察强群的情况。若发现蜜蜂堵塞纱窗、工蜂用上颚死命地咬铁纱，并"滋滋"作响，且散发出一种特殊的气味，用手摸副盖和纱窗时觉得很热，这就意味有闷死的危险。出现这种情况，应立即把蜂箱搬到通风的地方，打开铁纱副盖或巢门。如果蜜蜂受闷严重，来不及将蜂群搬出，可立即打开巢门或捣破纱窗，尽快放出蜜蜂，以免全群蜜蜂闷死。也可以将蜂箱大盖打开后，向巢内大量浇水，蜜蜂淋浴后落到箱底，水从巢门缝流出，使巢温迅速散发。

第五节　蜜蜂的装运及途中管理

蜜蜂运输的各种交通工具，都各有其特点。蜜蜂的装运方法和途中管理措施，应根据不同的交通工具的特点，分别采取相应的方法。

一、蜜蜂起运时间的确定

南下饲养的转地蜂场，蜜蜂的起运时间最好在南方蜜粉源植物始花时到达。一般去云南、广西、广东、福建等场地放蜂，入场时间为12月下旬至第二年1月份；到江西、四川、湖南等地饲养的蜂场，进入蜜源场地的时间为1～2月份。去南方恢复发展的蜂群过早进场，由于气温高、无蜜粉源，造成耗蜜损蜂，极易导致春衰；但是，蜜蜂进场过迟，延误蜂群发展时机，影响第一个主要流蜜期的生产。蜜蜂群势较普遍弱的蜂场，在元旦前后进入广东、广西、云南等地饲养，此时天气较晴暖，降雨较少，有利于早春第一批蜜蜂发育，为以后的群势发展打下基础。由于蜜蜂群势得到恢复和发展，到了2月中旬以后，即使低温阴雨天增多，只要巢内饲料充足，蜜蜂群势也能顺利地继续发展。

蜂群生产阶段起运时间的确定，一般应宁可放弃前一蜜源的末花期，也要及时去赶下一个蜜源的始花期。在大流蜜的盛花期，如果阴雨连绵，蜜源植物泌蜜不多，而下一个放蜂场地的蜜源已进入初花期，应密切注意当地的天气预报，近期天气转晴的可能性不大，就可利用阴雨天气温相对较低，运蜂相对安全的特点，提前转地。

蜜蜂转运装车的时间，在生产季节应选择在傍晚，最好待外勤蜂都归巢后装车。

二、汽车运蜂

汽车运蜂速度快，比较方便灵活，一般来说都能直接运抵放蜂场地。但是汽车运蜂运费较高，通风性较差，所以多适用于中、短途运蜂。

一辆汽车装运蜂群数量应根据汽车的吨位和车型而定。蜂箱装车的高度，距离地面不能超过4米。运行中汽车的前部比后部稳，蜜蜂应尽量装在车厢的前中部，车厢后部堆放杂物。装车的顺序应是先装前面，再装后面；先装蜂群，后装杂物；先装重件，后装轻件；先装硬件，后装软件；先装方件，后装圆件或不规则件。蜂箱的巢门应尽量朝向前进的方向。由于车厢结构规格的限制，蜂箱巢门也可以朝向侧面。蜂箱互相紧靠，不留缝隙。强群应放在较通风的外侧，弱群放在车厢的中间。在车厢后部，还需留出押运人乘坐的位置。蜂箱全部装上车后，必须用粗绳将蜂箱逐排逐列地横绑竖捆。最后还需用稍细的绳索围绑成网状。蜂箱捆绑一定要牢固，否则会影响蜜蜂运输安全。

汽车拖斗震动很大，最好不用汽车拖斗装运蜜蜂。如果非用汽车拖斗运蜂不可，就一定要多装、装实，并捆绑牢固。切忌少装而分散，也不能装载过高。拖拉机运输蜜蜂与汽车拖斗相同。

汽车运蜂，为了多装载蜂群，减少运输成本，在蜜蜂装车时多不留通道，在运输途中采用关巢门的运蜂方式，无法随时启闭纱窗，也不可能对每个蜂群都洒水降温。在蜂群转运之前，应在蜂箱中添加水脾，并且在巢门关闭后立即打开蜂箱的前后纱窗，加强蜂箱内的通风。汽车开动后，因连续震动和行车产生的凉风，会使蜜蜂暂时安静。但装在底层和中间等通风不良位置的蜂群还是有闷死的危险。汽车运蜂，最好在傍晚启运，中途尽量不停车。若运蜂途中停车，也应停放在通风阴凉处，并尽量缩短停车时间。到达放蜂场地后，应立即组织卸车，并迅速将蜂群排放安置好后，尽快打开巢门。

在汽车运输途中，万一发生长时间堵塞、汽车故障、交通肇事、驾驶员急病等汽车不能正常行驶的情况，应立即将蜂群卸下，巢门背对公路排列在公路边上，打开巢门临时放蜂。临时放蜂应防止蜜蜂偏集。

三、火车运蜂

火车运蜂装得多、速度快、运费低，适于中、远程运蜂。火车装运蜜蜂的方式因车厢的种类和吨位、外界气温、蜂箱的规格、蜜蜂群势的不同而异。冬季到南方饲养的蜂群，因群势弱、气温低，蜂箱排列可不留通道。蜂群摆放在四周，杂物放在中间。气温不低于 $-20℃$ 时，装车前应取下蜂箱纱盖上的保温物，如果用棚车运蜂还需打开箱底通气纱窗，再视具体情况决定是否还需打开前后箱壁上的纱窗，以防火车进入南方后，气温升高使蜜蜂受闷。在气温低于 $-30℃$ 的地方起运，最好使用棚车，这样对蜜蜂和押运人都比较安全。装车时，要把高边车厢的下车门翻上，并用凹形钩固定。用棚车运蜂，需把上下门窗全部打开。

在气温较高的季节运蜂，车厢中必须留有管理通道。装蜂的数量与气温的高低有关。气温越高越需要加强通风，装蜂的数量也越少。一般情况下，车厢后部通风好，蜂群应摆放在列车前进方向的后部，杂物堆放在车厢的前部。

根据外界气温和蜜蜂的群势，火车装载蜜蜂的方法有以下几种。

（一）蜂箱顺放，纵向四列

在气温不很高的季节运蜂，可将蜂箱顺放，巢门向前。蜂箱靠车厢壁各放一列蜂箱，车厢中间互相紧靠排放两列蜂箱，与靠车厢壁的左右两列都保持一定的距离，形成两条管理通道（图 9-11-A）。

（二）蜂箱横放，纵向四列

在气温较低的季节火车运蜂，可在车厢中蜂箱横放，纵向排四列。每两列蜂箱背靠背紧挨着排放，中间留出一条管理通道。中间两列巢门朝向通道，靠车厢壁的两列蜂箱巢门朝向车厢壁。靠车厢壁的两列蜂箱与车厢壁保持一定的距离，以便途中通风和喷水（图 9-11-B）。

（三）蜂箱横放，纵向三列

天气炎热的季节，蜂群的群势强，蜂箱可横放，纵向排成三列。第一列紧靠一侧车厢壁，巢门向内；第二列和第三列蜂箱背靠背相互紧靠，并与第一列蜂箱和另一侧车厢壁保持同等距离，形成两条管理通道（图 9-11-C）。

（四）蜂箱顺放，横向数列

第一列蜂箱背靠车厢后壁，巢门向前。留出一定的管理通道后，平行排放背靠背的两列蜂箱。然后再留出管理通道排列两列，如此类推，巢门均朝向管理通道（图 9-11-D）。

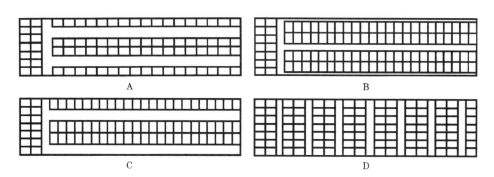

图 9-11 火车装蜂方法示意图

A. 蜂箱顺放，纵向四列　B. 蜂箱横放，纵向四列

C. 蜂箱横放，纵向三列　D. 蜂箱顺放，横向数列

四、海轮运蜂

海轮运蜂震动小，运费省，甲板上通风条件也比较好。但航行的速度较慢，且容易受到大雾、风浪等自然条件的限制。长时间的关巢门船运会有使蜜蜂受闷的危险。

（一）蜂群进港

蜜蜂进港的时间应根据装船的日期决定，一般提前1～2天。蜜蜂连续转运，从汽车卸下后，直接装船，在高温的天气极易发生蜜蜂闷死的事故。但是，长时间在码头上停留，也会使蜜蜂受到损失。为了避免蜜蜂直接装船的不良后果和适当缩短蜜蜂在码头上停留的时间，最好在装船的前一天晚上将蜂群运进码头。

蜜蜂进港后，无论将蜜蜂摆放在什么地方，都应事先征得码头货场的理货员的同意。否则，蜜蜂随意排放后打开巢门，再需要搬动就会造成蜜蜂混乱和外勤蜂损失。在码头上摆放蜂群一定要注意避开粮库、药品库、化工产品库，以防化学物品的毒气逸出毒死蜜蜂。曾经浙江省一个转地蜂场进入码头后，将蜜蜂摆放在比较安静的粮库旁，结果从粮库门缝逸出的氯化钴气体，把大部分蜜蜂毒死，造成严重损失。在码头上临时放蜂，同样需要注意蜜蜂的偏集问题，对出现偏集的蜂群应及时调整。

（二）蜜蜂装运

每艘货轮的结构都有所不同，蜜蜂装船前应先察看船上的舱面结构，注意各部位的特点，选择较理想的摆蜂位置。按交通部的有关船运规定，蜜蜂一律装在甲板上。甲板上的不同部位也各有其特点，如船头风大、船尾风小；轮机舱上面比较热且震动大；舵楼前通风好。装蜂时应把强群放在通风较好的地方，尽量避开轮机舱的热源，绝不能将蜜蜂装进船舱。另外，蜜蜂装船后，还应注意水龙头的位置，以备使用。特别要分清淡水和海水的水龙头，防止应急时，将海水喷入蜂箱。

蜜蜂在港口装船一般都用岸壁吊或船吊杆吊装。装船时，需要先把蜂箱蜂具和其他杂物放在托板上。装船的顺序为先装蜂具和其他杂物，最后装蜂群。为了充分利用甲板多装蜜蜂，或留下较宽敞的通风管理通道，应尽量将蜂具等杂物装入船舱。蜂具等杂物的摆放，应重物在下，轻物在上；方整件在下，零散件在上。盖好舱盖后，在舱盖上也可摆放蜂群。

蜜蜂在甲板上横排数列，每两列背靠背并排成"双联桩"，"双联桩"之间留有通风管理通道，蜂箱的巢门朝向通道。蜂箱叠放的高度一般为3个继箱群。若蜂群较多，也可以叠放4层，第四层蜂箱要放在下面两个蜂箱中间。强群蜜蜂放在边上，弱群放在中间。蜂群叠装好后，用拇指粗的绳索将蜂箱系牢在舱面的挂钩上。

蜜蜂运抵港口后，待卸入货场，经收货人验收签字后，船运工作才算结束。蜜蜂卸船后，应尽快离开码头，运往放蜂场地。最好能在卸船时，直接将蜜蜂装上汽车运走。如果不能很快运走蜜蜂，则需选择一个合适的地方，先把蜂群排放好，打开巢门进行临时放蜂。蜜蜂出港前，要凭货物运单交纳卸船费、港杂费和其他费用，然后才能办理港口的出门证。为了争取时间，先期到达的养蜂人员应了解清楚，装运蜜蜂的船舶所要停靠的码头和卸船时间，提前办理出港手续，并租好汽车等候。

五、其他交通工具运蜂

（一）飞机运蜂

飞机运蜂速度快，高空温度低，蜂群安静。由于途中运输时间短，所以飞机运蜂比较安全，有利于追赶花期多采蜜，适应于蜜蜂长途运输。但是，飞机运蜂常受到航线、航班、气候的限制，而且运费昂贵。虽然我国目前还没有条件普遍地应用飞机运蜂，但是，随着我国航空事业的发展，以及蜂产品价格的提高，用飞机运蜂的优越性将越来越明显。飞机装运蜜蜂以叠放稳固为主。为了减轻空运的重量，减少体积，节省运费，飞机运蜂以笼蜂的方式为宜。

（二）马车运蜂

马车运蜂现在已很少见了，但在北方偏远地区有时还是需要用马车。马车运蜂较危险，尽可能不用。运蜂的马车，最重要的就是要防止蜜蜂蜇马惊车，应挑选马性平和的马。装车前应先将蜂箱巢门关牢，同时堵塞蜂箱的漏洞，保证箱外没有蜜蜂。装车时，应先装蜂后套马；到达场地后，应先卸马后卸蜂。马车运蜂还应备带快刀，途中万一马被蜂蜇或其他缘故马受惊时，立即用快刀割断缰绳，让马逃脱，然后再做处理。

车斗小的马车，搭架后可以多装运蜜蜂。用4根比车斗长的木棍，用绳子绑成方框，固定在车斗上，使车斗的面积增大。装在马车边缘的蜂箱巢门向外，但辕马后面的蜂箱要朝后，中间的蜂箱巢门朝前。车斗外缘木框架上只能装一层继箱群，车斗内可以装两层继箱群。蜜蜂装车后，同样应捆绑牢固。

（三）内河船队和小船运蜂

内河船队的拖轮不装运货物，蜂群和蜂具等都装载在船队的货船上，一般是船舱装蜂具等杂物和供养蜂人歇息，舱面上装载蜂群。全船蜂群排列 2～3 排，两排蜂箱间留有管理通道，巢门朝向岸边，每排只装一层蜂箱，巢门视具体情况启闭。

小船运蜂多用于摆渡或短距离的转地。不怕水淹的杂物装在下面。蜂群摆放不留空隙，每层蜜蜂都要摆放平整。强群放在边上，弱群放在中间。蜂箱不能越出船沿，也不能高出船面太多。用绳索绑牢后立即开船。注意切勿超载。

内河船队和小船运蜂应日夜兼程，尽快赶到目的地，到达后立即卸船。

第六节　转地蜂群的管理

转地蜂群的管理，与定地的蜂群管理相比，总体上基本相同。但是，转地饲养因其有运输和连续蜜源的特殊性，在蜂群管理上也有所特点。

一、刚运抵放蜂场地时的蜂群管理

在蜜蜂运输过程中，汽车等交通工具行驶时连续轻稳的震动，能使蜜蜂处于较安静的状态。停车后，由于卸车时较剧烈的震动和光线刺激等原因，蜜蜂反而更容易骚闹，稍不慎就会发生蜜蜂闷死事故。因此，迅速安顿蜂群是蜜蜂运抵放蜂场地后最首要的工作。

运蜂车到达放蜂场地，将蜂群从车上卸下，迅速排列好。随即向纱窗和巢门踏板喷洒清水，关闭纱窗，等蜜蜂稍微安静后再打开巢门。中蜂认巢能力较差，应先分批间隔开巢门。在高温季节卸下蜂群后，要密切注意强群蜜蜂的动态，发现有受闷预兆时，应立即撬开巢门进行施救。汽车停靠地点应稳固，避免在卸车过程中，一解开绳索车体就晃动跌落蜂箱。

蜂群开巢门后蜜蜂出勤正常，就可以开箱拆除装钉。然后进行取浆移虫和蜂群的全面检查。检查的主要内容包括蜂王、子脾、群势以及饲料等。检查之后要及时地对蜂群进行必要的调整和处理，如合并无王群、调整子脾、补助饲喂、组织采蜜群、抽出多余巢脾等。

二、转地蜂群的阶段管理

长途转地饲养的蜂群，连续追花采蜜。其周年的生活可主要分为增长和生产两个阶段。此外，在北方越半冬的蜂场，蜂群的周年生活还有越冬阶段。转地饲养的蜜蜂管理，也应根据不同养蜂阶段的特点采取相应的管理措施。

（一）转地蜂群春季增长阶段的管理

春季是转地蜂群最主要的群势增长阶段。在不同地区，蜜蜂增长阶段的起始时间有所不同。长途转地的蜂场，一般1月前后在云南、广西、广东、福建等省（区）开始蜜蜂群势的恢复和发展，2个月后进入四川、湖南、湖北、江西、浙江等省继续饲养并逐渐进入生产阶段。也有许多长途转地的蜂场在四川、湖南、湖北、江西、浙江等省开始早春蜜蜂群势的恢复。此阶段的蜂群管理，应一切围绕尽快培育强群进行，具体饲养管理措施参照蜜蜂阶段管理方法。但应注意，在不同地区各项养蜂技术措施的标准和要求应有所不同。例如，蜜蜂在早春气温较低的江西、湖南、四川等地饲养，其群势的密集程度比在云南、广西、广东、福建等地要高。

（二）转地蜂群生产阶段的管理

在生产阶段，转地蜂群和管理应围绕着保持强群，提高蜂蜜、蜂王浆、蜂花粉等产品的优质高产为中心。维持强群是手段，提高产量是目的。转地养蜂与定地养蜂的最大不同，就在于主要蜜源的连续。生产阶段的转地蜂群管理，既要获取蜂蜜、蜂王浆等产品的产量，又要适时培育适龄采集蜂，为下一个流蜜期的生产培养后备力量。

1. 转地蜂场不同花期的饲养决策 不同花期的蜂群管理，应根据天气、蜜源、蜂群以及下一个放蜂场地蜜源的衔接等因素综合考虑，制定方案。某一花期的管理重点，是以蜂群增长为主，兼顾生产，还是以生产为主，兼顾蜂群增长，或是生产和蜂群增长并举，这些战略性的决断是非常重要的。

2. 转地蜂场同一花期的饲养决策 蜜蜂群势增长和蜂蜜生产的重心，在同一花期的不同时期也有所不同。一般来说，在花期较长的蜜源场地，或几个蜜源花期紧紧衔接的情况下，刚进场时，巢箱少放空巢脾，适当限王产卵。还可以从副群中抽取正在出房的封盖子脾加强采蜜的群势。但不宜将副群中的卵虫脾与继箱群中的空脾对调，以免造成采蜜群中哺育蜂负担过重和蜜源后期新蜂大量出房，影响转地安全。在流蜜期中，巢箱中放入1张空脾或正在出房的封盖子脾，以供蜂王产卵。此时若为采蜜主群补充采集蜂，可移走主群旁边的副群。蜜源后期，巢箱中调入 2 张空脾供蜂王产卵。在蜜蜂转运前，需加入1～2 张可供蜂王产卵并有部分粉蜜的巢脾。这样管理的蜂群，有利于蜜源流蜜前中期蜂群集中生产，后期促进蜜蜂群势维持和增长，以保证下一个花期的生产。

3. 转地蜂场取蜜　在流蜜期取蜜，一般只取继箱中的成熟蜂蜜，最好不取巢箱中的贮蜜。在流蜜后期应多留少取，使蜂群中有足够的成熟蜜脾，以利于蜜蜂的运输安全。

4. 转地蜂场育子特点　转地饲养的蜂群，需要培育更多的蜜蜂，所以蜂王更容易衰老。因此，在管理中除了合理使用蜂王外，还需每年在上半年和下半年粉源充足的花期各培育一批优质蜂王。

（三）转地蜂群越半冬阶段管理

长途转地的蜂场，9 月秋季最后一个蜜源结束大都在东北、华北或西北等地，此时气温日渐下降，而南方气温仍很高。为了保持蜂群的实力，借此断子治螨，很多蜂场就地越半冬后，11～12 月再转地南方饲养。这阶段的蜂群管理，除按常规准备外，还必须提前进行蜂群的装钉。加继箱的蜂群，在蜂王停卵后，及时除去隔王栅，以免气温下降后，由于蜜蜂上升到继箱结团，而把蜂王隔在巢箱冻死。

越冬前期还要采取措施使蜂王适时停卵，以保持蜂王和工蜂的生理青春，为翌年春季蜜蜂群势快速增长、培育强群打下良好基础。为了使蜂群早断子，可采取把蜂群放在阴冷处、延迟保温、扩大蜂路等措施。需要注意的是，强寒流到来之前，应及时给蜂群保温。在最后一个主要蜜源应贮足蜜蜂越冬饲料，并提前结束取蜜，以防发生严重盗蜂。

［案例 9-2］　扬州综合试验站苏州吴鑫示范蜂场蜜蜂转地饲养

苏州东山镇吴鑫示范蜂场，采用中西蜂相结合的饲养方式，同时适时分群，售卖供大棚作物授粉蜜蜂，获得了可观的养蜂效益。在养蜂生产过程中，西蜂饲养侧重于生产高价值蜂蜜，并长期生产蜂王浆，而利用价值低蜜源适时繁蜂，并将多余的蜜蜂直接销售给临近的大棚种植户。中蜂主要生产当地特色的枇杷蜜。该蜂场共 4 人养蜂，饲养西蜂 260 群，中蜂 400 群，2013 年养蜂出售授粉蜂群、产蜜、产浆等总收入达到 150 万元，净收入在 100 万元以上。

一、转地饲养保证收入

在江浙一带，主要蜜源植物日益减少，又没有连续辅助蜜源的情况下，转地饲养是养蜂的主要方式。从人均收入10万元以上的若干蜂场调查中发现，转地饲养兼顾蜂蜜与蜂王浆生产是获取高收入的保证。

二、出售授粉蜂群增加收入

江苏省苏南地区设施农业发达，尤其在苏沪交界地区，种植有几万个草莓大棚。在草莓授粉的季节10月份至第二年4月份，示范蜂场售出1 000余箱授粉蜂群，2框带当年新王和幼虫的授粉蜂群每箱350元，收入35万元。

三、合理利用蜜源

示范蜂场只在蜜价高的柑橘、刺槐、荆条、椴树与枇杷蜜源场地生产商品蜂蜜。蜜价格低的油菜、白瓜子等蜜源不进行商品蜂蜜生产，主要用于蜜蜂培养出售授粉蜂群和生产蜂王浆。枇杷蜜收购价格约每千克40元，蜂场400群中蜂和260群西蜂，平均单产枇杷蜜30千克，收入达80万元。

（案例提供者　吉　挺）

第十章
规模化蜂产品生产技术

阅读提示：

　　本章重点介绍了免移虫机械化蜂王浆生产技术和规模化蜂场的蜂蜜生产技术，提倡生产成熟蜜，这些新技术是我国蜂业未来发展的方向。通过本章的阅读，可以全面了解规模化蜂王浆生产和规模化蜂蜜生产的全新理念和新的技术方法，同时也介绍了现阶段普遍应用一般的蜂王浆生产技术和蜂蜜生产技术。详细介绍了利用新型的蜂机具进行蜂王浆、分离蜜、巢蜜、蜂花粉、蜂胶等主要蜂产品的生产方法。

　　我国养蜂生产的经济收入主要依靠蜜蜂产品。养蜂生产的主要产品有蜂蜜、蜂王浆、蜂蜡、蜂花粉、蜂胶、蜂毒、蜜蜂虫蛹等。这些蜜蜂产品根据其来源可分为3类：一是由蜜蜂采集并加工后形成的产品，如蜂蜜、蜂花粉、蜂胶等；二是由蜜蜂体内腺体分泌的产品，如蜂王浆、蜂蜡、蜂毒等；三是蜜蜂虫体，如蜂王幼虫、雄蜂虫蛹等。蜂蜜和蜂蜡是养蜂生产中最古老的产品，我国养蜂业主要的蜂产品是蜂蜜、蜂王浆、蜂蜡和蜂花粉。此外，蜂胶、蜂毒、蜜蜂虫蛹等蜜蜂产品，正在开发研究利用中。所有蜜蜂产品生产，都需要根据蜜蜂生物学特性和外界环境条件，进行科学的蜂群管理，采取特殊的采收技术。

第一节　蜂王浆生产

一、人工移虫法生产蜂王浆

　　蜂王浆是青年工蜂头部咽下腺和上颚腺分泌的乳白色或淡黄色，具有特殊香味，味酸、涩、辛、微甜的浆状物。在蜂群中，工蜂分泌的蜂王浆主要用于饲喂蜂王、蜂王幼虫、1～3日龄工蜂幼虫和雄蜂幼虫。经过50多年的实践，我国已形成一套成熟的人工移虫生产蜂王浆的生产方法。

（一）生产蜂王浆的主要用具

　　我国人工移虫生产蜂王浆的工具简练、精巧，在世界养蜂业中独具特色。

　　1. 台基条　采用无毒塑料制成，多个台基形成台基条（图10-1）。塑料台基的形状有3种类型，上口大底部小的碗型、上下直径一致的直筒型和中间大于上口和底部的坛型。目前，采用较普遍的是双排台基条。

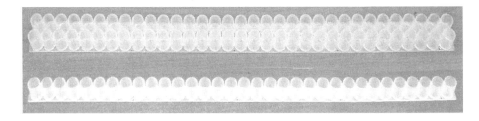

图10-1　台基条　（潘其忠　摄）

2. 移虫笔 把工蜂巢房内的蜜蜂幼虫移入台基育王或产浆的工具。采用牛角舌片、塑料管、幼虫推杆、弹簧等制成（图10-2）。

图 10-2 移 虫 笔 （潘其忠 摄）

3. 产浆框 用于安装台基条的框架，采用杉木制成。外围规格与巢框一致，长梁宽13毫米，厚20毫米；边条宽13毫米，厚10毫米；台基条附着板宽13毫米，厚5毫米（图10-3）。

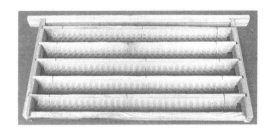

图 10-3 产 浆 框 （潘其忠 摄）

4. 刮浆板 由刮浆舌片和笔柄组装构成（图10-4）。刮浆舌片采用韧性较好的塑料或橡胶片制成，呈平铲状，刮浆端的宽度与所用台基纵向断面相吻合；笔柄采用硬质塑料制成，长度约100毫米。

图 10-4 刮 浆 板 （潘其忠 摄）

5. 镊子和王台清蜡器 不锈钢小镊子（图10-5-A），用于摄取王台中的蜂王幼虫。王台清蜡器由形似刮浆器的金属片构成，有活动套柄可转动，移虫前用于刮除王台内壁的赘蜡（图10-5-B）。

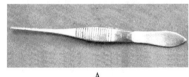

A

B

图 10-5 镊子和王台清蜡器 （张中印 摄）
A. 镊子 B. 王台清蜡器

6. 不锈钢割台刀 生产蜂王浆还需要用不锈钢割台刀（图10-6），割除加高的王台台壁。

图 10-6 不锈钢割台刀

（二）生产蜂王浆的蜂群管理

1. 组织产浆群 强群是蜂王浆生产的基础。生产蜂王浆时，无论是继箱群还是平箱群，均需要用隔王板分隔成有王区（育子区）和无王区（产浆区）两部分。育子区由 1 只蜂王和 4～6 个巢脾组成，区内有蜜粉脾、蛹脾和供蜂王产卵用的空脾；产浆区由 5 个以上巢脾组成，区内有蜜粉脾 1～2 个和大量幼虫脾。取小幼虫脾放中间，以吸引哺育蜂在此集中哺育，粉脾放其两侧，产浆框插在小幼虫脾之间或小幼虫脾与蜜粉脾之间。

2. 培育适龄小幼虫 为了方便快速移虫，可以组织一部分双王群，中间用闸板隔开，每区放入 3～4 张脾，近闸板处放空脾供蜂王产卵，外侧为蜜粉脾。提供移虫用的空巢脾，最好是棕色的或浅棕色的巢脾，既易看清幼虫，蜂王也喜欢在上面产卵。

组织多王群，让多只蜂王在 1 张巢脾上产卵，便于生产蜂王浆时得到虫龄基本一致的小幼虫。多王群组织分为直接组织法和间接组织法两种。

（1）直接组织法

①蜂王的选择 蜂王要求是同一批培育的，已产卵 6 个月以上，且个体大小相近。

②蜂王预处理 将蜂群中的蜂王捉住后，用眼科手术剪剪掉部分上颚和1/2前翅，并在上颚伤口处及时涂上新鲜的蜂王浆，然后及时把预处理后的蜂王放回原群，让蜂王预处理的伤口愈合 3～4 天。

③组织无王群 在进行蜂王预处理的当天，从一强群中抽出 4 张巢脾（其中 2 张正在出房封盖子脾、1 张幼虫脾和 1 张蜜粉脾）带蜂组成无王群，组织的无王群要距离抽出巢脾强群至少 10～20 米，让采集蜂回原群，之后每天除掉蜂群中出现的改造王台。

④组织多王产卵群 在组织无王群第 3～4 天，蜂王伤口在本群中基本愈合，然后把多只已预处理的蜂王从蜂群捉出，放入无王群中不同巢脾上，即组成了多王产卵群。

（2）间接组织法

①蜂王的选择 蜂王要求是同一批培育的，已产卵 6 个月以上，且个体大小相近。

②蜂王预处理 在组织多王群前 3 天，捉蜂王前向蜂王喷少量清水，再捉住蜂王胸部，用眼科手术剪小心剪除蜂王 1/2 前翅、1/3～1/2 上颚和伸出腹部的螫针，并在上颚伤口处及时涂上新鲜的蜂王浆，然后及时把预处理后的蜂王放回原群，让蜂王预处理的伤口愈合 3～4 天。

③组织无王群　在进行蜂王预处理的当天，从一强群中抽出 4 张巢脾（其中 2 张正在出房封盖子脾、1 张幼虫脾和 1 张蜜粉脾）带蜂组成无王群，组织的无王群要距离抽出巢脾强群至少 10～20 米，让采集蜂回原群，之后每天除掉蜂群中出现的急造王台。

④组织多王产卵群　蜂王在本群伤口愈合 3～4 天后，把多只已预处理的蜂王放在带盖玻璃杯中（若气温低，可在玻璃杯底放一层薄纸），蜂王开始会出现厮打现象（若蜂王厮打严重，要人为加以阻止）。当蜂王厮打 50～60 分钟后，蜂王之间出现互相舔舐的现象，这证明蜂王由"争斗"变成了"和睦相处"。要及时把蜂王诱入预先组织的产卵群中（每张巢脾诱入 1 只，且巢脾之间的距离至少要保持 25～30 毫米）。24 小时后，紧缩巢脾至正常的蜂路，形成多王产卵群。

（三）蜂王浆的生产过程

人工移虫生产蜂王浆，一般可分为清台、移虫、插框、补移和取浆 5 个步骤。

1. 清台　有的新塑料王台内表面有一层类似油脂的物质，可以先把塑料王台在温水中加洗涤剂洗净晾干后，安装在产浆框上，然后放入蜂群中清理 12～24 小时。

2. 移虫　将产浆框放在巢脾上，并将产浆框上的王台条调整至台口向上，然后用移虫针的舌端顺巢房壁伸入幼虫体下的王浆底部，随即提起，将幼虫连浆一同移出，再将移虫针伸到王台基底部用手指轻轻压弹簧推杆，将幼虫和王浆一同推进台内，移好一框，将王台口朝下放置，加入产浆群内。

移虫是蜂王浆生产过程中最重要的环节。移虫动作要求轻、快、准，一次挑起，一次放下，不损伤幼虫，否则应放弃重移。最佳的移虫时龄为孵化后 12～18 小时的幼虫，这段时期幼虫的特征是体躯刚刚弯曲，呈铲形幼虫，而且浸没在王浆中。

3. 插框　移好虫的产浆框要及时插入产浆群，插在幼虫脾和蜜粉脾之间，并使其一侧有幼虫脾。一般 8～10 框蜂群内插入 1～2 个王浆框，10 框以上蜂群内插入 2～3 个。

4. 补移　产浆框插入产浆群 3～5 小时后，可轻轻开箱检查王台接受情况。这时已接受的幼虫，王台外有许多蜜蜂护着，台内有工蜂分泌的新鲜王浆。因移虫时碰伤或其他原因未接受的幼虫已被工蜂拖走，故需及时补移幼虫。

5. 取浆　移虫 68～72 小时后，从蜂箱内提出产浆框，用轻抖的方式将附着的蜜蜂抖落在箱内，再用蜂刷扫去余蜂。用不锈钢割台刀割除加高的王台台壁，然后用镊子逐一夹出王台中的幼虫，再用刮浆笔取出王台中的蜂王浆，放入王浆瓶中。取浆完毕，要及时把装有蜂王浆的王浆瓶密封并放入冰箱中冷冻保存或放入装有冰块的保温瓶中暂时保存。取完浆的产浆条可接着移虫。

二、免移虫法生产蜂王浆

相对于人工移虫法生产蜂王浆，有一种免移虫法生产蜂王浆，即生产蜂王浆过程中不要进行人工移虫，这样可以解决老年养蜂者由于视力下降不能移虫生产蜂王浆的问题。

采用免移虫法生产蜂王浆，养蜂专家设计出一种人工塑料空心工蜂巢础，在空心巢房位置设计有王台座，放入蜂群中，让工蜂进行造脾。待人工巢础造好巢脾后，让蜂王在巢脾上产卵，第四天当巢房中的卵孵化成小幼虫后，从人工塑料巢脾上取出托虫器，并把托虫器安装在底座带孔的王台条上，然后把产浆条放入蜂群中进行蜂王浆生产。

（一）免移虫生产器的结构和组成

免移虫生产器主要包括人工塑料空心巢础、托虫器、产浆条等。

1. 人工塑料空心巢础　人工塑料空心巢础正面是工蜂巢房房基，约有3000个工蜂巢房房基，其中有16排空心巢房房基，每排有32个空心巢房房基（彩页8）。整个人工塑料巢础有512个空心巢房房基，约占总巢房房基的17%。人工塑料空心巢础反面带有26条加固筋（彩页8）。

2. 托虫器　托虫器呈杯形，可以与人工塑料巢础空心巢房房基相连，也可以与带孔的王台底相连，主要用来承接蜂王产的卵和小幼虫。16个王台座组成一条，并在王台座反面加长加粗，以便用手取放（彩页8）。

3. 产浆条　产浆条由双排带孔的王台组成，每排有32个带孔的王台，共计64个王台（彩页8），产浆条和托虫器组合见彩页8。

4. 免移虫生产器组装效果　组装的双面仿生免移虫生产器由2张空心巢础组成（彩页9）。

（二）产浆框的结构改进

为了提高免移虫蜂王浆生产效果，防止工蜂在托虫器与产浆条组合的间隙处泌蜡，养蜂专家设计出产浆条盖板（彩页9），由4根产浆条组合1个产浆框（彩页9）。

（三）免移虫清台器设计

免移虫清台器（图 10-7）主要用来清理王台中的蜂蜡。

图 10-7　免移虫清台器　（张　飞　摄）

（四）蜂王浆的生产过程

免移虫生产蜂王浆，主要包括空心巢础造巢脾、产卵群的组织和分区管理生产蜂王浆 3 个步骤。初次应用免移虫生产器来生产蜂王浆者，一定要认真领会相关技术要领，按规定进行操作。

1. 空心巢础造巢脾　首先组装好空心巢础框，然后组织蜂群进行造脾。

（1）空心巢础预处理　由于空心巢础的材质是塑料的，为了让蜜蜂接受空心巢础并尽快在空心巢础上造巢脾，应先把空心巢础放入预先熬制好的老巢脾水中浸泡 24 小时，然后取出晾干。

（2）空心巢础上蜡　空心巢础上蜡的方式分为两种：一种是用排笔在空心巢础正面的房基上刷一层薄蜂蜡；另外一种是在大的铁质容积中熬制蜡水，蜡水中蜡的浓度为 5%～10%，等蜡水熬制好后拿住空心巢础的一头，把空心巢础的 1/2 浸入蜡液中，快速抽出，迅速抖动，然后将空心巢础的另外 1/2 部分同前操作一遍，这张空心巢础就涂蜡成功。整个涂蜡过程蜡液处于融化状态。

（3）造脾蜂群的处理　造脾蜂群一定要是强群，并且群内蜜粉充足。首先对蜂群进行缩脾处理，让蜂群蜂多于脾，缩脾后蜂群还有 4～5 张脾，加入处理好的空心巢础。

若外界不是大流蜜期，则必须每晚对造脾蜂群进行奖励饲喂，促其造脾。若蜂场有黑色血统的蜂群，最好选用黑色血统的蜂群进行造巢脾。

由于空心巢础是塑料制成的，工蜂造脾速度较慢，若外界蜜源好，蜂群群势强，一般 5～10 天可以完成造脾任务。

当空心巢础框造好巢脾后，及时从蜂群中抽出进行产卵备用。若空心巢础巢脾上贮有蜜粉，则用摇蜜机清除脾上的蜂蜜，然后用一次性竹筷子清出空心巢础孔中的花粉。经工蜂造好的空心巢础脾，巢房结构整齐。

要一次性至少造好 4 张单面空心巢础脾或 4 张双面空心巢础脾，供免移虫产浆循环使用。

2. 产卵群的组织和分区管理　组织产卵群是为生产蜂王浆提供日龄相近的小幼虫。为了保证托虫器上能够同时得到大量 1 日龄的小幼虫，要组织多王产卵群或单只新王产卵群。

在组织产卵群（不管是多王群还是单王群）的第二天，用改造的框式隔王板（即用薄的木板或塑料盖住 2/3～3/4 隔王栅）把蜂群分为产卵区和孵化区，产卵区巢门关闭，孵化区巢门正常开放。在产卵区，放入 1 张双面空心巢础脾或 1 张单面空心巢础脾。让 1 只新王或多只蜂王在空心巢础巢脾上产卵。另外要注意，若是放入单面空心巢础脾产卵，要让空心巢础巢脾有巢房面对着隔王栅，这样有利于保温。

3. 生产蜂王浆的步骤 当准备好了 4 张双面空心巢础脾或 4 张单面空心巢础脾，可开始正式组织蜂群生产蜂王浆。具体包括清台、产卵、取虫、插框和取浆 5 个步骤。

（1）清台 将生产蜂王浆的王台条和托虫器放在老巢脾水中浸泡 24 小时，取出晾干后，安装在产浆框上，然后放到产浆群中让工蜂清理 1 天。

（2）产卵 先把 4 张已清理好的空心巢础脾，分别在巢脾框梁上用彩笔标明 1 号、2 号、3 号和 4 号。

把 1 号空心巢础巢脾放入按以上方法组织的产卵群中，让蜂王在空心巢础巢脾上产卵 3 天。第 2～4 天，把 2 号、3 号和 4 号 3 张空心巢础脾，分别放入其他 3 群蜂中，让蜂王在空心巢础巢脾上产卵 3～4 天。

蜂王在 1 号空心巢础巢脾上产卵 3 天后，若 90% 以上的巢房中有卵，提出 1 号空心巢础脾，从 1 号空心巢础脾的背面取出所有托虫器，清除托虫器上的卵或小幼虫。重新放入托虫器，并及时把 1 号空心巢础脾放蜂群中让蜂王重新产卵 24 小时。提出 1 号空心巢础脾并抖落脾上的蜂王，放入孵化区孵化。

同时把 2 号空心巢础脾从蜂群中提出，抖落巢脾上的蜜蜂，同样把 2 号空心巢础脾的背面取出所有托虫器，清除托虫器上的卵或小幼虫。重新放入托虫器，并把 2 号空心巢础脾放入规范产卵蜂群中让蜂王重新产卵 24 小时后，同样把 2 号空心巢础脾的蜂王抖落，并放入孵化区孵化。之后按同样方法把 3 号和 4 号空心巢础脾进行产卵和孵化。

当 4 号空心巢础脾放入孵化区孵化时，可提出第一号空心巢础脾。这时 1 号空心巢础脾中托虫器上的卵已孵化为 1 日龄小幼虫（彩页 9）。

特别注意：为了保证托虫器上的幼虫都是 1 日龄小幼虫，只能让蜂王在已产卵的空心巢础脾上产卵 24 小时。

（3）取虫 当已产卵的空心巢础脾在孵化区孵化 3 天后，取出托虫器，安装在产浆框上进行蜂王浆生产。在取托虫器操作时，要轻、快和稳，托虫器安入产浆条中要压紧，否则会影响王台的接受率，并安装好产浆条盖板。

从空心巢础脾取下托虫器后，要及时在空心巢础脾上安装好空的托虫器，并放入产卵群中让蜂王继续产卵。

（4）插框　将产浆框及时插入产浆群，最好插在幼虫脾和蜜粉脾之间。一般 8～11 框蜂群内插入 1 个产浆框。当外界蜜源丰富时，12 框以上的蜂群可以插入 2 个产浆框。

（5）取浆　插框 68～72 小时后，从产浆群中提出产浆框（图 10-8），先轻抖落产浆框上的工蜂，再用蜂刷扫去余蜂，然后进行取蜂王浆。取完蜂王浆的产浆条，用仿生免移虫清台器对王台进行清理。当产浆条上的王台清理后，可继续安装带有小幼虫的托虫器进行循环生产蜂王浆。

图 10-8　产浆框　（潘其忠　摄）

与传统人工移虫生产蜂王浆的技术相比，免移虫蜂王浆生产技术不需要人工寻找小幼虫脾和人工移虫，大大地减少了蜂王浆生产的工作时间，降低了劳动强度，极大地提高了蜂王浆生产效率。

（五）机械化取浆技术

针对人工割台、人工夹虫和人工取浆 3 个技术难题，养蜂专家设计出一套与免移虫生产蜂王浆技术相配套的机械化取浆系统，主要包括蜂王浆产浆割蜡器和蜂王浆喷雾取浆机。

利用蜂王浆产浆割蜡器和蜂王浆喷雾取浆机进行机械化取浆，主要包括割台、喷浆、过滤、收浆和清洗 5 个步骤。

1. 割台　先把割刀组件推至左侧起始位置，集浆盆沿水平导路向右拉出（图 10-9），用温湿布将割刀擦拭一遍，这样更利于割台。从蜂群中取出产浆框并刷去蜜蜂，把王浆条中的托虫器拔下，再将产浆条卡入工作平台内（一次可放置 7 根产浆条）。双手拉动保持杆两端手柄（图 10-10），割刀组的一次往复运

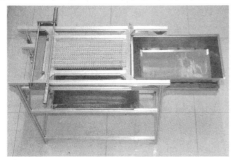

图 10-9　割台器　（潘其忠　摄）

图 10-10　割台操作　（潘其忠　摄）

动即可完成多条产浆条割蜡工作，王台上蜂蜡割下后自动落在集蜡盆中。

图 10-11　喷浆操作　（潘其忠　摄）

2. 喷浆　割台完毕，将割刀组件推回原位，并将集浆盆推至产浆条正下方。启动无油空压机，当气压达到定值后空压机自动停止运行，手持喷枪，喷头与产浆条约成 45°对准产浆条后槽（图 10-11），按下手柄开关，先用低档气流（3～4 千帕）将幼虫从王台内喷出，掉落在滤网上。然后再用高档气流（7～8 千帕），喷头在槽内往复连续移动 2～3

次喷气，将王台壁上粘滞的王浆吹出。

3. 过滤　滤网有大量幼虫和少量残余蜂王浆，用低档气流（3～4 千帕）将残余蜂王浆吹到下面的集浆盆中（图 10-12），把滤网上的幼虫收集完毕后，即可进行下一批次喷浆。

4. 收浆　当集浆盆中的蜂王浆达到一定量或喷浆结束后，便将蜂王浆进行收集冷冻。

图 10-12　过滤操作　（周林斌　摄）

5. 清洗　在一次取浆结束后，要将取浆机的各部件擦洗干净，空压机按照说明书进行清洗维护。

第二节　蜂蜜生产

一、分离蜜规模化生产

蜂蜜是一种营养丰富，具有特殊花香的天然甜食品。优质成熟的蜂蜜不允许任何加工，只需过滤包装便可直接食用。在蜂蜜的生产和贮运过程中，必须保持蜂蜜的纯洁性和天然性，坚持生产优质成熟蜜，避免污染，杜绝浓缩加工、掺假和掺杂。蜂蜜产品有两种商品形式，即分离蜜（图 10-13-A）和巢蜜（图 10-13-B）。我国养蜂生产的蜂蜜，绝大多数都是分离蜜。分离蜜是从成熟蜜脾中分离出来的液态蜂蜜。分离蜜的生产一般是将蜂巢中贮蜜巢脾，放置于分蜜机中，通过离心作用使蜂蜜脱离巢脾。

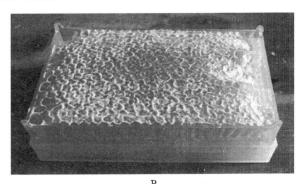

A   B

图 10-13　分离蜜和巢蜜
A. 分离蜜　B. 巢蜜

规模化蜂蜜生产要点是，组织强盛的蜂蜜生产群，花期结束一次性取蜜作业，取蜜生产机械化。

（一）蜂蜜生产群的组织和管理

1. 组织强盛的蜂蜜生产群　规模化蜂蜜生产群要求有群势强、分蜂性弱、易管理、采集力强等特点，保证在简化管理的前提下，蜜蜂仍保持充足采蜜能力。

（1）采蜜群的组织　流蜜期前 1 个月，8～9 足框蜂群的巢箱上方加一继箱，巢箱和继箱间不用隔王板分隔，蜂王往往在继箱中产卵，继箱应保持更多的空脾供蜂王产卵。巢箱内保留 6 张巢脾，加入 2 张巢础框，巢础框与巢脾间隔排放；从巢箱提到继箱 3～4 张巢脾，再放入 3 张巢础框，巢础框也与巢脾间隔排放。如果群势不足，可通过蜂群合并和调整，将蜂蜜生产群组织成 10 足框的强群，按上述方法加继箱。

（2）换新王　新王控制分蜂能力强，在流蜜前 40～50 天将全场蜂王全部更换。采用王笼间接诱王的方法将新王诱入蜂蜜生产群（图 10-14），不必去除老蜂王。当新王被蜂王接受后，将新王从诱王笼中放出，多数情况下新王自然淘汰老蜂王。也可以将老蜂王留在巢箱中，封盖 6 天的成熟王台诱入蜂蜜生产群的继箱中。继箱上开巢门,供处女王出台后出巢交配。诱王后第15天,去除巢继箱间的隔王板,关闭继箱巢门。新蜂王和老蜂王相遇后,无论是母女同巢还是新蜂王淘汰老蜂王,都标志着换王成功。

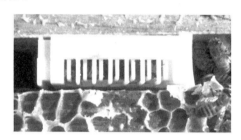

图 10-14　用王笼间接诱王

2. 加贮蜜继箱　流蜜期及时扩巢是蜂蜜生产的重要措施,尤其是在泌蜜丰富的蜜源花期。流蜜期间蜂巢内空巢脾能够刺激工蜂的采蜜积极性。及时扩巢,增加巢内贮蜜空脾,保证工蜂有足够贮蜜的位置是十分必要的。流蜜阶段采蜜群应及时加足贮蜜空脾。若空脾贮备不足,也可适当加入巢础框。但是在流蜜阶段造脾,会明显影响蜂蜜的产量。

根据泌蜜量和蜂群的采蜜能力增加继箱:采蜜群每天进蜜2千克,应7～8天加一个标准继箱;每天进蜜3千克,4～5天加一个标准继箱;每天进蜜5千克,2～3天加一个继箱。贮蜜继箱用浅继箱更为有利,浅继箱的高度是标准继箱的1/2～2/3。浅继箱贮蜜的特点是贮蜜集中、蜂蜜成熟快、封盖快,尤其在流蜜后期能避免蜜源泌蜜突然中断时贮蜜分散。浅继箱贮蜜有利于机械化取蜜,割蜜盖相对容易;由于浅继箱体积小,贮蜜后重量轻,可以减轻养蜂者的劳动强度(图10-15-A)。蜂蜜只采收贮蜜区成熟蜂蜜,不采收育子区的贮蜜,需要使用浅继箱(图10-15-B)。

A　　　　　　　　　　　　　　　　　B

图 10-15　浅继箱贮蜜

A. 空脾浅继箱加在育子区上方　B. 巢箱上方的浅继箱

流蜜期到来后，将育子区压缩为一个箱体，将蜂王限制在巢箱中。新添加的贮蜜继箱加在育子巢箱的上面，减少采集蜂在蜂箱内的爬行距离，提高蜜蜂的采蜜效率。当第一继箱已贮蜜80%时，可在巢箱上增加第二继箱；当第二继箱的蜂蜜又贮至80%时，再加第三继箱，直到流蜜结束（见图8-26）。

（二）蜂蜜的采收

一个流蜜期只在结束后集中一次性取蜜。规模化蜂蜜生产是将巢脾上无蜂子的成熟蜜脾脱蜂后，运回蜂场，在取蜜车间分离、过滤、分装蜂蜜。

1. 脱蜂　取蜜作业首先将蜂箱打开后，将蜜脾上的蜜蜂脱除后取出。脱蜂的方法有手工抖蜂、用脱蜂板的工具脱蜂、用化学药剂驱避的化学脱蜂和用吹蜂机的机械脱蜂。我国大多数蜂场取蜜采用手工抖蜂的方法，规模化蜂蜜生产宜采用机械脱蜂的方法，快速简便效率高。

机械脱蜂是利用吹蜂机产生的高速气流，将蜜蜂从蜜脾上快速吹落的脱蜂方法。吹蜂机由小型汽油机、鼓风机、蛇形管、鸭嘴形定向喷嘴组成（见图8-6-B）。鼓风机在汽油发动机的驱动下，产生低压高速大排气量的气流，通过蛇形管从定向喷嘴吹出。使用时，将继箱水平或竖立放在继箱架上，手持喷嘴沿着蜜脾间的蜂路顺序移动，蜜脾上的蜜蜂被气流顺继箱架滑道吹落在蜂箱巢门前。

机械脱蜂快速方便，脱光一个贮蜜继箱中的蜜蜂，一般只需6~8秒钟，是规模化蜂场取蜜作业最佳的脱蜂方法。

2. 分离蜂蜜　规模化蜂场在放蜂场地将蜜脾脱蜂取出后，运回取蜜车间，在室内完成切割蜜盖、分离蜂蜜、蜜蜡分离等取蜜作业。

（1）蜜脾加热脱水　封盖的成熟蜂蜜含水量低，黏度大，在常温下蜜温往往低于20℃，增加了蜜从脾中分离的难度。在取蜜作业前，将蜜脾放入35℃的蜜脾温室中一昼夜，使蜜脾的温度与从蜂箱中取出时的温度相仿。蜜脾在温室中还可以使蜜脾中水分进一步蒸发，继续降低蜂蜜的含水量。

（2）切割蜜盖　取蜜前需要将蜜脾的封盖割开，切割蜜盖的工具多用普通冷式割蜜刀（图10-16-A），因其效率低，不适应规模化蜂场取蜜作业。电热式割蜜刀（图10-16-B）的效率远高于普通冷式割蜜刀。小规模蜂场切割蜜盖时，

A　　　　　　　　　　　　　　　B

图10-16　割蜜刀

A. 普通冷式割蜜刀　B. 电热式割蜜刀

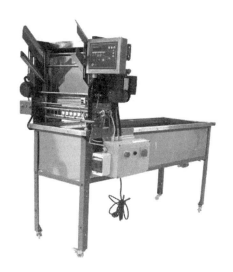

图 10-17　切割蜜盖机

将巢脾垂直竖起，割蜜刀齐着巢脾的上框梁由下向上拉锯式徐徐切割。切割蜜盖应小心操作，不得损坏巢房。切割下来的蜜盖用干净的容器盛装，待蜂蜜采收结束再进行蜜蜡分离处理。大型的蜂场采用机械切割蜜盖（见图 1-6，图 10-17），对于机械切割不到的少部分蜜盖，用蜜耙将残余的蜜盖划破。

（3）分离蜂蜜　我国蜂场多为 100 群以内的小规模蜂场，使用两框手动固定弦式分蜜机（图 10-18-A，图 10-18-B）在蜂场的蜂箱边取蜜（图 10-18-C），取蜜效率很低，不适应规模化蜂场需要。为了使分蜜机框笼在转动时平衡，避免分蜜机不稳定或震动太大，同时放入的两个蜜脾重量应尽量相同，巢脾上梁方向相反。用手摇转分蜜机，最初转速慢，逐渐加快，且用力均匀。摇转的速度不能过快，尤其在分离新脾中的蜂蜜时更应注意，防止巢脾断裂损坏。在脾中贮蜜浓度较高的情况下，由于蜂蜜黏稠度大不易分离，应先将蜜脾一侧贮蜜摇取一半时，将巢脾翻转，取出另一侧巢房中贮蜜，最后再把原来一侧剩余的贮蜜取出。这样，可以避免蜜脾在加速旋转的分蜜机中，朝向分蜜机中一侧的压力过大而造成巢脾损坏。

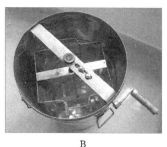

A　　　　　　　　　B　　　　　　　　　C

图 10-18　两框手动固定弦式分蜜机
A. 两框手动固定弦式分蜜机外观　B. 两框手动固定弦式分蜜机内部构造
C. 用两框手动固定弦式分蜜机在蜂箱边上取蜜

规模化蜂场应在取蜜车间分离蜂蜜，车间内安装中型或大型的电动分蜜机（图 10-19）。大型的分蜜机，一次可分离 200 多张蜜脾。

图 10-19　辐射式电动分蜜机

（4）蜜蜡分离　小型蜂场切割下来的蜜盖不多，蜜蜡分离方法比较简单，将蜜盖放置在铁纱或尼龙网上静置，下面用容器盛接滤出滴下的蜂蜜。规模化蜂场可在取蜜车间内安装蜜蜡分离装置（图 10-20-A），高效地将蜜盖中的蜂蜜榨干（图 10-20-B）。

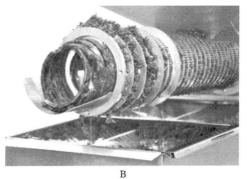

A

B

图 10-20　蜜蜡分离

A. 蜜蜡分离装置　B. 榨干蜜盖中的蜂蜜

3. 过滤封装　取出的蜂蜜需经双层尼龙纱滤蜜器过滤，除去蜂尸、蜂蜡等杂物，将蜂蜜集中于大口容器中使其澄清。1～2 天后蜜中细小的蜡屑和泡沫等比蜜比重轻的杂质浮到蜂蜜表面，沙粒等较重的异物沉落到底部。把蜂蜜表面浮起的泡沫等取出，去除底层异物，将纯净的蜂蜜装桶封存。分蜜机使用后要及时洗净、晾干。取蜜后及时清理取蜜场所，以防发生盗蜂，尤其是在流蜜后期更应注意。多余的空脾中还残留少量的余蜜，应将这些巢脾放置隔板外侧，让蜜蜂清理干净后撤出。流蜜期后残留余蜜的空脾放置在继箱中清理 2～3 天，每群蜜蜂一次可清理 1～2 个继箱的空巢脾。

分离蜜应按蜂蜜的品种、等级分别装入清洁、涂有无毒树脂的蜂蜜专用铁桶或陶器中。在蜂蜜采收和贮运过程中，都应避免与金属过多接触，以防蜂蜜被重金属污染。蜂蜜装桶以 80% 为宜。蜂蜜装桶过满，在贮运过程中容易溢出。高温季节还易受热胀裂蜜桶。蜂蜜具有很强的吸湿性，蜂蜜装桶后必须封紧，以防蜂蜜吸湿后含水量增高。贮蜜容器上应贴上标签，标注蜂蜜的品种、浓度、重量、产地及取蜜日期等。蜂蜜应选择阴凉、干燥、通风、清洁的场所存放。严禁将蜂蜜与有异味或有毒的物品放置在一起。

二、巢蜜生产

巢蜜是蜜蜂采集并充分酿造成熟的优质蜂蜜，贮存在特制的新巢脾中的小块封盖蜜脾，是高档的天然蜂蜜产品。巢蜜中的蜂蜜在新蜂蜡筑造的巢脾中封存，保证了蜂蜜天然成熟，能够更多地保留着蜜源花朵所特有的清香，完整地保留了蜂蜜中所有的营养成分。巢蜜减少了分离蜜在分离、包装和贮运过程中的污染和营养成分的破坏，在酶值、含水量、羟甲基糠醛、重金属离子等质量指标方面，巢蜜均优于分离蜜。此外，巢蜜还具有蜂巢的价值，能清洁口腔。

巢蜜的美观外形能引起人们的极大兴趣。包装在透明塑料盒中的巢蜜，或浸在浅色半透明液态蜂蜜中的小巢蜜块，由淡黄色的蜂蜡构成极规则的六角形巢房的巢脾，贮满了纯净、芳香的蜂蜜，给人以一种天然的艺术和知识享受，增加了人们对蜜蜂和蜂蜜的认识。随着我国人民消费水平的提高，巢蜜在国内市场的消费量也将逐年增大。

巢蜜有 3 种商品形式，即格子巢蜜、切块巢蜜和混合巢蜜。格子巢蜜是用特制的巢蜜格，镶装特薄巢础造脾，贮蜜成熟全部封盖后，蜜脾和蜜格一起包装出售的蜂蜜产品。切块巢蜜是将大块巢蜜切割成一定大小和形状的小蜜块。混合巢蜜是将切块巢蜜放在透明容器中，注入同蜜种的分离蜜所形成的蜂蜜商品。

（一）生产条件

巢蜜生产的条件比分离蜜的生产要求更为严格，应具备蜜源和蜂群两方面的条件。

1. 蜜源条件

（1）泌蜜量大，花期长　巢蜜生产需要巢蜜格贮蜜快速、封盖完整。从蜜格巢脾放入蜂箱贮蜜，到贮蜜巢房全部封盖，这段时间越短越好，尽量减少巢蜜在蜂箱中停留的时间。因此，巢蜜生产的首要条件，就是要有花期长、泌蜜量大的蜜源。

（2）蜂蜜色泽浅，不易结晶 巢蜜应色泽美观、口感好，这就要求生产巢蜜的蜜源，其蜂蜜色泽浅淡、气味清香、不易结晶，如刺槐、党参、紫云英、荆条、苜蓿、椴树、柑橘、荔枝、龙眼、草木樨等都是巢蜜生产的理想蜜源。油菜蜜和棉花蜜容易结晶，结晶的巢蜜影响商品外观，很难销售。荞麦、桉树、地椒等蜂蜜的色泽深暗，有特殊的气味，生产出来的巢蜜外观不好，口感不佳。

（3）避开胶源 巢蜜不能带有蜂胶。巢蜜表面粘附蜂胶，外观上有被污染的感觉，并使巢蜜具有蜂胶的苦涩味。所以，生产巢蜜的蜂场还应注意避开林木茂盛、胶源丰富的场地。

2. 蜂群条件 生产巢蜜的蜂群应选择采蜜能力强、蜜脾封盖干型、采胶能力弱的蜂种。

（1）造脾能力强，采集积极 生产巢蜜的蜂群，要求造脾能力强、采集积极，也就是需要有大量适龄采集蜂和泌蜡蜂的强群。只有这样的蜂群，才能快速造脾、快速贮蜜，使巢蜜快速封盖。

（2）蜜脾封盖干型 不同蜂种的蜂群，其蜜脾封盖的特点有所不同。蜜脾封盖有 3 种类型：干型、湿型和中间型。干型蜜脾封盖，巢脾蜡盖与蜂巢贮蜜有一定的距离，所以巢蜜封盖是鲜亮的新蜂蜡颜色，色泽美观；湿型蜜脾封盖，巢房蜡盖与贮蜜接触，巢蜜的封盖就呈湿润状，色泽暗。

（3）采胶能力弱 不同蜂种的蜜蜂，其采胶能力也有所不同。为了使巢蜜不受蜂胶的污染，生产巢蜜的蜂群应不采胶或采胶力弱。

生产巢蜜比较理想的蜂种主要有中华蜜蜂、卡尼鄂拉蜜蜂和意大利蜜蜂。中华蜜蜂生产巢蜜最大的优点就是不采胶，蜜脾封盖干型。但是，中蜂所能维持的群势较小，其群体采蜜能力较弱。卡尼鄂拉蜜蜂采蜜能力较强，采胶性差，蜜脾封盖为干型。意大利蜂生产巢蜜最突出的特点就是所维持的群势强大，采集力和泌蜡能力强。但是，蜜脾封盖是中间型，采胶性一般。高加索蜜蜂采胶能力强，蜜脾封盖湿型，所以一般情况下不宜用高加索蜜蜂生产巢蜜。

（二）格子巢蜜的生产

1. 巢蜜格和上础 与分离蜜生产相比，巢蜜生产需要特殊的装置和材料，其中包括巢蜜格、改制后的巢蜜继箱（图 10-21）或巢蜜框架（图 10-22）、优质纯蜂蜡特制的特薄巢础、特殊上础工具、巢蜜盒等。

（1）巢蜜格 多用无毒硬塑料制作的巢蜜格，形状为圆形、方形（图 10-

23-A，图 10-23-B）、六角形（图 10-23-C）、心形（图 10-23-D）、其他异形（图 10-23-E），其大小可根据巢蜜的重量和蜂箱内部的尺寸确定。一般情况下，巢蜜格越大，巢蜜在蜂箱中封盖越快。现在采用三面开口的巢蜜格比较多，因为安装巢础时，一张大巢础同时从开口处插入连在一起的四个巢蜜格中，装入蜜格框架内，方便快速。当巢蜜格造好脾或贮

图 10-21　巢蜜继箱

满蜜后，再将连在一起的巢蜜格各自分开。这样，可减少上础时的部分工序。

格子巢蜜有双面巢脾（图 10-23-B）和单面盒式两种形式（图 10-23-C 至图 10-23-E）。单面盒式巢蜜格与包装盒成为一体，盒底喷上蜂蜡，蜂群在盒内造

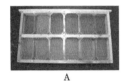
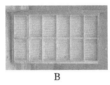
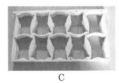
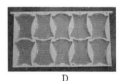

图 10-22　巢蜜框架

A. 镶装方形软塑巢蜜格框架　B. 镶装方形硬塑巢蜜格框架

C. 未镶装异形巢蜜格框架　D. 镶装异形硬塑巢蜜格框架

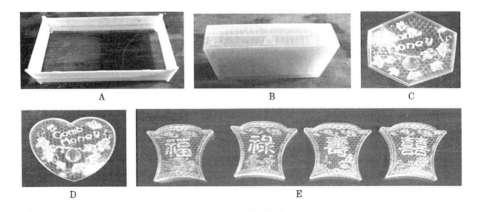

图 10-23　巢蜜盒

A. 方形巢蜜盒　B. 方形巢蜜盒　C. 六角形巢蜜盒

D. 心形巢蜜盒　E. 异形巢蜜盒

脾贮蜜。巢蜜盒中贮蜜封盖后，另加一个盒盖密封，巢蜜就包装完毕。这种盒式巢蜜有很多优点，在生产过程中，不用上础、精简包装，所以省工省料、降低成本、提高效益，并能减少巢虫的危害；由于蜂蜡减少，使巢蜜的口感更好；类似托盘的盒式巢蜜格，在食用时无须再将巢蜜移入其他容器，使得巢蜜的食用更方便、更卫生。

（2）巢蜜格上础　巢蜜生产所使用的巢础，必须是优质新鲜纯蜂蜡制成的特薄巢础。巢础的质量对巢蜜的口感影响很大，绝不能用掺有矿蜡的巢础生产巢蜜。一般育子用的巢础不宜用来生产巢蜜。巢础的形状和大小，应根据巢蜜格的规格进行切割。巢蜜格上础的主要工具是多组木块装巢础垫板。多组木块装巢础垫板是将大小比巢蜜格内围规格略小1～2毫米，形状与巢蜜格相似的木块，粘附在木板上制成。每块木板上粘附的小木块数量，可根据需要自行确定。小木块的厚度略小于巢蜜格厚度的一半，使巢础正好能镶装在巢蜜格中间。使用时，把巢蜜格套放在木块上，将切好的巢础放入巢蜜格内，用熔化的蜂蜡或埋线器将巢础固定在巢蜜格中。

2. 生产方法　从事巢蜜生产的蜂场，即使在良好的条件下，也不宜单一生产巢蜜，巢蜜和分离蜜的生产同时进行更为有利。

生产巢蜜用的浅继箱，长和宽与标准蜂箱同，高度应与巢蜜格的大小相配套。使用时，在巢蜜继箱的底部，钉有巢蜜托架支撑巢蜜格（见图10-21）。也可以不改装继箱，用巢蜜框架在蜂箱中承托巢蜜格（见图10-22）。

（1）意大利蜂格子巢蜜生产

①巢蜜生产群的组织　生产格子巢蜜的蜂场，春季增长阶段的蜂群管理与分离蜜生产基本相似。但是，巢蜜生产的蜜蜂群势要求比分离蜜生产更强。因此，应采取一切措施，加速蜜蜂群势增长，培育强群。在流蜜初期，蜜蜂开始大量采进花蜜时，将蜂群的育子区压缩为一个箱体，使蜜蜂密集。巢箱育子区排放9张巢脾，并将巢脾放在蜂巢中间，两侧加隔板。在巢箱上叠加一个装满巢蜜格的浅继箱。一般情况下，蜂王很少进入装有巢蜜格的浅继箱中产卵，巢继箱这间不必加隔王栅。

②叠加巢蜜蜂继箱　当第一个继箱中的巢蜜格贮蜜达2/3时，加第二个装满巢蜜格的继箱。凡是装有镶础巢蜜格的继箱都应先放在蜂箱最顶层造脾。如果继箱中巢蜜格贮蜜速度不均匀，可将继箱调头。当第二继箱中巢蜜格已造好脾时，将第二继箱放到巢箱上，将第一继箱放到顶层。当第二继箱贮蜜达1/2时，再放第三继箱造脾。同样，第三继箱的蜜格造好脾后，移至巢箱上，也就是贮蜜区的最下层。如果需加第四继箱，程序也是如此。一般情况下，加到第五继箱时，第一继箱的巢蜜已经成熟，就可以脱蜂撤下收取（图10-24）。为防蜜蜂

任意加高巢房,导致封盖不整齐,可在每排巢蜜格之间加一块薄木板控制蜂路,以保证巢蜜封盖整齐美观。巢蜜继箱切勿加得太快,否则巢蜜格将贮蜜不满。

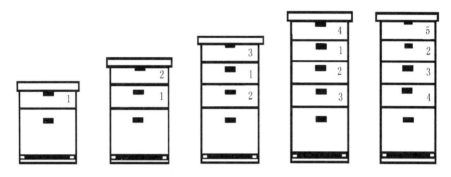

图 10-24　格子巢蜜生产加贮蜜继箱的方法

③巢蜜格取出　当继箱中巢蜜格完全封盖后,应马上取出,以防封盖的巢蜜表面出现蜜蜂爬行的污迹。在流蜜后期,对未封盖的巢蜜,可用同一流蜜期取出的分离蜜饲喂蜂群,促使巢蜜快速贮满封盖。巢蜜比较脆弱,容易破损,在采收过程中一定要小心谨慎。从继箱中提出巢蜜之前,最好使用脱蜂板进行工具脱蜂,也可采用机械脱蜂。对生产巢蜜的蜂群尽量少使用喷烟器,以防喷烟器喷出的灰尘污染巢蜜。蜂蜡易吸附异味,喷烟易使巢蜜带有烟味。另外,巢蜜采收不宜采用化学脱蜂的方法。

④巢蜜生产群的管理　巢蜜生产,需要群势密集的强群,作为商品巢蜜必须完全封盖。巢蜜生产群的分蜂热较严重,但又不能采取加脾扩巢、提早取蜜等流蜜期一般常用手段控制分蜂。控制巢蜜生产群的分蜂热具有很大难度。如果分蜂热控制不住,就必然影响蜂群的采酿活动,直接影响巢蜜的生产。所以,巢蜜生产群的管理要特别注意分蜂热的控制。巢蜜生产蜂群控制分蜂热,除了采取更换新王、生产王浆、遮阴降温等措施外,还可将整个蜂群箱体垫高,使箱底和地面留有足够的空间,以利箱底通风。每隔5~7天还应全面检查毁弃一次王台。如果个别蜂群分蜂热严重,应立即去除蜂王,并毁尽所有王台。在除台后的第7~9天,再进行一次彻底毁弃改造王台,然后诱入一个成熟王台或优质产卵蜂王。在采取控制分蜂热措施的同时,还要根据进蜜情况酌加继箱。一般情况下,流蜜期前换过新王的蜂群,流蜜期很少发生分蜂热。流蜜期前更换新王,是巢蜜生产控制分蜂热的重要措施。如果个别蜂群不接受巢蜜生产,或分蜂热无法控制时,就应及时改为分离蜜生产。

(2) 中蜂格子巢蜜生产

①蜜格造脾　中蜂群体采蜜能力比意蜂弱,如果在大流蜜生产巢蜜时造脾,

就会影响巢蜜的封盖速度和产量。所以，利用中蜂生产巢蜜，应在流蜜期前修造蜜格巢脾。在蜂群增长阶段中后期，把上础后的巢蜜格，安装在巢蜜框架的中梁上，于傍晚插入强群中造脾。待蜜格巢房修筑至 50%～60% 时，就可取出备用，同时再放入新的镶础巢蜜格造脾。巢蜜格造脾必须在夜晚进行，以防巢蜜格中贮进花粉。

②半成品巢蜜和成品巢蜜的生产 为了在有限的流蜜期内提高巢蜜产量，可将半成品巢蜜和成品巢蜜的生产分步进行。在流蜜期一开始，就把蜂群增长阶段修造的蜜格巢脾放入强群中贮蜜。当巢蜜格贮蜜即将封盖时取出，放入包装盒内暂时保存，同时再放入新的蜜格巢脾继续贮蜜，以此突击生产半成品巢蜜。由于分离蜜产量要比巢蜜高，为了提高巢蜜产量，在生产巢蜜的同时，应安排全场一半的蜂群进行分离蜜生产。在蜜源花期结束后，可利用这些分离蜜继续生产巢蜜。在流蜜后期和流蜜期后，把半成品巢蜜再放回蜂群，并不断地用同种蜜源的分离蜜饲喂蜂群，使蜜蜂对半成品的巢蜜继续加工，直到巢蜜格内贮蜜完全成熟封盖。当巢蜜格中的蜜脾全部封盖，就可取出进行成品包装。

③巢蜜生产群的管理 在修造蜜格巢脾和进行巢蜜生产期间要维持强群，控制分蜂热；在流蜜后期或流蜜期后的成品加工期间，既要加强巢内通风又要严防盗蜂；饲喂蜂蜜应在夜晚进行，并只能采取巢内饲喂的方法；夏季生产巢蜜，蜂群应放置在阴凉之处，并采取降低巢温的措施。

3. 巢蜜的包装 格子巢蜜的质量很大程度上取决于成品巢蜜的外观。生产出来的色泽美观、封盖整齐的成品巢蜜，还需进行适当的处理和包装，以防机械破损、虫蛀和发酵。

（1）修整巢蜜格 西方蜜蜂生产的格子巢蜜，从蜂箱中取出后，应检查巢蜜格上是否有蜂胶和蜡瘤。若蜂胶不容易刮除，可用纱布浸酒精小心擦拭干净。

（2）防虫蛀食 格子巢蜜有可能附着蜡螟的虫卵。为了避免蜡螟的幼虫在包装盒内蛀食巢蜜，在包装之前必须采取灭杀虫卵措施。选择处理巢蜜的药剂，应避免巢脾吸附异味和被有毒的物质污染。杀灭巢蜜中巢虫主要采用二氧化碳熏蒸、冷冻处理、紫外线灯照射等方法处理。

①二氧化碳熏蒸 在放有巢蜜的密闭房间内，充满二氧化碳气体，使二氧化碳气体保持 80% 的浓度 5 天，这样可保证巢蜜在 2 个月以内不出现巢虫。如果室温在 37℃、空气相对湿度 50% 左右，保持室内 98% 二氧化碳气体 4 小时，即可杀灭蜡螟的卵虫蛹。

②冷冻处理 先将巢蜜装入无毒塑料袋中密封，防止巢蜜吸附冰箱或冷库中的异味和冷凝水存留于巢蜜封盖表面。将巢蜜置于 −15℃ 以下的冰箱、冰柜、冷库中 24 小时。

（3）排除水分　在湿度大的地区，尤其是利用中蜂生产巢蜜，已封盖巢蜜中的蜂蜜含水量也可能很高，因而巢蜜也会出现蜂蜜发酵的问题。在这种条件下生产的巢蜜，在包装之前应检测巢蜜中蜂蜜的含水量。当巢蜜中蜂蜜含水量超过19％时，就应采取脱水措施，排除多余的水分。巢蜜脱水可在密闭的房间安装一台减湿器，并使室温保持在27℃～33℃，使用电扇保持室内空气流通。巢蜜继箱放置在木架上，不能直接与地面接触。继箱之间可作"十"字形重叠，以加强继箱中巢蜜格间的空气流通。当巢蜜中蜂蜜含水量降到18％时，就可以停止脱水，进行成品包装。在巢蜜脱水过程中，也应防止脱水过度而使蜂蜜因过浓而结晶。

（4）检验包装　按巢蜜封盖表面的平整程度、色泽，有无花粉、空巢房、破损，巢蜜格的清洁度以及蜂蜜的品质等标准分等级。剔除贮在花粉、蜜房未封盖和空巢房过多、巢蜜格蜂胶污染严重、巢蜜表面封盖过分凹凸不平、蜂蜜结晶或发酵等不合格产品。巢蜜的净重应尽量与商标说明保持一致，不能低于规定重量的20％。将质量合格的巢蜜格放入包装盒，盖紧盒盖并贴上透明胶带密封。巢蜜的包装盒，多用无毒透明的塑料制成，要求坚固、美观、严密，能起到保护巢蜜不碰损、不虫蛀、不吸湿等作用。巢蜜包装后，应贮存于干燥通风处，贮存巢蜜最适宜的温度为23℃。

（三）切块巢蜜和混合巢蜜的生产

切块巢蜜和混合巢蜜都是用大块巢蜜加工的。大块巢蜜就是在浅继箱中，用优质纯蜂蜡特制的特薄巢础，在继箱中修造新脾，并贮满成熟蜂蜜的封盖蜜脾（图10-25）。将大块巢蜜切割成一定的大小和形状，进行包装处理就成为切块巢蜜。将大块巢蜜切成小蜜块，放入透明的容器中，并在容器中添注同蜜种的分离蜜，就成为混合巢蜜。

图 10-25　大块巢蜜

1. 大块巢蜜生产　大块巢蜜的生产，与格子巢蜜的生产方法相似，先将特薄巢础镶装在浅继箱中的巢框上，放入强群中造脾贮蜜。当蜜脾全部封盖后，脱蜂取出，再把蜜脾从巢框上割下来。大块巢蜜生产的蜂群管理方法与格子巢蜜生产相似，只是为防蜂王爬到继箱上产卵，巢继箱之间应加隔王栅。

生产大块巢蜜的巢框上础，与普通巢脾有所不同，巢框不能穿铁线。大块巢蜜的巢框内部规格一般为 425 毫米×107 毫米，或 425 毫米×136.5 毫米。上梁开有可嵌入巢础的槽。上础的简便方法是，将巢础放在巢础垫板上，巢框套在巢础垫板上，把巢础嵌入上梁的槽中，最后用熔化的纯蜂蜡固定。

2. 切块巢蜜生产　大块巢蜜平放在木板上，用加热后锋利的切蜜块刀，将大块巢蜜切割成所需的大小和形状的小蜜块。小蜜块的重量多在 50～500 克。切块巢蜜的边缘应整齐光滑，不能撕裂和刮坏巢房。小蜜块边缘附着液态蜂蜜，易使巢蜜结晶。所以，在巢蜜包装前，必须将小蜜块边缘的液态蜂蜜清除。小批量生产，可将切块后的小蜜块要置于有不锈钢浅盘承托的硬铁纱上，滴干粘附在小蜜块边缘的液态蜂蜜。大批量生产则需用改装后的分蜜机，将小蜜块边缘的液态蜂蜜甩干。最后，用无毒的聚乙烯塑料薄膜袋进行封装，放入较坚固的透明包装盒中密封贮存。

3. 混合巢蜜生产　将小蜜块放入包装容器中，再将与小蜜块同蜜种的分离蜜缓慢地注入。混合巢蜜中的小蜜块重量，不应低于分离蜜。为了防止分离蜜注入时产生过多的气泡，可使蜂蜜沿容器边缘流入。混合巢蜜结晶后影响外观，作为商品是不合格的。为预防混合巢蜜结晶，在混合巢蜜包装前应先做好两项工作：一是将小蜜块边缘的液态蜂蜜滴干或甩尽；二是将分离蜜加热到 65.5℃后，消除分离蜜中的结晶核，自然冷却到 49℃时再注入包装容器中。49℃的分离蜜可使小蜜块蜂蜡变软，巢脾的强度下降。为预防小蜜块由于浮力的挤压而损坏，蜂蜜注入容器后应立即密封，迅速将容器横放。待容器中的分离蜜完全冷却后，再装入包装箱中贮运。

无论是格子巢蜜、切块巢蜜还是混合巢蜜，在贮运过程中出现结晶现象，可采取将巢蜜加热到蜂蜡熔点以下的温度（62℃～67℃），熔化结晶。

第三节　蜂花粉生产

蜂花粉营养十分丰富，是蜜蜂从粉源植物的花朵上采集的植物雄性配子，呈花粉团状带回蜂巢，在巢门前安装脱粉器截留的花粉团。在粉源丰富的地方开展蜂花粉生产，尤其是在蜜源不足而粉源丰富的季节，可以提高养蜂生产的产值。采收蜂花粉既有利于解除粉压子脾的问题，又能在缺乏粉源的季节，把采收下来的蜂花粉返饲给蜂群，促进蜂群增长和蜂王浆生产。

一、脱粉方法

（一）脱粉器选择

脱粉器是采收蜂花粉的工具。脱粉器的类型比较多，各类脱粉器主要由脱粉孔板和集粉盒两大部分构成。脱粉孔板已有专业厂家生产，主要有两类，开模塑制（图 10-26-A）和木质框架钢丝孔组合（图 10-26-B）。集粉盒多用浅盘式容器替代，或用白布或纸张铺在巢前承接（图 10-27-A），也有用塑料压塑专用集粉盒（图 10-27-B）的。有的脱粉器还设有脱蜂器、落粉板、外壳等构造（图 10-28）。

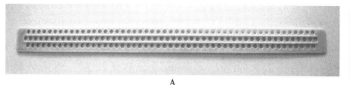

图 10-26　脱粉孔板
A. 塑料脱粉孔板　B. 木质框架钢丝脱粉孔板

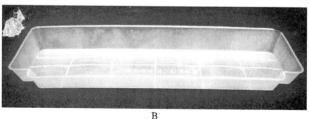

图 10-27　集粉盒
A. 白布或纸张铺在巢前承接蜂花粉　B. 塑料压塑专用集粉盒

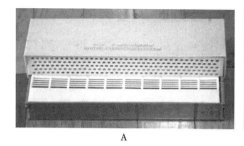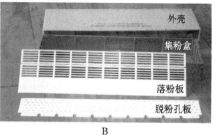

图 10-28　巢门脱粉器
A. 组装后的巢门脱粉器　B. 未组装的巢门脱粉器

脱粉器的脱粉效果，关键在于脱粉孔板上脱粉孔的孔径大小。在选择使用脱粉器时，脱粉孔板的孔径应根据蜂体的大小、脱粉孔板的材料，以及加工制造方法决定。选择脱粉器的原则是既不能损伤蜜蜂，使蜜蜂进出巢比较自如，又要保证脱粉效果达 75％以上。脱粉孔的孔径，西方蜜蜂为 4.5～5 毫米，一般情况下 4.7毫米最合适；东方蜜蜂应使用 4.2～4.5毫米孔径的脱粉器。

（二）脱粉器安装

当蜂群大量采进蜂花粉时，将蜂箱前的巢门档取下，在巢门前安装脱粉器进行蜂花粉生产。脱粉器的安装应在蜜蜂采粉较多时段进行。各种粉源植物花药开裂的时间有所不同，多数粉源植物花朵散粉都在早晨和上午。雨后初晴，或阴天湿润的天气蜜蜂采粉较多，干燥的晴天则不利于蜂体粘附花粉粒，影响蜜蜂采集花粉。脱粉器的安装应严密，要保证使所有进出巢的蜜蜂都必须通过脱粉孔。初装置脱粉器，采集归巢的工蜂进巢受脱粉孔板的阻碍，很不习惯。如果相邻的蜂群没有装置脱粉器，就会出现采集蜂向附近没有脱粉蜂群偏集，造成蜂群管理上的麻烦。在生产蜂花粉时，应该全场蜂群同时安装脱粉器，至少也要同一排的蜂群同时脱粉。

脱粉器放置在蜂箱巢门前时间的长短，可根据蜂群巢内的花粉贮存量、蜂群的日采进花粉量决定。蜂群采进的花粉数量多，巢内贮粉充足可相对长一些。脱粉的强度以不影响蜂群的正常发展为度。一般情况下，每天的脱粉时间为 1～3 小时。

二、高产措施

蜂花粉生产应根据有关蜜蜂采集花粉的生物学特性进行管理蜂群。为了提高蜂花粉的产量，在生产过程中，可采取以下措施。

（一）选择粉源丰富的放蜂场地

粉源丰富是蜂花粉生产的前提条件。蜂花粉生产应尽量选择大面积种植油菜、紫云英、蚕豆、玉米、向日葵、荞麦、茶花等粉源丰富的场地放蜂。放蜂场地应选在粉源的下风头，在山区蜂群最好放在山脚下，以减少工蜂采集归巢时体力的消耗，节约采集途中时间，提高蜂花粉的产量。

（二）培育大量适龄的采粉蜂

蜜蜂采集花粉，首先要靠身体上的绒毛粘附，所以采粉蜂多为采集初期的青壮工蜂。在蜂花粉生产季节，为了保证蜂群有大量的适龄采粉工蜂，需提前

45天开始促王产卵，大量培育适龄采粉蜂。

（三）保持适当的群势

群势强盛的蜂群不适合蜂花粉生产。安装脱粉器后，强群会造成巢门前不同程度的拥挤，降低采粉效率，无法发挥强群的采集优势。为了保证蜂花粉的生产效率，在脱粉之前应把蜂群的群势调整到8～10足框。

（四）保持贮蜜充足

蜜蜂能根据蜂群的需要调节采集粉蜜的比例。如果巢内贮蜜不足，就会使一部分采粉蜂应急去寻找采集花蜜。当外界流蜜较少，粉源又充足的条件下，工蜂采粉效率比采蜜高。在这种情况下，就应保持巢内贮蜜充足，促使蜂群中大量的蜜蜂采集花粉。奖励饲喂是蜂花粉的增产措施之一，奖励饲喂既有利于补充巢内贮蜜、促进蜂王产卵、工蜂育子，也有利于刺激工蜂出巢采集。

（五）保持蜂王旺盛的产卵力

蜂花粉是蜜蜂幼虫生长发育、工蜂王浆腺发育等不可缺少的蛋白质饲料，只有在蜂群中卵虫多的情况下，蜜蜂才本能地大量采集花粉。卵虫少或无卵虫的蜂群很少采粉，生产蜂花粉的蜂群必须要有大量的卵虫。无王群和处女王群不宜作为蜂花粉生产群。为了保证蜂花粉生产群有一定数量的卵虫，就需要产卵旺盛的蜂王。采粉群应及时淘汰老劣蜂王，换产卵力强的新蜂王。

（六）巢内贮粉适当

蜂群巢内贮粉过多，对花粉的需求基本满足，蜜蜂就不再积极地采粉。只有在巢内贮粉略不足时，才会促使大量的工蜂投入采粉活动。但是，巢内贮粉不足时蜂群会本能地限制蜂王产卵，甚至拔除正在发育的卵虫，使巢内卵虫减少。卵虫减少又会影响蜂群采粉积极性。蜂花粉生产群巢内贮粉量应控制在不影响蜂群正常增长为度。在粉源丰富的季节，脱粉应连续进行。

三、蜂花粉的干燥

新采收下来的蜂花粉含水量很高，常在20%～30%。采收后如果不及时处理，蜂花粉很容易发霉变质，所以新鲜蜂花粉采收后应及时进行干燥处理。

（一）日晒干燥

将新鲜蜂花粉薄薄地摊放在翻过来的蜂箱大盖中，或摊放在竹席、木板等平面物体上，置于阳光下晾晒。这种干燥方法简单，无须特殊设备。但是日晒干燥的明显不足之处就是蜂花粉的营养成分破坏较多，易受杂菌污染。日晒干燥还受到天气的限制。为了减少阳光对蜂花粉营养和活性的破坏，避免杂菌和灰尘污染，在晾晒的蜂花粉上应覆盖1～2层棉纱布。

（二）自然干燥

将少量的新鲜蜂花粉置于铁纱副盖上，或特制的大面积细纱网上，薄薄地摊开，厚度不超过20毫米，放在干燥通风的地方自然风干。有条件的还可用电风扇等进行辅助通风。在晾干过程中，蜂花粉需要经常翻动。自然干燥同样也需要防止灰尘和细菌污染。这种干燥处理方法，具有日晒干燥的优点，并能减少因日晒造成蜂花粉的营养损失和活性降低。自然干燥需要的时间较长，且干燥的程度也往往不如日晒干燥。

图 10-29　蜂花粉恒温干燥箱

（三）恒温干燥箱烘干

将蜂花粉恒温干燥箱（图10-29）的箱内温度调整稳定在43℃～46℃，再把新鲜的蜂花粉放入烘干箱中6～10小时。用远红外恒温干燥箱烘干蜂花粉，具有省工、省力、干燥快、质量好等优点，但要求设备和电源齐全。

第四节　蜂胶生产

蜂胶是蜜蜂从某些植物的幼芽、树皮上采集的树胶或树脂，混入工蜂上颚腺的分泌物等携带归巢的胶状物质。从事采胶的蜜蜂多为较老的工蜂。在胶源丰富的地区，大流蜜期后利用蜂群内的老工蜂生产蜂胶，可以充分利用蜂群生产力创造价值。

不同蜂种和品种的蜜蜂采胶能力不同，高加索蜜蜂采胶能力最强，意大利蜜蜂和欧洲黑蜂次之，卡尼鄂拉蜜蜂和东北黑蜂最差。杂交蜂中，含有高加索蜜蜂血统的蜂群，通常也能表现出较强的采胶能力。中蜂不采集和使用蜂胶。专业生产蜂胶的蜂场，应注意蜂种的选择。

蜂胶的颜色与胶源种类有关，多为黄褐色、棕褐色、灰褐色，有时带有青绿色，少数蜂胶色泽深近黑色。在缺乏胶源的地区，蜜蜂常采集如染料、沥青、矿物油等作为胶源的替代物。如果采收蜂胶时，发现色泽特殊的蜂胶应分别收存，经仔细化验鉴别后再使用。

蜂群集胶特点是蜂巢上方集胶最多，其次为框梁、箱壁、隔板、巢门等位置。蜜蜂积极用蜂胶填补缝隙的宽度为1～3毫米，这些特性为设计集胶器提供了科学依据。

一、蜂胶的生产方法

蜂胶生产方法主要有结合蜂群管理刮取，利用覆布、尼龙纱和双层纱盖等收取，利用集胶器集取。

（一）结合蜂群管理刮取

这是最简单最原始的采胶方法，直接从蜂箱中的覆布、巢框上梁、副盖等蜂胶聚集较多的地方刮取。在开箱检查管理蜂群时，开启副盖、提出巢脾，随手刮取收集蜂胶。这种方法收集的蜂胶质量较差，必须及时去除赘脾、蜂尸、蜡瘤、木屑等杂物。也可以将积有较多蜂胶的隔王栅、铁纱副盖等换下来，保存在清洁的场所，等气温下降蜂胶变硬变脆时，放在干净的报纸上，用小锤或起刮刀等轻轻地敲落，也可以用取胶专用工具蜂胶滚轮取下铁纱副盖上的蜂胶（图10-30）。

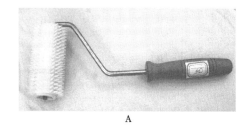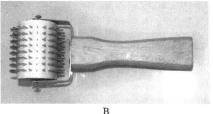

A B

图 10-30　蜂胶滚轮

A. 蜂胶塑料滚轮　B. 蜂胶金属滚轮

（二）覆布、尼龙纱、双层纱盖产胶

用优质较厚的白布、麻布、帆布等作为集胶覆布，盖在副盖或隔王栅下方的巢脾上梁，并在框梁上横放2～3根细木条或小树枝，使覆布与框梁之间保持

2～3毫米的缝隙，供蜜蜂在覆布和框梁之间填充蜂胶。取胶时把覆布上的蜂胶在日光下晒软后，用起刮刀刮取蜂胶，也可以放入冰箱待蜂胶变硬变脆轻轻地敲打。取胶后覆布入回蜂箱原位继续集胶，覆布放回蜂箱时，应注意将沾有蜂胶的一面朝下，保持蜂胶只在覆布的一面。放在隔王栅下方的覆布不能将隔王栅全部遮住，应留下100毫米的通道，以便于蜜蜂在巢箱和继箱间的通行。炎热夏季可用尼龙纱代替覆布集胶。当尼龙纱集满蜂胶后，放入冰箱等低温环境中，使蜂胶变硬变脆后，将尼龙纱卷成卷，然后用木棒敲打，蜂胶就会呈块状脱落，进一步揉搓就会取尽蜂胶。双层纱盖取胶，就是利用蜜蜂常在铁纱副盖上填积蜂胶的特点，用图钉将普通铁纱副盖无铁纱的一面钉上尼龙纱，形成双层纱盖。将纱盖尼龙纱的一面朝向箱内，使蜜蜂在尼龙纱上集胶。

（三）集胶器产胶

集胶器主要是根据蜜蜂在巢内集胶的生物特性设计的蜂胶生产工具，用以提高蜂胶的产量和质量。集胶器有很多栅条状缝隙，促使蜜蜂在集胶器的缝隙中填充蜂胶。市场上出售的集胶器主要用塑料和木竹制成。塑料副盖集胶器正面（图10-31-A）的缝隙比背面（图10-31-B）大，以使蜜蜂填充更多的蜂胶（图10-31-C），塑料集胶器反面的缝隙宽度为3毫米。竹丝副盖集胶器（图10-31-D）用木料制成副盖框架，木框内镶嵌竹丝，竹丝间的缝隙宽度为3毫米。副盖集胶器使用时取下副盖，用副盖集胶器替代副盖，在副盖集胶器上覆盖白色覆布。塑料副盖集胶器应正面向下放置。

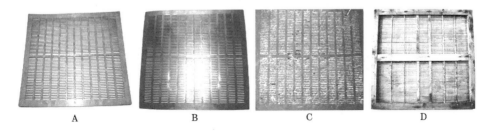

图10-31 副盖集胶器

A. 塑料副盖集胶器正面　B. 塑料副盖集胶器背面　C. 集满蜂胶的集胶器　D. 竹丝副盖集胶器

二、生产蜂胶的注意事项

第一，采收蜂胶时应注意清洁卫生，不能将蜂胶随意乱放。蜂胶内不可混入泥沙、蜂蜡、蜂尸、木屑等杂物。在蜂巢内各部位收取的蜂胶质量不同，因此在不同部位收取的蜂胶应分别存放。

第二，蜂胶生产应避开蜂群的增长期、交尾群、新分出群、换新王群等，上述情况蜂群泌蜡积极，易使蜂胶中的蜂蜡含量过高。采收蜂胶前，应先将赘脾、蜡瘤等清理干净，以免蜂胶中混入较多的蜂蜡。蜂蜡是蜂胶中的无效成分。

第三，在生产蜂胶期间，蜂群尽量避免用药，以防药物污染蜂胶。为了防止蜂胶中有效成分被破坏，蜂胶在采收时不可用水煮或长时间地日晒。

第四，为了减少蜂胶中芳香物质的挥发，采收后蜂胶应及时用无毒塑料袋封装，并标明采收的时间、地点和胶源树种。

第五，蜂胶应存放在清洁、阴凉、避光、通风、干燥、无异味、20℃以下的地方，不可与化肥、农药、化学试剂等有毒物质存放在一起。

第十一章

商业授粉蜂群饲养模式与管理技术

阅读提示：

本章重点介绍了蜜蜂商业授粉模式、授粉蜂群的繁育技术和蜜蜂授粉的经营方法。通过本章的阅读，可以全面了解专营蜜蜂授粉的模式，掌握授粉蜂群的繁育技术和高效授粉的蜂群管理技术。通过分析影响蜜蜂授粉效果的因素，制定提高蜜蜂授粉效果的办法。在本章中详细介绍了授粉蜂群出售和出租的技术环节以及提出售后服务的理念，制定了授粉蜂群出租合同和出售合同的框架。本章内容对我国蜜蜂商业授粉的形成和发展能够起到一定的促进作用。

养蜂是大农业的有机组成部分，与农牧业生产的关系十分密切。养蜂生产的意义不仅是为了获得丰富的蜜蜂产品，更重要的是蜜蜂能为农作物和牧草授粉。蜜蜂为农作物授粉所产生的社会效益百倍于养蜂生产所获得的产品价值。蜜蜂授粉是一项不扩大耕地面积，不增加生产投资的农业有效增产措施。蜜蜂授粉具有极大的潜力，随着现代农牧业生产的发展，蜜蜂授粉将越来越重要。

第一节　蜜蜂商业授粉模式

科学研究和生产实践均已证明，蜜蜂授粉能够为农作物增产增收起到重要作用。蜜蜂商业授粉是现代农业生产的发展方向。尤其是随着农业规模化和现代化发展，导致自然授粉昆虫种群数量减少的趋势下，蜜蜂授粉将越来越重要。商业蜜蜂授粉在我国养蜂业所占比例将逐渐增大。

一、兼营蜜蜂授粉模式

兼营蜜蜂授粉模式是指蜂场以蜂产品生产为主，在花期到作物授粉场地进行蜂群的恢复发展和采蜜、脱粉、产浆等生产活动，客观上为农作物授粉，蜂场的授粉收入并不重要。这种授粉模式是我国现在最主要的蜜蜂授粉形式。

（一）互惠协作

1. 客观授粉型　花期泌蜜量大的农作物，如柑橘、荔枝、龙眼、油菜、紫云英等，蜜蜂在蜂蜜生产中客观上为农作物授粉。为农作物授粉的养蜂成本，可以从蜂蜜、蜂王浆等生产中获得。这种形式的蜜蜂授粉，农作物栽培者一般不会付出授粉费用。

2. 补贴授粉型　补贴授粉型是蜜粉源花期粉蜜不足，但对蜜蜂群势的发展有作用的农作物，如苹果、梨、桃等，作物栽培者付出蜂群的运输费用和少量生活补贴等邀请蜂场前来放蜂授粉的形式。在新疆由于栽培面积大、自然野生授粉昆虫不足、蜂场密度小等原因，即使是泌蜜大的作物蜜源，如棉花、向日葵等，也给予一定的补贴吸引蜂场前来放蜂授粉。

（二）授粉蜂群租赁

蜂场以产品生产为主，在农作物授粉季节将蜂场一部分或全部的蜂群租赁给农作物栽培者，并收取足额的授粉费用。这种授粉模式在发达国家比较常见，我国也呈现发展趋势。新疆喀什地区莎车县大面积种植坚果作物巴旦木，每年花期租赁大量的授粉蜂群，为此，当地政府每年举办巴旦木花节。租赁蜂群主要用于大田作物授粉，与补贴授粉型的区别在于蜜蜂授粉按养蜂成本收费。

［案例 11-1］　　新疆租赁西方蜜蜂为油葵作物授粉

新疆油葵种植主要集中于北疆地区，通常花期为每年的 7 月下旬至 8 月下旬，花期约 1 个月，其中盛花期将近 20 天。由于新疆作物栽培面积大，集约化种植，自然野生授粉昆虫种群数量不足，在油葵花期需要大量的蜜蜂授粉。每一继箱授粉强群的租金为 150～200 元。

一、油葵花期蜂群的培育与组织

由于油葵是秋季蜜源，也是北疆地区为数不多可供利用的重要商品蜜源，所以采集油葵蜜源时，也同时完成了授粉作业。为油葵授粉的蜂群，通常在 4 月下旬至 5 月上旬完成换王、分群作业。经调整群势，开始奖励饲喂，培育适龄授粉蜂。7 月 20 日，授粉蜂群的群势会超过 13～14 足框，达到高效授粉的群势。

二、授粉蜂群的进场与布局

事先与油葵种植者协调授粉蜂群的进场和退场的时间，蜂群摆放的方式和位置。蜂群一般在初花期进场，花期结束后退场。每 6～10 亩油葵配置一群授粉蜂群蜂。为了使蜜蜂授粉更均匀，效果更好，油葵授粉蜂群以 20 群集中为一组分组排放。

三、授粉蜂群的饲养管理

1. 加强喂水、通风，创造良好小环境

通常北疆油葵种植区秋季花期气温较高，空气干燥，现场参与授粉生产的蜂群，应注意防暑降温，开大巢门，清除巢门周围杂草，保持进出蜂路通畅；全部打开箱盖及箱体周围通风孔，场地附近没有清洁水源的，应加装饲水器，保持清洁水源的足量供应。

2. 授粉蜂群的巢内布置

继箱授粉蜂群，在花期蜂群巢箱内放 6～7 张脾，继箱放 8～9 张脾。保持蜂脾相称，适当加大蜂路。

（案例提供者　刘世东）

二、专营蜜蜂授粉模式

专业授粉蜂场以出售一次性授粉蜂群或出租授粉蜂群为业务，并为作物栽培者提供蜜蜂授粉服务的经营方式。出售的授粉蜂群主要有两种形式，一种是常规蜂箱饲养的授粉蜂群，另一种是用较小的授粉专用蜂箱饲养的授粉蜂群。常规蜂箱饲养的授粉蜂群一般群势较大，主要用于大田作物授粉，多采用出租的形式；授粉专用蜂箱饲养的授粉蜂群群势较小，主要用于温室等保护地作物的授粉，适用于一次性的授粉蜂群使用。

（一）常规蜂箱饲养的蜂群授粉

常规蜂箱饲养的授粉蜂群需要调整到较强群势，但没有强烈分蜂热，箱内要有大量的卵和幼虫，以吸引蜜蜂采集粉蜜，提高授粉效率。常规蜂箱饲养的授粉蜂群，一般群势较强，授粉完成蜂群经调整合并后可以作为正常蜂群继续饲养。

（二）授粉专用蜂箱出售的蜂群授粉

授粉专用蜂箱是用瓦楞纸箱或塑料泡沫箱（图 11-1）等便宜材料制作的简易蜂箱，通常内放 3 张巢脾。这种形式的授粉蜂群多为一次性使用。根据授粉时间的长短，决定授粉蜂群的子脾数量和群势。

A   B

C   D

图 11-1　授粉专用蜂箱

A、B. 瓦楞纸授粉专用蜂箱　　C、D. 塑料泡沫授粉专用蜂箱

第二节　影响蜜蜂授粉效果的因素

众多影响蜜蜂授粉效果的因素，均作用于蜜蜂的采集活动和作物的生长发育。蜜蜂授粉的作用是使作物的花朵授粉充分，只要将异花的花粉传送到柱头上，蜜蜂的授粉任务即完成。充分体现蜜蜂授粉的效果，还需顺利地实现受精，以及果实和种子良好的发育。认真研究分析影响蜜蜂授粉的因素，在蜜蜂授粉实践中克服不利因素，创造有利条件，才能有针对性地采取提高蜜蜂授粉效果的技术措施。

一、气　候

气候因素主要从蜜蜂行为活动和作物生长发育两方面对蜜蜂授粉效果产生影响。

（一）对蜜蜂的采访活动的影响

蜜蜂从事巢外的采集活动需要一定的气温条件和良好的天气状况。蜜蜂多在 20℃～30℃晴暖天气大量出巢活动，气温过高或过低均影响蜜蜂的巢外活动。在天气状况恶劣的风雨天气，蜜蜂减少甚至停止巢外活动。蜜蜂通过体壁绒毛粘附花粉粒传递授粉，如果气候干燥，虫媒作物的花粉粒黏度降低，就会影响异花间的花粉传播。

（二）对作物授粉和发育的影响

气候对作物的影响主要体现在 3 个方面，即花器和花粉粒的发育、授粉和受精、果实的发育。花芽的分化决定了作物花朵和果实的数量，不同作物花芽的分化需要不同的气候条件，在花芽分化时气候条件不利，如干冷或温度偏高都可造成花芽分化不良。花粉粒的成熟、异花间的花粉传播、花粉管的萌发等也需要一定的气候条件。如果授粉期间低温可能冻伤花器，气候干燥能造成花粉粒不能粘附在柱头上，影响花粉管的正常萌发。在果实的发育过程中，大风、霜冻、冰雹、干旱等不良气候均易造成大量的落花落果。

二、蜂　群

不同蜂群同等条件下授粉效果不同。授粉效果良好的蜂群，其突出的特点是采粉积极，巢内卵虫多的蜂群花粉需求量大，采花粉的蜂多。强群、青壮蜂多、蜂王好、卵虫多、无分蜂热的蜂群和采集积极性高的蜂群，最适宜为农作物授粉。

笼蜂过箱后，因初期巢内卵虫较少，至少3～5天内授粉效果不如同等群势的正常蜂群。正常蜂群的群势与采集蜂的数量成正相关，群势也标志着蜂群授粉能力。无王群和处女王群的授粉效果决定于巢内的卵虫数量，如果能不断地为授粉蜂群补充卵虫脾，可基本保持授粉能力。如果一次性使用的无王群作为授粉蜂群，可保持7～9天的高效授粉。蜂群中身体上绒毛多的青壮年工蜂越多，授粉的效率就越高。

蜂种有可能对蜜蜂授粉效果产生一定的影响，中蜂个体耐寒能力比西方蜜蜂强，低温阴雨的季节，中蜂出勤比较积极。所以，在低温季节中华蜜蜂的授粉效果一般比西方蜜蜂好。

三、蜜源植物

在外界许多蜜源植物同时开花泌蜜时，由于蜜蜂采集所具有典型的采集专一性，只选择一种植物采集，这样就出现蜜源植物对蜜蜂的竞争。在同等条件下，泌蜜量大、花朵的数量多、花的分布集中、采集容易、粉蜜适口，这种蜜源对蜜蜂的竞争性就强。有些作物开花时，外界有授粉竞争力更强或接近的蜜源植物，蜜蜂就可能不到需要授粉的作物上采集。蜜蜂为授粉竞争力弱的作物授粉应采取提高授粉竞争力的措施。

四、农　药

农药对蜜蜂授粉效果的影响主要体现在对蜜蜂生命、采集活动的影响和对作物花器的影响。

花期喷洒农药最直接的影响就是大量杀死从事授粉活动的外勤蜂，造成作物的授粉不足。有些农药对蜜蜂具有驱避作用，使蜜蜂不到施药的作物上采集。如在花期前喷洒氨基甲酸酯类农药防治制种大白菜蚜虫，在盛花期会对蜜蜂产生明显的驱避作用；大连苹果花期，出现蜜蜂集中到未施农药果树上采集，而回避周边喷施农药的果树的现象。曾经在福建省漳州市的荔枝主产区发生过因农药中毒导致蜜蜂大量死亡的事件，致使当年的荔枝因授粉不足大幅减产。

在作物花期施药不但危害蜜蜂也会对花器造成伤害，影响花朵的正常授粉和受精。棉花花期施药，可造成蜜蜂授粉坐果率下降 6％。作物花期施药对果树花粉的萌发率明显降低，减少子房数。

五、作物的营养与发育

蜜蜂充分授粉后，坐果率提高，但要获得高产还必须为这些幼果提供充足的营养和良好的发育条件。山东省海阳市大棚樱桃蜜蜂授粉后坐果率很高，但后期因大量落果而最终未能体现理想的蜜蜂授粉效果。由于蜜蜂授粉后坐果多，所以作物需要的营养条件比非蜜蜂授粉作物要求更高，这一点往往被作物栽培者和蜜蜂授粉者所忽视。水肥贫瘠、杂草丛生、光照不足、通风不良、病虫敌害、气温过高或过低等均影响作物的生长发育。研究发现，中华猕猴桃加强果园管理，修剪后蜜蜂授粉增产效果可从 17.4％～48.3％提高到21％～65.8％。

六、授 粉 树

苹果、梨等果树同品种间不能受精，需要有不同品种的授粉树才能使果树正常坐果。授粉树的数量与分布对蜜蜂授粉效果有直接的影响。据观察，多数蜜蜂在采访时沿果树的行间飞行采集，如果在蜜蜂连续采访的果树中授粉树不足，就会无效授粉。

第三节　授粉蜂群的繁育

授粉蜂群繁育的主要工作有两项：一是在授粉作物开花前的蜂群增长阶段，快速恢复和发展蜂群，为授粉作物提供充足的授粉蜂群；二是将蜂群组织调整，以适合作物授粉的要求。

一、蜂群快速增长的技术措施

授粉蜂群繁育按蜂群快速增长的技术要求操作。中蜂授粉蜂群的繁育，可参考第七章第二节"中蜂规模化活框养蜂技术"。西方蜜蜂授粉蜂群的繁育，可参考第八章第三节"西方蜜蜂定地饲养的阶段管理技术"。

（一）强群越冬

授粉蜂群增长的起点是春季增长阶段初期的蜂群，我国大部分北方地区蜂群经历蜂群最困难的越冬阶段。强群越冬能够充分保证蜂群越冬正常，能够为春季增长阶段初期蜂群的快速增长奠定良好的基础。越冬蜂群的群势与越冬期的长短有关，可根据当地的条件确定。

（二）放蜂场地选择

蜂群摆放的地点主要考虑蜜粉源和小气候两方面的条件。

1. 蜜粉源丰富　蜜粉源丰富对蜂群快速发展非常重要，在选择繁育授粉蜜蜂的场地时，首先要考虑蜜粉源是否丰富。蜂群增长阶段初期，尽可能保证粉源充足，中后期要兼顾粉蜜均足够。

2. 小气候良好　放蜂场地要求地势高燥，背风向阳。蜂群在快速增长阶段在蜂场附近必须有清洁的水源，如果不具备天然水源条件，需要采取饲水措施。

（三）增长阶段初期蜂群调整

增长阶段初期蜂群调整的目的是为蜂群快速发展创造良好的条件，包括提供清洁卫生的箱内环境、维持适宜的巢温、贮备充足的粉蜜、保证足够的育子空间等。

1. 蜂箱清理　将蜂箱内的污物用起刮刀清理干净，再用喷灯的火焰将蜂内的表面灭菌和杀灭虫卵。

2. 巢脾调整　将原蜂群的蜂箱搬离原位，放上清理消毒后的蜂箱，饲养西方蜜蜂可在箱底放适量的升华硫。将原蜂群的蜂和脾提出，将蜂抖入箱底。根据蜜蜂群势，放入带有粉蜜的巢脾。箱内的巢脾数量保证蜂脾比在 $1.2 \sim 1.5 :$ 1，保持蜂多于脾。

3. 箱内保温　早春气温低，群势弱，往往巢温低影响授粉蜂群的快速发展。箱内保温是春季蜂群管理阶段初期的重要技术措施。

（四）蜂群饲喂

授粉蜂群快速增长的物质条件是粉蜜充足，在蜂群增长阶段蜂群必须有供蜜蜂生长发育的蛋白质等结构性营养和供蜜蜂生命活动能源的糖饲料。

1. 蛋白质饲料的饲喂　最理想的蛋白质饲料是蜜蜂采集并贮存在巢内的花

粉，如果天然的粉源不足，就需要给蜂群饲喂蜂花粉或蜂花粉代用饲料。饲喂蛋白质饲料后不能无故停止饲喂，直到天然粉源充足后才能停止人工饲喂，否则会出现蜂王产卵减少，幼虫发育不良，甚至工蜂清除幼虫现象。

2. 糖饲料的饲喂　蜜蜂糖饲料的饲喂分为奖励饲喂和补助饲喂。在授粉蜂群繁育期间，以奖励饲喂为主，通过连续的奖励饲喂，在促进蜜蜂育子的同时，要保证蜂群内糖饲料的充足。对个别巢内缺乏贮蜜的蜂群，应及时补助饲喂。

（五）及时扩巢

适时扩巢通过提供更多的产卵空间加速授粉蜂群的发展，但是扩巢过快对维持正常的巢温不利，易导致蜂子发育不良，影响蜂群正常发展。扩巢的主要方法是加脾和加继箱。

1. 加脾和加础造脾　加脾必须在蜜蜂群势下降后又恢复到增长阶段的初期群势，度过恢复期才能加脾。加脾后仍能保证蜂脾相称。加脾时先加巢脾贮存室中最好的巢脾。外界气温稳定，蜜粉源较好，蜂群中巢脾上梁出现新蜡时，可以加础造脾。加础造脾应保证巢础框表面分布的蜜蜂要满，巢础框上的蜂不足，需要淘汰或调出蜂箱内的巢脾。

2. 加继箱　加继箱扩巢速度快，但影响巢温的风险也大。加继箱应在蜜蜂群势快速上升，蜜粉源丰富，气温稳定的季节进行。必须保证加继箱后，蜂群仍能保持正常巢温。如果在气温较低的条件下加继箱，可以采取分批加继箱的方法。从暂时不加继箱的蜂群中抽出2张带蜂的封盖子脾，放入加继箱的蜂群中，不加继箱的蜂群加础造脾。当没加继箱的蜂群再次满箱时，可以从已加继箱的强群中抽出2张带蜂的封盖子脾，放入加继箱的蜂群中。

（六）培育蜂王

培育蜂王只能在蜜粉源丰富，群势强盛的季节进行。在适合育王的季节，更换所有的老蜂王。新蜂王产卵多，维持的群势强，有利于蜂群在增长阶段的中后期快速增长。另外，组织授粉蜂群时也需要足够的蜂王。

二、授粉蜂群繁育群的组织与调整

授粉蜂群繁育群用于培育授粉蜂群，要求蜂群发展速度快，蜜蜂采集积极，尤其是采集花粉积极。授粉蜂群繁育群的组织与调整的重点在于保持蜂群以最快发展速度的状态。各地蜂种和气候条件不同，蜂群最佳的恢复和发展的群势也不同，需要总结本地的蜜蜂恢复和发展的最佳群势。

（一）授粉蜂群繁育群的组织

在授粉蜂群增长阶段初期，将蜂群组织成恢复阶段最佳的群势，保证蜂群迅速度过恢复期。中蜂恢复期最佳群势，南方 2 足框以上，北方和高原 3 足框以上；意蜂恢复期最佳群势，南方 3～4 足框，北方 4～5 足框。

（二）授粉蜂群繁育群的调整

授粉蜂群度过恢复期后，进展快速的发展期，授粉蜂群繁育群应调整和保持快速发展的最佳群势。调整授粉蜂群繁育群可以采取调进或调出带蜂的封盖子脾，人工分群另组新群等技术措施。中蜂发展期最佳群势，南方 3～5 足框，北方和高原 5～6 足框；意蜂发展期最佳群势，南方 7～8 足框，北方 8～10 足框。

第四节　授粉蜂群的配置与管理

一、授粉蜂群的配置

授粉蜂群的配置应以充分满足作物授粉的需要和充分发挥蜜蜂的授粉效率为原则。蜜蜂过少，造成授粉不足；蜜蜂过多，又造成授粉蜜蜂的浪费。授粉蜂群的配置应根据授粉作物面积、花的数量、长势、泌蜜量等决定授粉蜜蜂的数量和布置方法。

（一）授粉蜜蜂的数量

一般来说，花小、花多、长势好、面积小的作物需要更多的蜜蜂授粉。大田作物 30 公顷以上连片，一个 15 足框的强群可承担长势良好的小花作物，如油菜、紫云英、荞麦、苕子、云芥、苜蓿、三叶草等 0.27～0.4 公顷，果树类作物 0.33～0.4 公顷，瓜类作物 0.47～0.67 公顷，向日葵、棉花等大花作物 0.67～1 公顷。

温室作物授粉需要的蜜蜂数量主要与温室的面积和授粉期长短有关，面积大、授粉期长所需的蜜蜂多。一般 300～500 米^2 的温室需要授粉蜂群 3～5 足框；300 米^2 以下的温室需要授粉蜂群 1.5～2 足框。

（二）授粉蜂群的布置

虽然蜜蜂采集的范围在 2～3 千米，但是蜂群距离授粉作物过远就不能保证充分授粉。蜜蜂距离作物越近授粉越充分，最远不应超过 500 米。提高蜜蜂授粉效果不宜将授粉蜂群均匀分散排列，这种排列方式易使蜜蜂形成固定的采访范围，各群蜜蜂采访范围之间就可能出现蜜蜂授粉的空白区。另外，分散排列为蜂群摆放和授粉蜂群管理增添了困难。大田作物授粉的蜂群应以 10～20 群为一组，进行分组排放，组间距离不超过 1 000 米。分组排放各蜂群间的采集范围互相重叠，迫使蜜蜂经常改变采集路线，以使得作物授粉更全面。

温室授粉蜂群布置应远离热源，适当垫高 20 厘米以防潮湿。温室上方气温较高，蜂箱放置过高易使蜂群受热。在天气不是非常寒冷的季节，可以将蜂箱放室外，巢门开在室内（图 11-2）。

A   B

图 11-2　蜜蜂为温室甜瓜授粉

A. 授粉蜂群放置在甜瓜温室外　B. 蜜蜂采访温室甜瓜花朵

二、授粉蜂群的管理

（一）蜜蜂进场

大田作物蜜蜂授粉，根据授粉作物泌蜜量、作物对蜜蜂授粉的竞争力决定蜜蜂进场时间，作物授粉的竞争性越强，蜜蜂进场的时间就越早。荔枝、龙眼、向日葵、油菜、荞麦等作物泌蜜丰富，授粉蜂群可在开花前 2 天进场；对蜜蜂竞争性较弱的作物需花开一定数量后再蜜蜂进场，以增强作物对蜜蜂的竞争力。梨树开花 25% 以上时，授粉蜂群进场；紫苜蓿初花 10 天进场一半数量的授粉蜂群，7 天后再搬进另一半。

保护地作物授粉一般不存在授粉竞争问题，在初花期授粉蜂群就应进场。蜜蜂进场在傍晚日落后，如果蜜蜂入室后的 1～2 天为阴雨天气可减少蜜蜂对室壁的冲撞。蜜蜂冲撞均为水平方向，一般不冲击棚顶。如果入室后天气晴朗，需将温室侧壁用草苫适当遮蔽。

（二）促进蜂王产卵

蜂王产卵多，蜂巢内的幼虫多，需要的花粉量大，蜜蜂采集的积极性高，蜜蜂的授粉效率也高。所以，高效授粉的蜂群应蜂王产卵力强，控制分蜂能力强，并采取促进蜂王产卵和工蜂育子措施。

（三）饲料充足

在为蜜粉源不充足的作物授粉时，应保证授粉蜂群巢内粉蜜充足，以防蜜蜂群势在授粉期间大幅下降。巢内粉蜜饲料严重不足，还将导致限王产卵和清除卵虫的现象。巢内的卵虫减少，又影响到蜜蜂的授粉效果。

（四）控制分蜂热

分蜂热是蜂群准备分蜂的"怠工"状态。分蜂热严重的蜂群不采集。大田作物授粉，往往蜜蜂的群势较强，外界粉蜜相对丰富，是容易发生分蜂的季节。所以，对大田作物授粉的蜂群管理，应采取有效措施，控制分蜂热。

（五）适当取蜜脱粉

蜜蜂为粉蜜丰富的作物授粉，应及时取出适量的蜜和粉，增强蜜蜂采集的紧迫感，促进蜜蜂积极采集授粉。

（六）保护地授粉蜂群的管理

温室授粉蜂群应有大量卵虫、封盖子和幼蜂。老蜂不宜过多，以免这部分蜜蜂因不习惯狭小的室内空间，冲撞室壁死亡。一般情况下，温室内的授粉作物不能为蜜蜂生存和发展提供足够的粉蜜饲料，需要及时补饲。还应在温室内为蜜蜂提供清洁的水源。

网室作物杂交育种，利用蜜蜂授粉育种。授粉蜂群管理方法与温室蜂群管理基本相同。但是为了避免种性的混杂，蜜蜂体上不能有具有活力的异品种的花粉粒，所以授粉蜂群入室前需与外界隔离2～3天，以消除蜂体上的花粉。

［案例 11-2］ 金华综合试验站大棚西瓜中蜂授粉

江浙一带种植的西瓜多为早佳8424，该西瓜为长季节大棚栽培品种，从5月上旬开始上市，一直可收获到10月底。在种植管理上多为人工授粉或激素坐果，但人工授粉劳动强度大，而激素坐果西瓜商品性差，存在激素残留等安全隐患。自2011年开始，国家蜂产业技术体系金华综合试验站，结合"蜜蜂授粉增产技术集成与示范"国家行业专项工作，开始利用中蜂耐热、抗逆性强、低空飞行等特性为大棚西瓜进行授粉。

2012年，金华市白龙桥镇芦头村建立了大棚西瓜中华蜜蜂授粉试验场地。经过连续2年的试验证明，蜜蜂授粉能提高西瓜产量和品质。同时，蜜蜂授粉大大减少了授粉环节的劳动力投入，增加了西瓜的亩效益。与人工授粉和激素坐果相比，蜜蜂授粉通过增产和节支分别可增加亩效益2832元和3221元。

在蜂群配置上按照3～5亩设施面积配置一个授粉蜂群，在西瓜开花前1周将授粉蜂群运到场地。蜂群放于西瓜大棚外，利用树阴避免阳光直射，也可搭建遮阴棚。授粉蜂群管理中，减少开箱操作，进行箱外观察。授粉期间要严格规范用药，在西瓜开花10天前，棚室周围与棚室内禁用任何杀虫药剂，棚中土壤禁用吡虫啉等强内吸性缓释杀虫剂。

蜜蜂授粉技术在示范点的作用下，也逐步向周边辐射。周边村镇西瓜种植户得知蜜蜂授粉可以有效提高劳动力，减少劳动成本，纷纷闻讯而来，马上购买蜜蜂，利用蜜蜂进行授粉。蜂农通过出租蜜蜂用于授粉，并利用西瓜及周边的蜜粉源进行繁殖，拓展了中蜂的生产用途和利用价值，获得额外收入。近两年，中蜂养殖场的中蜂供不应求，每年通过给西瓜授粉可以额外增加收入5万余元。实践证明，利用中华蜜蜂授粉可以将种植业和畜牧业有机结合，达到共赢的效果。

（案例提供者　华启云）

［案例11-3］　山西蜜蜂大田苹果授粉

蜜蜂为苹果授粉，需要重视对蜂群的管理。调整蜂群和保证授粉蜂群良好的生活环境，是提高蜜蜂为苹果授粉效果的重要措施。

一、授粉蜂群的培育

对苹果进行授粉的蜂群应达到5足框以上，子脾应达到3足框以上。通过紧脾、蜂群调整、保温、奖励饲喂等方法促进授粉蜂群的增长。

黑色的西方蜜蜂蜂种抗寒能力强，更适应于山西省早春苹果花期在低温条件下的蜜蜂采集和授粉。

二、授粉蜂群的保温和紧缩巢脾

苹果开花期在4月初，山西的气温相对较低，昼夜温差大，经常出现倒春寒，授粉蜂群需加适当的保温。以 2013 年为例，苹果产区运城市临猗县的最高温度 22.5℃，最低平均温度为 1℃，平均温度只有 12.6℃；晋中市榆次区的最高平均温度为 21.3℃，最低温度为－4℃，平均温度只有 8.1℃。授粉蜂群的箱内保温是苹果花期管理的重要措施。

授粉蜂群在进入苹果授粉场前多在油菜场地恢复和发展，油菜蜜源场地的气温较高，蜂群的蜂脾比相对较低。苹果场地的气温低，需要通过减少蜂群中巢脾数量，提高授粉蜂群箱内的蜂脾比。

三、授粉蜂群饲喂

奖励饲喂，是提高蜜蜂为苹果授粉效果的重要措施；奖励饲喂给蜜蜂以外界有丰富蜜源的错觉，促使蜜蜂出勤采集。通过诱导奖励饲喂的方法，吸引蜜蜂在苹果花上采集授粉活动。奖励饲喂糖液的重量比为 1∶1，苹果花浸泡糖液一夜后饲喂到授粉蜂群中。在遇到倒春寒时要停止饲喂，减少蜜蜂飞行，降低蜂群损失。

花粉饲喂，在进入授粉场地初期和需要脱粉的蜂群，会出现短期花粉不足的现象，所以要进行花粉饲喂。花粉饲喂采用花粉饼或灌脾饲喂的方法进行饲喂，饲喂的花粉采用新鲜的油菜粉和当地的杏花粉或花粉代用品。

在进入苹果授粉场地的第一天，尤其要注意蜂群的喂水，特别是长途转运的蜂群，经长途转运的蜂群此时缺水严重。

四、适时取蜜

蜜蜂苹果花期授粉是在天气良好的条件下进行的，蜜粉较多，不及时取蜜就会出现蜜压子的现象。及时取蜜可以促进蜜蜂采集的积极性，提高授粉效率。

五、预防农药中毒

部分果农对蜜蜂授粉的益处和习性认识不足，在蜜蜂授粉期间使用农药，这就造成蜜蜂中毒现象。我们要认真做好工作，不断向果农讲解蜜蜂授粉的益处和习性，尽量阻止果农在授粉期间使用农药。一旦发现有果农使用农药或蜜蜂中毒现象，立即停止授粉，采取转地或关闭巢门。

（案例提供者　张映升）

第五节　授粉蜂群的出售与出租

授粉蜂群的应用有两种形式，即授粉蜂群的出售和授粉蜂群的出租。出售的授粉蜂群不再回收，但需要向授粉蜂群使用者提供授粉蜂群的使用说明书，还可以根据合同约定提供相应的售后服务。出租的授粉蜂群产权和管理权归蜂场所有，根据合同提供种植者充分的授粉服务。授粉蜂群根据所使用的蜂箱可分为两类，一类是用常规蜂箱饲养的正常蜂群，多用于出租，应用于大田作物授粉；另一类是群势较小的专用授粉蜂群，多用于出售，用于温室授粉。各种授粉蜂群共同的要求是，采集初期的壮年蜂比例大，卵和幼虫多，巢内贮蜜贮粉适当。

一、授粉蜂群的出售

出售的授粉蜂群是指通过交易的手段，将授粉蜂群的所有权由蜂场转移给授粉作物栽培者。出售的授粉蜂群主要有两种形式，即常规授粉蜂群和专用授粉蜂群。

（一）授粉蜂群的出售合同

授粉蜂群在出售过程中可能会出现供蜂时间、蜂群质量、费用结算等方面的冲突，为了减少纠纷和发生问题有据可依，在授粉蜂群出售前双方应认真签订授粉蜂群的出售合同。双方应对合同中的各项条款仔细核对，重点明确双方的责任和义务，以及违约赔偿办法。

1. 一般条款　包括签约日期、购蜂双方相关信息、交接授粉蜂群的时间和地点等基本内容。

（1）签约日期　是指最后签订合同的日期。

（2）购蜂者和养蜂者的基本信息　包括购蜂者和养蜂者的姓名、住址、联系方式等。

（3）授粉蜂群交付的时间和地点　授粉蜂群运入的授粉场地和时间要求，授蜂蜂群摆放的位置和蜜蜂排放的方式。

2. 授粉蜂群的要求　在合同中应注明授粉蜂种、蜂群数量、蜂王情况、蜜蜂群势、子脾数量、蜜蜂饲料存量等。

3. 授粉蜂群病害的责任　授粉蜂场有责任为授粉者提供健康无病的授粉蜂群，在购蜂时发现病害应由授粉蜂场负责。因病害有一定的潜伏期，可以在合同中商定，购蜂 7 日内发生病害由供蜂方负责。

4. 授粉蜂群购置费用　授粉蜂群的购置费包括蜂群、蜂箱和运输等费用，如果购蜂者有蜂箱，授粉蜂群在蜂场移交，蜂箱和运输费用则可不计。在合同中还应明确付款方式。

（1）授粉蜂群购置费用的计算　在对授粉蜂群提出群势、子脾、蜂王、巢脾等具体要求后，一般以群为单位计费。蜂箱和运费是否包含在授粉蜂群费用内需要双方约定，应在合同中明确。

（2）付款方式　在授粉蜂群购置合同中，应明确付款的时间、方式、金额等。在合同中还应明确是否交纳订金或定金，以及订金或定金的处理方法。值得注意的是，在法律上订金和定金是不同的。

5. 违约赔偿问题　最后对双方违约问题逐一提出双方都可接受的赔偿办法。

（1）授粉蜂群未按规定时间交付的赔偿　农作物花期有限，授粉蜂群不能按时进场将影响授粉效果，给购蜂的农作物栽培者造成经济损失。在合同中应详细约定违约的赔偿办法，可以按推迟供蜂的时间约定赔偿金额。

（2）授粉蜂群质量未达到合同要求的赔偿　授粉蜂群的群势、蜂王情况、子脾数量、巢内饲料贮备等均影响授粉效果。在合同中应明确授粉蜂群质量未达到合同要求的具体赔偿办法。

（3）未按合同足额付款的赔偿　合同中应明确未及时付款的赔偿责任，双方约定因未及时付款导致不能及时交付授粉蜂群的后果，由购蜂者承担，并在订金或定金中扣除违约金。规定取消购蜂合同应承担的赔偿责任。

（4）授粉蜂群有病害的赔偿责任　合同中应明确约定，蜂群发生病害的赔偿责任。包括在交接授粉蜂群中发现病害的处理办法和购蜂 1 周内发现病害的处理办法。

（5）意外或不可抗拒的违约责任　合同中应明确意外或不可抗拒的违约责任的认定和责任。如低温、干旱、水灾等自然灾害导致蜂群发展不良，不能按合同提供授粉蜂群；农药危害导致蜜蜂死亡；运输途中交通事故造成的授粉蜂群损失等。

（二）常规授粉蜂群的组织和售后服务

常规授粉蜂群是指用正常蜂箱饲养的授粉蜂群，这样的蜂群蜂箱空间大，群势较强，授粉结束后蜂群能够正常地恢复和发展。常规授粉蜂群多用于大田作物授粉，也可以用于温室作物授粉。

1. 常规授粉蜂群的组织 按蜜蜂授粉合同约定的蜂群蜜蜂数量、子脾数量、巢脾数量和质量、粉蜜数量等要求，组织授粉蜂群。授粉蜂群的组织方法主要有两种，一是人工分群，用单群平分或混合分群的方法，从强群中抽调蜂和脾组成新群；二是通过强弱蜂群的蜂和脾的调整，使授粉蜂群符合合同要求。

2. 常规授粉蜂群的售后服务 授粉蜂群售出后一般不再负饲养管理责任，但良好的售后服务能够提高出售授粉蜂群蜂场的品牌和口碑，有利于促进蜜蜂授粉业的发展。授粉蜂场应编印授粉蜂群饲养管理的技术手册，无偿地提供给授粉蜂群购买者。在授粉过程中，蜂群出现问题，授粉蜂场应给予技术支持。

授粉蜂群饲养管理的技术手册的主要内容应包括授粉蜂群的摆放、授粉蜂群的检查、授粉蜂群分蜂热的控制和解除、盗蜂的预防和制止、授粉蜂群的饲喂、失王蜂群的处理、农药中毒的预防和处理等。

（三）专用授粉蜂群的组织和售后服务

专用授粉蜂群是指在授粉专用蜂箱中生活的蜂群，一般授粉专业蜂箱较小，所承载的授粉蜂群也较小，多为一次性使用的授粉蜂群。专用授粉蜂群购买者多不具备养蜂基本技术，因此一次性的专用授粉蜂群要求管理简单，不需要使用者开箱操作。

1. 专用授粉蜂群的组织 专用授粉蜂群的组织主要采用混合分群方法，在专用授粉箱中放入带蜂的 3 张巢脾，群势 2.5～3.0 足框，卵 0.5 足框、幼虫 0.4 足框、封盖子 0.4 足框，贮粉 0.3 足框，贮蜜 1 000 克。如果蜂数不足，不宜将隔板、边脾、副盖上日龄较大的工蜂补入，可从卵虫脾上补年轻的工蜂。授粉蜂群组织好后，及时装运，尽快送达授粉场地。授粉蜂群安置好后，及时打开巢门。

2. 专用授粉蜂群的售后服务 专用授粉蜂群的使用者不必具备养蜂的基本技能，所以售后服务非常重要。专用授粉蜂群的售后服务需要做好以下 5 个方面的工作：

第一，协助购蜂人安放蜂群，并打开巢门。

第二，告知购蜂人一次性使用的专用授粉蜂群注意事项和安全须知。

第三，将专用授粉蜂群使用要点印在一次性的授粉专用蜂箱上，方便提醒授粉使用者掌握。

第四，提供较详细的专用授粉蜂群的使用说明书，说明书中包括使用方法、安全事项、售后联系方式等。

第五，提供蜜蜂授粉的技术咨询。每隔 10～15 天上门或电话服务一次。

二、授粉蜂群的出租

（一）授粉蜂群的租赁合同

商业化蜜蜂授粉租赁是养蜂者有偿向作物栽培者提供授粉蜂群和授粉服务，在此过程中不可避免地发生权利、责任和义务方面的问题。为了减少纠纷和解决冲突有据可依，在蜜蜂进场前授粉双方应认真签订蜜蜂授粉合同。对合同中的各项条款应仔细核对，重点明确双方的责任和义务，以及违约赔偿办法。

1. 一般条款 包括签约日期、租赁授粉蜂群双方信息、授粉蜂群进场时间和地点等基本内容。

（1）签约日期 是指最后签订合同的日期。

（2）作物栽培主的基本信息 包括作物栽培主的姓名、住址、联系方式等，作物栽培主应是授粉作物的所有者。如果作物栽培主委托管理者等有关人员签约，须出具有法律效率的作物栽培主的委托书。

（3）养蜂者的基本信息 包括养蜂者的姓名、住址、联系方式等。

（4）授粉蜂群交付的时间和地点 在合同中应明确授粉蜂群运入授粉场地的具体地点，授粉蜂群运入的时间和授粉结束离场时间，授蜂蜂群摆放的位置和授粉蜂群排放的方式。

2. 授粉蜂群和蜂群管理的要求 授粉效果与授粉蜂群质量和授粉蜂群的管理水平密切相关，合同应对授粉蜂群和授粉蜂群的管理明确要求。授粉蜂群管理的重点应放在保证蜜蜂正常生活和高效授粉。

（1）授粉蜂群的要求 在合同中应注明授粉蜂群的蜂种，蜂群数量，蜂王情况、蜜蜂群势和子脾数量，以及授粉蜂群检验的时间和方法。

（2）蜂群管理要求 在合同中注明授粉蜂群的管理措施，保持蜜蜂群势、促进蜜蜂积极采集授粉，授粉中后期蜜蜂群势的要求等。还应明确是否需要采取诱导蜜蜂授粉的措施。

3. 对作物栽培者的要求 对作物栽培者的要求重点在于保证蜜蜂生活的环境条件和安全，以及巩固蜜蜂授粉成果应采取的作物栽培措施。

（1）保证授粉作物生长良好 要求作物栽培者，对授粉作物精心管理，水肥充足，保证营养。蜜蜂授粉主要是通过提高坐果率实现作物增产，如果坐果率提高后，植物生长不良，就会导致大量的落果，影响蜜蜂授粉增产的最终效果。

（2）为蜜蜂提供清洁水源 授粉蜂群正常生活和调节巢温需要大量的水，如果没有清洁的水源供蜜蜂采集，蜜蜂就可被迫采集污水。

（3）保证蜜蜂安全　保证蜜蜂授粉期间授粉场地及周边蜜蜂飞翔范围内不喷施农药，不发生蜜蜂失窃和蜜蜂及蜂箱受损，田间管理等不危及蜜蜂安全。

（4）为授粉蜂群管理人员提供条件　根据授粉蜂群管理的需要，为管理授粉蜂群的养蜂人提供必要的工作和生活条件。

4. 授粉费用　蜜蜂授粉的费用包括蜜蜂的租金、进出场地的运费、授粉蜂群管理的费用等。也可以将蜜蜂饲养管理的一切费用统归于租金。

（1）蜜蜂租金的计算　在合同中应明确租金的计算方法，租金以蜂群为单位还是以群势为单位；约定授粉时间后，提前结束和延长授粉期的租金调整等。

（2）进出场地的运费　授粉蜂群进出场地的运输费用可单独列支，也可与租金合并计算，需要在合同中明确规定。

（3）授粉蜂群管理费用　授粉蜂群在管理中需要消耗粉蜜饲料、巢础等，这些管理费用用可单独列支，也可与租金合并计算，需要在合同中明确规定。

（4）付款方式　付款方式是合同条款中较重要的内容，使合同既能保证完成授粉工作后，养蜂人能及时等到足额的报酬，又能保证作物栽培者付出授粉费用后，能得到良好的蜜蜂授粉服务。在合同中应明确付款的次数、时间、方式、金额等。

5. 其他内容

（1）蜜蜂蜇伤人畜责任　在蜜蜂正常饲养管理中，发生蜜蜂蜇伤人畜应由作物栽培者负责。因为正常情况下，被蜇伤人畜和作物的栽培者往往存在某种程度的过错，如蜂群排放的地点不妥、人畜干扰了蜜蜂的生活等。另外，当地作物栽培者对发生的问题更容易协调解决。

（2）蜜蜂失窃责任　在授粉期间，蜜蜂丢失应由作物栽培者负责。如果作物栽培主不承担此项责任，就需提高租金，以分散风险。

（3）违约赔偿问题　最后对双方违约问题逐一提出双方都可接受的赔偿方法。

（二）常规授粉蜂群组织和租后管理

出租授粉蜂群所有权属于养蜂人，将蜂群出租给农作物栽培者授粉的同时往往还兼有蜂群发展和蜂蜜、蜂花粉、蜂王浆生产任务。

1. 常规授粉蜂群的组织　出租的常规授粉蜂群因还承担着蜂群发展和养蜂生产任务，授粉蜂群的群势往往较强。为了提高蜜蜂的授粉效果，保证授粉蜂群采集花粉的积极性，授粉蜂群中应有大量的卵和幼虫，不宜采用一般蜂蜜生产群断子取蜜的技术手段。西方蜜蜂授粉蜂群，早春应多于 6 足框，春末夏初 10 足框以上；中蜂授粉蜂群，早春应多于 3 足框，春末夏初 5 足框以上。

2. 常规授粉蜂群的租后管理　常规授粉蜂群多用于大田作物授粉，在授粉蜂群的饲养管理中除保证蜜蜂的高效授粉外，在增长阶段授粉还应采取促蜂快速增长的技术，在蜂蜜生产阶段采取蜂蜜高产措施。在粉源充足、群势强盛的条件下，生产王浆有助于提高授粉效果。

（1）授粉蜂群的放置　授粉蜂群以20群为一组，分组排放，组间不超过1 000米。蜂群放置的地点应选择地势稍高无积水的地方。适当遮阴，避免巢内过热蜜蜂过多采水降温，影响蜜蜂在花上的授粉活动。

（2）促蜂育子　育子的蜂群需要花粉的量较大，能够促进授粉蜂群采集花粉，提高蜜蜂授粉效果。授粉作物泌蜜不足时，奖励饲喂能够促进蜂王产卵和蜂群育子。适时加脾扩巢，能为蜂王产卵和蜂群贮蜜贮粉提供充足的空间，促进蜜蜂采集的积极性。在进入授粉场地前换新王，提高授粉蜂群的产卵力和增强授粉蜂群的控制分蜂热能力。

（3）巢内粉蜜贮备适量　适当脱粉取蜜，以保证授粉蜂群采集授粉的积极性。授粉蜂群中贮粉过多，采粉的积极性会减弱，适当的脱粉可以提高蜂群采集花粉的量。但是，脱粉过度，巢内贮粉不足，蜂群会限王产卵，甚至出现拖子现象。在授粉蜂群的管理中，要把握好巢内花粉贮存量。巢内贮蜜不足会刺激蜂群采蜜，在蜜源丰富的授粉作物花期，应及时进行取蜜作业。

（4）保证水源　在水源不足的授粉场地，应采取饲水措施。减少授粉蜂群采水活动，增加蜂群采集时的授粉活动。

（5）控制分蜂热　授粉蜂群发生严重分蜂热，将出现"怠工"现象，影响授粉效果。在授粉期间，采取扩大巢内空间、促王产卵、更换蜂王、调整群势等方法控制分蜂热。

（6）花期末防止盗蜂　在作物花期末，蜜蜂采集的积极性与花和蜜减少的冲突，容易导致蜂群发生盗蜂。在日常管理中，应采取少开箱、慎取蜜、堵塞破损蜂箱的漏洞等减少盗蜂发生的可能。如果发生严重盗蜂，可提前退场。

（三）专用授粉蜂群的管理和回收后的处理

专用授粉蜂群多用于一次性授粉，对于为花期短的温室作物授粉，专用授粉蜂群的群势下降不大，专用授粉蜂箱和箱内的巢脾均有重复利用的价值，也可以出租后回收。租用结束的授粉蜂群可以经重新调整继续出租，也可以合并调整后用于蜂群正常恢复和发展。专用授粉蜂群的组织方法可参见本节"授粉蜂群的出售"中的"（三）专用授粉蜂群的组织和售后服务"。

1. 专用授粉蜂群的租后管理　通过管理措施保证授粉蜂群生活正常，授粉效果和安全，减少因环境不同和蜜源缺乏对蜂群造成的影响。

（1）授粉蜂群的放置　授粉蜂群应放置在温室中部相对低温的地方，避免蜂群过热。可以放在干燥且相对较低的地方。巢门前无阻碍物，保证蜜蜂出巢采集飞行路线通畅（图11-3）。

图11-3　大棚西瓜授粉蜂群放置

（2）授粉蜂群检查　专用授粉蜂群每周巡查一次，通过箱外观察判断授粉是否正常，必要时再开箱检查。授粉蜂群初进温室有可能不适应大量死亡。第一次检查的重点是群势的大小和巢前死蜂数量；第二次检查的重点是关注巢内的贮蜜数量，避免授粉蜂群饿死；第三次检查关注群势和贮蜜。

（3）授粉蜂群饲喂　在巢前放置饲水器，在盆或碗等容器中铺细沙，清水放入容器中，供蜜蜂在饲水器中采水。当巢内贮蜜不足时，通过巢门饲喂器为温室中授粉蜂群饲喂糖饲料。因温室中只有一群授粉蜂群，不必担心发生盗蜂。

2. 专用授粉蜂群的回收后处理　专用授粉蜂群结束授粉后，及时回收运回蜂场调整处理。

（1）调整后继续出租　蜂场还有授粉蜂群出租的业务，可对蜂王正常、箱体无破损、群势1.5足框以上的蜂群进行调整。调换全部巢脾后，从小幼虫脾上补幼蜂至2.5～3足框。封装后及时运抵下一个授粉场地。

（2）合并调整　将专用授粉蜂群调整到常规蜂箱，无王和劣王的专用授粉蜂群合并到有王群。从强群中抽调带蜂封盖子脾，将群势调整到4足框以上。保持蜂脾相称和粉蜜充足，使蜂群保持正常的发展状态。

第十二章
蜂产品市场与营销

阅读提示：

本章详细介绍了我国蜂蜜、蜂王浆、蜂花粉、蜂胶等主要蜂产品市场的基本情况，以及蜂产品的销售模式和销售策略。通过本章的阅读，能够对我国蜂产品生产、蜂产品市场、蜂产品消费有基本的认识，能够了解蜂产品的连锁零售企业、专卖店、专业合作社、蜂场自销等销售模式的特点，从产品优质、品牌培育、注重包装、客户群培育等方面研讨蜂产品的销售策略。为养蜂者和蜂产品经营者对蜂产品销售提供基本方法。

第一节　我国主要蜂产品市场现状

一、蜂蜜市场现状

　　我国是世界养蜂大国、蜂蜜生产大国、蜂蜜出口大国，同时也是蜂蜜消费大国。近些年，由于政府关注和重视我国蜂产业的发展，全国蜂群数量已近900万群，蜂蜜年产量近40万吨。随着人民生活水平提高，蜂蜜正被越来越多的消费者所青睐。蜂蜜国内消费市场潜力巨大。根据国家统计局数据显示，我国蜂蜜产量10多年来逐年增加，为扩大国内市场奠定了基础。

　　近年来，《农产品质量法》《畜牧法》《农民专业合作社法》《食品安全法》以及蜂产品生产许可制度相继颁布实施，行业质量安全的意识和工作得到加强。同时，随着对掺杂使假的重点地区、重点企业及突出问题进行整治，行业自律工作得到强化。蜂蜜行业龙头企业通过领办蜂农专业合作社等方式，建立了生产源头管理质量保障体系，开发新产品和开拓新市场，逐步由数量增长型向质量效益型转变。例如山东华康蜂业有限公司从2003年初开始，按照欧盟溯源管理体系要求，开始建立原料追溯管理体系。公司设有蜂农办公室，专门负责蜂农和养蜂基地的管理，在国内主要蜂蜜主产区均组建了养蜂合作社，现有备案蜂农1225户，蜂群达19万箱。

　　中国蜂蜜食品安全形势从总体上看是好的，国家对蜂蜜产品的质量监控措施是有效的。据《中国蜂蜜产业的现状与发展》白皮书所述，从国家标准层面上看，现行有效的蜜蜂产品国家标准有79项，行业标准122项，部门公告的指定标准5项，共计206项。随着标准体系框架不断完善，逐步将产前、产中、产后全过程纳入标准化轨道，使蜂蜜生产和流通的每个环节都有标准可依、有规章可循。但是，我国蜂蜜产业目前还存在着一些亟待解决的难点问题，比如蜂蜜收购价格低问题、质量问题、市场问题。目前，我国蜂蜜人均消费量在250克左右，美国人均消费500克左右，德国人均消费1000克左右。这些都显示出我国蜂产品市场需求旺盛，潜力巨大，需要加大力度开发市场，满足人们需求。《中国蜂蜜产业的现状与发展》白皮书认为，中国蜂蜜未来的发展方向，不应该只是追求数量的发展，更应该追求蜂蜜质量效益的提高。近年我国在蜂蜜产品质量控制方面有了长足的进步，国家自2006年就开始实施蜂蜜产品生产许可证制度。为了确保产品质量达标和食品安全监控有效，国内蜂产品加工企业在内部实施了 ISO 9000 质量管理体系和 ISO 22000 食品安全管理体系，通过体系的运行，使蜂蜜产品质量和食品安全在生产中的每一个环节都能得到有效的监控。为满足消费者的需要和提升消费者对食品特别是蜂产品产业的信任，让消费者放心消费，建立蜂蜜溯源制度将成为一项必须要做的工作。具体做法是，蜂业龙头企业通过制定《养蜂基地指导督察管理制度》《蜂产品标准化生产管理制度》等养蜂技术标准，对蜂农进行培训，要求蜂农日常生产遵照执行；实施蜂农备案制度，蜂农加入龙头企业的蜂业合作社必须具备一定的资格，如群数在 80 群以上，自愿交纳合作社股金，熟悉并掌握养蜂生产和蜂病防治知识，规范填写用药记录等。

二、蜂王浆市场现状

我国蜂王浆总产量约占世界总产量的 90％以上。自 2000 年我国蜂王浆总产量突破 2 000 吨以来，其产量逐年提高，2014 年蜂王浆的产量已达 3 000 吨。我国生产的蜂王浆一半以上用于出口。自我国加入世界贸易组织（WTO）后，给国内蜂王浆在内的蜂产业带来前所未有的国际机遇，但是入市是一把双刃剑，既有机遇也有挑战，面对这种形势，国内蜂产品企业只有认真分析形势，认清自己的不足和长处，用敏锐的眼光把握机遇，才能使企业做大做强。

浆蜂的培育和推广以及与蜂王浆生产有关的机具更新换代是王浆产量增加的重要原因。除此之外，由于全国大部分地区蜜源不能连续，而转地养蜂的成本又很高，所以定地养蜂者通过饲喂花粉蜂蜜生产王浆以增加收入，这也是蜂王浆产量不断增加的原因。

我国目前蜂王浆生产具有以下特点：①蜂王浆产量高。我国地域广阔，蜜源丰富，劳力廉价，生产蜂王浆步骤烦琐、还需要精细和娴熟的养蜂技术。与欧美等粗放型管理蜂群方式相比，我国精细化的养蜂模式更有利于生产蜂王浆，使我国成为全世界的蜂王浆生产基地。我国蜂王浆总产量已占世界总产量的 90％以上，出口量也占国际贸易总量的 95％以上，我国的蜂王浆产业已在世界王浆产业中占据了主导地位。②蜂场产浆效益并未显著提高。由于蜂王浆市场开拓缓慢、对蜂王浆保健作用的认识局限性等原因，养蜂场生产蜂王浆的效益近年来并未显著提高，蜂王浆销售倚重于出口，而出口价格几乎被外商控制，忽高忽低的蜂王浆价格影响了蜂农生产蜂王浆的积极性。③蜂王浆质量参差不齐。对于蜂王浆产业来说提高产量固然重要，但是不能忽视蜂王浆的质量，蜜粉源种类、蜂群的群势、蜂种、保存条件等诸多因素均能影响蜂王浆的品质。蜂王浆从生产、贮存、加工到市场存在诸多环节，这都可能影响到蜂王浆品质。

④产品类型少，科技含量低。专家对蜂王浆的研究，至今没有完全弄清楚其活性成分及作用机理。蜂王浆的加工工艺研究也不够深入，这些都影响了蜂王浆产业的发展和市场开拓。今后应在重视蜂王浆生产的同时，加强蜂王浆作用机理研究，加大开发科技含量高的蜂王浆产品的力度。

三、蜂胶市场现状

蜂胶是指蜜蜂在自然界中采集植物的树芽或者树皮等部位的树脂，再与蜜蜂的舌腺、蜡腺等分泌的物质混合并加工而成的胶状物质。蜂胶具有动物的精华又具有植物的精华，是自然界中少有的特殊物质，它的化学组成复杂而独特。蜂胶作为功能广泛的绿色保健品，能广泛治疗和预防多种疾病。我国是世界上生产蜂胶的第一大国，也是消费蜂胶产品最多的国家，迄今为止国家食品药品监督管理局和卫生部已经批准了50多个蜂胶保健产品。目前，我国原料蜂胶产量约400吨，收购价格显著高于蜂王浆。

分析近年来的蜂胶市场，还存在蜂胶原料质量问题、掺杂使假问题、不正当竞争问题和夸大宣传问题等。蜂胶是纯天然的具有保健功能的食品，因其具有广泛的保健功能，而深受广大消费者的喜爱。近年来我国保健品市场上的蜂胶产品销售较好，这对蜂产业来说是件大好事。然而，因为蜂胶产量低、价格高等特点，受利益驱使市场上出现了一些掺杂使假等不良行为，这些行为如不受到限制，蜂胶产业前景将令人担忧。长此以往，受到损失的是所有与蜂胶有关的企业，因此蜂业界要一起遏制不良行为，改变蜂胶市场的乱象。

目前，我国蜂胶产品的生产企业有150多家，年产值已达到数亿人民币。蜂胶市场之所以不断发展，首先一个原因就是得益于蜂胶的功效赢得了广大消费者的认同，其次是不断提升的蜂胶产品的品质、剂型和技术等。总体来看，我国蜂胶产品的研发与生产已达国际先进水平。20世纪90年代初我国蜂胶产品由外用为主转变为外用加内服，目前我国开发的蜂胶外用产品主要有以抗菌消炎为主要作用的贴剂、喷剂、涂剂等，此外市场上还有用于美容美发和护肤的蜂胶产品。目前国内的蜂胶内服产品也日益呈现多样化，在剂型上也有较多种类，如软胶囊、硬胶囊、喷剂等。蜂胶具有的多种功效和作用，通过分子生物学、药理毒理实验、临床试验等检验和验证，目前已被卫生部和国家食品药品监督管理局认可。

四、蜂花粉市场现状

我国2014年蜂花粉的国内贸易量约3 200吨，加上蜂花粉的出口量（中国

2014 年出口全球的蜂花粉总量为 2 000 吨），2014 年全国蜂花粉的实际贸易量约
5 200 吨。纵观近几年我国蜂花粉的产量还是比较平稳的，波动不大，蜂农实际
年生产蜂花粉约在 10 000 吨，除去 5 000 吨的贸易量，其余蜂农自留。国内贸
易量的近半为制药企业使用，出口到国外的蜂花粉主要作为动物（蜜蜂）饲料，
少部分作为保健品应用。国内销售的蜂花粉品种主要以油菜花粉、茶花粉、荷
花粉以及杂花粉为主，其中油菜花粉占总体贸易量的 35%～50%。荷花粉受到
国内蜂产品专营店零售商的追捧。油菜花粉主产区在青海、甘肃、新疆、内蒙
古、四川、辽宁、湖北、江西、安徽等地，茶花粉主产区在四川、江西、安徽、
浙江、江苏等地。

新的《蜂花粉》国家标准（GB/T 30359－2013）已于 2013 年 12 月 31 日
被国家标准化管理委员会批准发布，2014 年 6 月 22 日实施，代替了原来的
GB/T 11758－89（1999 年调整为 GH/T 1014－1999）。较之以往的标准，本
次标准修订删除了过氧化氢酶、维生素 C 等指标，增加了脂肪、总糖、黄酮类
化合物、酸度、过氧化值等理化指标，修正了蛋白质、水分、灰分、单一品种
花粉率的检测方法。

我国的蜂花粉市场缺乏深加工产品，品牌带动乏力。蜂花粉的保健功能完
善，保健市场前景广阔，需要加大研发力度，积极开发出相应的品牌产品，积
极开拓相关市场。

蜂花粉价格会受其他蜂产品的产量和价格影响，如蜂蜜产量高时蜂花粉价
格一般会回落，蜂王浆价格高时蜂花粉价格也会回落；蜂蜜和蜂王浆的产量也
会影响蜂花粉的价格，当蜂蜜与蜂王浆减产时，蜂花粉价格会上升。另外，蜂
花粉价格也与白砂糖价格相关联，如白砂糖价格出现明显升高时，会带动蜂花
粉价格上涨。

第二节　我国蜂产品销售模式

蜂产品销售渠道模式有多种，主要有连锁零售企业销售、专卖店销售、专
业合作社销售和个体销售。

一、连锁零售企业

近年来，我国蜂产品的连锁零售企业发展迅速，规模和档次也有所提高，
在世界上也越来越受到世人的关注。不过蜂产品连锁零售企业也存在不少问题，

如过分追求单一扩张模式，收益与期望不一致。连锁零售企业要积极探索适合自己的连锁化经营之路，同时要顺应社会发展的要求。连锁零售企业销售模式有很多的优点，如有助于扩大产品销售市场，有利于对各地的市场需求信息进行收集加工并整合和反馈给企业，从而达到引导企业生产适应市场需求的蜂产品的目的。

目前，我国市场上的蜂产品总量并不多，连锁零售企业实施蜂产品连锁化经营能显著提高企业的效益和知名度。连锁经营的特点是分散，要求连锁店尽可能满足自己的目标客户即蜂产品消费者。对于蜂产品连锁零售企业来说，不能为了效益盲目进行扩张单体商店的规模，要适时根据市场所需扩张，这样才能事半功倍，连锁化经营模式才能更好地适应我国的蜂产品市场。在生产环节上，连锁零售企业总部负责根据市场反馈的信息，进行统一调配生产数量，统一生产便于节省生产成本和时间。总部将生产好的商品，进行统一管理，然后根据不同区域的市场需求进行分配商品。连锁店经营模式可以发挥单体店不具备的优势，可以集中企业的人力、物力、财力来制定和完善企业的市场经营战略与策略，还可以不断改革和创新蜂产品的包装、广告、商品推广等。

蜂产品连锁零售企业销售模式，可以使企业的经营管理维持在统一的高水平上，同时又可以节约商品的研发费用，最终使企业的规模效益充分显现和发挥出来。此外，蜂产品连锁店还具有类似于自选超市的优势，即目标客户自助选择蜂产品，节约员工劳力，减少销售场地，最终使产品的流通费用大大降低。根据我国目前的市场来看，蜂产品连锁零售企业的连锁化经营模式有助于企业统一管理、扩大规模、节约成本，还便于控制商品的生产成本和流通成本，在某种程度上还能防止假冒伪劣产品在市场上流通，从长远看有利于维护企业形象及打造名优企业。目前，我国的蜂产品企业可以根据当地的市场情况，选择和规划各自的连锁化经营模式。

二、专卖店

目前，蜂产品专卖店到处可见，已经成为销售蜂产品的常用经营模式。专卖店的经营模式已为广大消费者所认可，并为企业创造了利润。各大蜂产品企业也开始吸引中小型商家加盟自己的专卖店。

专卖店能给顾客正品店的感觉，本身就是一种企业的象征。专卖店存在于顾客身边，每天与之相见，久而久之会使企业在顾客心中的地位上升，无形中会增加顾客对企业的信任度。市场上最重要的就是诚信，诚信对企业来说更是尤为重要，专卖店更能够取得顾客的信任。

随着"诚信服务"口号倡导以来，我国消费者已熟悉和依赖于企业的服务，特别是产品的售后服务。因此，顾客在选取商品时，首先会考察企业的售后服务制度。企业联系卡、维修店、售后服务卡等都会使顾客感到安心。专卖店销售模式正好迎合了这种需求，公司在推销自己产品的同时也把售后服务作为吸引顾客的一种手段，专卖店还可以向消费者快速传递这种信息。

专卖店可以宣传企业和品牌。当前企业为了生存，投入了大量广告宣传自己的企业，而这些广告存在被打击的风险，而且效果不一定好。但是，当某一城市、某一区域出现了相同的店铺招牌，员工着相同的服装，就会引起民众的广泛关注，这就是专卖店销售模式。在引起民众注意的同时，专卖店还树立了企业的形象和品牌。

三、专业合作社

专业合作社是在农村家庭承包经营的基础上，同类农产品的生产经营者或者同类农业生产经营服务的提供者、利用者，自愿联合、民主管理的互助性经济组织。专业合作社成立之初就是为了生产相同产品的集体或者个人相互帮助，就是为了靠集体力量发展壮大。专业合作社成员享有一定权利，也承担一定责任。

对于养蜂业来说，目前全国有不少地方也成立了养蜂专业合作社。他们将各自的蜂产品集中起来销售，平时也一起交流养蜂经验，一起分享养蜂技术。通过对养蜂专业合作社的考察不难发现，专业合作社对养蜂业的发展起到了一定的积极作用，比如以前以个体销售为主，为了竞争，可能蜂产品的价格和质量会五花八门，但是加入养蜂合作社后，这种情况大有改善。《中华人民共和国农民专业合作社法》的颁布，预示着农村专业合作社即将大规模发展。

四、个体销售

个体销售是个人占有生产资料，个人劳动所得归个人所有的一种销售形式。个体经营的形式是个体工商户或个人合伙。个体工商户销售者具有经营者及自然人的双重身份，个体销售者即享有自然人的一切权利，又享有一般自然人不能享有的经营的权利。目前，我国的大多数地方，蜂产品销售方式还是以个体销售为主。蜂场生产的蜂产品，如蜂王浆、蜂蜜等，经过蜂农简单的包装或者以散装的形式拿到集市出售或者到当地的蜂产品收购场所出售，销售方式操作简单，无须投入大量的设备。但是它的缺点也是显而易见的，比如利润低、受市场影响波动大、蜂产品质量参差不齐等。这种销售方式只适合养蜂场和个体户，发展受到诸多条件的限制。

第三节　蜂产品销售策略

蜂产品销售策略是指促进蜂产品销售的各种方法组合，包括产品优质、培育品牌、注重包装、培育客户群等。

一、产品优质

销售蜂产品，最重要的是把好质量关，做到产品优质。广告做得再好，推广得再好，不如产品的品质好。蜂产品只有品质过硬才能赢得消费者的信赖，也才能有自己的客户群和立足之地。劣质的蜂产品可能在虚假夸大的掩盖之下能有一定销路，但是一定不会长久。

从不同视角来看，蜂产品既可以是食品、农产品，也可以看作是土特产品或者保健品。蜂产品的生产加工关系着消费者的健康和食品安全，企业必须按照质量安全标准生产，并且接受国家有关机构的审核和质量监督。蜂产品的质量和企业的知名度是当今竞争激烈的市场中的制胜法宝，也是我国蜂产品走出国门、走向世界的前提。因此，由国家质量管理体系的权威部门出具的合格认证标志，成为蜂产品优质的标示，也是蜂产品企业参与市场竞争的一个重要砝码。

我国的蜂产品行业门槛低，市场中出现了众多小规模企业、养殖场与大型蜂企业竞争的局面，市场竞争激烈。蜂产品企业往往采取降低成本的方式，争夺市场。这种只为销量不重质量的行为，给我国的蜂产品安全造成了很大的影响。一些企业甚至发布虚假消息、采取不正当竞争手段占领市场，掺杂使假、以次充好屡见不鲜。近年来国家抽查了我国市场上的蜂产品，结果显示整体质量堪忧，长此以往将对我国的蜂产品行业发展造成严重的影响。在蜂产品的生产过程中，必须严格遵守《蜜蜂产品生产管理规范》，对蜂产品的生产管理做清晰、真实的记录，并使产品信息可溯源。蜂产品企业只有生产优质的产品，才能赢得国内外市场。

二、培育品牌

品牌是企业生产的所有产品中的一部分，某种意义上说是本企业的标志和区别于其他同类产品的特定名称，某种程度上是商品质量的象征，具备开辟市场、提高企业竞争力、维护产品销售地位等作用。当前，品牌建设已作为一种重要的营销手段，被广泛应用，也日益成为企业进行市场营销和开拓的重要工具。

企业是否使用品牌，是企业首先要回答的问题。目前，我国的大部分个体销售者或者商店，将许多蜂产品，如蜂蜜、蜂王浆等现场生产并销售，这样能使消费者亲眼看见生产过程，并以此来表示产品的正宗、天然无公害等，但是这样就使得蜂产品不具备辨识依据，因此也需要使用品牌。在某些地方，比如某定地或者长期养殖蜜蜂的蜂场周围，蜂场主本身就是一种"品牌"，周围的消费者知道其蜂场的位置，便对其信任。无品牌经营虽然可以节约包装和广告等费用，但是主要客户都是低收入的消费者，产品利润不高。

建立品牌还要回答使用哪种品牌的问题。对于蜂农来说，蜂产品品牌是蜂场生产的标志，是蜂场生产蜂蜜、花粉、蜂王浆等纯天然的象征和标志。对于大型的蜂产品龙头企业，则可以利用自己的品牌优势，对蜂产品的原料、价格、中间商等进行控制，进而获得市场的主动权。对于中小型企业，可以充分使用自己的品牌优势，将自己的产品在市场上开拓和推广。零售商往往借助某商品品牌的良好信誉和销售网络，以特许经营等方式进行市场营销。

三、注重包装

俗话说"人靠衣装马靠鞍"，商品也是一样，拥有一个美观的包装能更加吸引顾客。包装不仅可以提升商品的档次，还可以对自己的企业和产品进行宣传和推广。现在人们在考虑商品内在质量的同时，也往往会追求视觉上的享受。包装是一种信息的载体，更是一种企业的文化，它能直接吸引消费者，并将产品的内容和企业信息一起传达给消费者。随着经济水平的不断增长，人们的购买力也在不断增加，商品包装在促销上发挥的作用也越来越大。因此，企业也越来越重视包装的设计，尽量体现商品实用性和商业推销相结合的特点。当然，对商品的过度包装是不必要的。

包装能使产品有一定的形态，没有形态的产品是杂乱无章的，不易陈列也不能吸引顾客。包装主要的用途就是保护商品、美观实用。包装的设计要体现个性化，只有这样才能在众多的商品中光彩夺目吸引眼球。包装的设计要充分考虑消费者的喜好并尽量突出商品的特点。对于蜂产品也是如此，成功的包装会给消费者良好的第一印象。蜂产品本身就是绿色健康的产品，深受广大消费者的喜爱，在注重内在质量的同时，如果能有一个良好的包装将更加受到消费者的青睐。因此，给蜂产品设计一个良好的包装，不仅可以给蜂产品加分，还可以给蜂产品企业的形象加分。

四、培育客户群

对于任何一个企业来说，其利润和发展依靠于客户。如何培养自己的忠实客户群尤为重要，企业的客户群扩大，意味着企业在发展、企业的利润在增长、企业的市场占有额在扩大。争夺客户群是商战的一种主要形式。扩大忠实客户群的首要任务是了解客户需要什么样的商品和服务。

虽然蜂产品是传统的健康产品，但是由于市场上的蜂产品鱼龙混杂、少部分蜂产品掺杂使假等原因，造成了消费者对市场上的蜂产品认可度不高。针对这一问题，蜂产品企业应该加大客户群的培育工作，向群众宣传蜂产品的基本知识，并耐心细致地为客户服务，保证产品质量。谁能做好服务，谁就能在同行业中脱颖而出拥有较大的客户群。

培育客户群首先要理解客户的要求，赢得客户的信任，为客户做好服务并感恩于客户，有时候一句感谢的话语给企业带来的不仅是回头客，更是企业一种良好素质的展示。只有处处为客户着想，才能赢得客户。当然，产品的质量是吸引客户的最重要因素。